2022 | 全国勘察设计注册工程师
执业资格考试用书

Zhuce Dianqi Gongchengshi(Gongpeidian ) Zhiye Zige Kaoshi
Zhuanye Kaoshi Linian Zhenti Xiangjie

# 注册电气工程师(供配电)执业资格考试
# 专业考试历年真题详解
## (2010~2021)

下册

蒋 徵/主编

人民交通出版社股份有限公司
北 京

## 内 容 提 要

本书为注册电气工程师(供配电)执业资格考试专业考试历年真题、参考答案及解析,包含2010~2021年专业知识试题(上、下午卷)、案例分析试题(上、下午卷)。

本书配有数字资源,读者可刮开封面增值贴,扫描二维码,关注"注考大师"微信公众号兑换使用。

本书可供参加注册电气工程师(供配电)执业资格考试专业考试的考生复习使用,也可供发输变电专业的考生参考练习。

**图书在版编目(CIP)数据**

2022注册电气工程师(供配电)执业资格考试专业考试历年真题详解:2010—2021/蒋徵主编. —北京:人民交通出版社股份有限公司, 2022.5

ISBN 978-7-114-17894-8

Ⅰ.①2… Ⅱ.①蒋… Ⅲ.①供电系统—资格考试—题解②配电系统—资格考试—题解 Ⅳ.①TM72-44

中国版本图书馆CIP数据核字(2022)第043988号

书　　名:2022注册电气工程师(供配电)执业资格考试专业考试历年真题详解(2010~2021)
著 作 者:蒋　徵
责任编辑:刘彩云　李　梦
责任印制:刘高彤
出版发行:人民交通出版社股份有限公司
地　　址:(100011)北京市朝阳区安定门外外馆斜街3号
网　　址:http://www.ccpcl.com.cn
销售电话:(010)59757973
总 经 销:人民交通出版社股份有限公司发行部
经　　销:各地新华书店
印　　刷:北京虎彩文化传播有限公司
开　　本:787×1092　1/16
印　　张:57
字　　数:1132千
版　　次:2022年5月　第1版
印　　次:2023年7月　第2次印刷
书　　号:ISBN 978-7-114-17894-8
定　　价:168.00元(含上、下两册)

# 目录（下册）

## 2017年注册电气工程师（供配电）执业资格考试专业考试试题及答案



## 2018年注册电气工程师（供配电）执业资格考试专业考试试题及答案



## 2019年注册电气工程师（供配电）执业资格考试专业考试试题及答案

**2020 年注册电气工程师(供配电)执业资格考试专业考试试题及答案**



**2021 年注册电气工程师(供配电)执业资格考试专业考试试题及答案**

2017 年

注册电气工程师(供配电)执业资格考试

# 专业考试试题及答案

# 2017年专业知识试题(上午卷)

**一、单项选择题(共40题,每题1分,每题的备选项中只有1个最符合题意)**

1. 某工业厂房,长60m,宽30m,灯具距作业面高度为8m,宜选用下列哪项灯具? (　　)

(A)宽配光灯具　　(B)中配光灯具
(C)窄配光灯具　　(D)特窄配光灯具

2. 校核电缆短路热稳定时,下列哪项描述不符合规程规范的规定? (　　)

(A)短路计算时,系统接线应采用正常运行方式,且按工程建成后5~10年发展规划
(B)短路点应选取在电缆回路最大短路电流可能发生处
(C)短路电流的作用时间,应取主保护动作时间与断路器开断时间之和
(D)短路电流的作用时间,对于直馈电动机应取主保护动作时间和断路器开断时间之和

3. 35kV不接地系统,发生单相接地故障后,当无法迅速切除故障时,变电站接地装置的跨步电位差不应大于下面哪项数值?(已知地表层电阻率为40Ω·m,表层衰减系数为0.8) (　　)

(A)51.6V　　(B)56.4V
(C)65.3V　　(D)70.1V

4. 某110kV变电所,当地海拔高度为850m,采用无间隙金属氧化物避雷器作为110kV不接地系统各相工频过电压的限制措施,一般条件下避雷器的额定电压应不大于下列哪项数值? (　　)

(A)82.5kV　　(B)94.5kV
(C)151.8kV　　(D)174.0kV

5. 中性点经消弧线圈接地的电网,当采用欠补偿方式时,下列哪项描述是正确的? (　　)

(A)脱谐度小于零
(B)电网的电容电流大于消弧线圈的电感电流
(C)电网为容性
(D)电网为感性

6. 系统额定电压为660V的IT供电系统中选用的绝缘监测电器,其相地绝缘电阻的整定值应低于下列哪项数值? ( )

(A)0.1MΩ (B)0.5MΩ
(C)1.0MΩ (D)1.5MΩ

7. 需要保护和控制雷电电磁脉冲环境的建筑物应划分为不同的雷电防护区,关于雷电防护区的划分,下列哪项描述是错误的? ( )

(A)LPZ0A区:受直接雷击和全部雷击电磁场威胁的区域。该区域的内部系统可能受到全部或部分雷电浪涌电流的影响
(B)LPZ0B区:直接雷击的防护区域,但该区域的威胁是部分雷电电磁场。该区域的内部系统可能受到部分雷电浪涌电流的影响
(C)LPZ1区:由于边界处分流和浪涌保护器的作用使浪涌电流受到限制的区域。该区域的空间屏蔽可以衰减雷电电磁场
(D)LPZ2~n后续防雷区:由于边界处分流和浪涌保护器的作用使浪涌电流受到进一步限制的区域。该区域的空间屏蔽可以进一步衰减雷电电磁场

8. 某变电所屋外配电装置高10m,拟采用2支35m高的避雷针防直击雷,则单支避雷针在地面上的保护半径为下列哪项数值? ( )

(A)26.3m (B)35m
(C)48.8m (D)52.5m

9. 某周长100m的二类防雷建筑物,利用基础内钢筋网作为接地体,采用网状接闪器和多根引下线,在周围地面以下距地面不小于0.5m处,每根引下线所连接的钢筋表面积总和不小于下列哪一项数值? ( )

(A)$0.25m^2$ (B)$0.32m^2$
(C)$0.50m^2$ (D)$0.82m^2$

10. 某10kV变压器室,变压器的油量为300kg,有将事故油排至安全处的设施,则该变压器室的贮油设施的最小储油量为下列哪项数值? ( )

(A)30kg (B)60kg
(C)180kg (D)300kg

11. 某10kV变压器室,变压器尺寸为2000mm×1500mm×2300mm(长×宽×高),则该变压器室门的最小尺寸为下列哪项数值(宽×高)? ( )

(A)1500mm×2800mm (B)1800mm×2800mm
(C)2300mm×2600mm (D)2300mm×2800mm

12. 下列电力装置或设备的哪个部分可不接地？（ ）

(A)变压器的底座 (B)发电机出线柜
(C)10kV 开关柜外壳 (D)室内 DC36V 蓄电池支架

13. 某变电站采用直流电源成套装置，蓄电池组为阀控式密封铅酸蓄电池，下述容量配置中哪项不符合规定？（ ）

(A)350Ah (B)200Ah
(C)100Ah (D)40Ah

14. 在电流型变频器中采用将几组具有不同输出相位的逆变器并联运行的多重化技术，以降低输出电流的谐波含量。三重输出直接并联的逆变器的 5 次谐波可能达到的最低谐波含量应为下列哪项数值？（ ）

(A)3.83% (B)4.28%
(C)4.54% (D)5.36%

15. 下述哪个场所应选用聚氯乙烯外护层电缆？（ ）

(A)人员密集的公共设施 (B)－15℃以下低温环境
(C)60℃以上高温场所 (D)放射线作用场所

16. 某车间环境对铝有严重腐蚀性，车间内电炉变压器二次侧母线电流为 30000A，该母线宜采用下述哪种材质？（ ）

(A)铝 (B)铝合金
(C)铜 (D)钢

17. 闪点不小于 60℃的液体或可燃固体，其火灾危险性分类正确的是下列哪项？（ ）

(A)乙类 (B)丙类
(C)丁类 (D)戊类

18. 从手到手流过 225mA 的电流与左手到双脚流过多少 mA 的电流有相同的心室纤维性颤动可能性？（ ）

(A)70mA (B)80mA
(C)90mA (D)100mA

19. 下列关于对 TN 系统的描述，错误的是哪一项？（ ）

(A)过电流保护器可用作 TN 系统的故障保护
(B)剩余电流保护器(RCD)可用作 TN 系统的故障保护

(C)剩余电流保护器(RCD)可应用于 TN-C 系统

(D)在 TN-C-S 系统中采用 RCD 时,在 RCD 的负荷侧不得再出现 PEN 线

20. 并联电容器装置的合闸涌流限制超过额定电流的多少倍时,应采取下列哪项措施予以限制? ( )

(A)20 倍,并联电抗器 (B)20 倍,串联电抗器

(C)10 倍,并联电抗器 (D)10 倍,串联电抗器

21. 某广场照明采用投光灯,安装 1000W 金属卤化物灯,投光灯中光源的光通量 $\Phi_1$ = 200000lm,灯具效率 $\eta$ = 0.69,安装高度为 21m,被照面积为 10000m$^2$。当安装 8 盏投光灯,且有 4 盏投光灯的光通量全部入射到被照面上时,查得利用系数 $U$ = 0.7,灯具维护系数 0.7,被照面上的水平平均照度值为下列哪项数值? ( )

(A)27.0lx (B)54.1lx

(C)77.3lx (D)112lx

22. 某变电所 10kV Ⅰ段母线接有两组整流设备,整流器接线均为三相全控桥式,已知 1 号整流设备 10kV 侧 5 次谐波电流值为 35A,2 号整流设备 10kV 侧 5 次谐波电流值为 25A,则该变电所 10kV Ⅰ段母线的 5 次谐波电流值应为下列哪项数值? ( )

(A)43A (B)49.8A

(C)54.5A (D)57.2A

23. 下列哪种措施对降低冲击性负荷引起的电网电压波动和电压闪变是无效的? ( )

(A)采用专线供电

(B)与对电压不敏感的其他负荷共用配电线路时,降低线路阻抗

(C)选择高一级电压或由专用变压器供电,将冲击负荷接入短路容量较大的电网中

(D)较大功率的冲击性负荷或冲击性群与对电压波动、闪变敏感的负荷由同一台变压器供电

24. 下列哪些措施可以限制变电站 6~10kV 线路的三相短路电流? ( )

(A)将分裂运行的变压器改为并列运行

(B)降低变压器的短路阻抗

(C)在变压器中性点加小电抗器

(D)在变压器回路串联限流电抗器

25. 安全防范系统设计中,要求系统的电源线、信号线经过不同防雷区界面处,宜安装电涌保护器;系统的重要设备应安装电涌保护器。电涌保护器接地端和防雷接地装

置应做等电位连接。等电位连接带应采用铜质线，按规范规定其截面不应小于下列哪项数值？（　　）

(A) $10mm^2$　　(B) $16mm^2$

(C) $25mm^2$　　(D) $50mm^2$

26. 公共广播系统设计中，对于二级背景广播系统，其电声性能指标中的系统设备信噪比，下列哪项符合规范的规定？（　　）

(A) ≥65dB　　(B) ≥55dB

(C) ≥50dB　　(D) ≥45dB

27. 某地下室平时车库，战时人防物资库，平时和战时通风、排水不合用，照明合用。用电负荷统计见下表，计算人防战时负荷总有功功率为下列哪项数值？（　　）

| 序　号 | 用电负荷名称 | 数　量 | 有功功率 | 备　注 |
| --- | --- | --- | --- | --- |
| 1 | 车库送风机兼消防排烟补风机 | 1 | 11kW | 单台有功功率 |
| 2 | 车库排风机兼消防排烟风机 | 1 | 15kW | 单台有功功率 |
| 3 | 诱导风机 | 15 | 100W | 单台有功功率 |
| 4 | 车库排水泵 | 2 | 5.5kW | 单台有功功率 |
| 5 | 正常照明 |  | 12kW | 总有功功率 |
| 6 | 应急照明 |  | 1.5kW | 总有功功率 |
| 7 | 防火卷帘门 | 1 | 3kW | 单台有功功率 |
| 8 | 物资库送风机 | 1 | 4kW | 单台有功功率 |
| 9 | 电葫芦(战时安装) | 1 | 1.5kW | 单台有功功率 |
| 10 | 电动汽车充电桩 | 4 | 60kW | 单台有功功率 |

(A) 19kW　　(B) 20.5kW

(C) 22kW　　(D) 30kW

28. 复励式440V、150kW起重用直流电动机，在工作制 $F_{CN}=25\%$ 时、额定电压及相应转速下，电动机允许的最大转矩倍数应为下列哪项数值？（　　）

(A) 3.6　　(B) 3.2

(C) 2.64　　(D) 2.24

29. 某制冷站两台用电功率406kW的制冷机组，辅助设备总功率300kW。制冷机组Y/△启动，额定电流698A，Y接线时启动电流1089A，△接线时启动电流3400A，辅助设备计算负荷为80%设备总功率，设备功率因数均为0.8，假定所有设备逐台不同时启动运行，计算最大尖峰电流为下列哪项数值？（　　）

(A)1544.8A　　(B)2242.8A

(C)2356.8A　　(D)4553.8A

30. 下列哪类修车库或用电负荷应按一级负荷供电？　（　　）

(A)Ⅰ类修车库

(B)Ⅱ类修车库

(C)Ⅲ类修车库

(D)采用汽车专用升降机作为车辆疏散出口的升降机用电

31. 下列哪项场所不宜选用感应式自动控制的发光二极管？　（　　）

(A)无人长时间逗留的排烟机房

(B)地下车库的行车道、停车位

(C)公共建筑的走廊、楼梯间、厕所等场所

(D)只进行检查、巡视和短时操作的工作场所

32. 接地导体与接地极应可靠连接，且应有良好的导电性能，下列哪项不符合规范要求？　（　　）

(A)放热焊接　　(B)搭接绑扎

(C)夹具　　(D)压机器

33. 下列有关线性光束感烟火灾探测器的设置，有关设备及设备与建筑物距离的描述哪项是正确的？　（　　）

(A)探测器至侧墙水平距离不应大于8m，且不应小于0.5m

(B)探测器的发射器和接收器之间不应超过100m

(C)相邻两组探测器的水平距离不应大于14m

(D)探测器光束轴线至顶棚的垂直距离宜为0.5～1.0m

34. 某数据中心的设计过程中，下列哪项做法是不正确的？　（　　）

(A)采用不间断电源系统供电的空调设备和电子信息设备分别由不同的不间断电源供电

(B)测试电子信息的电源和电子信息设备的正常工作电源分别由不同的不间断电源供电

(C)电子信息设备应由不间断电源系统供电

(D)不间断电源系统应有自动和手动旁路装置

35. 某35kV变电站内的消防水泵房与油浸式电容器相邻，两建筑物为砖混结构，屋檐为非燃烧材料，相邻面两墙体上均为开小窗，则这两建筑物之间的最小距离不得小于下列哪个数值？　（　　）

(A)5m　　(B)7.5m

(C)10m　　(D)12m

36. 在架空输电线路设计中,当35kV线路在最大计算弧垂情况下,人口稀少地区导线与地面的最小距离为下列哪项数值?　　(　　)

(A)6.0m　　(B)5.5m

(C)5.0m　　(D)4.5m

37. 采用并联电力电容器作为就地无功补偿装置时,下列原则哪项是不正确的?　　(　　)

(A)容量较大,负荷平稳且经常使用的用电设备的无功功率,宜单独就地补偿

(B)在环境正常的建筑物内,低压电容器宜集中设置

(C)补偿基本无功功率电容器组,应在配变电所内集中补偿

(D)高压部分的无功功率,宜由高压电容器补偿

38. 某山区需安装架空线杆塔,经现场测量可知设计用10min平均风速为35m/s,全年风向与线路方向的夹角平均为65°,悬垂绝缘子串风偏角计算时,风压不均匀系数应取下列哪项数值?　　(　　)

(A)1.124　　(B)1.092

(C)0.434　　(D)0.655

39. 某甲级办公楼高99m,设置有1个电气竖井,面积为5.2$m^2$,竖井内安装4个配电箱,面对面挂墙布置,请问配电箱前的操作维护尺寸不应小于下列哪项数值?(　　)

(A)0.6m　　(B)0.8m

(C)1.0m　　(D)1.1m

40. 下列有关不同额定电压等级的普通交联聚乙烯电力电缆导体的最高允许温度,哪项是正确的?　　(　　)

(A)额定电压10kV,持续工作时70℃,短路暂态160℃

(B)额定电压35kV,持续工作时80℃,短路暂态250℃

(C)额定电压66kV,持续工作时80℃,短路暂态160℃

(D)额定电压110kV,持续工作时90℃,短路暂态250℃

**二、多项选择题(共30题,每题2分。每题的备选项中有2个或2个以上符合题意。错选、少选、多选均不得分)**

41. 在可能发生对地闪击的地区,下列哪些建筑是二类防雷建筑物?　　(　　)

(A)国家特级和甲级大型体育馆

(B)省级重点文物保护的建筑物

(C)预计雷击次数大于0.05次/a的部、省级办公建筑物

(D)预计雷击次数大于0.25次/a的一般性工业建筑物

42. 在施工图设计阶段,应按下列哪些方法计算的最大容量确定柴油发电机的容量?
( )

(A)按需要供电的稳定负荷计算发电机容量

(B)按尖峰负荷计算发电机容量

(C)按配电变压器容量计算发电机容量

(D)按启动发电机时,发电机母线允许压降计算发电机容量

43. 某0.4kV配电所,不计反馈时母线短路电流为10kA,用电设备均布置在配电所附近。在进行电源进线断路器分断能力校验时,下列0.4kV配出负荷哪些项应计入其影响?
( )

(A)一台额定电压为380V功率为55kW的交流弧焊机

(B)一台三相80kVA变压器

(C)一台功率为55kW功率因数为0.87效率为93%的电动机

(D)二台功率为30kW功率因数为0.86效率为91.4%的电动机

44. 交流调速方案按其效率高低,可分为高效和低效两种,下述哪些是高效调速方案?
( )

(A)变级数控制

(B)液力耦合器控制

(C)串级(双馈)控制

(D)定子变压控制

45. 人民防空工程防火电气设计中,下列哪些项符合现行规范的规定? ( )

(A)建筑面积大于5000$m^2$的人防工程,其消防备用照明的照度值不宜低于正常照明照度值的50%

(B)沿墙面设置的疏散标志灯距地面不应大于1m,间距不应大于15m

(C)设置在疏散走道上方的疏散标志灯的方向指示应与疏散通道垂直,其大小应与建筑空间相协调;标志灯下边缘距室内地面不应大于2.5m,且应设置在风管等设备管道的下部

(D)沿地面设置的灯光型疏散方向标志的间距不宜大于3m,蓄光型发光标志的间距不宜大于2m

46. 在建筑防火设计中,按现行国家标准,建筑内下列哪些场所应设置疏散照明?
( )

(A)建筑面积大于100$m^2$的地下或半地下公共活动场所

(B)公共建筑内的疏散走道

(C)人员密集的厂房内的生产场所及疏散走道

(D)建筑高度25.8m的住宅建筑电梯间的前室或合用前室

47. 户外严酷条件下，电气设施的直接接触防护，实现完全防护需采用下列哪些项措施？ (　　)

(A)采用遮拦或壳体
(B)对带电部件采用绝缘
(C)将带电部件置于伸臂范围之外
(D)设置屏蔽

48. 下列哪些项符合节能措施要求？ (　　)

(A)尽管电网电能充足，但用户也应设置自备电源
(B)35kV不宜直降至低压配电电压
(C)较大容量的制冷机组，冬季不使用，宜配置专用变压器
(D)按经济电流密度选择电力电缆导体截面

49. 防空地下室战时各级负荷电源应符合下列哪些要求？ (　　)

(A)战时一级负荷，应有两个独立的电源供电，其中一个独立电源应是该防空地下室的内部电源
(B)战时二级负荷，应引接区域电源，当引接区域电源有困难时，应在防空地下室内设置自备电源
(C)战时三级负荷，应引接电力系统电源
(D)为战时一级、二级负荷供电专设的EPS、UPS自备电源设备，平时必须安装到位

50. 交—直—交变频调速分电压型和电流型两大类，下述哪些是电流型变频调速的主要特点？ (　　)

(A)直流滤波环节为电抗器
(B)输出电流波形为矩形
(C)输出动态阻抗小
(D)再生制动方便

51. 下列低压配电系统接地表述中，哪些是正确的？ (　　)

(A)对用电设备采用单独的PE和N的多电源TN-C-S系统，应在变压器中性点或发电机星形点直接接地
(B)TT系统中，装置的外露可导电部分应与电源系统中性点接至统一接地线上
(C)IT系统可经足够高的阻抗接地
(D)建筑物处的低压系统电源中性点，电气装置外露可导电部分的保护接地，保护等电位联结的接地极等，可与建筑物的雷电保护接地共用同一接地装置

52. 某变电站的接地网均压带采用等间距布置，接地网的外缘各角闭合，并做成圆

弧型，如均压带间距为20m，圆弧半径可为下列哪些数值？（　　）

(A)20m　　(B)15m

(C)10m　　(D)8m

53. 下列关于消防联动控制的表述中，哪几项是正确的？（　　）

(A)消防联动控制器应能按规定的控制逻辑向各相关的受控设备发出联动控制信号，并接受相关设备的联动反馈信号

(B)消防水泵、防烟和排烟风机的控制设备，除应采用联动控制方式外，还应在消防控制室设置手动直接控制装置

(C)启动电流较大的消防设备宜分时启动

(D)需要火灾自动报警系统联动控制的消防设备，其联动触发信号应采用两个独立的报警触发装置报警信号的“或”逻辑组合

54. 铝钢截面比一定的钢芯铝绞线，在下列哪些条件下需要采取防振措施？（　　）

(A)档距不超过500m的开阔地区，平均运行张力的上限小于拉断力的16%

(B)档距不超过500m的非开阔地区，平均运行张力的上限小于拉断力的18%

(C)档距不超过120m的地区，平均运行张力的上限小于拉断力的22%

(D)无论档距大小，平均运行张力的上限小于拉断力的25%

55. 发电厂、变电站中，在均衡充电运行情况下，直流母线电压应满足下列哪些要求？（　　）

(A)对专供动力负荷的直流系统，应不高于直流系统标称电压的112.5%

(B)对专供控制负荷的直流系统，应不高于直流系统标称电压的110%

(C)对控制和动力合用的直流系统，应不高于直流系统标称电压的110%

(D)对控制和动力合用的直流系统，应不高于直流系统标称电压的112.5%

56. 电力工程中，当500kV导体选用管形导体时，为了消除管形导体的端部效应，可采用下列哪些措施？（　　）

(A)适当延长导体端部　　(B)管形导体内部加装阻尼线

(C)端部加装消振器　　(D)端部加装屏蔽电极

57. 对于FELV系统及其插头和插座的描述，下列描述哪些项是正确的？（　　）

(A)FELV系统为标称电压超过交流50V或直流120V的系统

(B)插头不可能插入其他电压系统的插座

(C)插座不可能被其他电压系统的插头插入

(D)插座应具有保护导体接点

58. 反接制动是将交流电动机的电源相序反接，产生制动转矩的一种电制动方式，

下述哪些是绕线型异步电动机反接制动的特点？ ( )

(A)有较强的制动效果
(B)制动转矩较大且基本稳定
(C)能量能回馈电网
(D)制动到零时应切断电源，否则有自动反向启动的可能

59. 民用建筑的防火分区最大允许建筑面积，下列描述哪些项是正确的？ ( )

(A)设有自动灭火系统的一级或二级耐火的高层建筑：$3000m^2$
(B)一级耐火的地下室或半地下建筑的设备用房：$500m^2$
(C)三级耐火的单、多层建筑：$1200m^2$
(D)设有自动灭火系统的一级或二级耐火的单、多层建筑：$5000m^2$

60. 关于电缆类型的选择，下列描述哪些项是正确的？ ( )

(A)电缆导体与绝缘屏蔽层之间额定电压不得低于回路工作线电压
(B)中压电缆不宜选用交联聚乙烯绝缘类型
(C)移动式电气设备等经常弯移或有较高柔软性要求的回路，应选用橡皮绝缘等电缆
(D)高温场所不宜选用普通聚氯乙烯绝缘电缆

61. 某车间配电室采用机械通风，通风设计温度为35℃，配电室内高压裸母线工作电流为1500A，按工作电流选择矩形铝母线(平放)，下述哪些项是正确的？ ( )

(A)$125\times6.3mm^2$
(B)$125\times8mm^2$
(C)$2\times(63\times6.3)mm^2$
(D)$2\times(80\times6.3)mm^2$

62. 交直流一体化电源系统具有下述哪些特征？ ( )

(A)由站用交流电源，直流电源与交流不间断电源(UPS)、逆变电源(INV)、直流变换电源(DC/DC)装置构成，各电源统一监视控制
(B)直流电源与UPS、INV、DC/DC直流变换装置共享直流蓄电池组
(C)直流与交流配电回路同柜配置
(D)交流屏与UPS共享同一交流进线电源

63. 关于变电站接地装置，下列论述哪些项是正确的？ ( )

(A)在有效接地系统中，接地导体截面应按接地故障电流进行动稳定校验
(B)接地极的截面不宜小于连接至该接地装置的接地导体截面的75%
(C)考虑腐蚀影响，接地装置的设计使用年限应与地面工程的设计年限一致
(D)接地网可采用钢材，但应采用热镀锌

64. 关于露天或半露天变电所的位置，下列描述哪些项是正确的？ ( )

(A)露天或半露天变电所的变压器四周应设高度不低于1.8m的固定围栏或围墙，变压器外廓与围栏或围墙的净距不应小于0.6m，变压器底部距地面不应小于0.2m

(B)油重小于1000kg的相邻变压器外廓之间的净距不应小于1.5m

(C)油重1000～25000kg的相邻变压器外廓之间的净距不应小于3m

(D)油重大于2500kg的相邻变压器外廓之间的净距不应小于5m

65. 干式空心串联电抗器布置与安装时，应符合下列哪些规定？（　　）

(A)干式空心串联电抗器布置与安装时，应满足防电磁感应要求

(B)电抗器对上部、下部和基础中的铁磁性构件距离，不宜小于电抗器直径的0.5倍

(C)电抗器中心对侧面的铁磁性构件距离，不宜小于电抗器直径的1倍

(D)电抗器相互之间的中心距离，不宜小于电抗器直径的1.5倍

66. 关于防雷引下线，下列描述哪些项是正确的？（　　）

(A)明敷引下线（镀锌圆钢）的固定支架间距不宜大于1000mm

(B)当独立烟囱上的引下线采用圆钢时，其直径不应小于10mm

(C)专设引下线应沿建筑物外墙外表面明敷，并应经最短路径接地；建筑外观要求较高时可暗敷，但其圆钢直径不应小于10mm，扁钢截面不应小于$80mm^2$

(D)采用多根专设引下线时，应在各引下线距地面0.3～1.8m处装设断接卡

67. 关于110kV变电所的防雷措施，下列描述哪些项是正确的？（　　）

(A)强雷区的变电站控制室和配电室宜有直击雷保护

(B)主控制室、配电装置室的屋顶上装设直击雷保护装置时，应将屋顶金属部分接地

(C)峡谷地区的变电站不宜用避雷线保护

(D)露天布置的GIS的外壳可不装设直击雷保护装置，但外壳应接地

68. 某低压TN-C系统，系统额定电压380V，用电设备均为单相220V，且三相负荷不平衡，当保护接地中性线断开时，下列描述哪些项是正确的？（　　）

(A)会造成负载侧各相之间的线电压均升高

(B)可能会造成接于某相上的用电设备电压升高

(C)可能会造成接于某相上的用电设备电压降低

(D)可能会造成用电设备的金属外壳接触电压升高

69. 关于电能计量表计接线方式的说法，下列哪些项是正确的？（　　）

(A)直接接地系统的电能计量装置应采用三相四线的接线方式

(B)不接地系统的电能计量装置宜采用三相三线的接线方式

(C)经消弧线圈等接地的计费用户且年平均中性点电流大于0.1%额定电流时，应采用三相三线的接线方式

(D)三相负荷不平衡大于10%的1200V及以上的电力用户线路，应采用三相四线的接线方式

70. 人防战时电力负荷分级，下列哪些条件符合二级负荷规定？ (　　)

(A)中断供电将造成人员秩序严重混乱或恐慌

(B)中断供电将影响生存环境

(C)中断供电将严重影响医疗救护工程、防空专业队工程、人员隐蔽工程和配套工程的正常工作

(D)中断供电将严重影响通信、警报的正常工作

# 2017 年专业知识试题答案(上午卷)

1. **答案**:A

**依据**:《照明设计手册》(第三版)P436 表 20-2“灯具配光曲线选择表”、P7 式(1-9)。

根据灯具在厂房房架上悬挂高度,按室形指数 $RI$ 值选取不同配光的灯具:当 $RI = 0.5 \sim 1.8$ 时,宜选用窄配光灯具;当 $RI = 0.8 \sim 1.65$ 时,宜选用中配光灯具;当 $RI = 1.65 \sim 5$ 时,宜选用宽配光灯具。

$$RI = \frac{L \cdot W}{h(L + W)} = \frac{60 \times 30}{8 \times (60 + 30)} = 2.5$$

注:也可参考《照明设计手册》(第二版)P231“照明质量”之(1)、P7 式(1-9),或参考 P106 表 4-13。

2. **答案**:C

**依据**:《电力工程电缆设计规范》(GB 50217—2018)第 3.6.8 条。

3. **答案**:B

**依据**:《交流电气装置的接地设计规范》(GB 50065—2011)第 4.2.2-2 条。

跨步电位差:$U_s = 50 + 0.2\rho_s C_s = 50 + 0.2 \times 40 \times 0.8 = 56.4\ \text{V}$

4. **答案**:D

**依据**:$U_N = 1.38U_m = 1.38 \times 126 = 173.88\text{kV}$

5. **答案**:B

**依据**:《交流电气装置的过电压保护和绝缘配合设计规范》(GB/T 50064—2014)第 18.1.4 条,当欠补偿时,$K$ 值按脱谐度确定($K = 1 -$ 脱谐度)。

6. **答案**:C

**依据**:《低压配电设计规范》(GB 50054—2011)第 3.1.17-3 条。

7. **答案**:B

**依据**:《建筑物防雷设计规范》(GB 50057—2010)第 6.2.1 条“防雷区的划分”。

8. **答案**:C

**依据**:《交流电气装置的过电压保护和绝缘配合设计规范》(GB/T 50064—2014)第 5.2.1条。

$h = 35\text{m}$,则高度影响系数 $P = 5.5 \div \sqrt{35} = 0.93$

$r = 1.5hP = 1.5 \times 35 \times 0.93 = 48.8\text{m}$

注:“滚球法”对应规范《建筑物防雷设计规范》(GB 50057—2011)(民用建筑使用较多),“折线法”对应规范《交流电气装置的过电压保护和绝缘配合设计规范》(GB/T 50064—2014),或者《交流电器装置的过电压保护和绝缘配合》(DL/T620—1997),变电所与发电厂使用较多。

9. **答案**:D

**依据**:《建筑物防雷设计规范》(GB 50057—2010)第6.2.1条及附录E.0.1。

$S \geqslant 4.24k_c^2 = 4.24 \times 0.44^2 = 0.821m^2$

注:附录E.0.1:当接闪器成闭合环或网状的多根引下线时,分流系数可为0.44。

10. **答案**:B

**依据**:《3—110kV高压配电装置设计规范》(GB 50060—2008)第5.5.2条。

注:也可参考《20kV及以下变电所设计规范》(GB 50053—2013)第6.1.7条。

11. **答案**:B

**依据**:《20kV及以下变电所设计规范》(GB 50053—2013)第6.2.7条。

12. **答案**:D

**依据**:《交流电气装置的接地设计规范》(GB 50065—2011)第3.2.2-4条。

13. **答案**:A

**依据**:《电力工程直流系统设计技术规程》(DL/T 5044—2014)第6.10.2-1条。

14. **答案**:C

**依据**:《钢铁企业电力设计手册》(下册)P327表25-6"多重化联结及可能达到的最低谐波含量"。

15. **答案**:D

**依据**:《电力工程电缆设计规范》(GB 50217—2018)第3.4.1-3条、第3.5.1-5条、第3.4.4-5条、第3.4.6条。

16. **答案**:C

**依据**:《导体和电器选择设计技术规定》(DL/T 5222—2005)第7.1.3条。

17. **答案**:B

**依据**:《建筑设计防火规范》(GB 50016—2014)第3.1.1条及表3.1.1。

18. **答案**:C

**依据**:《电流对人和家畜的效应　第1部分:通用部分》(GB/T 13870.1—2008)表12下方文字。

19. **答案**:C

**依据**:《低压配电装置第4-41部分:安全防护电击防护》(GB 16895.21—2012)第411.6.1条、第411.4.5条。

20. **答案**:B

**依据**:《并联电容器装置设计规范》(GB 50227—2017)第5.5.3条。

21. **答案**:B

**依据**:《照明设计手册》(第三版)P160 式(5-66):

$$E_{av}=\frac{N\Phi_1 U\eta K}{A}=\frac{8\times200000\times0.7\times0.69\times0.7}{10000}=54.1\text{lx}$$

注:参见 P161 表 5-24“利用系数 $U$ 值选择表”。根据光通量全部入射到被照面上的投光灯盏数占总盏数的百分比,从表中选择利用系数。因此,若本题中未给利用系数值,也应可计算出结果。

22. **答案**:C

**依据**:《钢铁企业电力设计手册》(上册)P428 第 11.2.4 节“多个谐波源的同次谐波叠加计算”。

$I_5=\sqrt{35^2+25^2+1.28\times35\times25}=54.5\text{A}$,相位角差不确定,5 次谐波 $K_n$ 取 1.28。

23. **答案**:D

**依据**:《供配电系统设计规范》(GB 50052—2009)第 5.0.11 条。

24. **答案**:D

**依据**:《35kV ~ 110kV 变电站设计规范》(GB 50059—2011)第 3.2.6 条。

25. **答案**:D

**依据**:《数据中心设计规范》(GB 50174—2017)第 8.4.8 条及表 8.4.8。

注:《建筑物防雷设计规范》(GB 50057—2010)第 5.1.2 条及表 5.1.2。

26. **答案**:A

**依据**:《公共广播系统工程技术规范》(GB 50526—2010)第 3.3.1 条及表 3.3.1。

27. **答案**:D

**依据**:《人民防空地下室设计规范》(GB 50038—2005)第 7.2.4 条及表 7.2.4。

人防战时负荷包括车库排水泵、正常照明、应急照明、物资库送风机、电葫芦,则:

$S_\Sigma=11+12+1.5+4+1.5=30\text{kW}$

注:消防负荷不纳入人防战时负荷统计。

28. **答案**:B

**依据**:《钢铁企业电力设计手册》(下册)P38 表 23-31“直流电动机允许的最大转矩倍数”。

29. **答案**:B

**依据**:尖峰电流出现在除最大功率的一台设备外所有其他设备正常运行时,启动该最大功率设备,则:

$$I_{jf}=I_{n1}+I_{n2}+I_{st\cdot max}=698+\frac{300\times80\%}{0.38\times0.8\times\sqrt{3}}+1089=2242.8\text{A}$$

注：Y/△降压启动适用于正常运行时绕组为三角形接线。启动时电动机定子绕组接成星形，随后将三相绕组转接成三角形。

30. **答案**：D

**依据**：《汽车库、修车库、停车场设计防火规范》(GB 50067—2014)第9.0.1条。

31. **答案**：A

**依据**：《建筑照明设计标准》(GB 50034—2013)第6.2.7条。

32. **答案**：B

**依据**：《交流电气装置的接地设计规范》(GB/T 50065—2011)第8.1.3-2条。

33. **答案**：C

**依据**：《火灾自动报警系统设计规范》(GB 50116—2013)第6.2.15条。

34. **答案**：C

**依据**：《数据中心设计规范》(GB 50174—2017)第8.1.7条、第8.1.8条。

35. **答案**：C

**依据**：《火力发电厂与变电站设计防火规范》(GB 50229—2019)第11.1.1条、第11.1.5条及表11.1.5。

36. **答案**：A

**依据**：《66kV及以下架空电力线路设计规范》(GB 50061—2010)第12.0.7条。

37. **答案**：B

**依据**：《供配电系统设计规范》(GB 50052—2009)第6.0.4条。

38. **答案**：D

**依据**：《交流电气装置的过电压保护和绝缘配合设计规范》(GB/T 50064—2014)附录B式(B.0.1)。

39. **答案**：B

**依据**：《低压配电设计规范》(GB 50054—2011)第7.7.8条。

40. **答案**：D

**依据**：《电力工程电缆设计规范》(GB 50217—2018)附录A"常用电力电缆导体的最高允许温度"。

41. **答案**：ACD

**依据**：《建筑物防雷设计规范》(GB 50057—2010)第3.0.3条。

42. **答案**：AD

**依据**：《民用建筑电气设计标准》(GB 51348—2019)第6.1.3-2条。

43. **答案**:CD

**依据**:《低压配电设计规范》(GB 50054—2011)第3.1.2条。

注:弧焊机又称弧焊机变压器,是一种特殊的变压器,不属于电动机范畴。

44. **答案**:AC

**依据**:《钢铁企业电力设计手册》(下册)P270表25-1下方。

45. **答案**:BCD

**依据**:《人民防空工程设计防火规范》(GB 50098—2009)第8.2.4条、第8.2.5条。

46. **答案**:ABC

**依据**:《建筑设计防火规范》(GB 50016—2014)第10.3.1条。

47. **答案**:ABC

**依据**:《低压配电设计规范》(GB 50054—2011)第5.1条"直接接触防护措施"。

48. **答案**:CD

**依据**:无。

49. **答案**:ABC

**依据**:《人民防空地下室设计规范》(GB 50038—2005)第7.2.15条。

50. **答案**:ABD

**依据**:《钢铁企业电力设计手册》(下册)P311表25-12。

51. **答案**:CD

**依据**:《交流电气装置的接地设计规范》(GB/T 50065—2011)第7.1.2-2条、第7.1.3条、第7.1.4条、第7.2.11条。

52. **答案**:ABC

**依据**:《交流电气装置的接地设计规范》(GB/T 50065—2011)第4.3.2-1条。

53. **答案**:ABC

**依据**:《火灾自动报警系统设计规范》(GB 50116—2013)第4.1.1条、第4.1.4条、第4.1.5条、第4.1.6条。

54. **答案**:CD

**依据**:《66kV及以下架空电力线路设计规范》(GB 50061—2010)第5.2.4条。

55. **答案**:ABC

**依据**:《电力工程直流系统设计技术规程》(DL/T 5044—2014)第3.2.3条。

56. **答案**:AD

**依据**:《导体与电器选择设计技术规程》(DL/T 5222—2005)第7.3.8条。

57. **答案**:BC

**依据**:《低压配电设计规范》(GB 50054—2011)第5.3.13条、第5.3.17条。

58. **答案**:ABD

**依据**:《钢铁企业电力设计手册》(下册)P96表24-7。

59. **答案**:AD

**依据**:《建筑设计防火规范》(GB 50016—2014)第5.3.1条及表5.3.1。

60. **答案**:CD

**依据**:《电力工程电缆设计规范》(GB 50217—2018)第3.2.2条、第3.3.2-1条、第3.3.3条、第3.3.5条。

61. **答案**:BD

**依据**:《导体和电器选择设计技术规定》(DL/T 5222—2005)附录D表D.9和表D.11。

查表D.11,校正系数$K=0.88$,裸母线载流量$I_c=1500\div0.88=1704.5A$

查表D.9,矩形铝母线长期允许载流量$I_e>I_c$。

62. **答案**:AB

**依据**:《电力工程直流系统设计技术规程》(DL/T 5044—2014)第2.0.19条。

注:也可参考《站用交直流一体化电源系统技术规范》(Q/GDW 576—2010)第4.1条。

63. **答案**:BCD

**依据**:《交流电气装置的接地设计规范》(GB/T 50065—2011)第4.3.5条、第4.3.6条。

64. **答案**:BCD

**依据**:《20kV及以下变电所设计规范》(GB 50053—2013)第4.2.2条。

65. **答案**:AB

**依据**:《并联电容器装置设计规范》(GB 50227—2017)第8.3.3条。

66. **答案**:ACD

**依据**:《建筑物防雷设计规范》(GB 50057—2010)第5.3.2条、第5.3.3条、第5.3.4条、第5.3.6条。

67. **答案**:ABD

**依据**:《交流电气装置的过电压保护和绝缘配合设计规范》(GB/T 50064—2014)第5.4.2条、第5.4.3条。

68. **答案**:BCD

**依据**:无。分析可知,由于三相负荷不平衡,各相电流不相等,PEN断线后,根据用电设备电阻的不同，导致各相电压升高或降低，同时金属外壳对地电压将升高至相电压附近，约 220V，发生电击危险很大。

注：可参考《建筑物电气装置 600 问》(王厚余著)了解相关内容。

69. **答案**：ABD

**依据**：《电力装置电测量仪表装置设计规范》(DL/T 50063—2017)第 4.1.7 条。

70. **答案**：BC

**依据**：《人民防空地下室设计规范》(GB 50038—2005)第 7.2.3 条。

# 2017年专业知识试题(下午卷)

**一、单项选择题(共40题,每题1分,每题的备选项中只有1个最符合题意)**

1. 设计要求150W高压钠灯镇流器的BEF≥0.61,计算选择镇流器的流明系数不应低于下列哪项数值? ( )

(A)0.610 (B)0.855
(C)0.885 (D)0.915

2. 在可能发生对地闪击的地区,下列哪类建筑不是三类防雷建筑物? ( )

(A)在平均雷暴日大于15d/a的地区,高度15m的孤立水塔
(B)省级档案馆
(C)预计雷击次数大于0.05次/a,且小于或等于0.25次/a的住宅
(D)预计雷击次数大于0.25次/a的一般性工业建筑物

3. 中性点经低电阻接地的10kV电网,中性点接地电阻的额定电压与下列哪项最接近? ( )

(A)10.5kV (B)10kV
(C)6.6kV (D)6.06kV

4. 某办公建筑,供电系统采用三相四线制,三相负荷平衡,相电流中的三次谐波分量为30%,采用五芯等截面电缆供电,该电缆载流量的降低系数为下列哪项数值? ( )

(A)1.0 (B)0.9
(C)0.86 (D)0.7

5. 海拔900m的某35kV电气设备的额定雷电冲击耐受电压,下列哪项描述是错误的? ( )

(A)35kV变压器相对地内绝缘额定冲击耐受电压为185kV
(B)35kV变压器相间内绝缘额定冲击耐受电压为200kV
(C)35kV断路器断口额定冲击耐受电压为185kV
(D)35kV隔离开关断口额定冲击耐受电压为215kV

6. 关于并联电容器的布置,下列哪项描述是错误的? ( )

(A)并联电容器组的布置,宜分相设置独立的框(台)架

(B)屋内布置的并联电容器组,应在其四周或一侧设置维护通道,维护通道的宽度不宜小于1m

(C)电容器在框(台)架上单排布置时,框(台)架可靠墙布置

(D)电容器在框(台)架上双排布置时,框(台)架相互之间或与墙之间,应留出距离设置检修走道,走道宽度不宜小于1m

7. 某110kV配电装置采用室外布置,110kV中性点为有效接地系统,带电作业时,不同相带电部分之间的$B_1$值最小为下列哪项数值? ( )

(A)1650mm　　(B)1750mm

(C)1850mm　　(D)1950mm

8. 35/10kV变电所的场地由双层不同土壤构成,上层土壤电阻率为40Ω·m,土壤厚度为2m,下层土壤电阻率为100Ω·m,垂直接地极为3m,请计算等效土壤电阻率为下列哪项数值 ( )

(A)30Ω·m　　(B)40Ω·m

(C)50Ω·m　　(D)60Ω·m

9. 下列直流负荷中,哪项属于事故负荷? ( )

(A)正常及事故状态皆运行的直流电动机

(B)高压断路器事故跳闸

(C)发电机组直流润滑油泵

(D)交流不间断电源装置及远动和通信装置

10. 某厂房内具有比空气重的爆炸性气体,在该厂房内下述哪种电缆敷设方式不符合规定? ( )

(A)在电缆沟内敷设

(B)埋地敷设

(C)沿高处布置的托盘桥架敷设

(D)在较高处沿墙穿管敷设

11. 某建筑物内有220/380V的配电设备,这些配电设备绝缘耐冲击电压设计取值下列哪项是错误的? ( )

(A)计算机的耐冲击电压额定值为1.5kV

(B)洗衣机的耐冲击电压额定值为2.5kV

(C)配电箱内断路器的耐冲击电压额定值为4kV

(D)电动机的耐冲击电压额定值为3kV

12. 二级耐火的丙类火灾危险的地下或半地下室厂房内,任意一点到安全出口的直线距离,正确的是下列哪一项? ( )

(A)30m　(B)45m
(C)60m　(D)不受限制

13. TN 系统中配电线路的间接接触防护电器切断故障回路的时间,对于仅供固定式电气设备用电的某端线路,正确的是下列哪一项?（　　）

(A)不宜大于 5s　(B)不宜大于 8s
(C)不宜大于 10s　(D)不宜大于 15s

14. 爆炸性环境(1 区)内电气设备的保护级别应为下列哪一项?（　　）

(A)Ga 或 Gb　(B)Da
(C)Da 或 Db　(D)De

15. 电气系统与负荷公共连接点负序电压不平衡度的要求,下列描述哪项是正确的?（　　）

(A)电网正常运行时,负序电压不平衡度不超过 2%,短路不得超过 5%
(B)电网正常运行时,负序电压不平衡度不超过 3%,短路不得超过 4%
(C)电网正常运行时,负序电压不平衡度不超过 3%,短路不得超过 5%
(D)电网正常运行时,负序电压不平衡度不超过 2%,短路不得超过 4%

16. 交流回路指示仪表的综合准确度,直流回路指示仪表的综合准确度,接于电测量变送器二次侧仪表的准确度,分别不应低于下列哪组数据?（　　）

(A)2.5 级,2.0 级,1.5 级　(B)2.5 级,1.5 级,1.5 级
(C)2.5 级,2.0 级,2.0 级　(D)2.5 级,1.5 级,1.0 级

17. 消弧线圈接地系统中的单侧电源 10kV 电缆线路的接地保护装置,下列哪项描述是错误的?（　　）

(A)在变电所母线上装设接地监视装置,动作于信号
(B)线路上装设有选择性的接地保护
(C)出线回路较多时,采用一次断开线路的方法寻找故障线路
(D)装设有选择性的接地保护

18. 在供电部门与用户产权分界处,35kV 及以上供电电压正、负偏差绝对值之和不超过标称电压的数值,以及电网容量在 3000MW 以下的供电系统频率偏差最大允许值应选择下列哪组数值?（　　）

(A)10%,±0.5Hz　(B)10%,±0.2Hz
(C)7%,±0.5Hz　(D)7%,±0.2Hz

19. 火灾自动报警系统设计时,采用非高灵敏型管路采样式吸气感烟火灾探测器,

下列哪项符合规范的设置要求？（　　）

（A）安装高度不应超过 8m
（B）安装高度不应超过 10m
（C）安装高度不应超过 12m
（D）安装高度不应超过 16m

20. 工程中设计乙级投影型视频显示系统，其任一显示模式间的显示切换时间，规范规定是下列哪项数值？（　　）

（A）≤1s
（B）≤2s
（C）≤5s
（D）≤10s

21. 关于电缆支架的选择，下列哪项说法是不正确的？
（A）某单芯电缆工作电流为 2500A，其电缆支架选用钢制
（B）在强腐蚀环境，电缆支架采用热浸锌处理
（C）户外敷设时，计入可能出现的覆冰、雪和大风附加荷载
（D）钢制托臂在允许承载下的偏斜和臂长比值小于 1/50

22. 会议电视会场系统的传输敷设时，当与大于 5kVA 的 380V 电力电缆平行敷设时，其最小间距下列哪项符合规范的规定？（　　）

（A）130mm
（B）150mm
（C）300mm
（D）600mm

23. 综合布线系统设计中，对于信道为 OF-2000 的 1300nm 多模光纤的衰减值，下列哪项符合规范的规定？（　　）

（A）2.25dB
（B）3.25dB
（C）4.50dB
（D）8.50dB

24. 某场所的面积 160m$^2$，照明灯具总安装功率 2080W（含镇流器功率），其中装饰性灯具的安装功率 800W，其他灯具安装功率 1280W，该场所的照明功率密度值为下列哪项数值？（　　）

（A）8W/m$^2$
（B）10.5W/m$^2$
（C）13W/m$^2$
（D）18W/m$^2$

25. 对于数据中心机房的设计，在考虑后备柴油发电机时，下列哪项说法是不正确的？（　　）

（A）B 级数据中心发电机组的输出功率可按限时 500h 运行功率选择
（B）A 级数据中心发电机组应连续和不限时运行
（C）柴油发电机周围设置检修照明和电源，宜由应急照明系统供电
（D）A 级数据中心发电机组的输出功率应满足数据中心最大平均负荷的需要

26. 容量被人、畜所触及的裸带电体，当标称电压超过方均根值多少 V 时，应设置遮

拦或外护物？（　　）

(A)25V　　(B)50V

(C)75V　　(D)86.6V

27. 笼型电动机采用延边三角形降压启动时，抽头比 $K=1:1$ 时，启动性能的启动电压与额定电压之比应为下列哪项数值？（　　）

(A)0.62　　(B)0.64

(C)0.68　　(D)0.75

28. 下列哪个建筑物的电子信息系统的雷电防护等级是错误的？（　　）

(A)三级医院电子医疗设备的雷电防护等级为 B 级

(B)五星及更高星级宾馆电子信息系统的雷电防护等级为 B 级

(C)大中型有线电视系统医疗设备的雷电防护等级为 C 级

(D)大型火车站的雷电防护等级为 B 级

29. 下列哪一项要求符合人防配电设计规范规定？（　　）

(A)人防汽车库内无清洁区，电源配电柜(箱)可设置在染毒区内

(B)人防内、外电源的转换开关应为 ATSE 应急自动转换开关

(C)人防内防排烟风机等消防设备的供电回路应引自人防电源配电箱

(D)人防单元内消防电源配电箱宜在密闭隔墙上嵌墙暗装

30. 自动焊接机($\varepsilon=100\%$)单相 380V，46kW，$\cos\varphi=0.60$，换算其等效的 2 单相 220V 有功功率为下列哪项数值？（　　）

(A)23kW 和 23kW　　(B)38.64kW 和 7.36kW

(C)40.94kW 和 5.06kW　　(D)44.16kW 和 17.48kW

31. 测量住宅进户线处单相电源电压值为 236V，计算电压偏差值，并判断是否符合规范规定？（　　）

(A)1.07%，符合规定　　(B)−7.3%，符合规定

(C)7.3%，不符合规定　　(D)16V，不符合规定

32. 某办公室长 10m，宽 6.6m，吊顶高 2.8m，照度设计标准值为 300lx，维护系数 0.8，选用单管格栅荧光灯具，光源光通量为 3300lm，利用系数为 0.62，需要光源数为下列哪项数值？(取整数)（　　）

(A)6 支　　(B)10 支

(C)12 支　　(D)14 支

33. 人民防空工程防火电气设计中，下列哪项不符合现行标准的规定？（　　）

(A)建筑面积大于5000m$^2$的人防工程,其消防用电应按一级负荷要求供电;建筑面积小于或等于5000m$^2$的人防工程可按二级负荷要求供电

(B)消防疏散照明和消防备用照明可用蓄电池作备用电源;其连续供电时间不应少于30min

(C)消防疏散照明灯应设置在疏散走道、楼梯间、防烟前室、公共活动场所等部位的墙面上部或顶棚下,地面的最低照度不应大于3lx

(D)消防疏散照明和消防备用照明在工作电源断电后,应能自动投合备用电源

34. 晶闸管整流装置的功率因数与畸变因数有关,忽略换向影响,整流相数 $q=6$ 的三相整流电路的畸变因数为哪一项? ( )

(A)0.64 (B)0.83

(C)0.96 (D)0.99

35. 某10kV配电室,采用移开式高压开关柜单排布置,高压开关柜尺寸为800×1500×2300mm(宽×深×高),手车长度为950mm,则该高压配电室的最小宽度为下列哪项数值? ( )

(A)4150mm (B)4450mm

(C)4650mm (D)5150mm

36. 地下35/0.4kV变电所由两路电源供电,低压侧单母线分段,采用TN-C-S接地系统,下列有关接地的叙述哪一项是正确的? ( )

(A)两变压器中性点应直接接地

(B)两变压器中性点间相互连接的导体可以与用电设备连接

(C)两变压器中性点间相互连接的导体与PE线之间,应只一点连接

(D)装置的PE线只能一点接地

37. 设计应选用高效率灯具,下列选择哪项不符合规范的规定? ( )

(A)带棱镜保护罩的荧光灯灯具效率应不低于55%

(B)开敞式紧凑型荧光灯、筒灯灯具效率应不低于55%

(C)带保护罩的小功率金属卤化物筒灯灯具效率应不低于55%

(D)色温2700K带格栅的LED筒灯灯具效率应不低于55%

38. 在下列哪些场所,应选用具有耐火性的电缆? ( )

(A)穿管暗敷的应急照明电缆

(B)穿管明敷的备用照明电缆

(C)沿桥架敷设的应急电源电缆

(D)沿电缆沟敷设的断路器操作直流电源

39. 建筑内疏散照明的地面最低水平照度,下列描述不正确的是哪一项? ( )

(A)疏散走道,不应低于1lx　　(B)避难层,不应低于1lx
(C)人员密集场所,不应低于3lx　　(D)楼梯间,不低于5lx

40. 在配置电压测量和绝缘监测的测量仪表时,可不监测交流系统绝缘的回路是下列哪一项?（　　）

(A)同步发电机的定子回路
(B)中性点经消弧线圈接地系统的母线
(C)同步发电/电动机的定子回路
(D)中性点经小电阻接地系统的母线

**二、多项选择题(共30题,每题2分。每题的备选项中有2个或2个以上符合题意。错选、少选、多选均不得分)**

41. 关于3~110kV配电装置的布置,下列哪些描述是正确的?（　　）

(A)3~35kV配电装置采用金属封闭高压开关设备时,应采用屋内布置
(B)35~110kV配电装置,双母线接线,当采用软母线配普通双柱式或单柱式隔离开关时,屋外敞开式配电装置宜采用中型布置,断路器宜采用单列式布置或双列式布置
(C)110kV配电装置,双母线接线,当采用管型母线配双柱式隔离开关时,屋外敞开式配电装置宜采用半高型布置,断路器不宜采用单列式布置
(D)35~110kV配电装置,单母线接线,当采用软母线配普通双柱式隔离开关时,屋外敞开式配电装置宜采用中型布置,断路器应采用单列式布置或双列式布置

42. 无换向器电动机变频器按其换流方式分为自然换流型和强迫换流型两种,下述哪些是强迫换流型晶体管逆变器的特点?（　　）

(A)由于能可靠进行换流,因而过载能力强
(B)需要强迫换相电路
(C)对元件本身的容量和耐压有要求
(D)适用于小型电动机

43. 学校教学楼照明设计中,下列灯具的选择哪些项是正确的?（　　）

(A)普通教室不宜采用无罩的直射灯具及盒式荧光灯具,宜选用有一定保护角、效率不低于75%的开启式配照型灯具
(B)有要求或有条件的教室可采用带格栅(格片)或带漫射罩型灯具,其灯具效率不宜低于65%
(C)具有蝙蝠翼式光强分布特性灯具一般有较大的遮光角,光输出扩散性好,布灯间距大,照度均匀,能有效地限制眩光和光幕反射,有利于改善教室照明质量和节能
(D)宜采用带有高亮度或全镜面控光罩(如格片、格栅)类灯具,不宜采用低亮度、漫射或半镜面控光罩(如格片、格栅)类灯具

44. 工程中下述哪些叙述符合电缆敷设要求？　　( )

(A)电力电缆直埋平行敷设于油管下方0.5m处
(B)电力电缆直埋敷设于排水沟旁1m处
(C)同一部门控制电缆平行紧靠直埋敷设
(D)35kV电缆直埋敷设，不同部门之间电缆间距0.25m

45. 闪变的术语表述，下列哪些项不符合规范规定？　　( )

(A)闪变指灯光照度不稳定造成的视感
(B)闪变指电压的波动
(C)闪变指电压的偏差
(D)闪变指电压的频率变化

46. 下列哪些项是选择光源、灯具及其附件的节能指标？　　( )

(A)I类灯具
(B)单位功率流明lm/W
(C)IP防护等级
(D)镇流器的流明系数

47. 平时引接电力系统的两路人防电源同时工作，任一路电源应满足下列哪些项的用电需要？　　( )

(A)平时一级负荷
(B)平时二级负荷
(C)消防负荷
(D)不小于50%正常照明负荷

48. 对于某380V Ⅰ类设备的电击防护措施中，下列哪些是适宜的？　　( )

(A)把设备置于伸臂范围之外
(B)在设备周围增设阻挡物
(C)在该设备的供电回路设置间接接触防护电器
(D)将设备的外露可导电部分与保护导体相连接

49. 电动机额定功率的选择及需用系数法计算负荷时，下列哪些项是正确的？（注：下列公式中$P_e$为有功功率，kW；$P_r$为电动机额定功率，kW；$\varepsilon_r$为电动机额定负载持续率；S1、S2、S3为电动机工作制的分类。）　　( )

(A)S1应按机械的轴功率选择电动机额定功率
(B)S2应按允许过载转矩选择电动机额定功率
(C)S2电动机，$P_e = P_r\sqrt{\frac{\varepsilon_r}{25\%}} = 2P_r\sqrt{\varepsilon_r}$ (kW)
(D)S3电动机，$P_e = P_r\sqrt{\varepsilon_r}$ (kW)

50. 影响人体阻抗数值的因素主要取决于下列哪些项？　　( )

(A)人体身高、体重、胖瘦
(B)皮肤的潮湿程度、接触的表面积、施加的压力和温度
(C)电流路径及持续时间、频率
(D)接触电压

51. 建筑照明设计中,应按相应条件选择光源,下列哪些项符合现行标准的规定?
( )

(A)灯具安装高度较低的房间宜采用细管直管形三基色荧光灯
(B)商店营业厅的一般照明宜采用细管直管形三基色荧光灯、小功率陶瓷金属卤化物灯,重点照明宜采用小功率陶瓷金属卤化物灯、发光二极管灯
(C)灯具安装高度较高的场所,应按使用要求,采用金属卤化物灯、高压钠灯或高频大功率细管直管荧光灯
(D)旅馆建筑的客房不宜采用发光二极管灯或紧凑型荧光灯

52. 在会议系统的设计中,其功率放大器的配置,下列哪些项符合规范的规定?
( )

(A)功率放大器额定输出功率不应小于所驱动扬声器额定功率的 1.25 倍
(B)功率放大器输出阻抗及性能参数应与被驱动的扬声器相匹配
(C)功率放大器与扬声器之间连线的功率损耗应小于扬声器功率的 20%
(D)功率放大器应根据扬声器系统的数量、功率等因素配置

53. 在数据机房的等电位联结和接地设计中,有关等电位联结带、接地线和等电位联结导体的材料和最小截面的选择,下列哪些项符合规范的规定? ( )

(A)当利用建筑内的钢筋做接地线,其最小截面积为 $100mm^2$
(B)当采用铜单独设置的接地线,其最小截面积为 $50mm^2$
(C)当采用铜做等电位连接带,其最小截面积为 $50mm^2$
(D)当从机房内各金属装置至等电位联结带或接地汇集排,从机柜至等电位联结网格采用铜做等电位联结导体,其最小截面积为 $6mm^2$

54. 某一微波枢纽站有铁塔、机房、室外 10/0.4kV 箱式变电站构成,一字排列,之间间隔皆为 10m。该站采用联合接地体,下列哪些做法是正确的? ( )

(A)铁塔避雷针引下线接地点与微波站信号电路接地点的距离是 15m
(B)变电所接地网与机房接地网每隔 5m 相互焊接连通一次,共有两处连通
(C)变电所低压采用 TN 系统,低压入机房处 PE 线重复接地,接地电阻为 8Ω
(D)该站采用联合接地网,工频接地电阻为 10Ω

55. 在综合布线系统设计中,对于信道的电缆导体的指标要求,下列哪些项符合规范的规定?
( )

(A)信道每一线对中两个导体之间的直流环路电阻不平衡度对所有类别不应超过5%

(B)在所有温度下,D、E、$E_A$、F、$F_A$ 类信道每一导体最小载流量应为0.175A(DC)

(C)在工作环境温度下,D、E、$E_A$、F、$F_A$类信道应支持任意导体之间72V(DC)工作电压

(D)在工作环境温度下,D、E、$E_A$、F、$F_A$类信道每个线对应支持承载5W 功率

56. 建筑照明设计中,光源颜色的选用场所,下列哪些项符合现行国家标准规定? (　　)

(A)工业建筑仪表装配的照明光源相关色温宜选用 >5300K,色表特征为冷的光源

(B)长期工作或停留的房间或场所,照明光源的显色指数(Ra)不应小于80

(C)在灯具安装高度大于8m 的工业建筑场所,Ra 可低于80,但必须能够辨别安全色

(D)当选用发光二极管灯光源时,长期工作或停留的房间或场所,色温不宜高于4000K,特殊显色指数 R9 应大于零

57. 下列哪些情况下,无功补偿装置宜采用手动补偿投切方式? (　　)

(A)补偿低压基本无功功率的电容器组

(B)常年稳定的无功功率

(C)经常投入运行的变压器

(D)每天投切三次的高压电动机及高压电容器组

58. 晶闸管变流器供电的可逆调速系统实现四个象限运动有三种方法,与电枢用一套变流装置,切换主回路开关方向的可逆调速方法,与电枢用两套变流装置可逆运行的可逆调速方法相比,下述哪些是电枢用一套变流装置,磁场反向的可逆调速方法的特点? (　　)

(A)系统复杂

(B)投资大

(C)有触点开关,维护工作量大

(D)要求有可靠的可逆励磁回路

59. 关于公用电网谐波的检测,下列描述正确的是哪些项? (　　)

(A)10kV 无功补偿装置所连接母线的谐波电压需设置谐波检测点进行检测

(B)一条供电线路上接有两个及以上不同部门的谐波源用户时,谐波源用户受电端需设置谐波检测点进行检测

(C)用于谐波测量的电流互感器和电压互感器的准确度不宜低于1.0 级

(D)谐波测量的次数为5 次/min

60. 建筑物中的可导电部分，应做总等电位联结，下列描述正确的是哪些项？（　　）

(A)总保护导体(保护导体、保护接地中性导体)
(B)电气装置总接地导体或总接地端子排
(C)建筑物内的水管、燃气管、采暖和通风管道等各种非金属干管
(D)可接用的建筑物金属结构部分

61. 1000V 交流/1500 直流系统在爆炸危险环境电力系统接地和保护接地设计时，下列描述正确的是哪些项？（　　）

(A)电源系统接地中的 TN 系统应采用 TN-S 系统
(B)电源系统接地中的 TT 系统应采用剩余电流动作的保护电器
(C)电源系统接地中的 IT 系统应设置绝缘监测装置
(D)在不良导电地面处，不需要做保护接地

62. 关于自动灭火系统的场所设置，下列描述正确的是哪些项？（　　）

(A)高层乙、丙类厂房
(B)建筑面积 $>500m^2$ 的地下或半地下厂房
(C)单台容量在 40MVA 及以上的厂矿企业油浸变压器
(D)建筑高度大于 100m 的住宅建筑

63. 关于交流单芯电缆接地方式的选择，下列哪些描述是正确的？（　　）

(A)电缆金属层接地方式的选择与电缆长度相关
(B)电缆金属层接地方式的选择与电缆金属层上的感应电势大小相关
(C)电缆金属层接地方式的选择与是否采取防止人员接触金属层的安全措施相关
(D)电缆金属层接地方式的选择与输送容量无关

64. 3～110kV 三相供电回路中，关于单芯电缆选择描述下列哪些项是正确的？（　　）

(A)回路工作电流较大时可选用单芯电缆
(B)电缆母线宜选择单芯电缆
(C)35kV 电缆水下敷设时，可选用单芯电缆
(D)110kV 电缆水下敷设时，宜选用三芯电缆

65. 某直流系统，设一组阀控式铅酸蓄电池，容量为 100Ah，蓄电池个数 104 只，单体 2V，系统经常负荷为 20A，均衡充电时不与直流母线相连，下述关于该直流系统充电装置额定电流描述正确的哪些项？（　　）

(A)充电装置额定电流需满足浮充电要求，大于等于 20.1A
(B)充电装置额定电流需满足蓄电池充电要求，充电输出电流为 10～12.5A

(C)充电装置额定电流需满足均衡充电要求,充电输出电流为 30 ~ 32.5A
(D)充电装置额定电流为 15A,可满足要求

66. 关于 35kV 变电站的站区布置,下列哪些描述是正确的? ( )

(A)屋外变电站的实体围墙不应低于 2.2m
(B)变电站的场地设计坡度,应根据设备布置、土质条件、排水方式确定,坡度宜为 0.5% ~2%,且不应小于 0.3%
(C)道路最大坡度不宜大于 6%
(D)电缆沟及其他类似沟道的沟底纵坡,不宜小于 0.3%

67. 在建筑物引下线附近保护人身安全需采取防接触电压和跨步电压的措施,下列哪些做法是正确的? ( )

(A)利用建筑物金属构架和建筑互相连接的钢筋在电气上是贯通且不小于 10 根柱子组成的自然引下线,作为自然引下线的柱子包括位于建筑物四周和建筑物内的
(B)引下线 3m 范围内地表层的电阻率不小于 50kΩ · m,或敷设 5cm 厚沥青层或 15cm 厚砾石层
(C)用护栏、警告牌使接触引下线的可能性降至最低限度
(D)用网状接地装置对地面做均衡电位处理是防接触电压的措施

68. 按年平均雷暴日数划分地区雷暴日等级,下列哪些描述是正确的? ( )

(A)少雷区:年平均雷暴日在 30d 及以下地区
(B)中雷区:年平均雷暴日大于 30d,不超过 40d 的地区
(C)多雷区:年平均雷暴日大于 40d,不超过 90d 的地区
(D)强雷区:年平均雷暴日超过 90d 的地区

69. 在 380/220V 配电系统中,某回路采用低压 4 芯电缆供电,关于截面选择时需要考虑的因素中,下列哪些项是正确的? ( )

(A)导体的材质和相导体的截面
(B)正常工作时,中性导体预期的最大电流(包括谐波电流)
(C)导体应满足热稳定和动稳定的要求
(D)铝保护接地中性导体的截面积不应小于 $10mm^2$

70. 下列哪些高压设备的选择需要进行动稳定性能校验? ( )

(A)高压真空接触器 (B)避雷器
(C)并联电抗器 (D)穿墙套管

# 2017 年专业知识试题答案(下午卷)

1. **答案:**D

**依据:**《照明设计手册》(第三版)P62 式(2-5)。

$$\mu = \frac{BEF \cdot P}{100} = \frac{0.61 \times 150}{100} = 0.915$$

2. **答案:**C

**依据:**《建筑物防雷设计规范》(GB 50057—2010)第 3.0.4 条。

3. **答案:**D

**依据:**《导体和电器选择设计技术规定》(DL/T 5222—2005)第 18.2.6 条。

$$U_R \geqslant 1.05 \times \frac{10}{\sqrt{3}} = 6.06\text{kV}$$

4. **答案:**C

**依据:**《建筑物电气装置第 5 部分:电气设备的选择和安装第 523 节:布线系统载流量》(GB 16895.15—2002)附录 C 表(C52-1)。

5. **答案:**A

**依据:**《交流电气装置的过电压保护和绝缘配合设计规范》(GB/T 50064—2014)第 6.4.6条。

6. **答案:**B

**依据:**《并联电容器装置设计规范》(GB 50227—2017)第 8.2.1 条、第 8.2.4 条。

7. **答案:**B

**依据:**《3~110kV 高压配电装置设计规范》(GB 50060—2008)第 5.1.1 条及表5.1.1。

带电作业时,不同相或交叉的不同回路带电部分之间,其 $B_1$ 值可在 $A_2$ 值上加 750mm。

8. **答案:**C

**依据:**《交流电气装置的接地设计规范》(GB/T 50065—2011)附录 A,第 A.0.5 条。

$$\rho_a = \frac{\rho_1\rho_2}{\frac{H}{l}(\rho_2 - \rho_1) + \rho_1} = \frac{40 \times 100}{\frac{2}{3} \times (100 - 40) + 40} = 50\Omega \cdot \text{m}$$

9. **答案:**D

**依据:**《电力工程直流系统设计技术规程》(DL/T 5044—2014)第 4.1.2-2 条。

10. **答案:**A

依据:《电力工程电缆设计规范》(GB 50217—2018)第5.1.10-1条。

11. 答案:D

依据:《建筑物防雷设计规范》(GB 50057—2010)第6.4.4条及表6.4.4。

12. 答案:A

依据:《建筑设计防火规范》(GB 50016—2014)第3.7.4条。

13. 答案:A

依据:《低压配电设计规范》(GB 50054—2011)第5.2.9-1条。

14. 答案:A

依据:《爆炸危险环境电力装置设计规范》(GB 50058—2014)第5.2.2-1条。

15. 答案:D

依据:《电能质量三相电压不平衡》(GB/T 15543—2008)第4.1条。

16. 答案:D

依据:《电力装置电测量仪表装置设计规范》(DL/T 50063—2017)第3.1.4条。

17. 答案:A

依据:《民用建筑电气设计标准》(GB 51348—2019)第5.4.4条。

18. 答案:A

依据:《电能质量供电电压偏差》(GB 12325—2008)第4.1条、《电能质量电力系统频率偏差》(GB 15945—2008)第3.1条。

注:容量较小指3000MW以下。

19. 答案:D

依据:《火灾自动报警系统设计规范》(GB 50116—2013)第6.2.17-1条。

20. 答案:C

依据:《视频显示系统工程技术规范》(GB 50464—2008)第3.2.2条及表3.2.2。

21. 答案:A

依据:《电力工程电缆设计规范》(GB 50217—2018)第6.2.2条、第6.2.3-1条、第6.2.4-3条、第6.2.5-3条。

22. 答案:D

依据:《会议电视会场系统工程设计规范》(GB 50635—2010)第3.6.3条。

23. 答案:C

依据:《综合布线系统工程设计规范》(GB 50311—2016)附录A第A.0.5-1条。

24. 答案:B

依据:《建筑照明设计标准》(GB 50034—2013)第6.3.16条。

25. 答案:C

依据:《数据中心设计规范》(GB 50174—2017)第8.1.14条、第8.1.16条。

26. 答案:A

依据:《低压配电设计规范》(GB 50054—2011)第5.2.1条。

27. 答案:C

依据:《钢铁企业电力设计手册》(下册)P102式(24-2)。

$$\frac{U'_{q\Delta}}{U_{q\Delta}}=\frac{1+\sqrt{3}K}{1+3K}=\frac{1+\sqrt{3}}{1+3}=0.683$$

28. 答案:A

依据:《建筑物电子信息系统防雷技术规范》(GB 50343—2012)第4.3.1条及表4.3.1。

29. 答案:C

依据:《人民防空地下室设计规范》(GB 50038—2005)第7.3.1条、第7.3.2条、第7.3.4条,《人民防空工程设计防火规范》(GB 50098—2009)第8.3.1条。

30. 答案:C

依据:《工业与民用供配电设计手册》(第四版)P20式(1.6-5)和式(1.6-7),表(1.6-1)。

U相:$P_u=P_{UV}p_{(UV)U}+P_{WU}p_{(WU)U}=46\times0.89+0=40.94kW$

V相:$P_V=P_{UV}p_{(UV)V}+P_{VW}p_{(VW)V}=46\times0.11+0=5.06kW$

注:也可参考《工业与民用配电设计手册》(第三版)P12式(1-28)和式(1-30)和表1-14。

31. 答案:C

依据:《电能质量供电电压偏差》(GB 12325—2008)第4.3条

$$\delta U=\frac{U-U_n}{U_n}\times100\%=\frac{236-220}{220}\times100\%=+7.27\%>7\%$$,不符合规定。

32. 答案:C

依据:《照明设计手册》(第三版)P145式(2-39)。

灯具数量:$N=\frac{E_{av}A}{\Phi UK}=\frac{300\times10\times6.6}{3300\times0.8\times0.62}=12.10$个

33. 答案:C

依据:《人民防空工程设计防火规范》(GB 50098—2009)第8.1.1条、第8.2.1条、第8.2.6条。

34. 答案:B

依据:《钢铁企业电力设计手册》(下册)P379表(26-15)。

畸变因数随整流相数 $q$(即脉动次数)的增多而改善,亦即整流相数越多的整流电路,谐波对电网的影响就越小。

35. **答案**:B

**依据**:《3~110kV 高压配电装置设计规范》(GB 50060—2008)第 5.5.4 条。

注:也可参考《20kV 及以下变电所设计规范》(GB 50053—2013)第 4.2.7 条。

36. **答案**:C

**依据**:《系统接地的型式及安全技术要求》(GB 14050—2008)第 4.1-c)条,参考 TN-C-S 系统的接地形式分析答案。

37. **答案**:A

**依据**:《建筑照明设计标准》(GB 50034—2013)第 3.3.2 条。

注:未明确为直管荧光灯。

38. **答案**:D

**依据**:《电力工程电缆设计规范》(GB 50217—2018)第 7.0.7 条。

39. **答案**:B

**依据**:《建筑设计防火规范》(GB 50016—2014)第 10.3.2 条。

40. **答案**:D

**依据**:《电力装置电测量仪表装置设计规范》(DL/T 50063—2017)第 3.3.4 条。

41. **答案**:ABD

**依据**:《3-110kV 高压配电装置设计规范》(GB 50060—2008)第 5.3.2 条~第 5.3.4 条。

42. **答案**:ABC

**依据**:《钢铁企业电力设计手册》(下册)P337 表 25-17。

43. **答案**:ABC

**依据**:《照明设计手册》(第三版)P190"灯具选择部分内容"。

44. **答案**:BC

**依据**:《电力工程电缆设计规范》(GB 50217—2018)第 5.3.5 条及表 5.3.5。

45. **答案**:BCD

**依据**:《电能质量电压波动和闪变》(GB 12326—2008)第 3.7 条。

46. **答案**:BD

**依据**:《照明设计手册》(第三版)P5"镇流器流明系数",《建筑照明设计标准》(GB 50034—2013)第 2.0.29 条和第 2.0.31 条。

47. **答案**:ACD

依据：《人民防空地下室设计规范》（GB 50038—2005）第 7.2.6 条。

48. 答案：CD

依据：《电击防护装置和设备的通用部分》（GB/T 17045—2008）第 7.2 条“Ⅰ类设备”。

注：Ⅰ类设备采用基本绝缘作为基本防护措施，采用保护联结作为故障防护措施。也可参考《低压配电装置第 4-41 部分：安全防护电击防护》（GB 16895.21—2012）有关内容分析确定。

49. 答案：ABD

依据：《钢铁企业电力设计手册》（下册）P50，23.5.1“负荷平稳的连续工作制电动机”，P52，23.5.3“短时工作制电动机”，《工业与民用供配电设计手册》（第四版）P5 式（1.2-1）。

注：也可参考《工业与民用配电设计手册》（第三版）P2 式（1-1），原答案应选 C。

50. 答案：BCD

依据：《电流对人和家畜的效应第 1 部分：通用部分》（GB/T 13870.1—2008）1 范围内容第二段。

51. 答案：ABC

依据：《建筑照明设计标准》（GB 50034—2013）第 3.2.2 条。

52. 答案：BD

依据：《会议电视会场系统工程设计规范》（GB 50635—2010）第 3.2.5 条。

53. 答案：CD

依据：《数据中心设计规范》（GB 50174—2017）第 8.4.8 条及表 8.4.8。

54. 答案：BC

依据：《工业与民用供配电设计手册》（第四版）P1443 ~ P1444 有关微波站接地内容。

注：也可参考《工业与民用配电设计手册》（第三版）P908 ~ P910“有关微波站接地内容”。

55. 答案：BC

依据：《民用建筑电气设计标准》（GB 51348—2019）第 21.4.1 条。

56. 答案：BCD

依据：《建筑照明设计标准》（GB 50034—2013）第 4.4.1 条、第 4.4.2 条、第 4.4.4 条。

57. 答案：ABC

依据：《供配电系统设计规范》（GB 50052—2009）第 6.0.7 条。

58. 答案：AD

依据:《钢铁企业电力设计手册》(下册)P430 表 26-33“直流电动机可逆方式比较”。

59. 答案:AB

依据:《电力装置电测量仪表装置设计规范》(DL/T 50063—2017)第 3.6.4 条、第 3.6.6 条。

60. 答案:ABC

依据:《交流电气装置的接地设计规范》(GB/T 50065—2011)附录 H。

61. 答案:ABC

依据:《爆炸危险环境电力装置设计规范》(GB 50058—2014)第 5.5.1 条。

62. 答案:ACD

依据:《建筑设计防火规范》(GB 50016—2014)第 8.3.1 条、第 8.3.3-4 条、第 8.3.8-1条。

63. 答案:AB

依据:《电力工程电缆设计规范》(GB 50217—2018)第 4.1.12 条。

64. 答案:ABC

依据:《电力工程电缆设计规范》(GB 50217—2018)第 3.5.3 条、第 3.5.4 条,《导体和电器选择设计技术规定》(DL/T 5222—2005)第 7.6.3 条。

65. 答案:AB

依据:《电力工程直流系统设计技术规程》(DL/T 5044—2014)附录 D。

66. 答案:ABC

依据:《35kV ~ 110kV 变电站设计规范》(GB 50059—2011)第 2.0.5 条、第 2.0.7条。

67. 答案:AB

依据:《建筑物防雷设计规范》(GB 50057—2010)第 4.5.6 条。

68. 答案:CD

依据:《交流电气装置的过电压保护和绝缘配合设计规范》(GB/T 50064—2014)第 2.0.6 条 ~ 第 2.0.9 条。

69. 答案:ABC

依据:《低压配电设计规范》(GB 50054—2011)第 3.2.2 条、第 3.2.8 条、第 3.2.10 条。

70. 答案:ACD

依据:《导体和电器选择设计技术规定》(DL/T 5222—2005)第 10.5.1 条、第 14.1.1 条、第 20.1.1 条、第 21.0.2 条。

# 2017 年案例分析试题(上午卷)

**[案例题是 4 选 1 的方式,各小题前后之间没有联系,共 25 道小题,每题分值为 2 分,上午卷 50 分,下午卷 50 分,试卷满分 100 分。案例题一定要有分析(步骤和过程)、计算(要列出相应的公式)、依据(主要是规程、规范、手册),如果是论述题要列出论点]**

题 1 ~5:请按下列描述回答问题,并分别说明理由。

1. 在某外部环境条件下,交流电流路径为手到手的人体总阻抗 $Z_T$ 如下表所示。已知偏差系数 $F_D(5\%)=0.74$,$F_D(95\%)=1.35$。一手到一脚的人体部分内阻抗百分比分布中膝盖到脚占比为 32.3%,电流流过膝盖时的附加内阻抗百分比为 3.3%。电流路径为一手到一脚的人体总阻抗为手到手人体总阻抗的 80%。请计算在相同的外部环境条件下,当接触电压为 1000V,人体总阻抗为不超过被测对象 5%,且电流路径仅为一手到一膝盖时的接触电流值与下列哪项数值最接近?(忽略阻抗中的电容分量及皮肤阻抗) ( )

| 接触电压 | 不超过被测对象的 95% 的人体总阻抗 $Z_T$ 值(Ω) |
|---|---|
| 400 | 1340 |
| 500 | 1210 |
| 700 | 1100 |
| 1000 | 1100 |

(A)2.34A　　(B)2.45A

(C)2.92A　　(D)3.06A

**解答过程:**

2. 某变电所采用 TN-C-S 系统给一建筑物内的用电设备供电,配电线路如下图所示,变压器侧配电柜至建筑内配电箱利用电缆第四芯作为 PEN 线,建筑内配电箱至用电设备利用电缆第四芯作为 PE 线,用电设备为三相负荷,线路单位长度阻抗如下表,忽略电抗以及其他未知电阻的影响。当用电设备电源发生一相与外壳单相接地故障时(金属性短路),计算该供电回路的故障电流应为下列哪项数值? ( )

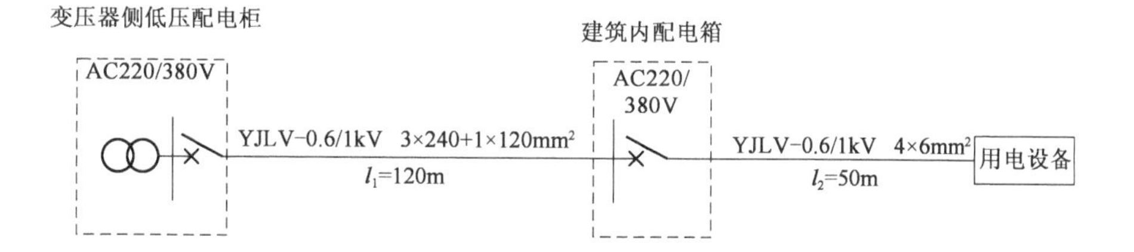


**线路单位长度阻抗值**(单位:mΩ/m)

<table>
<tr><td colspan="6">$R'$①</td></tr>
<tr><td colspan="2">$S$(mm²)②</td><td>150</td><td>95</td><td>50</td><td>16</td><td>6</td></tr>
<tr><td colspan="2">铝</td><td>0.192</td><td>0.303</td><td>0.575</td><td>1.798</td><td>4.700</td></tr>
<tr><td colspan="2">铜</td><td>0.117</td><td>0.185</td><td>0.351</td><td>1.097</td><td>2.867</td></tr>
<tr><td colspan="7">$R'_{php}$③</td></tr>
<tr><td colspan="2">$S_p=S$(mm²)②4×</td><td>150</td><td>95</td><td>50</td><td>16</td><td>6</td></tr>
<tr><td colspan="2">铝</td><td>0.576</td><td>0.909</td><td>1.725</td><td>5.394</td><td>14.100</td></tr>
<tr><td colspan="2">铜</td><td>0.351</td><td>0.555</td><td>1.053</td><td>3.291</td><td>8.601</td></tr>
<tr><td rowspan="2">Sp = S/2<br>(mm²)</td><td>3×</td><td>150</td><td>95</td><td>50</td><td>16</td><td>6</td></tr>
<tr><td>+1×</td><td>70</td><td>50</td><td>25</td><td>10</td><td>4</td></tr>
<tr><td colspan="2">铝</td><td>0.905</td><td>1.317</td><td>2.589</td><td>7.011</td><td>17.625</td></tr>
<tr><td colspan="2">铜</td><td>0.552</td><td>0.804</td><td>1.580</td><td>4.277</td><td>10.751</td></tr>
</table>

注:①$R'$为导线20℃时单位长度电阻值,$R'=C_j\frac{\rho_{20}}{S}\times10^3$(mΩ/m),铝$\rho_{20}=2.82\times10^{-6}\Omega\cdot cm$,铜$\rho_{20}=1.72\times10^{-6}\Omega\cdot cm$。$C_j$为绞入系数,导线截面≤6mm²时,$C_j$取为1.0,导线截面>6mm²,$C_j$取为1.02。

②$S$为相线线芯截面,$S_p$为PEN线线芯截面。

③$R'_{php}$为计算单相对地短路电流用的相保电阻,其值取导线20℃时电阻的1.5倍。

(A)286A (B)294A

(C)312A (D)15027A

**解答过程:**

3.某变压器的配电线路如下图所示,已知变压器电阻$R_1=0.02\Omega$,图中为设备供电的电缆相线与PEN线截面相等,各相线单位长度电阻值均为6.5Ω/km,忽略其他未知电阻、电抗的影响,当设备A发生相线对设备外壳短路故障时,计算设备B外壳的对地故障电压应为下列哪项数值? ( )

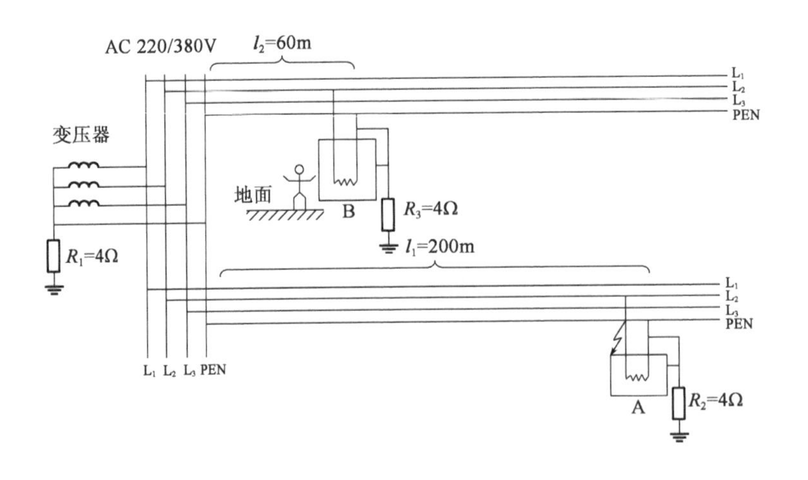


(A)30.80V (B)33.0V

(C)33.80V (D)50.98V

**解答过程：**

4. 某10kV变电所的配电接线如下图所示，$R_E$ 和 $R_B$ 相互独立，$R_E$ 与 $R_A$ 相互连接，低压侧IT系统采用经高电阻接地，$R_D$ 远大于 $R_A$、$R_B$ 及 $R_E$，低压侧线电压为AC380V。变电所内高压侧发生接地故障时，流过 $R_E$ 的故障电流 $I_E=10A$，计算高压侧发生接地故障时低压电气装置相线与外壳间的工频应力电压 $U_1$ 应为下列哪项数值？（忽略线路、变压器及未知阻抗） （ ）

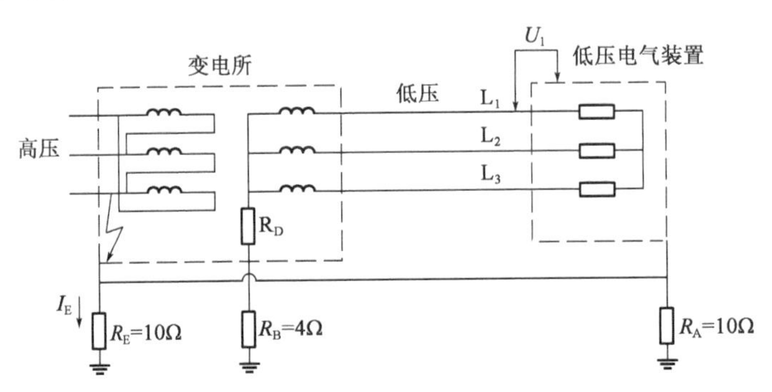


(A)100V (B)220V

(C)250V (D)320V

**解答过程：**

5. 请判断下列设计方案的描述哪几条不符合规范的要求，并分别说明正确与错误的原因？　　（　　）

a. 某企业室外降压变电站的变压器的总油量为 6t，该变电站与单层三级耐火等级的丙类仓库的防火间距设计为 12m。

b. 某民用建筑内油浸变压器室位于地面一层，变压器室下面有地下室，该变压器室设置挡油池时，挡油池的容积可按容纳 20% 变压器油量设计，并有能将事故油排到安全场所的设施。

c. 某住宅楼与 10kV 预装式变电站（干式）的防火间距设计为 2m。

d. 某民用建筑内柴油发电机储油间，其柴油总储存量不大于 $1m^3$。

（A）1 条　　（B）2 条

（C）3 条　　（D）4 条

**解答过程：**

题 6～10：某科技园位于寒冷地区，其中规划有科研办公楼高 99m，酒店高 84m，住宅楼高 49.5m，员工宿舍楼高 24.5m，以及配套商业、车库等建筑物。请回答下列电气设计过程中的问题，并列出解答过程。

6. 根据下表列出的几栋建筑的技术指标，同时系数取 0.9，$\cos\varphi = 0.92$，计算总负荷容量应为下列哪项数值？　　（　　）

| 序号 | 建筑名称 | 建筑面积（$m^2$） | 户数 | 计算负荷指标 | 需要系数 |
|---|---|---|---|---|---|
| 1 | 科研办公楼 | 31400 | — | $42W/m^2$ | — |
| 2 | 员工宿舍楼 | 2800 | 27 | 2.5kW/户 | 0.65 |
| 3 | 住宅楼 | 12122 | 117 | 6kW/户 | 0.4 |
| 4 | 配套商业、车库及设施 | 14688 | — | $36W/m^2$ | — |

（A）1799kVA　　（B）1955kVA

（C）2125kVA　　（D）2172kVA

**解答过程：**

7. 某栋住宅楼用电设备清单见下表，同时系数取 1，$\cos\varphi = 0.85$，分别计算二、三级负荷容量为下列哪一项？　　（　　）

| 序号 | 用电设备名称 | 设备容量(kW) | 数量 | 需要系数 | 备注 |
|---|---|---|---|---|---|
| 1 | 住户用电 | 6kW | 99 户 | 0.4 | 三相配电 |
| 2 | 应急照明 | 5 | | 1 | |
| 3 | 走道照明 | 10 | | 0.5 | |
| 4 | 普通照明 | 15 | | 0.5 | |
| 5 | 消火栓水泵 | 30 | 2 | 1 | 一用一备 |
| 6 | 喷淋水泵 | 15 | 2 | 1 | 一用一备 |
| 7 | 消防电梯 | 17.5 | 1 | 1 | |
| 8 | 普通客梯 | 17.5 | 1 | 1 | |
| 9 | 生活水泵 | 7.5 | 2 | 1 | 一用一备 |
| 10 | 排污泵 | 3 | 4 | 0.9 | |
| 11 | 消防用排水泵 | 3 | 4 | 1 | |
| 12 | 消防加压装置 | 5.5 | 2 | 1 | |
| 13 | 安防系统用电 | 20 | | 0.85 | |
| 14 | 通风机 | 7.5 | 4 | 0.6 | |
| 15 | 公共小动力电源 | 10 | | 0.6 | |
| 16 | 集中供暖热交换系统 | 50 | | 0.7 | |

注:所有用电设备不计及损耗,即效率均取 1。

(A)二级负荷 156kVA,三级负荷 376kVA

(B)二级负荷 169kVA,三级负荷 364kVA

(C)二级负荷 175kVA,三级负荷 358kVA

(D)二级负荷 216kVA,三级负荷 317kVA

**解答过程:**

8.科研办公楼用电量统计见下表,设计要求变压器负荷率不大于 65%,无功补偿后的功率因数按 0.92 计算,同时系数取 0.9,不计及变压器损耗,计算选择变压器容量应为下列哪项数值?(变压器容量只按负荷率选择,不必进行其他校验) ( )

| 序号 | 用电负荷名称 | 容量(kW) | 需要系数 $K_x$ | $\cos\varphi$ | 备注 |
|---|---|---|---|---|---|
| 1 | 照明用电 | 316 | 0.70 | 0.9 | |
| 2 | 应急照明 | 40 | 1 | 0.9 | 平时用电 20% |
| 3 | 插座及小动力用电 | 1057 | 0.35 | 0.85 | |
| 4 | 新风机组及风机盘管 | 100 | 0.6 | 0.8 | |
| 5 | 动力设备 | 105 | 0.6 | 0.8 | |
| 6 | 制冷设备 | 960 | 0.6 | 0.8 | |

续上表

| 序号 | 用电负荷名称 | 容量(kW) | 需要系数 $K_x$ | $\cos\varphi$ | 备注 |
|---|---|---|---|---|---|
| 7 | 采暖热交换设备 | 119 | 0.6 | 0.8 | |
| 8 | 出租商业及餐饮 | 200 | 0.6 | 0.8 | |
| 9 | 建筑立面景观照明 | 57 | 0.6 | 0.7 | |
| 10 | 控制室及通信机房 | 100 | 0.6 | 0.85 | |
| 11 | 信息及智能化系统 | 20 | 0.6 | 0.85 | |
| 12 | 防排烟设备 | 550 | 1 | 0.8 | |
| 13 | 消防水泵 | 215 | 0.5 | 0.8 | |
| 14 | 消防卷帘门 | 20 | 1 | 0.8 | |
| 15 | 消防电梯 | 30 | 1 | 0.8 | |
| 16 | 客梯、货梯 | 150 | 0.65 | 0.8 | |
| 17 | 建筑立面擦窗机 | 52 | 0.6 | 0.8 | |

注:所用用电设备不计及损耗,即效率均取1。

(A)2×1000kVA　　(B)2×1250kVA

(C)2×1600kVA　　(D)2×2000kVA

**解答过程:**

9. 自备应急柴油发电机组设置20m$^3$ 室外埋地储油罐,附近有杆高为10m的架空电力线路,请计算确定该储罐与架空电力线路的最小水平距离应为下列哪项数值?（　　）

(A)6m　　(B)7.5m

(C)12m　　(D)15m

**解答过程:**

10. 某低压配电系统,无功功率补偿设备选用额定容量480kvar,额定线电压480V的三相并联电容器组,角型连接,回路要求串7%电抗器组,母线运行电压为0.4kV,如图所示。请计算确定串联电抗器组的容量最接近下列哪项数值?（　　）

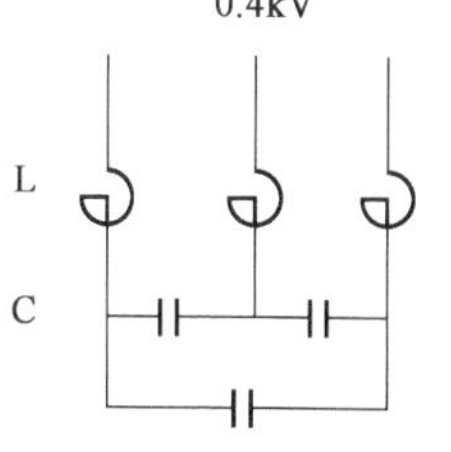


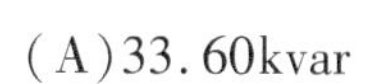
(A)33.60kvar　　(B)26.98kvar

(C)23.33kvar　　(D)8.99kvar

**解答过程:**

题11～15：某110kV变电站，配置有两台变压器，变压器铭牌为SF11-50000/110，50MVA，110±2×2.5%/10.5kV。正常情况下每台主变负荷率为50%，一台主变故障检修情况下另一台主变负荷率为100%。变压器户外布置，110kV侧采用电缆进线，10kV侧采用裸母线出线（阳光直射无遮拦），母线为铝镁硅系（6063）管型母线，规格为Φ120/110。变电站所在位置最热月平均最高环境温度为30℃，年最高温度为40℃，海拔高度2000m。请回答下列问题，并列出解答过程。

11. 计算该主变压器10kV侧母线的允许载流量应为下列哪项数值？并判断是否满足运行要求。[假定变压器10kV侧电压维持在10kV不变，母线载流量数据参见《导体和电器选择设计技术规定》（DL/T 5222—2005）] （ ）

(A)2565.2A，满足 (B)2566.2A，不满足
(C)2786.1A，满足 (D)2786.1A，不满足

**解答过程：**

12. 该变电站向某10kV用户配电站提供电源，采用一回电缆出线，已知该电缆回路电阻为0.118Ω/km，感抗为0.090Ω/km，电缆长度为2km。用户配电站实际运行有功功率变化范围为5MW～10MW，功率因数为0.95. 假设变电站10kV母线电压偏差范围为±2%，计算用户配电站10kV母线电压偏差范围应为下列哪项数值？若产权分界点为用户配电站10kV进线柜出线端头，判断其电压偏差是否满足供电电压偏差限制要求，并说明依据。 （ ）

(A)1.418%～2.95%，满足 (B)－0.52%～4.95%，满足
(C)－3.48%～－0.89%，满足 (D)－4.95%～0.52%，满足

**解答过程：**

13. 该变电站设有一台380V消防专用水泵，其工作电流为220A，采用一根1kV三芯交联聚乙烯绝缘铜芯钢带铠装电缆配电，电缆在土壤中单根直埋敷设，埋深处的最热月平均地温为30℃，土壤热阻系数为1.5K·m/W。如仅从电缆载流量和经济性方面考虑，计算该配电电缆的最小截面应为下列哪项数值？[设电缆经济电流密度选为1.8A/mm$^2$，电缆直埋时的允许载流量参见《电力工程电缆设计规范》GB 50217—2007] （ ）

(A)70mm$^2$ (B)95mm$^2$ (C)120mm$^2$ (D)150mm$^2$

**解答过程：**

14. 已知该变电所 110kV 进线电缆内绝缘额定雷电冲击耐受电压(峰值)为 450V,求其终端内、外绝缘雷电冲击耐受电压(峰值)最低值应分别为下列哪项数值? (　　)

(A)450kV,450kV　　(B)450kV,509kV

(C)450kV,550kV　　(D)509kV,509kV

**解答过程:**

15. 若该变电站采用一回 110kV 电缆进线,电缆长度为 500m,采用 3 根单芯电缆直线并列紧靠敷设。电缆金属层平均半径为 20mm,电缆外半径为 25mm。若回路正常工作电流为 400A,请通过计算确定电缆金属层宜采用下述哪种接地方式? (　　)

(A)线路一端或中央部分单点直接接地　　(B)分区段交叉互联接地

(C)不接地　　(D)线路两端直接接地

**解答过程:**

题 16~20:某钢厂配电回路中电动机参数如下:额定电压 $U_e = 380V$,额定功率 $P_e = 45kW$,额定效率 $\eta = 0.9$,额定功率因数 $\cos\varphi = 0.8$,启动电流倍数 $\lambda = 6$。变压器高压侧系统短路容量为 100MVA,其他参数如图所示。请回答下列问题,并列出解答过程。

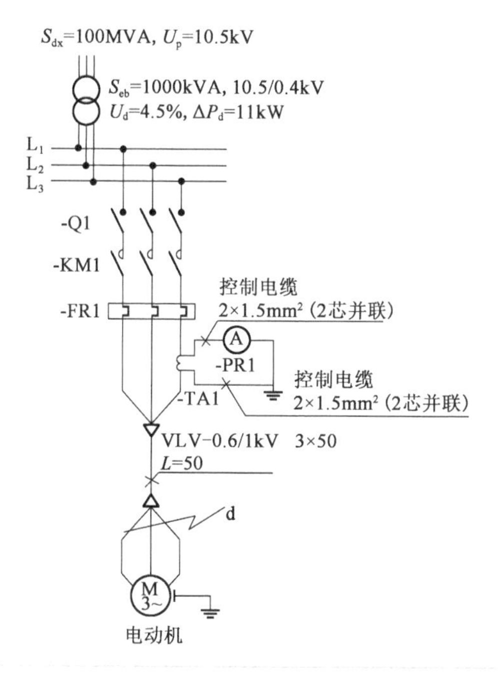

16. 已知断路器 Q1 的瞬时动作电流倍数为 10 倍，动作时间小于 20ms，不考虑温度补偿系数。计算图中断路器 Q1 的额定电流和瞬时动作电流整定值最小宜为下列哪项数值？（　　）

(A)80A,800A　　(B)100A,1000A

(C)125A,1250A　　(D)160A,1600A

**解答过程：**

17. 题图中电流互感器 TA1 为 ALH－0.66，150/5A，在准确度 1.0 级时，额定容量为 5VA；机旁操作箱上电流表 PA1 额定容量为 0.55VA，TA1 到 PA1 的距离为 50m，忽略柜内导线及所有接触电阻，不计电抗，铜导体电阻率为 $0.0184\Omega\cdot mm^2/m$。计算在电动机额定工作状态下，整个电流检测外部回路的损耗应为下列哪项数值？并判断电流互感器的容量能否满足电流表的指示精度要求。（　　）

(A)3.31W，满足　　(B)4.53W，满足

(C)6.38W，不满足　　(D)7.38W，不满足

**解答过程：**

18. 已知 VLV－0.6/1kV－3×$50mm^2$ 电缆的电阻及电抗分别为 0.754mΩ/m 和 0.075mΩ/m，在忽略系统电阻，不忽略回路电阻的条件下，计算题图中 $d$ 点的三相短路冲击电流与下列哪项数值最接近？（忽略母线及低压主回路元件的阻抗，三相短路电流冲击系数 $K_{ch}=1$）（　　）

(A)0.47kA

(B)5.59kA

(C)7.90kA

(D)8.47kA

**解答过程：**

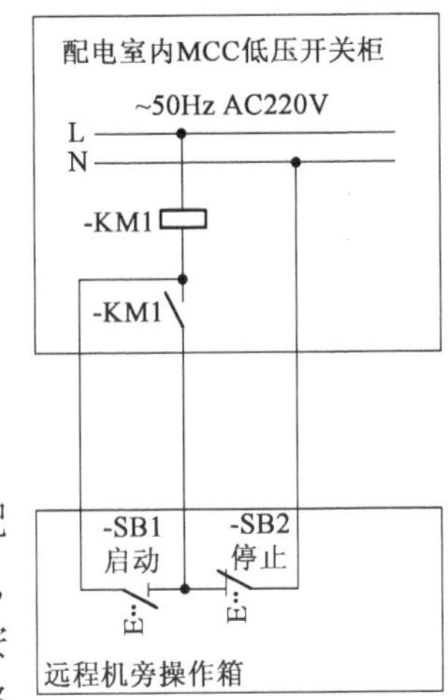


19. 右图中低压交流 220V 控制回路中 KM1 为安装在配电室内 MCC 低压开关柜中的交流接触器（吸持功率 20W），SB1、SB2 为分别安装在远程机旁操作箱上的启动、停止按钮，配电柜与机旁操作箱之间的距离为 500m。若考虑线路

电容电流对 KM1 断开的影响，计算配电柜与机旁操作箱的临界距离应为下列哪项数值？并判定接触器能否受开关 SB2 的控制正常断开。 （ ）

(A)344m，不能　　(B)450m，不能　　(C)688m，能　　(D)860m，能

**解答过程：**

20. 下图为某移动设备的正、反方向运行原理系统图及接线图，该移动设备运行区间受 PLC（可编程控制器）控制，达到两端位置受限位开关（LS1、LS2）控制停止。请对图中标注的 a、b、c、d 环节中原理、逻辑或电缆接线进行分析，判断错误有几处，并对错误环节的原因进行解释说明。 （ ）

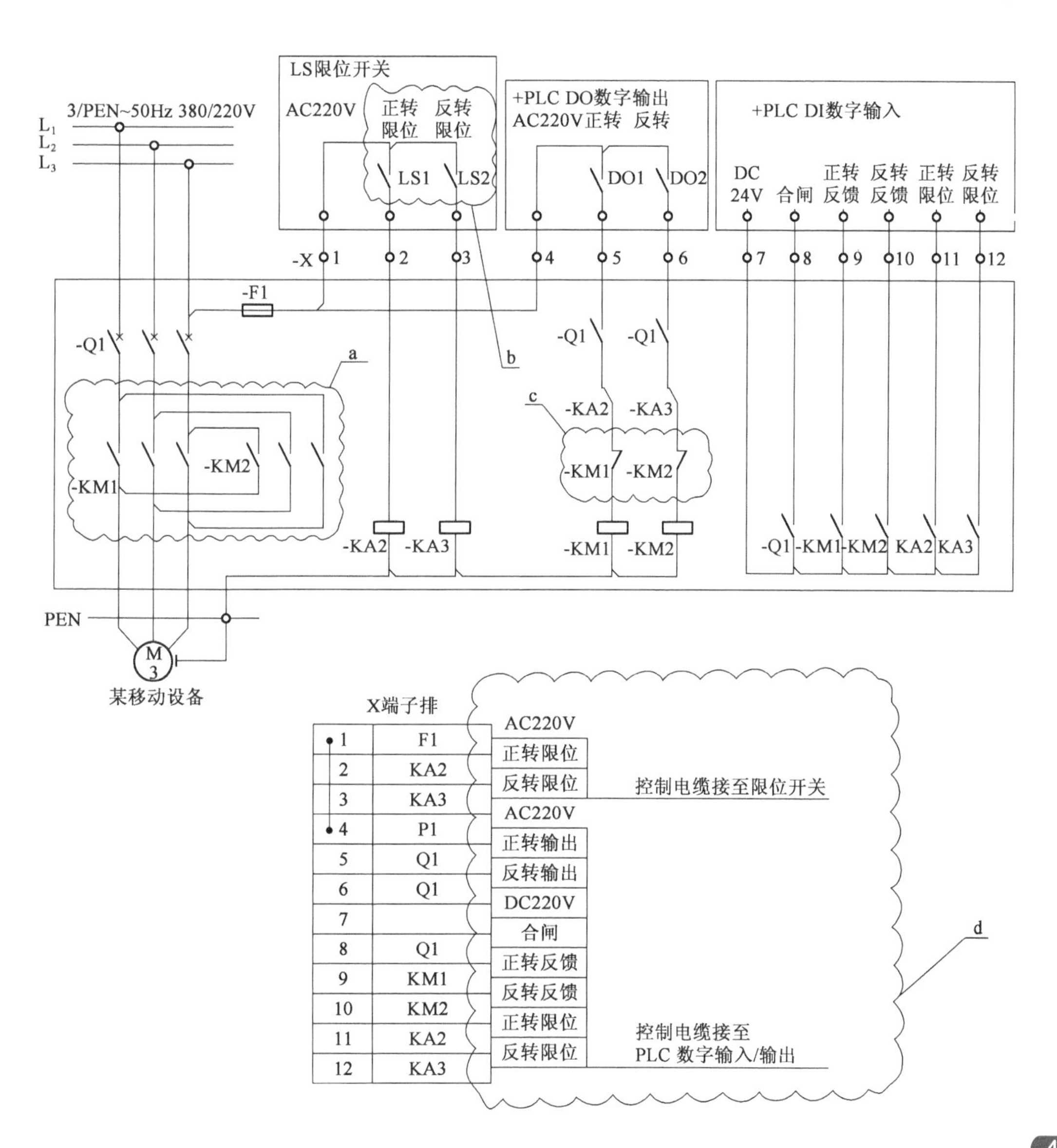

(A)一处　　　(B)二处　　　(C)三处　　　(D)四处

**解答过程：**

题 21 ~25：请按下列描述回答问题，并分别说明理由。

21. 某 110kV 室外变电站的部分场地布置初步设计方案见下图，变电站的外围采用 2m 高的实体外墙，场地内设有消防和运输通道。110kV 和 35kV 配电装置均选用不含油电气设备，室内布置，110kV 和 35kV 配电室靠近变压器一侧均设有通风用窗户和供人员出入的门。变电站设总事故油池一座，两台 110/35kV 主变选用油浸变压器，单台变压器油重 6.5t。图中标注的尺寸单位均为 m，均指建(构)筑物外缘的净尺寸。请判断该设计方案有几处不符合规范的要求？并分别说明理由。　　(　　)

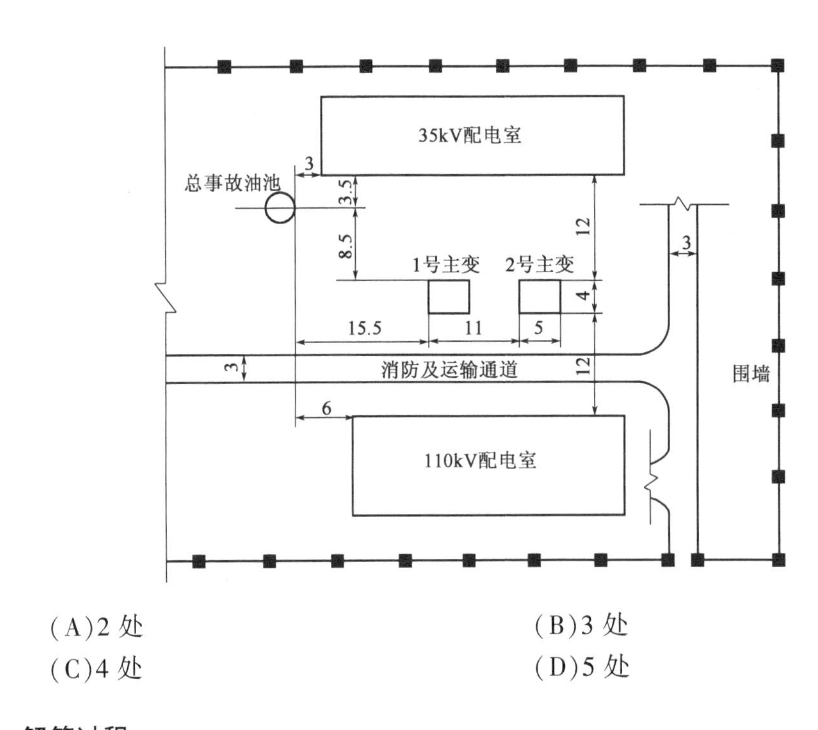


(A)2 处　　　(B)3 处

(C)4 处　　　(D)5 处

**解答过程：**

22. 某 110/35kV 变电站部分设计方案如下图所示，已知当地海拔高度小于 1000m，110kV 系统为有效接地系统。该变电站为独立场地，四周有实体围墙，场地内室外布置的全部电气设备不单独设置固定遮拦，变压器储油池按能容纳 100% 油量设计，图中标注的尺寸单位均为 mm，请判断该设计方案中共有几处不符合规范的要求？并分别说明理由。　　(　　)

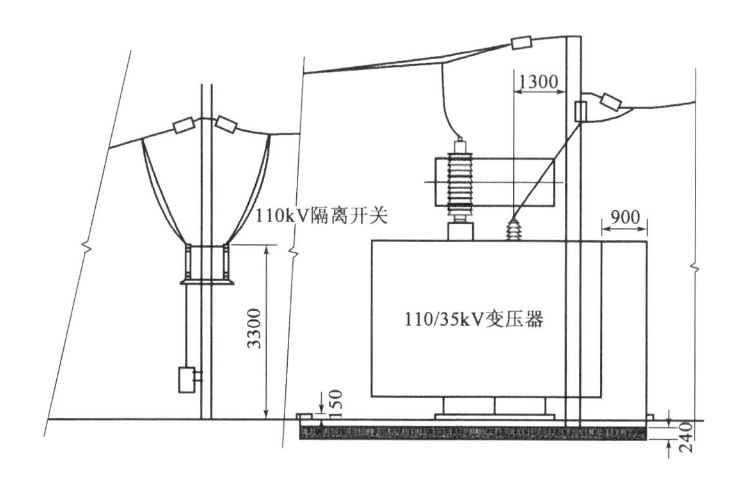


(A)2 处　　　　(B)3 处

(C)4 处　　　　(D)5 处

**解答过程：**

23. 某变电站35kV配电室的剖面图如下图所示。35kV母线经穿墙套管进入室内后沿母线支架敷设，配电室内沿垂直于母线支架方向设计两列照明灯具，照明线路沿屋顶结构明敷。35kV设备选用手车式开关柜，车长950mm。图中标注的尺寸单位均为mm。请判断该设计方案中共有几处不符合规范的要求？并分别说明理由。（　）

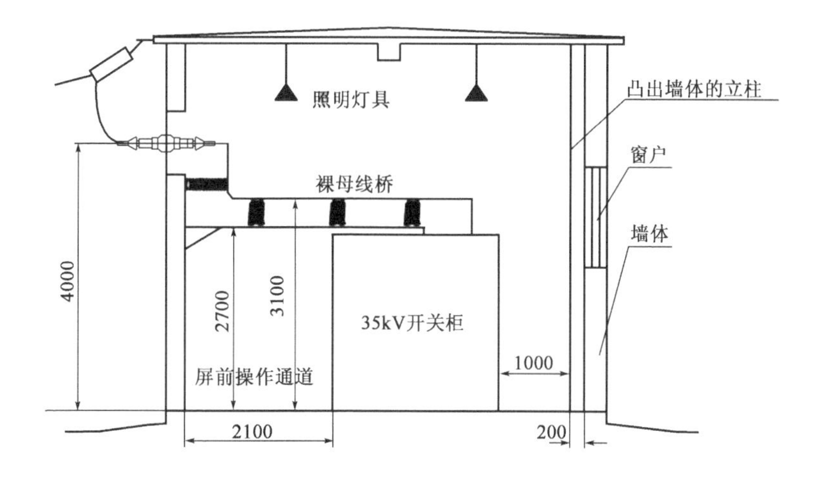


(A)1 处　　　　(B)2 处

(C)3 处　　　　(D)4 处

**解答过程：**

24. 某 10kV 变电所的部分布置图如下图所示，图中 10kV 配电柜选用柜前操作、柜前柜后维护结构的移开式开关柜，手车长度为 650mm，10kV 油浸变压器额定容量为 800kVA，油重 380kg，不考虑变压器在室内检修。挂墙式配电箱为本变电所内的照明、通风等小型 380/220V 用电设备供电，并在配电箱前面板实施操作。10kV 配电柜和挂墙式配电箱的防护等级不低于 IP3X。图中标注的尺寸单位均为 mm，请判断该设计方案中有几处违反规范的要求？并分别说明理由。 (　　)

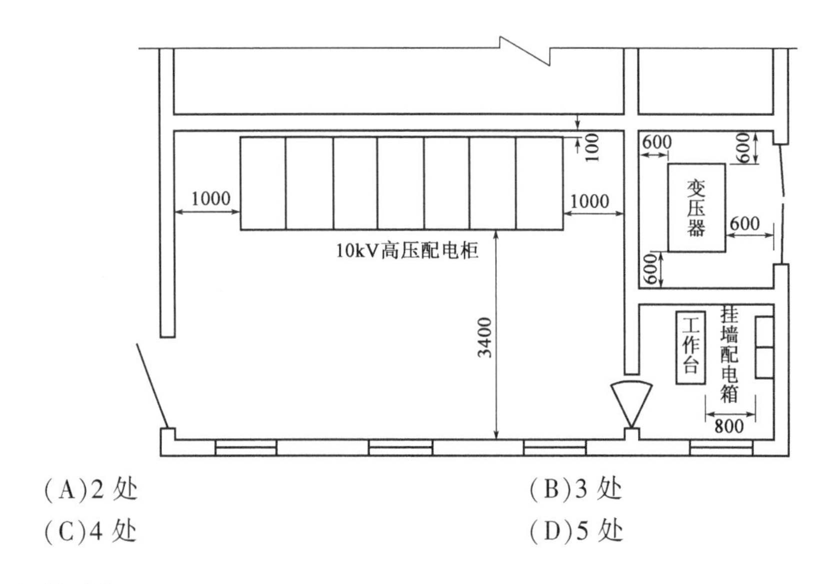


(A)2 处　　(B)3 处

(C)4 处　　(D)5 处

**解答过程：**

25. 某 10/0.4kV 变电所需要布置 15 台低压抽屉式配电柜，柜前柜后操作，配电柜外形尺寸为 800mm(宽)×800mm(深)×2200mm(高)，在不考虑房间受限且均采用直线布置时，请画出草图并计算确定采用下列哪种方式布置时所占用的房间面积最小？

注：若配电柜柜后和柜侧可以靠墙安装时，距离分别按 60mm 和 300mm 计算。

(A) 单排布置　　(B) 双排面对面布置

(C) 双排背对背布置　　(D) 多排布置(大于两排)

**解答过程：**

# 2017年案例分析试题答案(上午卷)

题1～5答案:**CAADC**

1.《电流对人和家畜的效应　第1部分:通用部分》(GB/T 13870.1—2008)第3.1.10条及附录D。

第3.1.10条:偏差系数$F_D$:在给定的接触电压,人口某百分数的人口总阻抗$Z_T$除以人口50%百分数的人体总阻抗$Z_T$,$F_D(X\%,U_T)=\dfrac{Z_T(X\%,U_T)}{Z_T(50\%,U_T)}$

$$F_D(5\%)=\frac{Z_T(5\%)}{Z_T(50\%)}\Rightarrow Z_T(50\%)=\frac{Z_T(5\%)}{F_D(5\%)}$$

$$F_D(95\%)=\frac{Z_T(95\%)}{Z_T(50\%)}\Rightarrow Z_T(50\%)=\frac{Z_T(50\%)}{F_D(95\%)}$$

不超过被测对象5%的阻抗(一手到一手阻抗):

$$Z_{T1}(5\%)=\frac{Z_T(95\%)}{F_D(95\%)}F_D(5\%)=\frac{1100}{1.35}\times 0.74=602.96\Omega$$

不超过被测对象5%的一手到一脚的阻抗:$Z_{T2}(5\%)=602.96\times 0.8=482.37\Omega$

一手到一膝盖的总电流:$I_T=\dfrac{U_T}{Z_T}=\dfrac{1000}{482.37\times(1-32.3\%+0.033)}=2.92\text{A}$

2.《系统接地的型式及安全技术要求》(GB 14050—2008)第4.1-c)条,单相接地短路如解图所示。

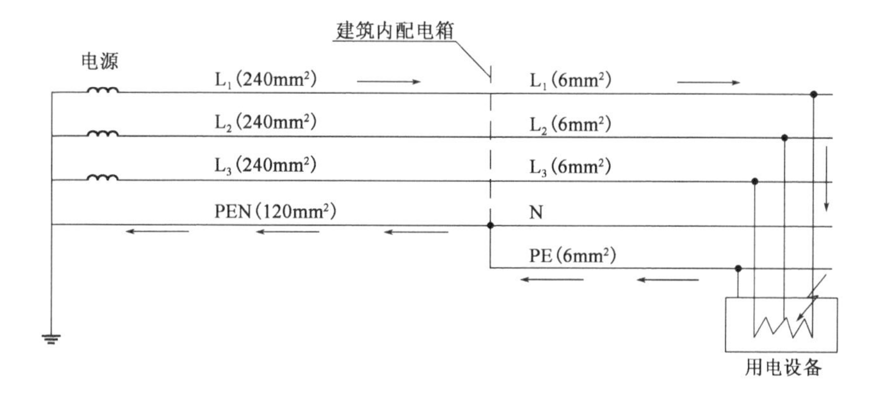


单位变换:$\rho_{20}=2.82\times 10^{-6}\Omega\cdot\text{cm}=2.82\times 10^{-5}\Omega\cdot\text{mm}$

电缆$l_1$的相保阻抗:

$$R_{l1\cdot\text{php}}=1.5\cdot(\text{R}_{\text{ph240}}+\text{R}_{\text{p120}})=1.5\times 1.02\times 2.82\times 10^{-5}\times\left(\frac{1}{240}+\frac{1}{120}\right)\times 10^{3}$$
$$=0.539\text{m}\Omega$$

电缆$l_2$的相保阻抗可查表得:$R_{l2\cdot\text{php}}=14.1\text{m}\Omega/\text{m}$

单相接地短路电流：$I''_{k1}=\dfrac{220}{0.539\times120+14.1\times50}\times10^3=285.83\text{A}$

注：YJLV为铝芯交联聚乙烯绝缘电缆。

3.《系统接地的型式及安全技术要求》(GB 14050—2008)第4.1－c)条，单相接地短路如解图所示。

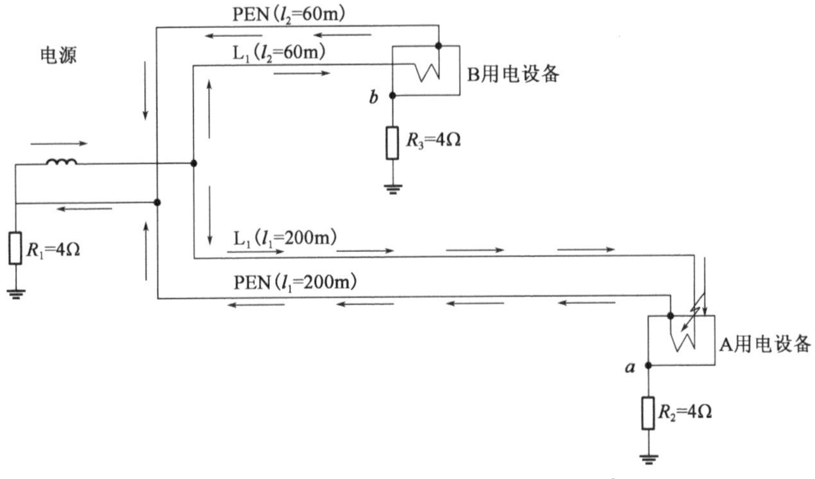


$L_1$ 相线电阻及PEN线电阻：$R_{pL1}=R_{phL1}=6.5\times200\times10^{-3}=1.31\Omega$

$L_2$ 相线电阻及PEN线电阻：$R_{pL2}=R_{phL2}=6.5\times60\times10^{-3}=0.39\Omega$，则电路图转换为(用电设备电阻值应远大于线路电阻，可视为断路)：

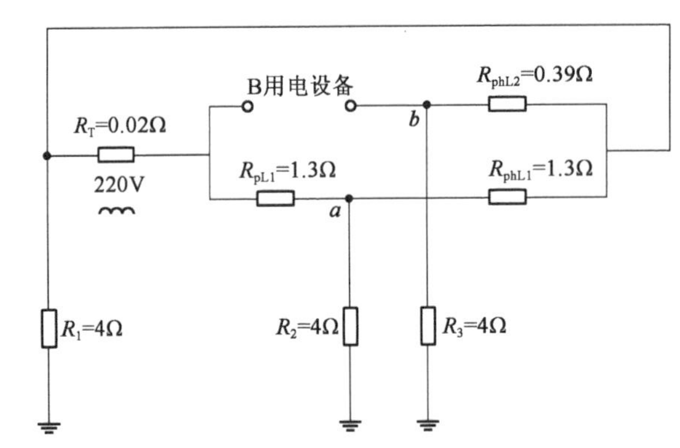


则电路图进一步转化为：

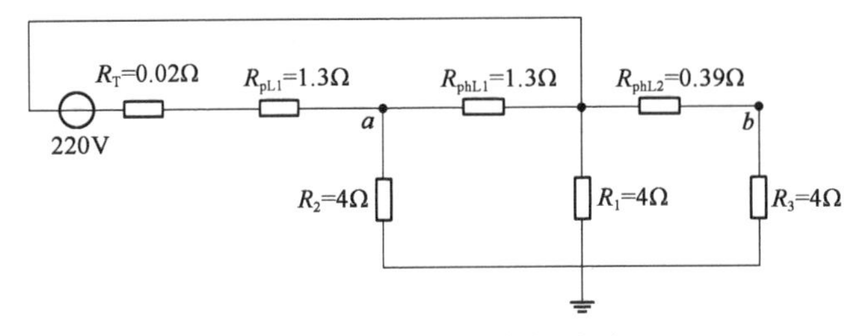


a点发生单相接地短路时，变压器出口的短路电路为：

$$I''=\frac{220}{0.02+1.3+(4//4.39+4)//1.3}=91.99\text{A}$$

B 用电设备的接触电压为：

$$U_b = 4 \times 91.99 \times \frac{1.3}{1.3 + (4//4.39 + 4)} \times \frac{4}{4 + 4.39} = 30.85V$$

4.《建筑物电气装置 第4部分：安全防护 第44章：过电压保护 第442节：低压电气装置对暂时过电压和高压系统与地之间的故障的防护》(GB 16895.11—2001)图44J IT系统-图1。

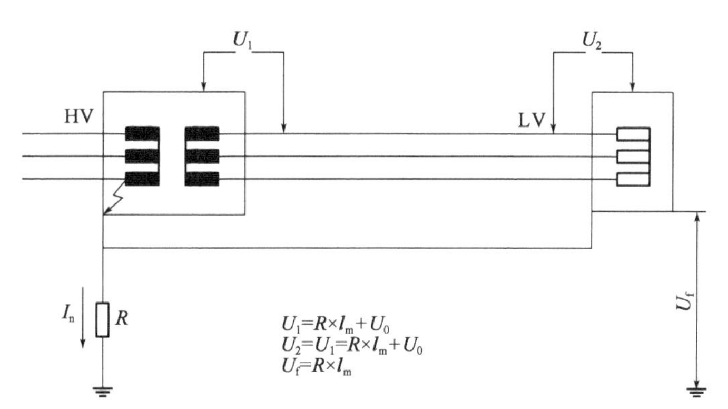


工频应力电压 $U_1$(对应解图中 $U_2$)：$U_1 = U_0 + I_E \cdot R_E = 220 + 10 \times 10 = 320V$

注：也可参考《低压电气装置 第4-44部分：安全防护 电压骚扰和电磁骚扰防护》(GB 16895.10—2010)表44.A1。

5. ①错：《建筑设计防火规范》(GB 50016—2014)表3.4.1。

②错：《20kV及以下变电所设计规范》(GB 50053—2013)第6.1.7条。

③错：《建筑设计防火规范》(GB 50016—2014)第5.2.3条。

④对：《建筑设计防火规范》(GB 50016—2014)第5.4.13-4条。

题6～10答案：**CDCDB**

6.《工业与民用供配电设计手册》(第四版)P10式(1.4-1)～式(1.4-5)。

| 序号 | 建筑名称 | 建筑面积($m^2$) | 户数 | 计算负荷指标 | 需要系数 | 设备功率kW |
|---|---|---|---|---|---|---|
| 1 | 科研办公楼 | 31400 | — | 42W/$m^2$ | — | 1318.8 |
| 2 | 员工宿舍楼 | 2800 | 27 | 2.5kW/户 | 0.65 | 43.9 |
| 3 | 住宅楼 | 12122 | 117 | 6kW/户 | 0.4 | 280.8 |
| 4 | 配套商业、车库及设施 | 14688 | — | 36W/$m^2$ | — | 528.8 |
| 5 | 设备总功率 | 2172.3kW | | | | |
| 6 | 同时系数 | 0.9 | | | | |
| 7 | 设备总计算功率 | 1955.1kW | | | | |
| 8 | 功率因数 | 0.92 | | | | |
| 9 | 设备总计算负荷 | 2125.1kVA | | | | |

总有功功率：$P_{\Sigma}=K_{\Sigma p}\Sigma(K_x P_e)=0.9\times2172.3=1955.1\text{kW}$

总计算负荷：$S_{\Sigma}=\dfrac{P_{\Sigma}}{\cos\varphi}=\dfrac{10946.3}{0.92}=2125.1\text{kVA}$

注：也可参考《工业及民用配电设计手册》(第三版)P3 式(1-9)～式(1-11)。

7.《建筑设计防火规范》(JGJ 242-2011)第3.2.1条、第3.2.2条

二级负荷如下：

| 序号 | 用电设备名称 | 设备容量kW | 数量 | 需要系数 | 备注 |
|---|---|---|---|---|---|
| 1 | 应急照明 | 5 | | 1 | |
| 2 | 走道照明 | 10 | | 0.5 | |
| 3 | 消火栓水泵 | 30 | 2 | 1 | 一用一备 |
| 4 | 喷淋水泵 | 15 | 2 | 1 | 一用一备 |
| 5 | 消防电梯 | 17.5 | 1 | 1 | |
| 6 | 普通客梯 | 17.5 | 1 | 1 | |
| 7 | 生活水泵 | 7.5 | 2 | 1 | 一用一备 |
| 8 | 排污泵 | 3 | 4 | 0.9 | |
| 9 | 消防用排水泵 | 3 | 4 | 1 | |
| 10 | 消防加压装置 | 5.5 | 2 | 1 | |
| 11 | 安防系统用电 | 20 | | 0.85 | |
| 12 | 集中供暖热交换系统 | 50 | | 0.7 | |
| 13 | 设备总功率 | 183.3kW | 不计入备用 | | |

二级总计算负荷：$S_{\Sigma2}=\dfrac{P_{\Sigma2}}{\cos\varphi}=\dfrac{183.3}{0.85}=215.65\text{kVA}$

三级负荷如下：

| 序号 | 用电设备名称 | 设备容量(kW) | 数量 | 需要系数 | 备注 |
|---|---|---|---|---|---|
| 1 | 住户用电 | 6kW | 99户 | 0.4 | 三相配电 |
| 2 | 普通照明 | 15 | | 0.5 | |
| 3 | 通风机 | 7.5 | 4 | 0.6 | |
| 4 | 公共小动力电源 | 10 | | 0.6 | |
| 5 | 设备总功率 | 269.1kW | | | |

三级总计算负荷：：$S_{\Sigma3}=\dfrac{P_{\Sigma3}}{\cos\varphi}=\dfrac{269.1}{0.85}=316.6\text{kVA}$

8.《工业与民用供配电设计手册》(第四版)P6，1.2.2.2“计算范围(配电点)的总设备功率”。

| 序号 | 用电负荷名称 | 容量(kW) | 需要系数$K_x$ | cosφ | 计算功率$P_c$(kW) | 备注 |
|---|---|---|---|---|---|---|
| 1 | 照明用电 | 316 | 0.70 | 0.9 | 221.2 | |
| 2 | 应急照明 | 40 | 0.2 | 0.9 | 8 | |

续上表

| 序号 | 用电负荷名称 | 容量(kW) | 需要系数 $K_x$ | cosφ | 计算功率 $P_c$(kW) | 备注 |
|---|---|---|---|---|---|---|
| 3 | 插座及小动力用电 | 1057 | 0.35 | 0.85 | 369.95 | |
| 4 | 新风机组及风机盘管 | 100 | 0.6 | 0.8 | 60 | |
| 5 | 动力设备 | 105 | 0.6 | 0.8 | 63 | |
| 6 | 制冷设备 | 960 | 0.6 | 0.8 | 576 | |
| 7 | 采暖热交换设备 | 119 | 0.6 | 0.8 | 0 | 季节性负荷,不计入 |
| 8 | 出租商业及餐饮 | 200 | 0.6 | 0.8 | 120 | |
| 9 | 建筑立面景观照明 | 57 | 0.6 | 0.7 | 34.2 | |
| 10 | 控制室及通信机房 | 100 | 0.6 | 0.85 | 60 | |
| 11 | 信息及智能化系统 | 20 | 0.6 | 0.85 | 12 | |
| 12 | 防排烟设备 | 550 | 1 | 0.8 | 0 | 消防负荷,不计入 |
| 13 | 消防水泵 | 215 | 0.5 | 0.8 | 0 | 消防负荷,不计入 |
| 14 | 消防卷帘门 | 20 | 1 | 0.8 | 0 | 消防负荷,不计入 |
| 15 | 消防电梯 | 30 | 1 | 0.8 | 30 | |
| 16 | 客梯、货梯 | 150 | 0.65 | 0.8 | 97.5 | |
| 17 | 建筑立面擦窗机 | 52 | 0.6 | 0.8 | 31.2 | |
| 18 | 设备总功率 | 1683.05kW | | | | |
| 19 | 同时系数 | 0.9 | | | | |
| 20 | 设备总计算功率 | 1514.75kW | | | | |
| 21 | 功率因数 | 0.92 | | | | |
| 22 | 设备总计算负荷 | 1646.5kVA | | | | |
| 23 | 变压器负荷率 | ≤65% | | | | |
| 24 | 变压器装机容量 | ≥2533kVA,选取2x1600kVA | | | | |

注:《工业与民用配电设计手册》(第三版)P2“消防设备容量一般不计入及季节性负荷选择容量较大计入”。

9.《建筑设计防火规范》(GB 50016—2014)第3.1.3条及条文说明、第10.2.1条及表10.2.1。

第3.1.3条及条文说:闪电大于等于60℃的柴油为丙类火灾危险性储存物品。

由第10.2.1条及表10.2.1,可知 $h_c = 10 \times 1.5 = 15\text{m}$

10.《工业与民用供配电设计手册》(第四版)P38 ~ P39 式(1.11-9)、式(1.11-11)。

串联电抗器引起的电容器端子电压升高:

$$U_C = \frac{U_n}{\sqrt{3}S(1-K)} = \frac{400}{\sqrt{3}\times(1-7\%)} = 248.3\text{kV}$$

根据式1.11-11,即并联电容器装置的实际输出容量,可分析出串联电抗器容量为:

$$Q_L = Q_N\left(\frac{U_C}{U_N}\right)^2 K = 480\times\left(\frac{248.3}{480/\sqrt{3}}\right)^2\times 0.07 = 26.98\text{kvar}$$

题11 ~ 15 答案:**BDBBA**

11.《导体和电器选择设计技术规定》(DL/T 5222—2005)第7.1.4条、第6.0.2条及表6.0.2,附录D表D.1和表D.8。

第7.1.4条:在计及日照影响时,钢芯铝绞线及管形导体可按不超过+80℃考虑。查表D.1可知10kV侧载流量为2915A。

第6.0.2条及表6.0.2:室外裸导体环境温度取最热月平均最高温度。查表D.11,可知海拔2000m,30℃时对应校正系数为0.88,即实际母线允许载流量 $I_z = 2915\times 0.88 = 2565.2\text{A}$

而实际负荷电流:$I_r = \frac{50\times 100\%}{10.5\times\sqrt{3}}\times 10^3 = 2749\text{A} > 2565.2\text{A}$,不满足要求。

12.《工业与民用供配电设计手册》(第四版)P459 表6.2-5,《电能质量　供电电压偏差》(GB/T 12325—2008)第4.2条。

$$\Delta u_{min} = \frac{P_{min}l}{10U_n^2}(R + X\cdot\tan\varphi) = \frac{5\times 2}{10\times 10^2}(0.118 + 0.09\times 0.33) = 1.475\text{kV}$$

$$\Delta u_{max} = \frac{P_{max}l}{10U_n^2}(R + X\cdot\tan\varphi) = \frac{10\times 2}{10\times 10^2}(0.118 + 0.09\times 0.33) = 2.95\text{kV}$$

电压偏差范围:$\delta = e - \Delta u = 2 - 1.475 \sim -2 - 2.945 = 0.523\text{kV} \sim -4.954\text{kV}$

由《电能质量　供电电压偏差》(GB/T 12325—2008)第4.2条,10kV电压偏差范围允许值为7%,上述偏差范围满足要求。

注:也可参考《工业与民用配电设计手册》(第三版)P254 表6-3。

13.《电力工程电缆设计规范》(GB 50217—2018)第3.6.5条、附录C表C.0.1-4、附录D表D.0.1、表D.0.3。

由第3.6.5条可知,土中直埋敷设,环境温度选取埋深处的最热月平均地温,即30℃。

由表C.0.1-4,可知电缆导体的最高工作温度为90℃,对应表D.0.1的温度校正系数 $K_1 = 0.96$。

由表D.0.3,土壤热阻系数校正系数为:

$K_2 = 0.93(1.5\text{K}\cdot\text{m/W})$,$K_3 = 0.87(2.0\text{K}\cdot\text{m/W})$。

根据实际工作电流确定导体载流量:$I_g \geq \frac{220}{0.96\times 0.93}\times 0.87 = 214.38\text{A}$

由表C.0.1-4可知选 $95\text{mm}^2$。

注：消防专用电缆使用率较少，从经济性考虑，不能根据电流经济密度选择。可参考如下校验：

《电力工程电缆设计规范》(GB 50217—2018)附录B式(B.0.1-1)。

电流经济密度校验：$S_j = \frac{I_{max}}{J} = \frac{220}{1.8} = 122.22\ mm^2$

14.《交流电气装置的过电压保护和绝缘配合设计规范》(GB/T 50064—2014)表6.4.6-1、附录A式(A.0.2-2)。

表6.4.6-1：110kV电缆终端内、外绝缘雷电冲击耐压(峰值)分别为450kV和450kV。

由附录A式(A.0.2-2)修正外绝缘值：

$U(P_H) = k_a U(P_0) = e^{1\times\frac{2000-1000}{8150}} \times 450 = 509kV$

15.《电力工程电缆设计规范》(GB 50217—2018)第4.1.11条、第4.1.12条、附录F。

$X_S = \left(2\omega \ln \frac{S}{r}\right) \times 10^{-4} = \left(2\times 2\pi \times 50 \times \ln \frac{0.05}{0.02}\right) \times 10^{-4} = 0.05757$

$\alpha = (2\omega \ln 2) \times 10^{-4} = (2\times 2\pi \times 50 \times \ln) \times 10^{-4} = 0.04353$

$Y = X_S + \alpha = 0.05757 + 0.04353 = 0.1011$

$E_{SO} = \frac{I}{2}\sqrt{3Y^2 + (X_S - \alpha)^2} = \frac{400}{2}\sqrt{3\times 0.1011^2 + (0.01404)^2} = 35.13kV$

110kV进线电缆上边相感应电压：$E_S = L \cdot E_{SO} = 0.5 \times 35.13 = 17.57kV$

中相感应电压：$E_S = L \cdot IX_S = 0.5 \times 400 \times 0.05757 = 11.51kV$

由第4.1.11条、第4.1.12条，可知应采用在线路一端或中央部位单点直接接地。

题16～20答案：**CCCAB**

16.《工业与民用供配电设计手册》(第四版)P1072式(12.1-1)，《通用用电设备配电设计规范》(GB 50055—2011)第2.3.5条。

电动机电缆运行电流：

$I_{rM} = \frac{P_{rM}}{\sqrt{3}U_{rM}\eta_r \cos\varphi_r} = \frac{45}{\sqrt{3}\times 0.38 \times 0.9 \times 0.8} = 94.96A$，则 $I_{set1} \geq 100A$

电动机启动电流：

$I_{st} = (2\sim 2.5) \cdot K_{st} \cdot I_n = (2\sim 2.5) \times 6 \times 94.96 = 1139.52\sim 1424.4A$，则 $I_{set3} = 1250A$

17.《工业与民用供配电设计手册》(第四版)P748式(8.3-1)、式(8.3-3)、表(8.3-5)。

电流互感器导线电阻：$R_{dx} = L\frac{\rho}{S} = 50 \times \frac{0.0184}{2\times 1.5} = 0.307\Omega$

PA1电流表内阻抗：$Z_{mr} = \frac{S_s}{5^2} = \frac{0.55}{25} = 0.022\Omega$

实际二次负荷：$Z_b = K_{con2}Z_{mr} + K_{con1}R_{rd} = 0.022 + 2\times 0.307 = 0.635\Omega$，其中接线系数

按单相接线选取。

电流互感器二次侧电流：$I_{2N}=\frac{I_{1N}}{n}=\frac{94.96}{150/5}=3.17A$

则，外部损耗 $P_b=I_{2N}^2Z_b=3.17^2\times0.635=6.381W$

《电力装置的电测量仪表装置设计规范》（GB/T 50063—2008）第3.1.5条，用于电测量装置的电流互感器准确度等级不应低于0.5级，本题目中采用的准确等级为1.0级，不满足要求。

18.《工业与民用供配电设计手册》（第四版）P304式（4.6-41），P182式（4.2-5）～式（4.2-8）、式（4.3-1）。

高压侧系统阻抗：$Z_Q=\frac{(cU_n)^2}{S''_Q}\times10^3=\frac{(1.05\times0.38)^2}{100}\times10^3=1.592m\Omega$，则 $X_Q=1.584m\Omega$，忽略 $R_Q$

变压器电阻：$R_T=\frac{\Delta P\cdot U_{NT}^2}{S_{NT}^2}=\frac{11\times0.4^2}{1}=1.76m\Omega$，则 $I_j=5.5kA$

变压器阻抗：$Z_T=\frac{u_k\%}{100}\cdot\frac{U_{NT}^2}{S_{NT}^2}=\frac{4.5}{100}\cdot\frac{0.4^2}{1}=7.2m\Omega$

变压器电抗：$X_T=\sqrt{Z_T^2-R_T^2}=\sqrt{7.2^2-1.76^2}=6.98m\Omega$

电缆线路电阻和电抗：$R_l=0.754\times50=37.7m\Omega$，$X_l=0.075\times50=3.75m\Omega$

三相短路电流有效值：$I''_k=\frac{cU_n}{\sqrt{3}Z_k}=\frac{1.05\times380}{\sqrt{3}\times\sqrt{(1.76+37.7)^2+(1.584+6.98+3.75)^2}}$

$=5.573kA$

三相短路电流峰值：$i''_p=K_{ch}\sqrt{2}I''_k=1\times\sqrt{2}\times5.573=7.88kA$

注：《低压配电设计规范》（GB 50054—2011）第3.1.2条，$I_{rM}=94.96A>5.63\times10^3\times1\%=56.3A$，应考虑电动机反馈电流的影响，但本题目条件有限，电动机反馈电流可参考《工业与民用供配电设计手册》（第四版）P235表4.3-1。

19.《工业与民用供配电设计手册》（第四版）P1105式（12.1-7）。

控制线路的临界长度：$L_{cr}=\frac{500P_h}{CU_n^2}=\frac{500\times20}{0.6\times220^2}=0.344km=344m<500m$，因此不能实现远程控制。

注：接触器按远方控制按钮（动合、动断两触头）用三芯线连接考虑。也可参考《钢铁企业电力设计手册》（下册）P625式（28-38）。

20. 无。

C处正反转应互锁，即接触器常闭触点 –KM1 和 –KM2 应调换位置；d处控制电缆 AC220V 与 DC24V 不应合用电缆。

题21～25答案：**CBBCB**

21.《建筑防火设计规范》(GB 50016—2014)第7.1.8-1条,消防车道的净宽度和净空高度均不应小于4.0m。

《3~110kV高压配电装置设计规范》(GB 50060—2008)第5.5.4条,屋外110kV油浸变压器之间的最小净距应为8m。

《35kV~110kV变电站设计规范》(GB 50059—2011)第2.0.5条,屋外变电站实体围墙不应低于2.2m。

《火力发电厂与变电站设计防火规范》(GB 50229—2019)第11.1.1条、第11.1.5条,总事故油池距离35kV配电室不应小于5m。

22.《3~110kV高压配电装置设计规范》(GB 50060—2008)。

第5.1.1条及表1.5.1,110kV有效接地系统*C*值(无遮拦裸导体至地面)安全净距为3400mm。

第5.5.3条,贮油池和挡油设施应大于设备外廓每边各1000mm,卵石层厚度不应小于250mm。

23.《3~110kV高压配电装置设计规范》(GB 50060—2008)第5.1.4条及表5.1.4,第5.4.4条及表5.4.4、第5.1.7条。

(1)通向室外的出线套管至屋外通道的路面应不小于4000mm,满足要求。

(2)无遮拦裸导体至地面之间应不小于2600mm,满足要求。

(3)母线支架至地面之间应不小于2300mm,满足要求。

(4)移开式开关柜柜前操作通道为950+1200=2150mm,不满足要求,柜后维护通道1000mm,满足要求。

(5)屋内配电装置裸露的带电部分上面不应有明敷的照明、动力线路或管线跨越,不满足要求。

24.《3~110kV高压配电装置设计规范》(GB 50060—2008)第5.4.4条及表5.4.4,移开式开关柜单列布置时柜后维护通道不小于800,不满足要求;第5.4.5条,容量1000kVA及以下变压器与门最小净距为800mm,不满足要求。

《低压配电设计规范》(GB 50054—2011)第4.2.5条及表4.2.5注5,挂墙式配电箱的箱前操作通道宽度,不宜小于1m,不满足要求。

25.《低压配电设计规范》(GB 50054—2011)第4.2.5条及表4.2.5。

(1)单排布置,面积为 $S_1=14\times3.8=53.2\text{m}^2$

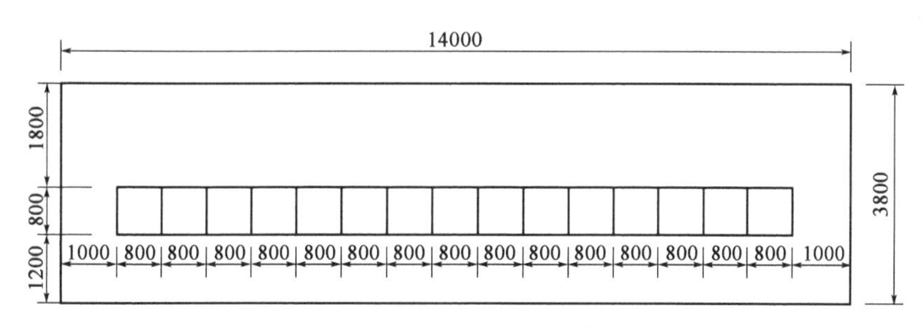

A:单排布置:14000×3800,面积:53.2m²

(2)双排面对面布置,面积为 $S_1=8.3\times6.3=52.92\text{m}^2$

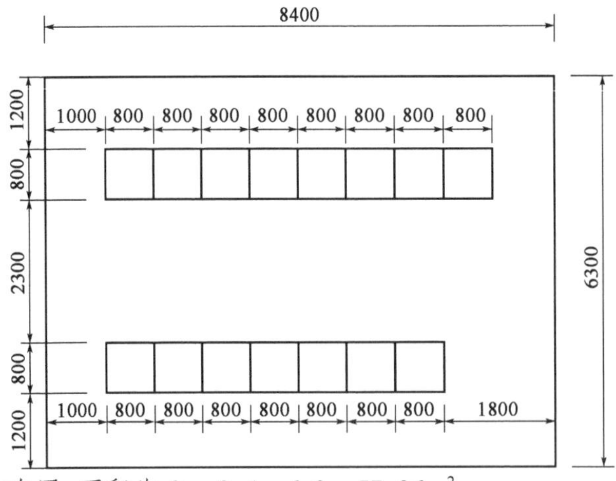


(3)双排同向布置,面积为 $S_1 = 8.4 \times 6.9 = 57.96\text{m}^2$

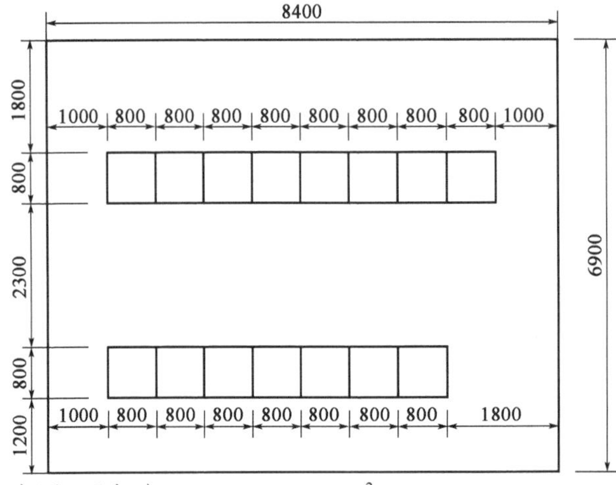


(4)多排同向布置,面积为 $S_1 = 10 \times 6 = 60\text{m}^2$

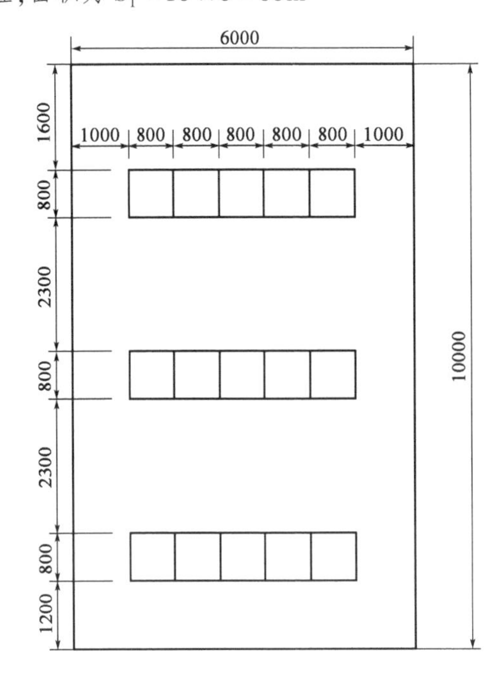

# 2017 年案例分析试题(下午卷)

**[案例题是 4 选 1 的方式,各小题前后之间没有联系,共 25 道小题,每题分值为 2 分,上午卷 50 分,下午卷 50 分,试卷满分 100 分。案例题一定要有分析(步骤和过程)、计算(要列出相应的公式)、依据(主要是规程、规范、手册),如果是论述题要列出论点]**

题 1~5:无人值守 110kV 变电站,直流系统标称电压为 220V,采用直流孔子与动力负荷合并供电。蓄电池采用阀控式密封铅酸蓄电池(贫液),容量为 300Ah,单体 2V。直流系统接线如下图所示,其中电缆 $L_1$ 压降为 0.5%(计算电流取 1.05 倍蓄电池 1h 放电率电流时),电缆 $L_2$ 压降为 4%(计算电流取 10A 时)。请回答下列问题,并列出解答过程。

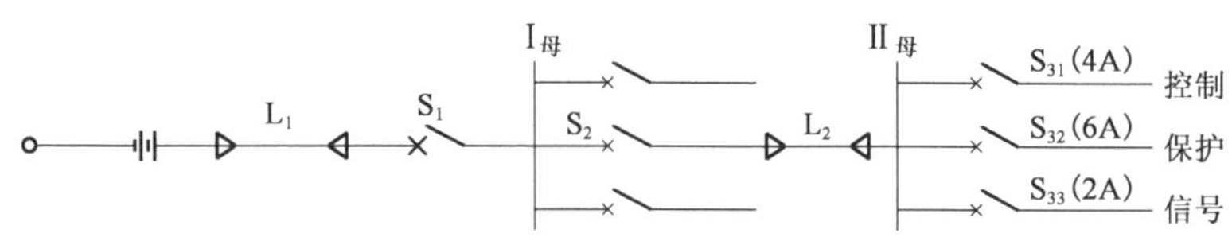


1. 设控制、保护和信号回路的计算电流分别为 2A、4A 和 1A,若该系统断路器皆不具备短延时保护功能,请问直流系统图中直流断路器 $S_2$ 的额定电流值宜选取下列哪项数值?($S_2$ 采用标准型 C 型脱扣器,$S_{31}$、$S_{32}$ 及 $S_{33}$ 采用标准型 B 型脱扣器) (  )

(A)6.0A　　(B)10A　　(C)40A　　(D)63A

**解答过程:**

2. 某直流电动机额定电流为 10A,电源取自该直流系统 I 母线,母线至该电机电缆长度为 120m,求电缆截面宜选取下列哪项数值?(假设电缆为铜芯,载流量按 4A/mm² 电流密度计算) (  )

(A)2.5mm²　　(B)4mm²
(C)6mm²　　(D)10mm²

**解答过程:**

3. 若该系统直流负荷统计如下：控制与保护装置容量 2kW，断路器跳闸装置容量 0.5kW，恢复供电重合闸装置容量 0.8kW，直流应急照明装置容量 2kW，交流不停电装置（UPS）容量 1kW。采用简化计算法计算蓄电池 10h 放电率容量时，其计算容量值最接近下列哪项数值？（放电终止电压取 1.85V） （ ）

（A）70Ah （B）73Ah

（C）85Ah （D）88Ah

**解答过程：**

4. 若该系统直流负荷统计如下：控制与保护装置容量 8kW，断路器跳闸装置容量 0.5kW，恢复供电重合闸装置容量 0.2kW，直流应急照明装置容量 10kW。充电装置采用一组高频开关电源，每个模块电流为 20A，充电时蓄电池与直流母线不断开，请计算充电装置所需的最少模块数量应为下列哪项数值？ （ ）

（A）2 （B）3

（C）4 （D）5

**解答过程：**

5. 某高压断路器，固有合闸时间为 200ms，保护装置动作时间为 100ms，其电磁操动机构合闸电流为 120A，该合闸回路配有一直流断路器，该断路器最适宜的参数应选择下列哪项？ （ ）

（A）额定电流为 40A，1 倍额定电流下过载脱扣时间大于 200ms

（B）额定电流为 125A，1 倍额定电流下过载脱扣时间大于 200ms

（C）额定电流为 40A，3 倍额定电流下过载脱扣时间大于 200ms

（D）额定电流为 125A，1 倍额定电流下过载脱扣时间大于 300ms

**解答过程：**

题6～10：某新建110/10kV变电站设有两台主变，110kV采用内桥接线方式，10kV采用单母线分段接线方式。110kV进线及10kV母线均分别运行，系统接线如图所示。电源1最大运行方式下三相短路电流为25kA，最小运行方式下三相短路电流为20kA；电源2容量为无限大，电源进线$L_1$和$L_2$均采用110kV架空线路，变电站基本情况如下：

(1)主变压器参数如下：

容量：50000kVA；电压比：110±8×1.25%/10.5kV；

短路阻抗：$U_k=12\%$；空载电流为$I_0=1\%$；

接线组别：YN，d11；变压器允许长期过载1.3倍。

(2)每回110kV电源架空线路长度约40km；导线采用LGJ-300/25，单位电抗取0.4Ω/km。

(3)10kV馈电线路均为电缆出线，单位电抗为0.1Ω/km。

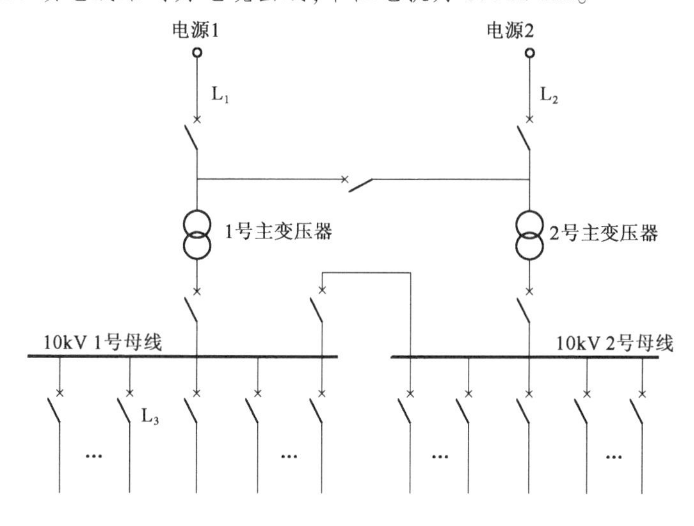


请回答下列问题，并列出解答过程。

6. 请计算1号10kV母线发生最大三相短路时，其短路电流为下列哪项数值？ (　　)

(A)15.23kA　　(B)17.16kA

(C)18.30kA　　(D)35.59kA

**解答过程：**

7. 假定本站10kV 1号母线的最大运行方式下三相短路电流为23kA，最小运行方式下三相短路电流为20kA,由该母线馈出一回线路$L_3$为下级10kV配电站配电。线路长度为8km,采用无时限电流速断保护,电流互感器变比为300/1A,接线方式如右图所示,请计算保护装置的动作电流及灵敏系数应为下列哪项数值?(可靠系数为1.3)(　　)

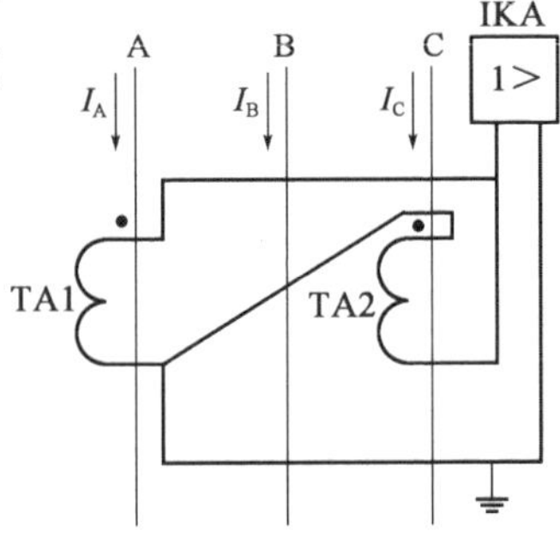

(A)2.47kA,2.34　　(B)4.28kA,2.34

(C)24.7A,2.7　　(D)42.78A,2.34

**解答过程:**

8.若10kV 1号母线的最大三相短路电流为20kA,主变高压侧主保护用电流互感器(安装于变压器高压套管处)的变比为300/1A,请选择该电流互感器最低准确度等级应为下列哪项?(可靠系数取2.0)　　(　　)

(A)5P10　　(B)5P15

(C)5P20　　(D)10P20

**解答过程:**

9.若通过在主变10kV侧串联电抗器,将该变电站的10kV母线最大三相短路电流由30kA降到20kA,请计算该电抗器的额定电流和电抗百分值,其结果应为下列哪组数值?　　(　　)

(A)2887A,5.05%　　(B)2887A,5.55%

(C)3753A,6.05%　　(D)3753A,6.57%

**解答过程:**

10.所内两段10kV母线上的预计总负荷为40MW,所有负荷均匀分布在两段母线上,未补偿前10kV负荷功率因数为0.86,当地电力部门要求变电站入口处功率因数达到0.96。请计算确定全站10kV侧需要补偿的容性无功容量,其结果应为下列哪项数值?(忽略变压器有功损耗)　　(　　)

(A)12000kvar　　(B)13541kvar

(C)15152kvar　　(D)16500kvar

解答过程：

题 11 ~ 15：某企业 35kV 电源线路，选用 JL/G1A-300mm$^2$ 导线，导线计算总截面为 338.99mm$^2$，导线直径为 23.94mm，请回答以下问题：

11. 若该线路杆塔导线水平排列，线间距离 4m，请计算相导线间的几何均距最接近下列哪项数值？（　　）

(A) 2.05m　　(B) 4.08m

(C) 5.04m　　(D) 11.3m

解答过程：

12. 该线路的正序电抗为 0.399Ω/km，电纳为 $2.85 \times 10^{-6}$(1/Ω · km)，请计算该线路的自然功率最接近下列哪项数值？（　　）

(A) 3.06MW　　(B) 3.3MW

(C) 32.3MW　　(D) 374.2MW

解答过程：

13. 已知线路某档距 300m，高差为 70m，最高气温时导线最低点应力为 50N/mm$^2$，垂直比载为 $27 \times 10^{-3}$N/(m · mm$^2$)，用斜抛物线公式计算在最高气温时，档内线长最接近下列哪项数值？（　　）

(A) 300m　　(B) 308.4m

(C) 318.4m　　(D) 330.2m

解答过程：

14. 该线路某档水平档距为250m，导线悬挂点高差70m，导线最大覆冰时的比载为$57\times10^{-3}$N/(m·mm$^2$)，应力为55N/mm$^2$，按最大覆冰气象条件校验，高塔处导线悬点处的应力最接近下列哪项值(按平抛物线公式计算)？ (　　)

(A)55.5N/mm$^2$　　(B)59.6N/mm$^2$

(C)65.5N/mm$^2$　　(D)70.6N/mm$^2$

**解答过程：**

15. 假设该线路悬垂绝缘子长度为0.8m，导线最大弧垂2.4m，导线垂直排列，则该线路导线垂直线间距离最小应为下列哪项数值？ (　　)

(A)1.24m　　(B)1.46m

(C)1.65m　　(D)1.74m

**解答过程：**



题16～20：某培训活动中心工程，有报告厅、会议室、多功能厅、客房、健身房、娱乐室、办公室、餐厅、厨房等。请回答下列电气照明设计过程中的问题，并列出解答过程。

16. 多功能厅长36m，宽18m，吊顶高度3.4m，无窗。设计室内地面照度标准200lx，拟选用嵌入式LED灯盘(功率40W，光通量4000lm，色温4000K)，灯具维护系数为0.80，已知有效顶棚反射比为0.7，墙面反射比为0.5，地面反射比为0.1，灯具利用系数见下表，计算多功能厅所需灯具为下列哪项数值？ (　　)

**灯具利用系数表**

| 室形指数 RI | 顶棚、墙面和地面反射系数(表格从上往下顺序) | | | | | | | | | | |
|---|---|---|---|---|---|---|---|---|---|---|---|
| | 0.8 | 0.8 | 0.7 | 0.7 | 0.7 | 0.7 | 0.5 | 0.5 | 0.3 | 0.3 | 0 |
| | 0.5 | 0.5 | 0.5 | 0.5 | 0.5 | 0.3 | 0.3 | 0.1 | 0.3 | 0.1 | 0 |
| | 0.3 | 0.1 | 0.3 | 0.2 | 0.1 | 0.1 | 0.1 | 0.1 | 0.1 | 0.1 | 0 |
| 0.6 | 0.62 | 0.59 | 0.62 | 0.60 | 0.59 | 0.53 | 0.53 | 0.49 | 0.52 | 0.49 | 0.47 |
| 0.8 | 0.73 | 0.69 | 0.72 | 0.70 | 0.68 | 0.62 | 0.62 | 0.58 | 0.61 | 0.58 | 0.56 |
| 1.0 | 0.82 | 0.76 | 0.80 | 0.78 | 0.75 | 0.70 | 0.69 | 0.65 | 0.68 | 0.65 | 0.63 |
| 1.25 | 0.90 | 0.82 | 0.88 | 0.84 | 0.81 | 0.76 | 0.76 | 0.72 | 0.75 | 0.72 | 0.70 |
| 1.5 | 0.95 | 0.86 | 0.93 | 0.89 | 0.86 | 0.81 | 0.80 | 0.77 | 0.79 | 0.76 | 0.75 |

续上表

| 室形指数 RI | 顶棚、墙面和地面反射系数(表格从上往下顺序) | | | | | | | | | | |
|---|---|---|---|---|---|---|---|---|---|---|---|
| | 0.8 | 0.8 | 0.7 | 0.7 | 0.7 | 0.7 | 0.5 | 0.5 | 0.3 | 0.3 | 0 |
| | 0.5 | 0.5 | 0.5 | 0.5 | 0.5 | 0.3 | 0.3 | 0.1 | 0.3 | 0.1 | 0 |
| | 0.3 | 0.1 | 0.3 | 0.2 | 0.1 | 0.1 | 0.1 | 0.1 | 0.1 | 0.1 | 0 |
| 2.0 | 1.04 | 0.92 | 1.01 | 0.96 | 0.92 | 0.88 | 0.87 | 0.84 | 0.86 | 0.83 | 0.81 |
| 2.5 | 1.09 | 0.96 | 1.06 | 1.00 | 0.95 | 0.92 | 0.91 | 0.89 | 0.90 | 0.88 | 0.86 |
| 3.0 | 1.12 | 0.98 | 1.09 | 1.03 | 0.97 | 0.95 | 0.93 | 0.92 | 0.92 | 0.90 | 0.88 |
| 4.0 | 1.17 | 1.04 | 1.13 | 1.06 | 1.00 | 0.98 | 0.96 | 0.95 | 0.95 | 0.93 | 0.91 |
| 5.0 | 1.19 | 1.02 | 1.16 | 1.08 | 1.01 | 1.00 | 0.98 | 0.96 | 0.96 | 0.95 | 0.93 |

(A)40 盏　　(B)48 盏
(C)52 盏　　(D)56 盏

**解答过程:**

17. 健身房的面积为 500m$^2$,灯具数量及参数统计见下表,灯具额定电压均为 AC220V,计算健身房 LPD 值应为下列哪项数值?　　(　　)

| 序号 | 灯具名称 | 数量 | 光源功率 | 输入电流 | 功率因数 | 用途 |
|---|---|---|---|---|---|---|
| 1 | 荧光灯 | 48 套 | 2×28W/套 | 0.29A/套 | 0.98 | 一般照明 |
| 2 | 筒灯 | 16 套 | 1×18W/套 | 0.09A/套 | 0.98 | 一般照明 |
| 3 | 线型 LED | 50m | 5W/m | 0.05A/m | 0.56 | 暗槽装饰灯 |
| 4 | 天棚造景 | 100m$^2$ | 10W/m$^2$ | 0.1A/m$^2$ | 0.56 | 装饰灯 |
| 5 | 艺术吊灯 | 1 套 | 16×2.5W/套 | 0.4A/套 | 0.56 | 装饰灯 |
| 6 | 枝型花灯 | 10 套 | 3×1W/套 | 0.03A/套 | 0.56 | 装饰灯 |
| 7 | 壁灯 | 15 套 | 3W/套 | 0.03A/套 | 0.56 | 装饰灯 |

(A)7.9W/m$^2$　　(B)8.3W/m$^2$
(C)9.5W/m$^2$　　(D)10W/m$^2$

**解答过程:**

18. 客房床头中轴线正上方安装有25W阅读灯见下图(图中标注的尺寸单位均为mm),灯具距墙0.5m,距地2.7m,灯具光通量为2000lm,光强分布见下表,维护系数为0.8,假定书面$P$点在中轴线上方,书面与床面水平倾角70°,$P$点距墙水平距离为0.8m,距地垂直距离为1.2m,按点光源计算书面$P$点照度值应为下列哪项数值? ( )

**灯具光强分布表**(1000lm)

| θ° | 0 | 3 | 6 | 9 | 12 | 15 | 18 | 21 | 24 | 27 | 30 | 90 |
|---|---|---|---|---|---|---|---|---|---|---|---|---|
| $I_θ$(cd) | 396 | 384 | 360 | 324 | 276 | 231 | 186 | 150 | 117 | 90 | 72 | 0 |

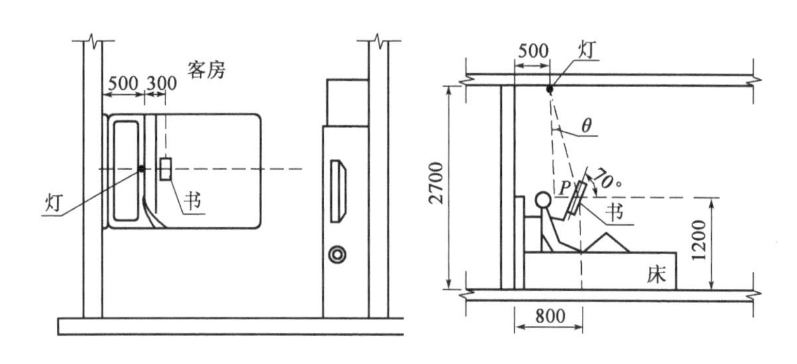


客房光源照射位置示意图(尺寸单位:mm)

(A)64lx　　　　(B)102lx

(C)111lx　　　　(D)196lx

**解答过程:**

19. 某办公室长6m、宽3m、高3m,布置见下图(图中标注的尺寸单位均为mm),2张办公桌长1.5m、宽0.8m、高0.8m,距地2.8m,连续拼接吊装4套LED平板盒式灯具构成光带,每套灯具长1.2m、宽0.1m、高0.08m,灯具光强分布值见下表,单灯功率为40W,灯具光通量为4400lm,维护系数为0.8,按线光源方位系数法计算桌面中$P$点表面照度值最接近下列哪项数值? ( )

**灯具光强分布表**(1000lm)

| θ° | | 0 | 5 | 15 | 25 | 35 | 45 | 55 | 65 | 75 | 85 | 95 |
|---|---|---|---|---|---|---|---|---|---|---|---|---|
| $I_θ$(cd) | A-A | 361 | 383 | 443 | 473 | 379 | 168 | 42 | 46 | 18 | 2 | 0 |
| | B-B | 361 | 360 | 398 | 433 | 389 | 198 | 46 | 19 | 12 | 9 | 12 |

注:A-A横向光强分布,B-B纵向光强分布,相对光强分布属C类灯具。

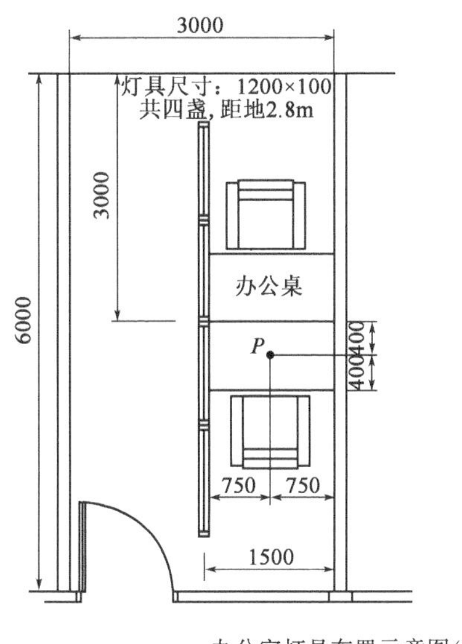


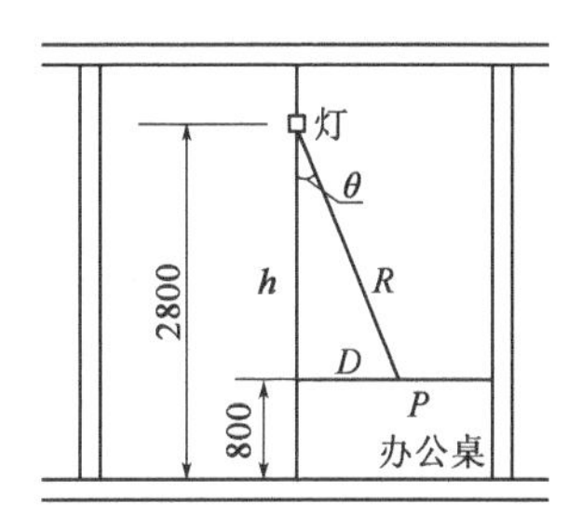


办公室灯具布置示意图(尺寸单位:mm)

(A)117lx　　(B)359lx　　(C)595lx　　(D)712lx

**解答过程:**

20. 室内挂墙广告灯箱宽 3m × 高 2m × 深 0.2m,灯箱内均匀分布高光效直管荧光灯,每套荧光灯功率为 32W,光通量为 3400lm,色温 6500K,效率 90%,维护系数为0.80。灯箱设计表面亮度不宜超过 100cd/m$^2$,广告表面透光材料入射比为 0.5,反射比为 0.5,灯具利用系数为 0.78,计算广告灯箱所需灯具数量为下列哪项数值? (　　)

(A)2　　(B)3

(C)4　　(D)6

**解答过程:**

题 21 ~25:某车间变电所设 10/0.4kV 供电变压器一台,变电所设有低压配电室,用于布置低压配电柜。变压器容量 1250kVA,$U_d$% = 5,Δ/Y 接线,短路损耗 13.8kW;变电所低压侧总负荷为 836kW,功率因数为 0.76。低压用电设备中电动机 $M_1$ 的额定功率为 45kW,额定电流为 94.1A,额定转速为 740r/min,效率为 92.0%,功率因数为 0.79,最大转矩比为 2。电动机 $M_1$ 的供电电缆型号为 VV-0.6/1.0,3×25+1×16mm$^2$,长度为 220m,单位电阻为 0.723Ω/km。请回答下列问题,并列出解答过程。(计算中忽略变压器进线侧阻抗和变压器至低压配电柜的母线阻抗)

21. 拟在低压配电室设置无功功率自动补偿装置，将功率因数从0.76补偿至0.92，计算补偿后该变电所年节能量应为下列数值？（变电所的年运行时间按365天×24小时计算） （　　）

(A) 29731kWh　　(B) 31247kWh

(C) 38682kWh　　(D) 40193kWh

**解答过程：**

22. 拟采用就地补偿的方式将电动机 $M_1$ 的功率因数补偿至0.92，计算补偿后该电动机馈电线路的年节能量接近下列哪项数值？（电动机年运行时间按365天×24小时计算） （　　）

(A) 6350kWh　　(B) 7132kWh

(C) 8223kWh　　(D) 9576kWh

**解答过程：**

23. 对电动机 $M_1$ 进行就地补偿时，为防止产生自励磁过电压，补偿电容的最大容量是下列哪项数值？（电动机空载电流按电动机最大转换倍数推算的方法计算） （　　）

(A) 18.26kvar　　(B) 20.45kvar

(C) 23.68kvar　　(D) 25.75kvar

**解答过程：**

24. 车间内设有整流系统，整流变压器额定容量118kVA，$U_d\% = 5$，Δ/Y接线，额定电压380/227V，二次相电流300A，接三相桥式整流电路。求额定直流输出电流LED计算值为下列哪项数值？ （　　）

(A) 259A　　(B) 300A

(C) 367A　　(D) 519A

**解答过程：**

25. 车间设有整流系统，整流变压器额定容量118kVA，$U_d\%=5$，Δ/Y接线，额定电压380/227V，接三相桥式整流电路。若三相桥式整流电路直流输出电压平均值$U_d=220V$，直流输出电流$I_d$为额定直流输出电流$I_{de}$的1.5倍时，计算的换相角$r$应为下列哪项数值？（　　）

(A)4.36°　　(B)5.23°

(C)6.18°　　(D)7.32°

**解答过程：**

题26～30：某普通多层工业办公楼，长72m，宽12m，高20m，为平屋面、砖混结构、混凝土基础，当地年平均雷暴日为154.5天/年。请解答下列问题。

26. 若该建筑物周边为无钢筋闭合条形混凝土基础，基础内敷设人工接地体的最小规格尺寸应为下列哪项？（　　）

(A)圆钢2×$\phi$8mm

(B)扁钢4×25mm

(C)圆钢2×$\phi$12mm

(D)扁钢5×25mm

**解答过程：**

27. 该办公楼内某配电箱供6个AC220V馈出回路，每回路带25盏T5-28W灯具，设计依据规范三相均衡配置。T5荧光灯用电子镇流器，电源电压AC220V，总输入功率32W，功率因数0.97，3次谐波电流占总输入电流20%。计算照明配电箱电源中性线上的3次谐波电流应为下列哪项数值？（　　）

(A)0A　　(B)0.03A

(C)0.75A　　(D)4.5A

解答过程：

28. 假设本办公楼为第二类防雷建筑物，在 LPZ0 区与 LPZ1 区交界处，从室外引来的线路上总配电箱处安装 I 级实验 SPD，若限压型 SPD 的保护水平为 1.5kV，两端引线的总长度为 0.4m，引线电感为 1.1μH/m，当不计反射波效应时，线路上出现的最大雷电流电涌电压为下列哪项值？（假定通过 SPD 的雷电流陡度 $di/dt$ 为 9kA/μs）（ ）

(A) 1.8kV　　(B) 2.0kV

(C) 5.1kV　　(D) 5.46kV

解答过程：

29. 建筑物钢筋混凝土基础，由 4 个长 × 宽 × 高为 11m × 0.8m × 0.6m 和 2 个长 × 宽 × 高为 72m × 0.8m × 0.6m 的块状基础组成，基础埋深 3m，土壤电阻率为 72Ω · m。请计算此建筑物的接地电阻值为下列哪项数值？（ ）

(A) 0.551Ω　　(B) 0.975Ω

(C) 1.125Ω　　(D) 1.79Ω

解答过程：

30. 假设建筑物外引一段水平接地体，长度为 100m，先经过长 50m 电阻率为 2000Ω · m 的土壤，之后经过电阻率为 1500Ω · m 的土壤。请计算此段水平接地体的有效长度为下列哪项？（ ）

(A) 77.46m　　(B) 84.12m

(C) 89.4m　　(D) 100m

解答过程：

题 31 ~35：某轧钢车间 6kV 配电系统向轧钢机电动机配电，假设其配电距离很短，可忽略配电电缆阻抗，6kV 系统参数如下：

6kV 母线短路容量：$S_{d1}=48\text{MVA}$。6kV 母线预接无功负荷：$Q_{fh}=2.9\text{Mvar}$。

轧钢机电动机参数如下：

电动机额定容量：$P_e=1500\text{kW}$，电动机额定电压：$U_e=6\text{kV}$，电动机效率：$\eta=0.95$，电动机功率因数：$\cos\varphi=0.8$，电动机全电压启动时的电流倍数：$K_{iq}=6$

电动机的全启动电压标幺值：$U_{qe}^*=1$

电动机静阻转矩标幺值：$M_j^*=0.15$

电动机全压启动时转矩标幺值：$M_q^*=1$

电动机启动时平均矩标幺值：$M_{qp}^*=1.1$

电动机额定转速：$n_e=500\text{rpm}$

电动机启动时要求母线电压不低于母线额定电压的 85%，$U_m^*=0.85$。

请回答下列问题，并列出解答过程。

31. 计算该电动机的启动容量及母线最大允许启动容量应为下列哪组数值？并判断是否满足直接启动条件。 (　　)

(A)11.84MVA，8.94MVA，不满足
(B)12.14MVA，9.76MVA，不满足
(C)7.5MVA，9.76MVA，满足
(D)7.5MVA，8.96MVA，满足

**解答过程：**

32. 计算该电动机直接启动时的母线电压应为下列哪项数值？ (　　)

(A)4.56kV　　(B)4.86kV
(C)5.06kV　　(D)5.56kV

**解答过程：**

33. 计算确定该电动机电抗器启动的可能性及电抗器电抗值？ (　　)

(A)可以，1.99Ω　　(B)可以，0.99Ω
(C)不可以，0.55Ω　　(D)不可以，0.49Ω

解答过程：

34. 如果该电动机采用电抗器启动，请计算电动机启动时母线的电压及电动机的端电压。（启动电抗器按1.0Ω计算） （　　）

(A)4.5kV,3.67kV　　(B)4.8kV,3.87kV
(C)5.1kV,3.67kV　　(D)5.1kV,3.87kV

解答过程：

35. 如果该电动机采用电抗器启动，当电动机旋转体等效直径为1.2m、重量为10000kg时，该电动机的启动时间应为下列哪项数值？ （　　）

(A)10.7s　　(B)13.7s
(C)14.7s　　(D)15.7s

解答过程：

题36～40：有一综合建筑，总建筑面积110000m$^2$，总高度98m，地下3层，每层建筑面积7830m$^2$，地上25层，其中1～4层为裙房，每层建筑面积4000m$^2$，5～24层每层3470m$^2$，第25层1110m$^2$。该建筑能容纳2000人以上，不超过10000人。请回答下列火灾报警等弱电设计问题，并列出解答过程。

36. 设建筑地下2、3层设有20只5W扬声器，地下1层设有21只5W扬声器，首层设有20只3W扬声器，4只5W扬声器，2至4层每层设有14只3W扬声器，5至24层各层设有8只3W扬声器，顶层设有3只3W扬声器。试计算当广播系统业务广播和消防应急广播合用时，其功率放大器应为下列哪项数值？ （　　）

(A)1500W　　(B)1460W
(C)1300W　　(D)1269W

解答过程：

37. 建筑中的数据中心，其视频安防监控系数采用数字信号在 IP 网络中传输，当采用 704×576 分辨率，计算其视频编码应为下列哪项数值？（　　）

(A)256kbps　　(B)512kbps
(C)1024kbps　　(D)2048kbps

**解答过程：**

38. 在建筑中 4 层有一个会议厅，根据建筑装修设计的情况，将扬声器箱安装布置在吊顶，间距为 9m，安装高度为 4.75m。试计算，根据此布置的扬声器箱，其辐射角应为下列哪项数值？（　　）

(A)94.5°　　(B)98.4°　　(C)101°　　(D)105°

**解答过程：**

39. 建筑中设置有视频安防监控系统，已知某处设置一台摄像机，摄像机的焦距为 50mm，像场高 15mm，视场高 4.5m，试计算该台摄像机监测的距离应为下列哪项数值？（　　）

(A)15m　　(B)13.3m　　(C)4.5m　　(D)1.35m

**解答过程：**

40. 在该建筑 5～10 层为某分支机构办公用房，每层建筑面积的 70% 为纯办公面积，按照 10m² 一个工位，每个工位均设有一个语音点和一个普通数据点，另外在 70% 的工位设置了内部网络数据点。试计算建筑设备间 BD 至上述楼层的楼层配线架 FD 的内网按最大量配置需要多少芯的光缆？（内网网络交换机每台按 36 口计算）（　　）

(A)26 芯　　(B)18 芯　　(C)14 芯　　(D)12 芯

**解答过程：**

# 2017年案例分析试题答案(下午卷)

题1~5答案:**CDBCC**

1.《电力工程直流电源系统设计技术规程》(DL/T 5044—2014)附录A式(A3.4)及表A.5-1。

$S_2$ 断路器额定电流:$I_n \geqslant K_c(I_{cc}+I_{cp}+I_{cs}) = 0.8\times(1+4+2) = 5.6\text{A}$

根据题目已知条件和表A.5-1集中辐射形系统保护电器选择配合表(标准型),确定 $S_2$ 的额定电流值为40A。

2.《电力工程直流电源系统设计技术规程》(DL/T 5044—2014)第6.3.7-1条、附录E。

根据E.2计算参数中的两个表,直流电动机回路计算电流取 $I_{ca2}=K_{stm}I_{nm}=2\times10\text{A}$,允许电压降取 $U_p\%\leqslant5\%U_n$,则:

电缆截面:$S_{cac}=\dfrac{\rho\cdot 2LI_{ca}}{\Delta U_p}=\dfrac{0.0184\times2\times120\times(2\times10)}{220\times5\%}=8.03\ \text{mm}^2$,取 $10\text{mm}^2$。

第6.3.7-1条:直流柜与直流电动机之间的电缆截面需满足,电缆长期允许载流量的计算电流应大于电动机额定电流,则校验如下:

$$S'_{cac}=\frac{10}{4}=2.5\ \text{mm}^2<10\ \text{mm}^2$$

满足要求。

3.《电力工程直流电源系统设计技术规程》(DL/T 5044—2014)第4.2.5条及附录C第C.2.3条"蓄电池容量计算"及表C.3-3。

**直流负荷统计表**

| 负荷名称 | 容量(kW) | 负荷系数 | 经常负荷电流(A) | 初期(A) | 持续(A) | | | 随机(A) |
|---|---|---|---|---|---|---|---|---|
| | | | | 1min | 1~30min | 30~60min | 60~120min | 5s |
| 控制和保护设备 | 2 | 0.6 | 5.45 | 5.45 | 5.45 | 5.45 | 5.45 | |
| 跳闸 | 0.5 | 0.6 | | 1.36 | | | | |
| 恢复供电 | 0.8 | 1 | | | | | | 3.64 |
| 应急照明 | 2 | 1 | | 9.09 | | | 9.09 | |
| UPS | 1 | 0.6 | | 2.73 | | | 2.73 | |
| 总计 | | | | 18.63 | | | 17.27 | 3.64 |

(1)满足事故放电初期(1min)冲击放电电流容量的要求。

查表C.3-3,放电终止电压为1.85V时,1min放电时间的容量换算系数 $K_K=1.24$

$$C_{cho}=K_K\frac{I_{cho}}{K_{cho}}=1.4\times\frac{18.63}{1.24}=21.03\text{Ah}$$

(2)满足事故全停电状态下持续放电容量的要求。

查表 C.3-3,放电终止电压为 1.85V 时,120min 放电时间的容量换算系数 $K_{c1}$ = 0.344

$$C_{C1} = K_K \frac{I_1}{K_{c1}} = 1.4 \times \frac{17.27}{0.344} = 70.28\text{Ah}$$

(3)满足随机负荷计算容量的要求

查表 C.3-3,放电终止电压为 1.85V 时,120min 放电时间的容量换算系数 $K_{c1}$ = 0.344

$$C_r = \frac{I_r}{K_{cr}} = \frac{3.64}{1.34} = 2.72\text{Ah}$$

计算容量为:$C_{js} = C_{cho} + C_r = 70.28 + 2.72 = 73\text{Ah}$

4.《电力工程直流电源系统设计技术规程》(DL/T 5044—2014)第 4.2.5 条及附录 D。

经常负荷电流:$I_{jc} = 0.6 \times \frac{8000}{220} = 21.82\text{A}$

蓄电池充电时电池与直流母线不断开,因此需满足均衡充电的要求,则:

充电输出电流:$I_r = (1.0 \sim 1.25) I_{10} + I_{jc} = (1.0 \sim 1.25) \times \frac{300}{10} + 21.82 = 51.82 \sim 59.32\text{A}$

高频开关电源整流装置基本模块数量:$n_1 = \frac{I_r}{I_{me}} = \frac{51.82 \sim 59.32}{20} = 2.59 \sim 2.97$,取 3 个。

附加模块数量:$n_2 = 1$

因此模块数量:$n = n_1 + n_2 = 3 + 1 = 4$

5.《电力工程直流电源系统设计技术规程》(DL/T 5044—2014)第 6.2.5-2-2)条。

高压断路器电磁操动机构的合闸回路可按 0.3 倍的额定合闸电流选择,即 30 × 120 = 36A,取 40A。

直流断路器过载脱扣时间应大于断路器固有合闸时间,即 200ms。

题 6 ~ 10 答案:**ADBDC**

6.《工业与民用供配电设计手册》(第四版)P280 ~ P284“实用短路电流计算法”。

设 $S_j = 100\text{MVA}$,$U_j = 115\text{kV}$

最大运行方式下系统电抗标幺值:$X_{*S1} = \frac{S_j}{S''_S} = \frac{I_j}{I''_S} = \frac{0.50}{25} = 0.02$,$X_{*S2} = 0$

可见,10kV 侧 1 号母线发生最大三相短路电流应在电源 2 供电时,则:

主变压器电抗标幺值:$X_{*T} = \frac{u_k\%}{100} \cdot \frac{S_j}{S_{rT}} = \frac{12}{100} \times \frac{100}{50} = 0.24$

架空线电抗标幺值:$X_{*L} = X \frac{S_j}{U_j^2} = 40 \times 0.4 \times \frac{100}{115^2} = 0.121$

10kV 侧 1 号母线最大短路电流:$I''_k = \frac{I_j}{X_{*S2} + X_{*T} + X_{*L}} = \frac{5.5}{0 + 0.24 + 0.121} = 15.23\text{kA}$

7.《工业与民用供配电设计手册》(第四版)P280～P284“实用短路电流计算法”，P550 表 7.3-2。

设 $S_j=100\text{MVA}, U_j=10.5\text{kV}$，则 $I_j=5.5\text{kA}$

最大运行方式下系统电抗标幺值：$X_{*S1}=\frac{S_j}{S''_S}=\frac{I_j}{I''_S}=\frac{5.5}{23}=0.24$

架空线电抗标幺值：$X_{*L}=X\frac{S_j}{U_j^2}=8\times0.1\times\frac{100}{10.5^2}=0.726$

无限时电流速断保护动作电流：$I_{op\cdot k}=K_{rel}K_{con}\frac{I''_{2k\cdot max}}{n_{TA}}=1.3\times\sqrt{3}\times\frac{5700}{300}=42.78\text{A}$

最小运行方式下校验保护装置灵敏度：$K_{sen}=\frac{I_{1k2\cdot min}}{I_{op}}=\frac{0.866\times20\times10^3}{42.78\times(300/\sqrt{3})}=2.34>$ 1.5，满足要求。

8.《电力装置的继电保护和自动装置设计规范》(GB/T 50062—2008)第 4.0.3-2 条。

电压为 10kV 以上、容量为 10MVA 及以上单独运行的变压器，以及容量为 6.3MVA 及以上并列运行的变压器，应采用纵联差动保护。

《钢铁企业电力设计手册》(上册)P777 式(15-34)。

一次电流倍数：$m=\frac{K_k\cdot I_{dmax}}{I_{c1}}=\frac{2\times2\times10^3}{(110/10.5)\times(300/1)}=12.73$

《工业与民用供配电设计手册》(第四版)P603，7.7.1.4-(1)-4)：变压器主回路宜采用复合误差较小(波形畸变较小)的 5P 和 5PR 级电流互感器。

注：也可参考《工业与民用配电设计手册》(第三版)P343 式(7-21)。

9.《导体和电器选择设计技术规定》(DL/T 5222—2005)第 14.2.1 条。

普通限流电抗器的额定电流应为主变压器或馈线回路的最大可能工作电流，根据《工业与民用供配电设计手册》(第四版)P315 表 5.2-3“变压器回路要求”：

$$I_N=1.3\times\frac{50\times10^3}{\sqrt{3}\times10.5}=3754\text{A}$$

《工业与民用供配电设计手册》(第四版)P401 式(5.7-11)。

$$x_N\%\geqslant\left(\frac{I_j}{I''_k}-X_{*j}\right)\frac{I_N U_j}{I_j U_r}\times100\%=\left(\frac{5.5}{20}-\frac{5.5}{30}\right)\times\frac{3.754\times10.5}{10\times5.5}\times100\%=6.25\%$$

10.《工业与民用供配电设计手册》(第四版)P30 式(1.10-4)，P36 式(1.11-5)。

一台变压器的无功功率损耗：

$$\Delta Q_T=\Delta Q_0+\Delta Q_k\left(\frac{S_c}{S_N}\right)^2=\left[1\%+12\%\times\left(\frac{40/(2\times0.96)}{50}\right)^2\right]\times50\times10^3$$
$$=1541.67\text{kvar}$$

按最大负荷计算的补偿容量：

$$Q_1=P_c(\tan\varphi_1-\tan\varphi_2)=40\times10^3\times[\tan(\cos^{-1}0.86)-\tan(\cos^{-1}0.96)]$$
$$=12068\text{kvar}$$

总补偿容量为：$\sum Q = 2\times\Delta Q_T + Q_1 = 2\times1541.67 + 12068 = 15151\text{kvar}$

题 11 ~ 15 答案：**CBBBA**

11.《工业与民用供配电设计手册》(第四版)P863 式(9.4-8)有关 $D_j$ 注解。

相导线间的几何均距：

$D_j \geqslant \sqrt[3]{D_{UV}D_{VW}D_{WU}} = \sqrt[3]{4\times4\times8} = 5.04\text{m}$(相导线为水平排列)

注：也可参考《电力工程高压送电线路设计手册》(第二版)P16 式(2-1-3)。

12.《电力工程高压送电线路设计手册》(第二版)P24 式(2-1-41)和式(2-1-42)。

波阻抗：$Z_n = \sqrt{\dfrac{X_1}{b_1}} = \sqrt{\dfrac{0.399}{2.85\times10^{-6}}} = 374.16\Omega$

线路自然功率：$P_n = \dfrac{U^2}{Z_n} = \dfrac{35^2}{374.16} = 3.274\text{MW}$

13.《电力工程高压送电线路设计手册》(第二版)P179 表(3-3-1)“电线应力弧垂公式一览表”。

高差角：$\beta = \tan^{-1}\dfrac{h}{l} = \tan^{-1}\left(\dfrac{70}{300}\right) = 13.134°$

档内线长(斜抛物线公式)：

$$L = \frac{l}{\cos\beta} + \frac{\gamma^2 l^3\cos\beta}{24\sigma_0^2} = \frac{300}{\cos13.134°} + \frac{(27\times10^{-3})^2\times300^3\times0.974}{24\times50^2} = 308.27\text{m}$$

14.《电力工程高压送电线路设计手册》(第二版)P179 表(3-3-1)“电线应力弧垂公式一览表”。

电线最低点到悬挂点电线间水平距离：

$$l_{OB} = \frac{l}{2} + \frac{\sigma_0}{\gamma}\tan\beta = \frac{250}{2} + \frac{55}{57\times10^{-3}}\times\frac{70}{250} = 395.18\text{m}$$

高塔导线悬点应力：$\sigma_B = \sigma_0 + \dfrac{\gamma^2 l_{OB}^2}{2\sigma_0} = 55 + \dfrac{(57\times10^{-3})^2\times395.18^2}{2\times55} = 59.6\ \text{N/mm}^2$

15.《66kV 及以下架空线电力线路设计规范》(GB 50061—2010)第 7.0.3 条。

导线水平线间最小距离：$D \geqslant 0.4L_k + \dfrac{U}{110} + 0.65\sqrt{f} = 0.4\times0.8 + \dfrac{35}{110} + 0.65\times\sqrt{2.4}$

$= 1.65\text{m}$

导线垂直线间最小距离：$h \geqslant 0.75D = 0.75\times1.65 = 1.24\text{m}$

题 16 ~ 20 答案：**ABBDB**

16.《照明设计手册》(第三版)P7 式(1-9)，P145 式(5-39)。

室形指数：$RI = \dfrac{LW}{H(L+W)} = \dfrac{36\times18}{3.4\times(36+18)} = 3.53$，采用插入法 $\dfrac{4-3}{1-0.97} = \dfrac{4-3.53}{1-U}$，$U = 0.986$

灯具数量：$N = \dfrac{E_{av}A}{\Phi UK} = \dfrac{200\times36\times18}{4000\times0.986\times0.8} = 41.08$ 盏，取 40 盏。

校验工作面平均照度：$E_{av}=\dfrac{\Phi NUK}{A}=\dfrac{4000\times40\times0.986\times0.8}{36\times18}=194.8\text{lx}$

《建筑照明设计标准》(GB 50034—2013)第4.1.7条：设计照度与照度标准值的偏差不应超过±10%，因此校验满足要求。

17.《建筑照明设计标准》(GB 50034—2013)第6.3.16条。

设装饰性灯具场所，可将实际采用的装饰性灯具总功率的50%计入照明功率密度值的计算。

一般照明功率：$P_1=UI_1\cos\varphi_1=220\times(48\times0.29+16\times0.09)\times0.98=3311.62\text{W}$

装饰灯具功率：$P_2=UI_2\cos\varphi_2=220\times(50\times0.05+100\times0.1+10\times0.03+15\times0.03)\times0.56=1618.68\text{W}$

则：$LPD=\dfrac{3311.62+2\times1681.68}{500}=8.3\ \text{W/m}^2$

18.《照明设计手册》(第三版)P118式(5-1)，P122式(5-15)。

$\theta=\tan^{-1}\left(\dfrac{300}{2700-1200}\right)=11.3°$，利用插入法，$\dfrac{324-I_\theta}{11.3-9}=\dfrac{I_\theta-276}{12-11.3}$，可得 $I_\theta=287.2\text{cd}$

$$E_n=\frac{I_\theta}{R^2}=\frac{287.2}{(2.7-1.2)^2+0.3^2}=122.74\text{lx}$$

$$E_\varphi=\frac{2000\times0.8}{1000}\times122.74\times\cos(70°-11.3°)=102\text{lx}$$

19.《照明设计手册》(第三版)P118式(5-1)，P126式(5-21)、表(5-3)。

$\theta=\tan^{-1}\left(\dfrac{750}{2800-800}\right)=20.56°$，利用插入法，$\dfrac{473-I_\theta}{25-20.56}=\dfrac{I_\theta-443}{20.56-15}$，可得 $I_\theta=459.68\text{cd}$

灯具单位长度光强：$I'_{\theta\cdot\alpha}=\dfrac{I_{\theta\cdot\alpha}}{l}=\dfrac{459.68}{1.2}=383.07\text{cd}$

短边纵向平面角：$\alpha_1=\tan^{-1}\left[\dfrac{1.2+(1.2-0.4)}{\sqrt{(2.8-0.8)^2+0.75^2}}\right]=43.117°$

长边纵向平面角：$\alpha_2=\tan^{-1}\left(\dfrac{1.2\times2+0.4}{\sqrt{(2.8-0.8)^2+0.75^2}}\right)=52.66°$

查表5-3，可得 $AF_1=0.577$ 和 $AF_2=0.627$(采用插值法)

$P$ 点的水平照度：

$$E_h=\frac{\Phi I'_{\theta\cdot0}K}{1000h}\cos^2\theta(AF)=\frac{4400\times383.07\times0.8}{1000\times(2.8-0.8)}\times\cos^2 20.56°\times(0.577+0.627)$$
$$=711.63\text{lx}$$

注：本题应采用线光源的横向光强分布进行计算，参见P125图5-9“线光源的纵向和横向光强分布曲线”。

20.《照明设计手册》(第三版)P142～P145式(5-38)和式(5-39)。

广告灯箱照度限值：$E=\frac{L\pi}{\rho\tau}=\frac{100\pi}{0.5\times(1-0.5)}=1256\text{lx}$

灯具数量：$N=\frac{E_{av}A}{\Phi UK}=\frac{1256\times2\times3}{3400\times0.78\times0.8}=3.55$ 个，题目要求灯箱表面亮度不宜超过 $100\text{cd/m}^2$，因此灯具选 3 个。

题 21 ~ 25 答案：**ACDCC**

21.《钢铁企业电力设计手册》(上册)P297 式(6-36)。

变压器节能：$\Delta P=\left(\frac{P_2}{S_N}\right)^2\left(\frac{1}{\cos^2\varphi_1}-\frac{1}{\cos^2\varphi_2}\right)P_K=\left(\frac{836}{1250}\right)^2\left(\frac{1}{0.76^2}-\frac{1}{0.92^2}\right)\times13.8=3.39\text{kW}$

22.《钢铁企业电力设计手册》(上册)P297 式(6-35)。

变压器节能：

$$\Delta P=\left(\frac{P}{U}\right)^2R\left(\frac{1}{\cos^2\varphi_1}-\frac{1}{\cos^2\varphi_2}\right)\times10^{-3}=\left(\frac{45}{380}\right)^2\times0.22\times0.723\times\left(\frac{1}{0.79^2}-\frac{1}{0.92^2}\right)\times10^{-3}$$
$$=0.9387\text{kW}$$

变压器节约电量：

$W=\Delta P\cdot t=0.9387\times8760=8223\text{kW}\cdot\text{h}$

23.《钢铁企业电力设计手册》(上册)P297 式(6-42)、式(6-40)。

空载电流：$I_0=I_N\left(\sin\varphi_N-\frac{\cos\varphi_N}{2b}\right)=94.1\times\left(\sqrt{1-0.79^2}-\frac{0.76}{2\times2}\right)=39.1\text{A}$

单台电动机最大补偿容量：$Q\leqslant\sqrt{3}U_NI_0=\sqrt{3}\times0.38\times39.1=25.74\text{kvar}$

注：根据《供配电设计规范》(GB 50052—2009)第 6.0.2 条，单台电容就补偿最大容量为 $Q\leqslant0.9\cdot\sqrt{3}U_NI_0$。

24.《钢铁企业电力设计手册》(下册)P297 式(26-47)、表(26-18)。

整流变压器二次相电流：$I_2=K_2I_{de}=300\text{A}$，查表 26-18，$K_2=0.816$

则：$I_{de}=\frac{300}{0.816}=367\text{A}$

25.《钢铁企业电力设计手册》(下册)P277 ~ P278 式(26-10)、式(26-15)及例题，P395 图 26-27，P399 表 26-16。

查表 26-16，可知 $C=0.5$，再根据图 26-27，得 $U_{do}=2.34U_2=2.34\times\frac{227}{\sqrt{3}}=306.69\text{V}$

由式(26-15)得到：$200=306.69\times(\cos\alpha-0.5\times5\%\times1.5)$，则 $\alpha=40.97°$

由式(26-10)得到：$\frac{220}{306.69}=\frac{\cos40.97°+\cos(40.97°+\gamma)}{2}$，则 $\gamma=6.18°$

题 26 ~ 30 答案：**BDDCB**

26.《建筑物防雷设计规范》(GB 50057—2010)第 3.0.3 条、表 4.3.5 及附录 A“建

筑物年预计雷击次数”。

主楼高度20m,则相同雷击次数的等效面积:

$$A_e = [LW + 2(L+W)\sqrt{H(200-H)} + \pi H(200-H)] \times 10^{-6}$$
$$= [72\times12 + 2\times(72+12)\times\sqrt{20\times(200-20)} + 20\pi\times(200-20)]\times10^{-6}$$
$$= 0.0223\text{km}^2$$

建筑物年预计雷击次数:$N = k(0.1T_d)A_e = 1\times0.1\times154.5\times0.0223 = 0.344$ 次/a

由第3.0.3条,该办公楼属于第二类防雷建筑,根据表4.3.5,人工接地体应选择4×25mm扁钢。

27.《低压配电设计规范》(GB 50054—2011)第3.2.9条。

中性线上3次谐波电流:$I_3 = 3\dfrac{nP}{U\cos\varphi}\cdot20\% = 3\times\dfrac{(6/3)\times25\times32}{220\times0.97}\times20\% = 4.51\text{A}$

注:按相电流进行计算,再归算到三相负荷电流。

28.《建筑物防雷设计规范》(GB 50057—2010)第6.4.6条。

限压型最大电涌电压:$U_{p/f} = U_p + \Delta U = U_p + L\dfrac{di}{dt} = 1.5 + 0.4\times1.1\times9 = 5.46\text{kV}$

29.《工业与民用供配电设计手册》(第四版)P1415~P1417表14.6-4、图14.6-1。

特征值 $C_2$:$C_2 = \dfrac{\sum_1^n A_n}{A} = \dfrac{4\times11\times0.8 + 2\times72\times0.8}{72\times12} = 0.174$,则 $K_1 = 1.5$

由图14.6-1确定形状系数 $K_2$:$\dfrac{t}{L_2} = \dfrac{3}{12} = 0.25$,$\dfrac{L_1}{L_2} = \dfrac{72}{12} = 6$,查图得到 $K_2 = 0.75$

接地电阻:$R = K_1K_2\dfrac{\rho}{L_1} = 1.5\times0.75\times\dfrac{72}{72} = 1.125\Omega$

30.《建筑物防雷设计规范》(GB 50057—2010)第5.4.6条及其条文说明。

在土壤 $\rho_1$ 中的有效长度:$L_1 = 2\sqrt{2000} = 89.4\text{m}$

在土壤 $\rho_1$ 中的实际长度:$L_2 = 2\sqrt{2000} = 89.4 - 50 = 39.4\text{m}$

对应在土壤 $\rho_2$ 中的有效长度:$L_1 = L_2\sqrt{\dfrac{\rho_1}{\rho_2}} = 39.4\times\sqrt{\dfrac{1500}{2000}} = 34.15\text{m}$

有效长度:$L = 50 + 34.15 = 84.15\text{m}$

题31~35答案:**ABBDA**

31.《钢铁企业电力设计手册》下册P232式(24-45)、式(24-46)及P235表24-58。

由表24-58查得母线允许电压标幺值,则 $\alpha = \dfrac{1}{U_{*m}} - 1 = \dfrac{1}{0.85} - 1 = 0.176$

计算因子:$\alpha(S_{de} + Q_{fh}) = 0.176\times(48+2.9) = 8.96\text{MVA}$,$K_{iq}S_e = 6\times\dfrac{1.5}{0.8\times0.95} =$ 11.84MVA

显然,$K_{id}S_e > \alpha(S_{d1} + Q_{fh})$,不可全压启动。

注：电动机启动母线允许电压标幺值也可参考《通用用电设备配电设计规范》(GB 50055—2011)第2.2.2条。

32.《工业与民用供配电设计手册》(第四版)P482～P483表6.5-4。

启动回路计算容量：$S_{st}=\dfrac{1}{\dfrac{1}{S_{stM}}+\dfrac{X_1}{U_{av}^2}}=S_{stM}=kS_{st}=6\times\dfrac{1.5}{0.95\times0.8}=11.84\text{MVA}$

母线电压相对值：$u_{stB}=u_s\dfrac{S_{scB}}{S_{scB}+Q_L+S_{st}}=1.05\times\dfrac{48}{48+2.9+11.84}=0.808$

母线电压有名值：$U_{STB}=u_{stB}\cdot U_N=0.808\times6=4.85\text{kV}$

注：也可参考《工业与民用配电设计手册》(第三版)P270表6-16，母线电压相对值的计算公式略有变化，但计算结果几乎一致。

33.《钢铁企业电力设计手册》(下册)P233～P235式(24-55)、表24-58。

$\beta=\dfrac{1.05}{1-U_{*m}}=\dfrac{1.05}{1-0.85}=7$，则：$\beta\sqrt{\dfrac{M_{*j}}{M_{*q}}}=7\times\sqrt{\dfrac{0.15}{1}}=2.711$

$U_{*qe}\dfrac{S_{dl}+Q_{fh}}{K_{iq}S_e}=1\times\dfrac{48+2.9}{6\times1.5/(0.95\times0.8)}=4.298>2.711$，满足电抗器降压启动的条件。

电抗器电抗值：$X_k=\dfrac{U_e^2}{S_{dl}}\left(\dfrac{\gamma S_{dl}}{S_{dl}+Q_{fh}}+\dfrac{S_{dl}}{K_{iq}S_e}\right)=\dfrac{6^2}{48}\left[\dfrac{5.76\times48}{48+2.9}+\dfrac{48}{6\times1.5/(0.95\times0.8)}\right]=0.97$

34.《工业与民用供配电设计手册》(第四版)P482～P483表6.5-4。

启动回路的额定输入容量：

$$S_{st}=\dfrac{1}{\dfrac{1}{S_{stM}}+\dfrac{X_R}{U_{av}^2}+\dfrac{X_l}{U_{av}^2}}=\dfrac{1}{6\times\dfrac{1.5}{0.95\times0.8}+\dfrac{0}{6^2}+\dfrac{1}{6^2}}=8.91\text{MVA}$$

母线电压相对值：$u_{stB}=u_s\dfrac{S_{scB}}{S_{scB}+Q_L+S_{st}}=1.05\times\dfrac{48}{48+2.9+8.91}=0.843$

母线电压有名值：$U_{STB}=u_{stB}\cdot U_N=0.843\times6=5.1\text{kV}$

电动机端子电压相对值：$u_{stM}=u_{stB}\dfrac{S_{st}}{S_{stM}}=0.843\times\dfrac{8.91}{11.842}=0.634$

电动机端子电压有名值：$U_{STM}=u_{stM}\cdot U_N=0.634\times6=3.8\text{kV}$

注：也可参考《钢铁企业电力设计手册》(下册)P234式(24-62)。

35.《钢铁企业电力设计手册》(下册)P17表23-9"实心圆柱体的飞轮转矩"、P235表24-58。

实心圆柱体的飞轮转矩：$GD^2=\dfrac{mD_1^2}{2}g=\dfrac{10000\times1.2^2}{2}\times9.8\times10^{-3}=70.56\text{N}\cdot\text{m}^2$

《工业与民用供配电设计手册》(第四版)P482～P483表(6.5-4)。

母线电压相对值：$u_{stB}=u_s\dfrac{S_{scB}}{S_{scB}+Q_L+S_{st}}=1.05\times\dfrac{48}{48+2.9+8.91}=0.843$

电动机端子电压相对值：$u_{stM}=u_{stB}\dfrac{S_{st}}{S_{stM}}=0.843\times\dfrac{8.91}{11.842}=0.634$

《钢铁企业电力设计手册》(上册)P276式(5-16)。

电动机启动时间：$t_s=\dfrac{GD^2n_N^2}{3580P_{Nm}(u_{sm}^2m_{sa}-m_r)}=\dfrac{70.56\times500^2}{3580\times1500\times(0.643^2\times1.1-0.15)}$

$=10.68s$

题36～40答案：**ADDAC**

36.《火灾自动报警系统设计规范》(GB 50116—2013)第4.8.8条,《公共广播系统工程技术规范》(GB 50526—2010)第3.7.3条。

第4.8.8条：消防应急广播系统的联动控制信号应由消防联动控制器发出。当确认火灾后,应同时向全楼进行广播。

紧急广播功率：

$P=1.5\times(20\times5\times2+21\times5+20\times3+4\times5+3\times14\times3+20\times8\times3+3\times3)=1500W$

37.《民用闭路监视电视系统工程技术规范》(GB 50198—2011)第3.3.10-4条。

视频编码率：$B=[(H\times V)/(352\times288)]\times512=[(704\times576)/(352\times288)]\times512=2048kbps$

38.《民用建筑电气设计标准》(GB 51348—2019)第16.5.5条式(16.5.5-3)。

会议厅、多功能厅、餐厅内扬声器间距：$L=2(H-1.3)\tan\dfrac{\theta}{2}$

则：$\theta=2\tan^{-1}[\dfrac{9}{2(4.75-1.3)}]=105°$

39.《视频安防监控系统工程设计规范》(GB 50395—2007)第6.0.2-3条式(6.0.2)。

$L=\dfrac{f\times H}{A}=\dfrac{50\times4.5}{15}=15m$

40.《民用建筑电气设计标准》(GB 51348—2019)第21.3.5-2条及条文说明。

每层工位数据点：$N=\dfrac{3470\times(1-0.3)}{10}=243$个

内网数据点：$N'=243\times0.7=170.1\approx170$个

每层交换机台数：$n=\dfrac{170}{3.6}=4.7$,取5台。

按最大量配置主干端口光缆芯数：$X_1=2\times5=10$芯

备用端口光缆芯数：$X_2=2\times2=4$芯

因此光缆芯数总数为$X=10+4=14$芯

# 2018 年

# 注册电气工程师(供配电)执业资格考试

# 专业考试试题及答案

# 2018 年专业知识试题(上午卷)

**一、单项选择题(共 40 题,每题 1 分,每题的备选项中只有 1 个最符合题意)**

1. 低电阻接地系统的高压配电电气装置,其保护接地的接地电阻应符合下列哪项公式的要求,且不应大于下列哪项数值? ( )

(A)$R \leqslant 2000/I_G$,10Ω (B)$R \leqslant 2000/I_G$,4Ω
(C)$R \leqslant 120/I_G$,4Ω (D)$R \leqslant 50/I_G$,1Ω

2. 直流负荷按性质可分为经常负荷、事故负荷和冲击负荷,下列哪项不是经常负荷? ( )

(A)连续运行的直流电动机 (B)热工动力负荷
(C)逆变器 (D)电气控制、保护装置等

3. 配电设计中,计算负荷的持续时间应取导体发热时间常数的几倍? ( )

(A)1 倍 (B)2 倍
(C)3 倍 (D)4 倍

4. 某学校教室长 9.0m,宽 7.4m,灯具安装高度离地 2.60m,离工作面高度 1.85m,则该教室的室形指数为下列哪项数值? ( )

(A)1.6 (B)1.9
(C)2.2 (D)3.2

5. 已知同步发电机额定容量为 25MVA,超瞬态电抗百分值 $X_d''\% = 12.5$,标称电压为 10kV,则超瞬态电抗有名值最接近下列哪项数值? ( )

(A)0.55Ω (B)5.5Ω
(C)55Ω (D)550Ω

6. 10kV 电能计量应采用下列哪一级精度的有功电能表? ( )

(A)0.2S (B)0.5S
(C)1.0S (D)2.0S

7. 继电保护和自动装置的设计应满足下列哪一项要求? ( )

(A)可靠性、经济性、灵敏性、速动性
(B)可靠性、选择性、灵敏性、速动性

(C)可靠性、选择性、合理性、速动性
(D)可靠性、选择性、灵敏性、安全性

8. 当10/0.4kV变压器向电动机供电时,全压直接经常起动的笼型电动机功率不应大于电源变压器容量的百分数是多少? ( )

(A)15% (B)20%
(C)25% (D)30%

9. 在系统接地型式为TN及TT的低压电网中,当选用Yyn0接线组别的三相变压器时,其由单相不平衡负荷引起中性线电流不得超过低压绕组额定电流的多少(百分数表示),且其一相的电流在满载时不得超过额定电流的多少(百分数表示)? ( )

(A)15%、60% (B)20%、80%
(C)25%、100% (D)30%、120%

10. 在爆炸性粉尘环境内,下列关于插座安装的论述哪一项是错误的? ( )

(A)不应安装插座
(B)应尽量减少插座的安装数量
(C)插座开口一面应朝下,且与垂直面的角度不应大于60°
(D)宜布置在爆炸性粉尘不宜积聚的地点

11. 某IT系统额定电压为380V,系统中安装的绝缘监测电气的测试电压和绝缘电阻的整定值,下列哪一项满足规范要求? ( )

(A)测试电压应为250V,绝缘电阻整定值应低于0.5MΩ
(B)测试电压应为500V,绝缘电阻整定值应低于0.5MΩ
(C)测试电压应为250V,绝缘电阻整定值应低于1.0MΩ
(D)测试电压应为1000V,绝缘电阻整定值应低于1.0MΩ

12. 变电所的系统标称电压为35kV,配电装置中采用的高压真空断路器的额定电压下列哪一项是最适宜的? ( )

(A)35.0kV (B)37.0kV
(C)38.5kV (D)40.5kV

13. 关于无人值班变电站直流系统中蓄电池组容量选择描述,下列哪一项是正确的? ( )

(A)满足事故停电1h内正常分合闸的放电容量
(B)满足全站事故停电1h的放电容量
(C)满足事故停电2h内正常分合闸的放电容量
(D)满足全站事故停电2h的放电容量

14. 建筑中消防应急照明和疏散指示的联动控制设计，根据规范的规定，下列哪项是正确的？（　　）

(A)集中控制型消防应急照明和疏散指示系统，应由应急照明控制器联动控制火灾报警控制器实现

(B)集中电源集中控制型消防应急照明和疏散指示系统，应由应急照明控制器控制消防联动控制器实现

(C)集中电源非集中控制型消防应急电源和疏散指示系统，应由消防联动控制器联动应急照明集中电源和应急照明分配电装置实现

(D)自带电源非集中控制型消防应急照明和疏散指示系统，应由消防应急照明配电箱联动控制消防联动控制器实现

15. 有线电视的卫星电视接收系统设计时，对卫星接收站站址的选择，下列哪项不满足规范的要求？（　　）

(A)应远离高压线和飞机主航道

(B)应考虑风沙、尘埃及腐蚀性气体等环境污染因素

(C)宜选择在周围无微波站和雷达站等干扰源处，并应避开同频干扰

(D)卫星信号接收方向应保证卫星接收天线接收面1/3无遮挡

16. 视频显示系统的工作环境以及设备部件和材料选择，下列哪项符合规范的规定？（　　）

(A)LCD视频显示系统的室内工作环境温度应为0～40℃

(B)LCD、PDP视频显示系统的室外工作环境温度为－40～55℃

(C)LED视频显示系统的室外工作环境温度应为－40～55℃

(D)系统采用设备和部件的模拟视频输入和输出阻抗以及同轴电缆的特性阻抗均为100%

17. 实测用电设备的端子电压偏差如下，下列哪项不满足规范的要求？（　　）

(A)电动机：3%　　(B)一般工作场所照明：+5%

(C)道路照明：－7%　　(D)应急照明：+7%

18. 在两个防雷区的界面上进行防雷设计时，下列哪项不符合规范的规定？（　　）

(A)在两个防雷区的界面上宜将所有通过界面的金属物做等电位连接

(B)当线路能承受所发生的电涌电压时，电容保护器应安装在线路进线处

(C)线路的金属保护层宜首先于界面处做等电位连接

(D)线路的屏蔽层宜首先于界面处做一次等电位连接

19. 在室内照明设计中，按规范规定下列哪个场所宜选用3300～5300K的相关色温的光源？（　　）

(A)病房　　(B)教室
(C)酒吧　　(D)客房

20. 20kV 及以下变配电室设计选择配电变压器，下述哪项措施能节约电缆和减少能源损耗？（　　）

(A)动力和照明不共用变压器
(B)设置 2 台变压器互为备用
(C)低压为 0.4kV 的单台变压器的容量不宜大于 1250kVA
(D)选用 Dyn11 接线组别变压器

21. 在一般照明设计中，宜选用下列哪种灯具？（　　）

(A)荧光高压汞灯　　(B)卤钨灯
(C)大于 25W 的荧光灯　　(D)小于 25W 的荧光灯

22. 用户端供配电系统设计中，下列哪项设计满足供电要求？（　　）

(A)一级负荷采用专用电缆供电
(B)二级负荷采用两回线路供电
(C)选择阻燃型 10kV 高压电缆在城市交通隧道内敷设
(D)消防设备配电箱不必独立设置

23. 当 1000kVA 变压器负荷率≤85%时，概率计算变压器中的无功功率损耗占计算负荷的百分比为下列哪项数值？（　　）

(A)1%　　(B)2%
(C)3%　　(D)5%

24. 建筑照明设计中，下列哪项是灯具效能的单位？（　　）

(A)$cd/m^2$　　(B)lm/sr
(C)lm/W　　(D)$W/m^2$

25. 关于接闪器的描述，下列哪一项正确？（　　）

(A)接闪杆杆长 1m 以下时，圆钢不应小于 12mm，钢管不应小于 20mm
(B)接闪杆的接闪端宜做成半球状，其最小弯曲半径宜为 3.8mm，最大宜为 12.7mm
(C)当独立烟囱上采用热镀锌接闪环时，其圆钢直径不应小于 12mm，扁钢截面不应小于 $100mm^2$，其厚度不应小于 4mm
(D)架空接闪线和接闪网采用截面不小于 $50mm^2$ 热镀锌钢绞线或铜绞线

26. 同级电压线路相互交叉或与较低电压线路、通信线路交叉时的两交叉线路导线

间或上方线路导线与下方线路地线的最小垂直距离，不得小于下列哪一项数值？（ ）

(A)6～10kV，2m (B)20～110kV，3m

(C)220kV，4m (D)330kV，6m

27. 供配电系统设计规范规定允许低压供配电级数是多少？（ ）

(A)一级负荷低压供配电级数不宜多于一级

(B)二级负荷低压供配电级数不宜多于两级

(C)三级负荷低压供配电级数不宜多于三级

(D)负荷分级无关，低压供配电级数不宜多于三级

28. 10kV 配电室，采用移开式高压开关柜背对背双排布置，其最小操作通道最小应为下列哪项数值？（ ）

(A)单手车长度 +1200mm (B)双手车长度 +900mm

(C)双手车长度 +1200mm (D)2000mm

29. 考虑到电网电压降低及计算偏差，则设计可采用交流电动机最大转矩 $M_{max}$ 为下列哪一项？（ ）

(A)$0.95M_{max}$ (B)$0.90M_{max}$

(C)$0.85M_{max}$ (D)$0.75M_{max}$

30. 某低压配电室，配电室长度为 9m，关于该配电室的布置，下列哪一项描述不符合规范的规定？（ ）

(A)配电室应设置两个出口，并宜布置在配电室两侧

(B)配电室的门应向外开启

(C)配电室内的电缆沟，应采取防水和排水措施

(D)配电室的地面宜与本层地面平齐

31. 关于 35kV 变电站的布置，下列哪项描述符合规范的规定？（ ）

(A)变电站主变压器布置除应满足运输方便外，并应布置在运行噪声对周边环境影响较小的位置

(B)变电站内未满足消防要求的主要道路宽度应为 3.5m

(C)屋外变电站实体围墙不应低于 2.2m

(D)电缆沟的沟底纵坡不宜小于 0.5%

32. 在均衡充电运行情况下，关于直流母线电压的描述，下列哪一项不符合规范的规定？（ ）

(A)直流母线电压应为直流电压系统标称电压的105%

(B)专供控制负荷的直流电源系统,直流母线电压不应高于直流电源系统标称电压的110%

(C)专供动力负荷的直流电源系统,直流母线电压不应高于直流电源系统标称电压的112.5%

(D)对控制负荷和动力负荷合并供电的直流电源系统,直流母线电压不应高于直流电源系统标称电压110%

33. 埋入土壤中与低压电气装置的接地装置连接的接地导体(线)在既无机械损伤保护又无腐蚀保护时的最小界面剂为下列哪项数值? ( )

(A)铜:$2.5mm^2$,钢:$10mm^2$　　(B)铜:$16mm^2$,钢:$16mm^2$

(C)铜:$25mm^2$,钢:$50mm^2$　　(D)铜:$40mm^2$,钢:$60mm^2$

34. 交流店里电子开关保护电器,当过电流倍数为1.2时,动作时间应为下列哪项数值? ( )

(A)5min　　(B)10min

(C)15min　　(D)20min

35. 已知地区10kV电网电抗标幺值$X_{*S}=0.5$,经8km架空线路送至某厂,每千米电抗标幺值$X_{*L}=0.4$,电网基准容量为100MVA,若不考虑线路电阻,则线路末端的三相短路电流为下列哪项数值? ( )

(A)1.16kA　　(B)1.49kA

(C)2.12kA　　(D)2.32kA

36. 油浸式电抗器装设下列哪项保护时,应带延时动作于跳闸? ( )

(A)瓦斯保护　　(B)电流速断保护

(C)过电流保护　　(D)过负荷保护

37. 为了改善用电设备端子电压偏差,电网有载调压宜采用逆调压方式,下列逆调压的范围哪项符合规范规定? ( )

(A)110kV以上的电网:额定电压的0~+3%

(B)35kV以上的电网:额定电压的0~+5%

(C)0.4kV以上的电网:额定电压的0~+7%

(D)照明负荷专用低压网络:额定电压的-10%~+5%

38. 在建筑照明设计中,作业面临近周围照度可低于作业面照度,规范规定作业面临近周围是指作业面外宽度不小于下列哪项数值的区域? ( )

(A)0.5m　　(B)1.0m

(C)1.5m　　(D)2.0m

39. 各类防雷建筑物应设内部防雷装置,在建筑物的地下室或地面层处,下列哪项物体不应与防雷装置做防雷等电位连接? ( )

(A)建筑物金属体　　(B)金属装置
(C)建筑物内系统　　(D)进出建筑物的所有管线

40. 气体绝缘金属封闭开关设备区域专用接地网与变电站总接地网的连接线,不应小于几根,连接面的热稳定校验电流,应按单相接地故障时最大不对称电流有效值的百分之多少取值,下列哪项数值满足规范的要求? ( )

(A)4 根,35%　　(B)3 根,25%
(C)2 根,15%　　(D)1 根,5%

**二、多项选择题(共 30 题,每题 2 分。每题的备选项中有 2 个或 2 个以上符合题意。错选、少选、多选均不得分)**

41. 电力负荷符合下列哪些情况的应为二级负荷? ( )

(A)中断供电将造成人身伤害
(B)中断供电将在经济上造成较大损失
(C)供电将影响较重要用电单位的正常工作
(D)中断供电将造成重大设备损坏

42. 三相短路电流发生在下列哪些情况下时,短路电流交流分量在整个短路过程中的衰减可忽略不计? ( )

(A)有限电源容量的网络
(B)无限大电源容量的网络
(C)远离发电机端
(D)$X_{*c} \geqslant 3\%$($X_{*c}$为以电源容量为基准的计算电抗)

43. 为控制电网中各类非线性用电设备产生的谐波引起的电网电压正弦波畸变率,宜采取下列哪些项措施? ( )

(A)设置无功补偿装置
(B)短路容量较大的电网供电
(C)选用 Dyn11 接线组别的三相配电变压器
(D)降低整流变压器二次侧的相数及整流脉冲数

44. 电容器分组时,应满足下列哪些项的要求? ( )

(A)分组电容器投切时,不产生谐波
(B)应适当增加分组数和减小分组容量

(C)应与配套设备的技术参数相适应

(D)应满足电压偏差的范围

45. 某 35/10kV 变电站,主变压器为两台,为了降低某 10kV 电缆线路末端的短路电流,下列哪些措施是可行的? ( )

(A)变压器并列运行

(B)变压器分列运行

(C)在该 10kV 回路出线处串联限流电抗器

(D)在变压器回路中串联限流电抗器

46. 油浸变压器 10/0.4kV,800kVA,单独运行时必须装设下列哪些保护装置? ( )

(A)温度保护 (B)纵联差动保护

(C)瓦斯保护 (D)电流速断保护

47. 下列哪些项设备在选择时需要同时进行动稳定和热稳定校验? ( )

(A)高压真空接触器 (B)高压熔断器

(C)电力电缆 (D)交流金属封闭开关设备

48. 关于某 380V 异步电动机断相保护的论述,下列哪些项是正确的? ( )

(A)连续运行的电动机,当采用熔断器保护时,应装设断相保护

(B)连续运行的电动机,当采用熔断器保护时,宜装设断相保护

(C)短时工作的电动机,可装设断相保护

(D)当采用断路器保护兼做控制电器时,可不装设断相保护

49. 在爆炸性环境下,变电所的设计应符合下列哪些项规定? ( )

(A)变电所应布置在爆炸性环境以外,当为正压室时,可布置在 1 区、2 区

(B)变电所应布置在爆炸性环境以外,当为负压室时,可布置在 0 区、20 区

(C)对于可燃物质比空气重的爆炸性气体环境,位于爆炸危险区附加 2 区的变电所的电器和仪表的设备层地面应高出室外地面 0.6m

(D)对于可燃物质比空气重的爆炸性气体环境,位于爆炸危险区附加 2 区的变电所的电缆室可以与室外地面平齐

50. 关于 35kV 变电站的站址选择,下列哪些项描述是正确的? ( )

(A)应靠近负荷中心

(B)通道运输应方便

(C)周围环境宜无明显污秽,当空气污秽时,站址宜设在受污染源影响最小处

(D)站址标高宜在 30 年遇高水位上,若无法避免时,站区应有可靠的防洪措施

或与地区(工业企业)的防洪标准相一致,并应高于内涝水位

51. TN 系统可分为单电源系统和多电源系统,对于具有多电源的 TN 系统,下列哪些项要求是正确的? ( )

(A)不应在变压器中性点或发电机的星形点直接对地连接

(B)变压器的中性点或发电机的星形点之间相互连接的导体应绝缘,且不得将其与用电设备连接

(C)变压器的中性点相互连接的导体与 PE 线之间,应只一点连接,并应设置在配电屏内

(D)装置的 PE 不允许另外增设接地

52. 闪电电涌侵入建筑物内的途径,正确的说法是下列哪些项? ( )

(A)架空电力线路

(B)电力电缆线路

(C)电信线路

(D)各种工艺管道

53. 关于变电所主接线形式的优缺点,下列哪些项叙述是正确的? ( )

(A)母线分段接线的优点是:当一段母线故障时,可保证正常母线不间断供电

(B)桥接线的缺点是:桥连断路器检修时,两路电源需解列运行

(C)外桥接线的优点是:桥连断路器检修时,两路电源不需解列运行

(D)桥接线的缺点是:线路断路器检修时,对应的变压器需要较长时间停电

54. 海拔高度 1000m 及以下地区 6~20kV 户内高压配电装置的最小相对地或相间空气间隙,下列哪些项符合规范的规定? ( )

(A)6kV,100mm

(B)20kV,120mm

(C)15kV,150mm

(D)20kV,180mm

55. 下列哪几项可作为隔离电器? ( )

(A)半导体开关

(B)16A 以下的插头和插座

(C)熔断器

(D)接触器

56. 第二类防雷建筑物的防雷措施,下列哪些项符合规范的要求? ( )

(A)第二类防雷建筑物外部防雷的措施,宜采用装设在建筑物上的接闪器、接闪带或接闪杆,也可采用由接闪网、接闪带或接闪杆混合组成的接闪器

(B)专设引下线不应少于 2 根,并且应沿建筑物四周和内庭院四周均匀对称布置,其间距沿周长计算不宜大于 18m

(C)外部防雷装置的接地应和防雷电感应、内部防雷装置、电气和电子系统等接地共用接地装置,并应与引入的金属管线做等电位连接,外部防雷装置的专设接地装置宜围绕建筑物敷设成环形接地体

(D)有爆炸危险的露天钢质封闭气罐，在其高度小于或等于60m、罐顶壁厚不小于3mm时，或其高度大于60m的条件下、罐顶壁厚和侧壁壁厚均不小于3mm时，可不装设接闪器，但应接地，且接地点不应少于2处，两接地点间距离不宜大于30m，每处接地点的冲击接地电阻不应大于30Ω

57. 下列哪些项的消防用电应按二级负荷供电？（　　）

(A)一类高层民用建筑
(B)二类高层民用建筑
(C)三类城市交通隧道
(D)四类汽车库和修车库

58. 电力系统、装置或设备应按规定接地，接地按功能可分为下列哪些项？（　　）

(A)系统接地
(B)保护接地、雷电保护接地
(C)重复接地
(D)防静电接地

59. 笼型电动机允许全压起动的功率与电源容量之间的关系，下列说法中哪些项是正确的？（　　）

(A)电源为小容量发电厂时，每1kVA发电机容量为0.1～0.12kW
(B)电源为10/0.4kV变压器，经常起动时，不大于变压器额定容量的20%
(C)电源为10kV线路时，不超过电动机供电线路上的短路容量的5%
(D)电源为变压器—电动机组时，电动机功率不大于变压器额定容量的80%

60. 建筑中设置的火灾声光警报器，对声光警报器的控制，下列哪些项符合规范的规定？（　　）

(A)区域报警系统，火灾声光警报器应由消防联动控制器控制
(B)集中报警系统，火灾声光警报器应由手动控制
(C)设置消防联动控制器的火灾自动报警系统，火灾声光警报器应由火灾报警控制器控制
(D)设置消防联动控制器的火灾自动报警系统，火灾声光警报器应由消防联动控制器控制

61. 视频显示系统中当采用光缆传输视频信号时，光缆传输的距离，下列哪些项符合规范的规定？（　　）

(A)选用多模光缆时，传输距离宜大于2000m
(B)选用多模光缆时，传输距离宜小于2000m
(C)选用单模光缆时，传输距离不宜小于2000m
(D)选用单模光缆时，传输距离不宜大于2000m

62. 电力系统、装置或设备的下列哪些项应接地？（　　）

(A)电机、变压器和高压电器等的底座和外壳

(B)电机控制和保护用的屏(柜、箱)等的金属框架
(C)电力电缆的金属护套或屏蔽层,穿线的钢管和电缆桥架等
(D)安装在配电屏、控制屏和配电装置上的电测量仪表、继电器和其他低压电气等的外壳

63. 对会议电视会场功率放大器配置设计时,下列哪些项符合规范的规定? ( )

(A)功率放大器应根据扬声器系统的数量、功率等因素配置
(B)功率放大器额定输出功率不应小于所驱动扬声器额定功率的 1.3 倍
(C)功率放大器输出阻抗的性能参数应与被驱动的扬声器相匹配
(D)功率放大器与扬声器之间连线的功率损耗应小于扬声器功率的 15%

64. 防空地下室的应急照明设计,下列哪些项符合规范规定? ( )

(A)疏散照明应疏散指示标志照明和疏散通道照明组成,疏散通道照明的地面最低照度值不低于 5lx
(B)二等人员隐蔽所,电站控制室、战时应急照明的连续供电时间不应小于 3h
(C)战时防空地下室办公室 0.75m 水平面的照度标准值为 300lx
(D)人防工程沿墙面设置的疏散指示标志灯距地面不应大于 1m,间距不应大于 15m

65. 按规范规定,下列建筑照明设计的表述,哪些项是正确的? ( )

(A)长期工作或停留的房间或场所,照明光源的显色指数($R_a$)不应小于 80
(B)选用同类光源的色容差不应大于 5
(C)长时间工作的房间,作业面的反射比宜限制在 0.7 ~ 0.8
(D)在灯具安装高度大于 8m 的工作建筑场所,$R_a$ 可低于 80,但必须能够辨别安全色

66. 关于串级调速系统特点,下述哪些项是正确的? ( )

(A)可平滑无级调速
(B)空载速度能平滑下移,无失控区
(C)转子回路接有整流器,能产生制动转矩
(D)合于大容量的绕线型异步电动机,其转差功率可以返回电网或加以利用,效率较高

67. 看片灯在医院中应用比较广泛,均为定型产品,选择看片灯箱时,下列哪些项是正确的? ( )

(A)光源色温不应大于 5300K
(B)灯箱光源不能有频闪现象
(C)灯箱发光面亮度要均匀

(D)箱内的荧光灯不应采用电子镇流器

68. 消防配电线路应满足火灾时连续供电的需要,其敷设应符合下列哪些项规定?

( )

(A)明敷时(包括敷设在吊顶内),应穿金属导管或采用封闭式金属槽保护
(B)当采用阻燃或耐火电缆敷设时可不穿金属导管或采用封闭式金属槽盒保护
(C)消防配电线路与其他配电线路同一电缆井、沟内敷设式,应采用矿物绝缘类不燃性电缆
(D)暗敷时,应穿管并应敷设在不燃性结构内且保护层厚度不应小于 30mm

69. 供配电系统设计为减小电压偏差,依据规范规定应采取下列哪些项措施?

( )

(A)补偿无功
(B)采用同步电动机
(C)采用专线供电
(D)相负荷平衡

70. 关于变电所可采取的限制短路电流的措施,下列哪些项不正确? ( )

(A)变压器并列运行
(B)采用高阻抗变压器
(C)在变压器回路中装设电容器
(D)采用大容量变压器

# 2018 年专业知识试题答案(上午卷)

1. **答案:**B

**依据:**《交流电气装置的接地设计规范》(GB 50065—2011)第 6.1.2 条。

2. **答案:**B

**依据:**《电力工程直流系统设计技术规程》(DL/T 5044—2014)第 4.1.2-1 条。

3. **答案:**C

**依据:**《工业与民用供配电设计手册》(第四版)P1“1.1.2 计算负荷的分类及其用途”。

4. **答案:**C

**依据:**《照明设计手册》(第三版)P7 式(1-9)。

$$RI = \frac{L \cdot W}{h(L + W)} = \frac{9 \times 7.4}{1.85 \times (9 + 7.4)} = 2.2$$

5. **答案:**A

**依据:**《工业与民用供配电设计手册》(第四版)P280 ~281 表 4.6-2、表 4.6-3。

发电机电抗标幺值:$X''_{\mathrm{d}} = x''_{\mathrm{d}} \cdot \frac{U_{\mathrm{av}}^2}{S_{\mathrm{NG}}} = 0.125 \times \frac{10.5^2}{25} = 0.551$

6. **答案:**B

**依据:**《电力装置电测量仪表装置设计规范》(GB/T 50063—2017)第 4.1.2 条及条文说明、表 1。

7. **答案:**B

**依据:**《电力装置的继电保护和自动装置设计规范》(GB/T 50062—2008)第 2.0.3 条。

8. **答案:**B

**依据:**《钢铁企业电力设计手册》(下册)P89 表 24-1。

9. **答案:**C

**依据:**《供配电系统设计规范》(GB 50052—2009)第 7.0.8 条。

10. **答案:**A

**依据:**《爆炸危险环境电力装置设计规范》(GB 50058—2014)第 5.1.1-6 条。

11. **答案:**B

**依据:**《低压配电设计规范》(GB 50054—2011)第 3.1.17-2 条。

12. **答案:**D

**依据**:《工业与民用供配电设计手册》(第四版)P313 表 5.2.1。

13. **答案**:D

**依据**:《电力工程直流系统设计技术规程》(DL/T 5044—2014)第 6.1.5 条。

14. **答案**:C

**依据**:《火灾自动报警系统设计规范》(GB 50116—2013)第 4.9.1 条。

15. **答案**:D

**依据**:《民用建筑电气设计标准》(GB 51348—2019)第 15.4.5 条。

16. **答案**:B

**依据**:《视频显示系统工程技术规范》(GB 50464—2008)第 4.1.4 条。

17. **答案**:D

**依据**:《民用建筑电气设计标准》(GB 51348—2019)第 3.4.3 条。

18. **答案**:C

**依据**:《建筑物防雷设计规范》(GB 50057—2010)第 6.2.3 条。

19. **答案**:B

**依据**:《建筑照明设计标准》(GB 50034—2013)第 4.4.1 条。

20. **答案**:B

**依据**:《20kV 及以下变电所设计规范》(GB 50053—2013)第 3.3 条及条文说明。

21. **答案**:C

**依据**:《建筑照明设计标准》(GB 50034—2013)第 3.2.2 条。

22. **答案**:B

**依据**:《供配电系统设计规范》(GB 50052—2009)第 3.0.7 条。

23. **答案**:D

**依据**:《工业与民用供配电设计手册》(第四版)P30 式(1.10-6)。

24. **答案**:C

**依据**:《建筑照明设计标准》(GB 50034—2013)第 2.0.29 条。

25. **答案**:B

**依据**:《建筑物防雷设计规范》(GB 50057—2010)第 5.2.3 条。

26. **答案**:D

**依据**:《交流电气装置的过电压保护和绝缘配合设计规范》(GB/T 50064—2014)第 5.3.2 条及表 5.3.2。

27. **答案：**D

**依据：**《供配电系统设计规范》(GB 50052—2009)第4.0.6条。

28. **答案：**A

**依据：**《20kV及以下变电所设计规范》(GB 50053—2013)第4.2.7条。

29. **答案：**B

**依据：**《工业与民用供配电设计手册》(第四版)P30表6.2-2。

$T_{M} = (1-5\%)^{2} T_{Mmax} \approx 0.9 T_{Mmax}$

30. **答案：**D

**依据：**《低压配电设计规范》(GB 50054—2011)第4.3.2条、第4.3.4条。

31. **答案：**B

**依据：**《35kV~110kV变电站设计规范》(GB 50059—2011)第2.0.6条。

32. **答案：**A

**依据：**《电力工程直流系统设计技术规程》(DL/T 5044—2014)第3.2.2条。

33. **答案：**C

**依据：**《交流电气装置的接地设计规范》(GB/T 50065—2011)第8.1.3条及表8.1.3。

34. **答案：**D

**依据：**《钢铁企业电力设计手册》(下册)P231表24-57。

35. **答案：**B

**依据：**《工业与民用供配电设计手册》(第四版)P280~284表4.6-2、表4.6-3、式(4.6-12)、式(4.6-13)。

三相短路电流：$I''_{k} = \frac{I_{b}}{X_{*\Sigma}} = \frac{5.5}{0.5+8\times0.4} = 1.49\text{kA}$

36. **答案：**C

**依据：**《电力装置的继电保护和自动装置设计规范》(GB/T 50062—2008)第8.2.4条。

37. **答案：**B

**依据：**《供配电系统设计规范》(GB 50052—2009)第5.0.8条。

38. **答案：**A

**依据：**《建筑照明设计标准》(GB 50034—2013)第4.1.4条表4.1.4下方注解。

39. **答案：**D

**依据：**《建筑物防雷设计规范》(GB 50057—2010)第4.1.2条。

40. **答案：**A

**依据**:《交流电气装置的接地设计规范》(GB/T 50065—2011)第 4.4.5 条。

41. **答案**:BC

**依据**:《供配电系统设计规范》(GB 50052—2009)第 3.0.1-1-3)条。

42. **答案**:CD

**依据**:《工业与民用供配电设计手册》(第四版)P178 第三段内容。

43. **答案**:BC

**依据**:《供配电系统设计规范》(GB 50052—2009)第 5.0.13 条。

44. **答案**:ACD

**依据**:《并联电容器装置设计规范》(GB 50227—2017)第 3.0.7 条。

45. **答案**:BCD

**依据**:《工业与民用供配电设计手册》(第四版)P279、P280 相关内容。

46. **答案**:CD

**依据**:《电力装置的继电保护和自动装置设计规范》(GB/T 50062—2008)第 4.0.2 条、第 4.0.3-5 条。

47. **答案**:AD

**依据**:《工业与民用供配电设计手册》(第四版)P311 表 5.1-1。

48. **答案**:ABD

**依据**:《通用用电设备配电设计规范》(GB 50055—2011)第 2.3.10 条、第 2.3.11 条。

49. **答案**:AC

**依据**:《爆炸危险环境电力装置设计规范》(GB 50058—2014)第 5.3.5 条。

50. **答案**:ABC

**依据**:《35kV ~ 110kV 变电站设计规范》(GB 50059—2011)第 2.0.1 条。

51. **答案**:ABC

**依据**:《交流电气装置的接地设计规范》(GB/T 50065—2011)第 7.1.2-2 条。

52. **答案**:AB

**依据**:《建筑物防雷设计规范》(GB 50057—2010)第 2.0.18 条。

53. **答案**:ABD

**依据**:《工业与民用供配电设计手册》(第四版)P70 表 2.4-6。

54. **答案**:ACD

**依据：**《3～110kV高压配电装置设计规范》(GB 50060—2008)第5.1.4条及表5.1.4。

55. **答案：**BC

**依据：**《低压配电设计规范》(GB 50054—2011)第3.1.6条。

56. **答案：**ABC

**依据：**《建筑物防雷设计规范》(GB 50057—2010)第4.3.1条、第4.3.3条、第4.3.10条。

57. **答案：**BC

**依据：**《建筑设计防火规范》(GB 50016—2014)第10.1.2条、第12.5.1条,《汽车库、修车库、停车场设计防火规范》(GB 50067—2014)第9.0.1条。

58. **答案：**ABD

**依据：**《工业与民用供配电设计手册》(第四版)P1372"接地分类"。

59. **答案：**ABD

**依据：**《钢铁企业电力设计手册》(下册)P89"表24-1 按电源允许全压启动的笼型电动机功率"。

60. **答案：**CD

**依据：**《火灾自动报警系统设计规范》(GB 50116—2013)第4.8.2条。

61. **答案：**BD

**依据：**《视频显示系统工程技术规范》(GB 50464—2008)第4.3.9条。

62. **答案：**ABC

**依据：**《交流电气装置的接地设计规范》(GB/T 50065—2011)第3.2.1条、第3.2.2条。

63. **答案：**ACD

**依据：**《会议电视会场系统工程设计规范》(GB 50635—2010)第3.2.5条。

64. **答案：**ABD

**依据：**《人民防空地下室设计规范》(GB 50038—2005)第5.2.4条、第7.5.5条、第7.5.7条,《人民防空工程设计防火规范》(GB 50098—2009)第8.2.1条、第8.2.4条。

65. **答案：**ABD

**依据：**《建筑照明设计标准》(GB 50034—2013)第4.4.2条、第4.4.3条、第4.5.1条。

66. **答案：**ABD

**依据：**《钢铁企业电力设计手册》(下册)P295"串级调速的特点"。

67. **答案：**BC

**依据：**《照明设计手册》(第三版)P225"看片灯"内容。

68. **答案：**ACD

**依据**:《建筑设计防火规范》(GB 50016—2014)第10.1.10条。

69. **答案**:AD

**依据**:《供配电系统设计规范》(GB 50052—2009)第5.0.9条。

70. **答案**:ACD

**依据**:《工业与民用供配电设计手册》(第四版)P280、P281“终端变电站中可采取的限流措施”。

# 2018年专业知识试题(下午卷)

## 一、单项选择题(共40题,每题1分,每题的备选项中只有1个最符合题意)

1. 在可能发生对地闪击的地区,下列哪项应划为第一类防雷建筑物? ( )

(A)国家级重点文物保护的建筑物

(B)国家级的会堂、办公建筑物、大型展览和博览建筑物、大型火车站和飞机场、国宾馆、国家级档案馆、大型城市的重要给水泵房等特别重要的建筑物

(C)制造、使用或贮存火炸药及其制品的危险建筑物,且电火花不易引起爆炸或不致造成巨大破坏和人身伤亡者

(D)具有0区或20区爆炸危险场所的建筑物

2. 当广播系统采用无源广播扬声器时,下列哪项符合规范的规定? ( )

(A)传输距离大于100m时,应选用外置线间变压器的定压式扬声器

(B)传输距离大于100m时,宜选用外置线间变压器的定阻式扬声器

(C)传输距离大于200m时,宜选用内置线间变压器的定压式扬声器

(D)传输距离大于200m时,应选用内置线间变压器的定阻式扬声器

3. 配电系统的雷电过电压保护,下列哪项不符合规范的规定? ( )

(A)10~35kV配电变压器,其高压侧应装设无间隙金属氧化物避雷器,但应远离变压器装设

(B)10~35kV配电系统中的配电变压器低压侧宜装设无间隙金属氧化物避雷器

(C)装设在架空线路上的电容器宜装设无间隙金属氧化物避雷器

(D)10~35kV柱上断路器和负荷开关应装设无间隙金属氧化物避雷器

4. 6~220kV单芯电力电缆的金属护套应至少有几点直接接地,且在正常满载情况下,未采取防止人员任意接触金属护套或屏蔽层的安全措施时,任一非接地处金属护套或屏蔽层上的正常感应电压不应超过下列哪项数值? ( )

(A)一点接地,50V　　(B)两点接地,50V

(C)一点接地,100V　　(D)两点接地,100V

5. 在建筑照明设计中,下列哪项表述不符合规范的规定? ( )

(A)照明设计的房间或场所的照明功率密度应满足标准规定的现行值的要求

(B)应在满载规定的照度和照明质量要求的前提下,进行照明节能评价

(C)一般场所不应选用卤钨灯,对商场、博物馆显色要求高的重点照明可采用卤钨灯

(D)采用混合照明方式的场所，照明节能应采用混合照明的照明功率密度值(LPD)作为评价指标

6. 当电源为10kV线路时，全压启动的笼型电动机功率不超过电动机供电线路上的短路容量的百分比为下列哪项数值？（　　）

(A)3%　　(B)5%

(C)7%　　(D)10%

7. 已知同步发电机额定容量为12.5MVA，超瞬态电抗百分值 $X''_d\% = 12.5$，额定电压为10.5kV，则在基准容量为 $S_j = 100$MVA下的超瞬态电抗有名值最接近下列哪项数值？（　　）

(A)0.11Ω　　(B)1.1Ω

(C)11Ω　　(D)110Ω

8. 准确度1.5级的电流表应配备精度不低于几级的中间互感器，下列哪项数值是正确的？（　　）

(A)0.1级　　(B)0.2级

(C)0.5级　　(D)1.0级

9. 某车间设置一台独立运行的10/0.4kV，800kVA干式变压器，高压侧采用断路器进行投切，不装设下列哪项保护满足规范的要求？（　　）

(A)温度保护　　(B)纵联差动保护

(C)过电压保护　　(D)电流速断保护

10. 下列哪项情形不是规范规定的一级负荷中特别重要负荷？（　　）

(A)中断供电将造成人身伤害时

(B)中断供电将造成重大设备损坏时

(C)中断供电将发生中毒、爆炸或火灾时

(D)特别重要场所的不允许中断供电的负荷

11. 在高土壤电阻率地区，在发电厂和变电站多少米以内有较低电阻率的土壤时，可敷设引外接地极，引外接地极应采用不少于几根导线在不接地点与水平接地网相连接，下列哪项符合规范的规定？（　　）

(A)5000m，3根　　(B)2000m，2根

(C)1000m，2根　　(D)500m，1根

12. 某低压配电回路设有两级保护装置，为了上下级动作相互配合，下列参数整定中哪项整定不宜采用？（　　）

(A)下级动作电流为100A,上级动作电流为125A
(B)上级定时限动作时间比下级反时限工作时间多0.3s
(C)上级定时限动作时间比下级反时限工作时间多0.5s
(D)上级定时限动作时间比下级反时限工作时间多0.7s

13. 某采用高压真空断路器控制额定电压为10kV电动机回路,拟采用旋转电机用MOA作为限制操作过电压的措施,回路切除时故障时间为5min,相对地MOA的额定电压选择下列哪一项是正确的? ( )

(A)≥10.0kV (B)≥10.5kV
(C)≥11.0kV (D)≥13.0kV

14. 某变电站高压110kV侧设备采用室外布置,对应于破坏荷载,联接设备用悬式绝缘子在长期和短时作用时的安全系数应分别不小于下列哪项数值? ( )

(A)2.0,2.5 (B)2.5,1.67
(C)4.0,2.5 (D)5.3,3.3

15. 气体灭火装置启动及喷放各阶段的联动控制系统的反馈信号,应反馈至消防联动控制器,下列各阶段的联动控制系统的反馈信号哪项符合规范规定? ( )

(A)气体灭火控制间连接的火灾探测器的报警信号
(B)气瓶的压力信号
(C)压力开关的故障信号
(D)选择阀的动作信号

16. 确定无功自动补偿的调节方式时,不宜采用下列哪项调节方式? ( )

(A)以节能为主进行补偿时,宜采用无功功率参数调节
(B)无功功率随时间稳定变化时,宜按时间参数调节
(C)以维持电网电压水平所必要的无功功率,应按电压参数调节
(D)当采用变压器自动调压时,应按电压参数调节

17. 在低压配电系统中,关于剩余电流动作保护电器额定剩余不动作电流,下列哪一项的论述是正确的? ( )

(A)不大于30mA
(B)不大于500mA
(C)应大于在负荷正常运行的预期出现的对地泄漏电流
(D)应小于在负荷正常运行的预期出现的对地泄露电流

18. 对于公共广播系统室内广播功率传输线路的衰减量,下列哪项满足规范的要求? ( )

(A)衰减不宜大于1dB(100Hz)　　(B)衰减不宜大于3dB(100Hz)

(C)衰减不宜大于5dB(100Hz)　　(D)衰减不宜大于7dB(100Hz)

19. 安全照明是用于确保处于潜在危险之中的人员安全的应急照明,关于医院手术室安全照明的照度标准值,下列哪项符合规范的规定?　　(　　)

(A)应维持正常照明的10%照度　　(B)应维持正常照明的30%照度

(C)应维持正常照明的照度　　(D)不应低于15lx

20. 10kV架空电力线电杆高度12m,附近拟建汽车加油站,按建筑设计防火规范允许直埋地下的汽油储罐与该架空电力线路最近的水平距离为下列哪项数值?　　(　　)

(A)7.2m　　(B)9m

(C)14.4m　　(D)18m

21. 对波动负荷的供电,除电动机启动时允许的电压下降情况下,当年需要降低波动负荷引起的电网电压波动和电压闪变时,依据规范规定宜采取下列哪一项措施?

(　　)

(A)调整变压器的变压比和电压分接头

(B)与其他负荷共用配电线路时,增加配电线路阻抗

(C)使三相负荷平衡

(D)采用专线供电

22. 下列哪项建筑物的消防用电应按一级负荷供电?　　(　　)

(A)建筑高度49m的住宅建筑

(B)粮食仓库及粮食筒仓

(C)室外消防用水量大于30L/s的厂房(仓库)

(D)藏书50万册的图书馆、书库

23. 某高档商店营业厅面积为$120m^2$照明灯具总安装功率为2400W(含整流器功耗)中装饰性灯具的安装功率为1200W,其他灯具安装功率为1200W,该营业厅的计算LPD值为下列哪项数值?　　(　　)

(A)$10W/m^2$　　(B)$5W/m^2$

(C)$18W/m^2$　　(D)$20W/m^2$

24. 规范规定:单相负荷的总计算容量超过计算范围内三相对称负荷总计算容量的百分之几时应将单相负荷换算为等效三相负荷,再与三相负荷相加?　　(　　)

(A)10%　　(B)15%

(C)20%　　(D)25%

25. 工作于不接地、谐振接地和高电阻接地系统,向1kV及以下低压电气装置供电

的高压配电电气装置，其保护接地的接地电阻应符合下列哪项公式的要求，且不应大于下列哪项数值？（　　）

(A) $R \leqslant \frac{2000}{I}$，30Ω　　(B) $R \leqslant \frac{120}{I}$，10Ω

(C) $R \leqslant \frac{50}{I}$，4Ω　　(D) $R \leqslant \frac{50}{I}$，1Ω

26. 1000kV 变压器负荷 72% 时，概率计算变压器有功和无功损耗是下列哪项数值？（　　）

(A) 7.2kW，36kvar　　(B) 10kW，45kvar

(C) 648kW，314kvar　　(D) 720kW，300kvar

27. 直流电动机的供电电压为 DC220V，$F_{CN}=25\%$，励磁方式为并励电动机主极励磁电压为电动机的额定电压，在额定电压及相应转速下的大于 50kW 的直流电动机允许的最大转矩倍数为下列哪项数值？（　　）

(A) 2.5　　(B) 2.8

(C) 3.0　　(D) 3.3

28. 各级电压的架空线路，采用雷电过电压保护措施时，下列哪项不符合规范的规定？（　　）

(A) 220kV 和 750kV 线路应沿全线架设双地线，但少雷区除外

(B) 110kV 线路一般沿全线架设地线，在山区及强雷区，宜架设双地线

(C) 双地线线路，杆塔处两根地线间的距离不应超过导线与地线垂直距离的 5 倍

(D) 35kV 及以下线路，应沿全线架设地线

29. 第三类防雷建筑物的防雷措施中关于引下线的要求，下列哪项符合规范的规定？（　　）

(A) 专设引下线不应少于 2 根

(B) 应沿建筑物背面布置，不宜影响建筑物立面外观

(C) 引下线的间距沿周长计算不应大于 25m

(D) 当无法在跨距中间设引下线时，应在跨距两端设引下线并减小其他引下线的间距，专设引下线的平均间距不应大于 25m

30. 某 35kV 配电装置采用室内布置，其出线穿墙套管应至少离室外道路路面多少米高？（　　）

(A) 3m　　(B) 3.5m

(C) 4m　　(D) 4.5m

31. 爆炸性环境中，在采用非防爆型设备作隔墙机械传动时，下列哪项描述不符合规范的规定？（　　）

(A)安装电气设备的房间应采用非燃烧体的实体墙与爆炸危险区域隔开
(B)安装电气设备房间的出口应通向非爆炸危险区域的环境
(C)当安装设备的房间必须与爆炸性环境相通时，应对爆炸性环境保持相对的负压
(D)传动轴传动通过隔墙处，应采用填料函密封或有同等效果的密封措施

32. 直流系统专供动力负荷，在正常运行情况下，直流母线电压宜为下列哪项数值？（　　）

(A)110V　　(B)115.5V
(C)220V　　(D)231V

33. 均匀土壤中等间距布置的发电厂和变电站接地系统的最大跨步电压差出现在平分接地网边角直线上，从边角点开始向外多少米远的地方，下列哪项数值正确？（　　）

(A)2m　　(B)1.5m
(C)1m　　(D)0.5m

34. 晶闸管额定电压的选择，整流线路为六相零式时，电压系数 $K_u$ 为下列哪项数值？（　　）

(A)2.82　　(B)2.83
(C)2.84　　(D)2.85

35. 10kV 电动机接地保护中，单相接地电流小于下列哪项数值时，保护装置宜动作于信号？（　　）

(A)1A　　(B)2A
(C)5A　　(D)10A

36. 在选择高压断路器时，需要验算断路器的短路热效应，下列关于短路热效应的计算时间哪项是正确的？（　　）

(A)宜采用主保护动作时间加相应的断路器的全分闸时间
(B)宜采用后备保护动作时间加相应的断路器的全分闸时间
(C)当主保护有死区时，应采用对该死区起保护作用的后备保护动作时间
(D)采用断路器保护时，不需要验算热稳定

37. 由地区公共地区电网供电的 220V 负荷，线路电流小于等于多少安培时，可采用 220V 单相供电，大于多少安培时，宜采用 380/220V 三相四线制供电，下列哪项数值符

合规范的规定？（ ）

（A）30A，30A
（B）30A，60A
（C）60A，60A
（D）60A，90A

38. 某工业场所根据其通用使用功能设计照度值赢选择为500lx，相应的照明功率密度限值为17.0W/m²，但实际上该作业为精度要求很高，且产生差错会造成很大损失，按照标准规定，设计照度值需要提高一级为750lx，则该场所的LPD限值应为下列哪项数值？（ ）

（A）17.0W/m²
（B）22.1W/m²
（C）24.0W/m²
（D）25.5W/m²

39. 供配电系统设计中，下列哪项要求符合规范的规定？（ ）

（A）一级负荷应由两回线路供电
（B）一级负荷应按一个电源系统检修或故障的同时另一电源又发生故障进行设计
（C）负荷较小的二级负荷，可由一回6kV及以上专用的架空线路供电
（D）建筑物、储罐（区）、堆场等的消防用电均应按一、二级负荷供电

40. 110kV屋内气体绝缘金属绝缘设备配电装置两侧应设置安装、检修和巡视的通道，巡视通道宽度不应小于下列哪项数值？（ ）

（A）800mm
（B）900mm
（C）1000mm
（D）1200mm

**二、多项选择题（共30题，每题2分。每题的备选项中有2个或2个以上符合题意。错选、少选、多选均不得分）**

41. 建筑电气节能设计应选用下列哪些项节能产品？（ ）

（A）Dyn11接线组别的三相变压器
（B）I类灯具
（C）高光效LED光源
（D）交流变频调速电动机

42. 在高压系统短路电流计算中，设全电流最大有效值为$I_p$，对称短路电流初始值为$I''_g$，$I_p/I''_g$比值错误的为下列哪些项？（ ）

（A）$0 \leqslant I_p/I''_g \leqslant 1$
（B）$\sqrt{2} \leqslant I_p/I''_g \leqslant 2\sqrt{2}$
（C）$1 \leqslant I_p/I''_g \leqslant \sqrt{3}$
（D）$1 \leqslant I_p/I''_g \leqslant 3$

43. 可控串联补偿装置宜测量并记录下列哪些参数？（ ）

（A）电容器电压
（B）电容器电流
（C）金属氧化物避雷器电流
（D）等值电抗

44. 下列哪项是供配电系统设计的节能措施要求？（　　）

(A)变配电所深入负荷中心
(B)用电容器组做无功补偿装置
(C)选用Ⅰ级能效的变压器
(D)采用用户自备发电机组供电

45. 下列哪些电动机应装设0.5s时限的低电压保护，保护动作电压为额定电压的65%~70%？（　　）

(A)当电源电压短时降低时，需断开的次要电动机
(B)当电源电压短时中断又恢复时，需断开的次要电动机
(C)根据生产过程不允许自启动的电动机
(D)在电源电压长时间消失后需自动断开的电动机

46. 视频显示系统线路敷设时，信号电缆与具有强磁场、强电场电气设备之间的净距，下列哪项满足规范的要求？（　　）

(A)采用非屏蔽线缆在封闭金属线槽内敷设，应为0.5m
(B)采用非屏蔽电缆直接敷设时应大于1.5m
(C)采用非屏蔽电缆穿金属保护管敷设时，应为0.8m
(D)采用屏蔽电缆时，宜大于0.8m

47. 建筑消防应急照明和疏散指示标志设计中，按规范要求下列哪些建筑应设置灯光疏散指示标志？（　　）

(A)医院病房楼　　(B)丙类单层厂房
(C)建筑高度36m的住宅　　(D)建筑高度18m的宿舍

48. 在交流异步电动机、直流电动机的选择中，下列说法中哪些项不是直流电动机的优点？（　　）

(A)调速性能好　　(B)价格便宜
(C)起动、制动性能好　　(D)电动机的结构简单

49. 下列哪些项电源可以作为应急电源？（　　）

(A)正常与电网并联运行的自备电站
(B)独立于正常电源的专用馈电线路
(C)UPS
(D)EPS

50. 某新建35/10kV变电站，10kV配电系统全部采用钢筋混凝土电杆线路，单相接地电容电流为20A，为了提高供电可靠性，10kV系统拟按照发生接地故障时继续运行设

计，下列关于变电所10kV系统中性点接地方式及中性点设备的叙述哪些项是正确的？（　　）

(A)采用中性点谐振接地方式

(B)宜采用中性点不接地方式

(C)正常运行时，自动跟踪补偿功能的消弧装置应保证中性点的长时间电压位移不超过系统标称相电压的20%

(D)宜采用具有自动跟踪补偿功能的消弧装置

51. 一台110/35kV电力变压器，高压侧中性点电流互感器一次电流的选择，下列哪些设计原则是正确的？（　　）

(A)应大于变压器允许的不平衡电流

(B)安装在放电间隙回路找那个的，一次电流可按100A选择

(C)按变压器额定电流的25%选择

(D)应按单相接地电流选择

52. 低压电气装置的接地极，材料可采用下列哪些项？（　　）

(A)用于输送可燃液体或气体的金属管道

(B)金属板

(C)金属带或线

(D)金属棒或管子

53. 下列哪些项的电气器件可作为低压电动机的短路保护器件？（　　）

(A)热继电器　　(B)电流继电器

(C)接触器　　(D)断路器

54. 建筑物的防雷措施，下列哪些项符合规范的规定？（　　）

(A)各类防雷建筑物应设防直击雷的外部防雷装置，并应采取防闪电电涌侵入的措施

(B)第一类建筑物尚应采取防雷电感应的措施

(C)第一类防雷建筑物应装设独立接闪杆或架空接闪线或网，架空接闪网的网格尺寸不应大于5m×5m或6m×4m

(D)由于设置了外部防雷措施，第三类防雷建筑物可不设置内部防雷装置

55. 3～110kV高压配电装置，下列哪些项屋外配电装置的最小净距应按规范规定的$B_1$值校验？（　　）

(A)栅状遮拦至绝缘体和带电部分之间

(B)交叉的不同时停电检修的无遮拦带电之间

(C)不同相的带电部分之间

(D)设备运输时，其设备外扩至无遮拦带电部分之间

56. 采用并联电力电容器作为无功功率补偿装置时，下列哪些选项符合规范的规定？ (　　)

(A)低压部分的无功功率，应由低压电容器补偿

(B)高、低压均产生无功功率时，宜由高压电容器补偿

(C)基本无功功率较小时，可不针对基本无功功率进行补偿

(D)容量较大，负荷平稳且经常使用的设备，宜单独就地补偿

57. 在照明配电设计中，下列哪项表述符合规范的规定？ (　　)

(A)当照明装置采用安全特低电压供电时，应采用安全隔离变压器，且二次侧应接地

(B)气体放电灯的频闪效应对视觉作业有影响的场所，采用的措施之一是相邻灯分接在不同相序

(C)移动式和手提式灯具采用Ⅲ类灯具时，应采用安全特地电压(SELV)供电，在干燥场所，电压限值对于无纹波直流供电不大于120V

(D)1500W及以上的高强度气体放电灯的电源电压宜采用380V

58. 建筑物内电子系统的接地和等电位连接，下列哪些项符合规范的规定？ (　　)

(A)电子系统的所有外露导电物语建筑物的等电位连接网络做功能性等电位连接

(B)电子系统应设独立的接地装置

(C)向电子系统供电的配电箱的保护地线(PE线)应就近与建筑物的等电位连接网络做等电位连接

(D)当采用S型等电位连接时，电子系统的所有金属组件应与接地系统的各组件可靠连接

59. 关于3～110kV高压配电装置内的通道与围栏，下列哪项描述是正确的？ (　　)

(A)就地检修的室内油浸变压器，室内高度可按吊芯所需的最小高度再加600mm，宽度可按变压器两侧各加800mm

(B)设置于屋内的无外壳干式变压器，其外廓与四周墙壁的净距不应小于600mm，干式变压器之间的距离不应小于1000mm，并应满载巡视维护的要求

(C)配电装置中电气设备的栅状遮拦高度不应小于1200mm，栅状遮拦最低栏杆至地面的净距不应大于200mm

(D)配电装置中电气设备的网状遮拦高度不应小于1700mm，网状遮拦网孔不应大于40mm×40mm，围栏门应上锁

60. 低压配电室配电屏成排布置,关于配电屏通道的最小宽度描述,下列哪些说法是错误的? ( )

(A)配电室不受限制时,固定式配电屏单排布置,屏前通道的最小宽度为1.3m
(B)配电室不受限制时,固定式配电屏单排布置,屏后操作通道的最小宽度为1.2m
(C)配电室不受限制时,抽屉式配电屏单排布置,屏前通道的最小宽度为1.8m
(D)配电室不受限制时,抽屉式配电屏双排面对面布置,屏前通道的最小宽度为2m

61. 直流系统的充电装置宜选用高频开关电源模块型充电装置,也可选用相控式充电装置,关于充电装置的配置描述,下列哪项是正确的? ( )

(A)1组蓄电池采用相控式充电装置的,宜配置1套充电装置
(B)1组蓄电池采用高频开关电源模块型充电装置时,宜配置1套充电装置,也可配置2套充电装置
(C)2组蓄电池采用相控式充电装置时,宜配置2套充电装置
(D)2组蓄电池采用高频开关电源模块型充电装置时,宜配置2套充电装置,也可配置3套充电装置

62. 在建筑照明设计中,下列哪些项符合标准的术语规定? ( )

(A)疏散照明是用于确保疏散通道被有效地辨认和使用的应急照明
(B)安全照明是用于确保正常活动继续或暂时继续进行的应急照明
(C)直接眩光是视觉对象的镜面反射,它使视觉对象的对比降低,以致部分地或全部地难以看清细部
(D)反射眩光是由视野中的反射引起的眩光、特别是在靠近视线方向看见反射像产生的眩光

63. 交流电力电子开关的过电流保护,关于过电流倍数与动作时间的关系,下述哪些项叙述是正确的? ( )

(A)过电流倍数1.2时,动作时间10min
(B)过电流倍数1.5时,动作时间3min
(C)过电流倍数1.2时,动作时间3~30s可调
(D)过电流倍数10时,动作时间瞬动

64. 10kV变电所配电装置的雷电侵入波过电压保护应符合下列哪些项要求? ( )

(A)10kV变电所配电装置,应在每组母线上架空线上装设配电型无间隙金属氧化物避雷器
(B)架空进线全部在厂区内,且受到其他建筑物屏蔽时,可只在母线上装设无间隙氧化物避雷器

(C)有电缆段的架空线路,无间隙金属氧化物避雷器应装设在电缆头附近,其接地端应与电缆金属外皮相连

(D)10kV 变电所,当无站用变压器时,可仅在末端架空进线上装设无间隙金属氧化物避雷器

65. 建筑物引下线附近保护人身安全需采取的防接触电压和跨步电压的措施,下列哪些项符合规范的规定? ( )

(A)引线小 3m 范围内代表处的电阻率不小于 50kΩ · m,或敷设 5cm 厚沥青层或 15cm 砾石层

(B)外露引下线,其距地面 2.5m 以下的导体用耐 1.2/50μs 冲击电压 100kV 的绝缘层隔离,或用至少 3mm 厚的教练聚乙烯层隔离

(C)用护栏、警告牌使接触引下线的可能性降低至最低限度

(D)用网状接地装置对地面做均衡电位处理

66. 根据规范规定,下列哪些场所或部分宜选择缆式感温火灾探测器? ( )

(A)不易安装典型探测器的夹层、闷顶

(B)其他环境恶劣不适合点型探测器安装的场所

(C)需要设置线型感温火灾探测器的易燃易爆场所

(D)公路隧道、敷设动力电缆的铁路隧道和城市地铁隧道等

67. 高压电气装置接地的一般要求,下列描述哪项是正确的? ( )

(A)变电站内不同用途和不同额定电压的电气装置或设备,应分别设置接地装置

(B)变电站内不同用途和不同额定电压和电气装置或设备,除另有规定外应使用一个总的接地网

(C)变电站内总接地网的接地电阻应符合其中最小值的要求

(D)设计接地装置时,雷电保护接地的接地电阻,可只采用在雷季中土壤干燥状态下的最大值

68. 控制非线性设备所产生谐波引起的电网电压波形畸变率,可以采取下列哪项措施? ( )

(A)减小配电变压器的短路阻抗

(B)对大功率静止整流器,增加整流变压器二次侧的相数和整流器的整流脉冲数

(C)对大功率静止整流器采用多台相数相同的整流器,并使整流变压器二次侧有适当的相角差

(D)采用 Dyn11 接线组别的三相配电变压器

69. 在当前和远景的最大运行方式下,设计人员应根据下列哪些情况确定设计水平

年的最大接地故障不对称电流有效值？　（　　）

（A）一次系统电气接线
（B）母线连接的送电线路状况
（C）故障时系统的电抗与电阻比值
（D）电气装置的选型

70. 在学校照明设计中，教室照明灯具的选择，下列哪些项是正确的？　（　　）

（A）普通教室不宜采用无罩的直射灯具及盒式荧光灯具
（B）有要求或有条件的教室可采用带格栅（格片）或带漫射罩型灯具
（C）宜采用带有高亮度或全镜面控光罩（如格片、格栅）类灯具
（D）如果教室空间较高，顶棚反射比高，可以采用悬挂间接或半间接控照灯具

# 2018 年专业知识试题答案(下午卷)

1. **答案**:D

**依据**:《建筑物防雷设计规范》(GB 50057—2010)第 3.0.2 条。

2. **答案**:C

**依据**:《公共广播系统工程技术规范》(GB 50526—2010)第 3.6.6 条。

3. **答案**:A

**依据**:《交流电气装置的过电压保护和绝缘配合设计规范》(GB/T 50064—2014)第 5.5.1条。

4. **答案**:A

**依据**:《电力工程电缆设计标准》(GB 50217—2018)第 4.1.11 条。

5. **答案**:D

**依据**:《建筑照明设计标准》(GB 50034—2013)第 6.1.1 条、第 6.1.3 条、第 6.2.3 条。

6. **答案**:A

**依据**:《钢铁企业电力设计手册》(下册)P89"表 24-1 按电源容量允许全压启动的笼型电动机功率"。

7. **答案**:B

**依据**:《工业与民用供配电设计手册》(第四版)P281 表 4.6-2、表 4.6-3。

$$X''_{d} = x''_{d}\frac{U_{av}^2}{S_{NG}} = 0.125 \times \frac{10.5^2}{12.5} = 1.1025\Omega$$

8. **答案**:B

**依据**:《电力装置的电测量仪表装置设计规范》(DL/T 50063—2017)第 3.1.4 条

9. **答案**:B

**依据**:《工业与民用供配电设计手册》(第四版)P582 表 7.2-1。

10. **答案**:A

**依据**:《供配电系统设计规范》(GB 50052—2009)第 3.0.1 条。

11. **答案**:B

**依据**:《交流电气装置的接地设计规范》(GB/T 50065—2011)第 4.3.1 条。

12. **答案**:B

**依据**:《工业与民用供配电设计手册》(第四版)P582"表 7.10-1 保护装置的动作电流与动作时间的配合"。

13. **答案**:D

**依据**:《交流电气装置的过电压保护和绝缘配合设计规范》(GB/T 50064—2014)第4.4.4条。

14. **答案**:B

**依据**:《3~110kV高压配电装置设计规范》(GB 50060—2008)第4.1.9条。

15. **答案**:D

**依据**:《火灾自动报警系统设计规范》(GB 50116—2013)第4.4.5条。

16. **答案**:D

**依据**:《供配电系统设计规范》(GB 50052—2009)第6.0.10条。

17. **答案**:D

**依据**:无。

18. **答案**:B

**依据**:《公共广播系统工程技术规范》(GB 50526—2010)第3.5.5条。

19. **答案**:B

**依据**:《建筑照明设计标准》(GB 50034—2013)第5.5.3-1条。

20. **答案**:B

**依据**:《建筑设计防火规范》(GB 50016—2014)第10.2.1条。

21. **答案**:D

**依据**:《供配电系统设计规范》(GB 50052—2009)第5.0.11条。

22. **答案**:D

**依据**:《建筑设计防火规范》(GB 50016—2014)第10.1.1条、第10.1.2条,《民用建筑电气设计标准》(GB 51348—2019)附录A。

23. **答案**:C

**依据**:《建筑照明设计标准》(GB 50034—2013)第6.3.16条。

24. **答案**:B

**依据**:《工业与民用供配电设计手册》(第四版)P19式(1.6-1)。

25. **答案**:C

**依据**:《交流电气装置的接地设计规范》(GB/T 50065—2011)第6.1.1条。

26. **答案**:A

**依据**:《工业与民用供配电设计手册》(第四版)P19式(1.10-5)、式(1.10-6)。

$\Delta P_T = 0.01S_c = 0.01 \times 0.72 \times 1000 = 7.2\text{kW}$

$\Delta Q_{\mathrm{T}} = 0.05S_{\mathrm{c}} = 0.05 \times 0.72 \times 1000 = 36\mathrm{kvar}$

27. **答案**:B

**依据**:《钢铁企业电力设计手册》(下册)P38 表 23-31。

28. **答案**:D

**依据**:《交流电气装置的过电压保护和绝缘配合设计规范》(GB/T 50064—2014)第 5.3.1 条。

29. **答案**:B

**依据**:《建筑物防雷设计规范》(GB 50057—2010)第 4.4.3 条。

30. **答案**:C

**依据**:《3 ~110kV 高压配电装置设计规范》(GB 50060—2008)第 5.1.4 条及表 5.1.4。

31. **答案**:C

**依据**:《爆炸危险环境电力装置设计规范》(GB 50058—2014)第 5.3.2 条。

32. **答案**:D

**依据**:《电力工程直流系统设计技术规程》(DL/T 5044—2014)第 3.2.1-2 条、第 3.2.2条。

33. **答案**:C

**依据**:《交流电气装置的接地设计规范》(GB/T 50065—2011)附录 D 第 D.0.3-2-2)条。

34. **答案**:B

**依据**:《钢铁企业电力设计手册》(下册)P410 表 26-20。

35. **答案**:D

**依据**:《电力装置的继电保护和自动装置设计规范》(GB/T 50062—2008)第 9.0.3 条。

36. **答案**:B

**依据**:《3 ~110kV 高压配电装置设计规范》(GB 50060—2008)第 4.1.4 条。

注:也可参考《导体和电器选择设计技术规定》(DL/T 5222—2005)第 5.0.13 条。

37. **答案**:C

**依据**:《工业与民用供配电设计手册》(第四版)P84"2.5.1 电压选择"。

38. **答案**:D

**依据**:《建筑照明设计标准》(GB 50034—2013)第 6.3.14 条、第 6.3.15 条。

39. **答案**:C

**依据**:《供配电系统设计规范》(GB 50052—2009)第 3.0.2 条、第 3.0.7 条。

40. **答案**:C

**依据**:《3～110kV高压配电装置设计规范》(GB 50060—2008)第7.3.3条。

41. **答案**:CD

**依据**:《公共建筑节能设计标准》(GB 50189—2015)第6.2.7条、第6.3.4条。

42. **答案**:ABD

**依据**:《工业与民用配电设计手册》(第三版)P150短路全电流最大有效值$I_p$公式:

$$I_p = I''_k\sqrt{1+2(K_p-1)^2}，故\frac{I_p}{I''_k} = \sqrt{1+2(K_p-1)^2}，其中K_p = 1+e^{-\frac{0.01}{T_f}}$$

如果电路只有电抗或只有电阻时，$1 \leqslant K_p \leqslant 2$，代入上式可得：$1 \leqslant \frac{I_p}{I''_k} \leqslant \sqrt{3}$

注:《工业与民用供配电设计手册》(第四版)中已无相关内容。

43. **答案**:ACD

**依据**:《电力装置的电测量仪表装置设计规范》(DL/T 50063—2017)第3.8.4条。

44. **答案**:AC

**依据**:《公共建筑节能设计标准》(GB 50189—2015)第6.2条。

45. **答案**:ABC

**依据**:《电力装置的继电保护和自动装置设计规范》(GB/T 50062—2008)第9.0.5-1条。

46. **答案**:BCD

**依据**:《视频显示系统工程技术规范》(GB 50464—2008)第4.3.13条。

47. **答案**:ABD

**依据**:《建筑设计防火规范》(GB 50016—2014)第10.351条。

48. **答案**:BD

**依据**:《钢铁企业电力设计手册》(下册)P7“23.2.1.1交流电动机与直流电动机比较”。

49. **答案**:BCD

**依据**:《供配电系统设计规范》(GB 50052—2009)第3.0.4条。

50. **答案**:AD

**依据**:《交流电气装置的过电压保护和绝缘配合设计规范》(GB/T 50064—2014)第3.1.3-1条、第3.1.6-1条。

51. **答案**:AB

**依据**:《导体和电器选择设计技术规定》(DL/T 5222—2005)第15.0.6条。

52. **答案**:BCD

**依据**:《交流电气装置的接地设计规范》(GB/T 50065—2011)第8.1.2-3条。

53. **答案**:BCD

**依据**:《通用用电设备配电设计规范》(GB 50055—2011)第2.3.4条。

54. **答案**:ABC

**依据**:《建筑物防雷设计规范》(GB 50057—2010)第4.1.1条。

55. **答案**:AB

**依据**:《3~110kV高压配电装置设计规范》(GB 50060—2008)第5.1.1条及表5.1.1。

56. **答案**:AD

**依据**:《供配电系统设计规范》(GB 50052—2009)第6.0.4条。

57. **答案**:BCD

**依据**:《建筑照明设计标准》(GB 50034—2013)第7.1.1条、第7.1.3-1条、第7.2.8条、第7.2.10条。

58. **答案**:ACD

**依据**:《数据中心设计规范》(GB 50174—2017)第8.3~8.4条,可参考。

59. **答案**:BCD

**依据**:《3~110kV高压配电装置设计规范》(GB 50060—2008)第5.4.5条~第5.4.9条。

60. **答案**:AD

**依据**:《低压配电设计规范》(GB 50054—2011)第4.2.5条及表4.2.5。

61. **答案**:BD

**依据**:《电力工程直流系统设计技术规程》(DL/T 5044—2014)第3.4.2条、第3.4.3条。

62. **答案**:AD

**依据**:《建筑设计防火规范》(GB 50016—2014)第2.0.20条、第2.0.21条、第2.0.34条、第2.0.38条。

63. **答案**:BD

**依据**:《钢铁企业电力设计手册》(下册)P231"表24-57 过电流倍数与动作时间的关系"。

64. **答案**:BCD

**依据**:《交流电气装置的过电压保护和绝缘配合设计规范》(GB/T 50064—2014)第5.4.13-12条。

65. **答案**:ACD

**依据**:《工业与民用供配电设计手册》(第四版)P1284"13.9.3.2 引下线附近防接触电压和跨步电压的措施"。

66. **答案**:AB

**依据**:《火灾自动报警系统设计规范》(GB 50116—2013)第5.3.3条。

67. **答案**:BCD

**依据**:《交流电气装置的接地设计规范》(GB/T 50065—2011)第3.1.2条、第3.1.3条。

68. **答案**:BCD

**依据**:《供配电系统设计规范》(GB 50052—2009)第5.0.13条。

69. **答案**:ABC

**依据**:《交流电气装置的接地设计规范》(GB/T 50065—2011)第4.1.3条。

70. **答案**:ABD

**依据**:《照明设计手册》(第三版)P190"教学楼照明的灯具选择"。

# 2018 年案例分析试题(上午卷)

**[案例题是 4 选 1 的方式,各小题前后之间没有联系,共 25 道小题,每题分值为 2 分,上午卷 50 分,下午卷 50 分,试卷满分 100 分。案例题一定要有分析(步骤和过程)、计算(要列出相应的公式)、依据(主要是规程、规范、手册),如果是论述题要列出论点。]**

题 1 ~ 5:某科技园区有办公楼、传达室、燃气锅炉房及泵房、变电所等建筑物,变电所设置两台 10/0.4kV,Dyn11,1600kVA 配电变压器,低压配电系统接地方式采用 TN - S 系统。请回答下列问题,并列出解答过程。

1. 办公室内设置移动柜式空气净化机,低压 AC220V 供电,相导体与保护导体等截面,假定空气净化机发生单相碰壳故障电流持续时间不超过 0.1s,下表为 50Hz 交流电流路径手到手的人体总阻抗值,人站立双手触及故障空气净化机带电外壳时,电流路径为双手到双脚,干燥的条件。双手的接触表面积为中等,双脚的接触表面积为大的。忽略供电电源内阻,计算接触电流是下列哪项数值? ( )

**50Hz 交流电流路径手到手的人体总阻抗 $Z_T$**

| 接触电压 $U_T$(V) | 25 | 55 | 75 | 110 | 145 | 175 | 200 | 220 | 380 | 500 |
|---|---|---|---|---|---|---|---|---|---|---|
| 人体总阻抗 $Z_T$值(Ω) | 干燥条件,大的接触面积 | | | | | | | | | |
| | 3250 | 2500 | 2000 | 1655 | 1430 | 1325 | 1275 | 1215 | 980 | 850 |
| | 干燥条件,中等的接触面积 | | | | | | | | | |
| | 20600 | 13000 | 8200 | 4720 | 3000 | 2500 | 2200 | 1960 | — | — |

(A)15mA (B)77mA

(C)151mA (D)327mA

**解答过程:**

2. 某配电柜未做辅助等电位联结,电源由变电所低压柜直接馈出,线路长 258m,相线导体截面 $35mm^2$,保护导体截面 $16mm^2$,负荷有固定式、移动式或手持式设备。由配电柜馈出单相照明线路导体截面采用 $2.5mm^2$,若照明线路距配电柜 30m 处灯具发生接地故障,忽略低压柜至总等电位联结一小段的电缆阻抗,阻抗计算按近似导线直流电阻值,导体电阻率取 $0.0172Ω \cdot mm^2/m$,计算配电柜至变电所总等电位联结保护导体的阻抗是下列哪项数值?并判断其是否满足规范要求? ( )

(A)0.2774Ω,不满足规范要求　　(B)0.2774Ω,满足规范要求

(C)0.127Ω,不满足规范要求　　(D)0.127Ω,满足规范要求

**解答过程：**

3. 变电所至传达室有一段较远配电线路长250m。相线导体截面$25mm^2$,保护导体截面$16mm^2$,导体电阻率取0.0172Ω·$mm^2$/m,采用速断整定250A电子脱扣器断路器做间接接触防护,瞬时扣器动作误差系数取1.1,断路器动作系数取1.2,近似计算最小接地电流是下列哪项数值？并校验该值的保护灵敏系数是否满足规范要求？（　　）

(A)266A,不满足规范要求　　(B)341A,不满是规范要求

(C)460A,满足规范要求　　(D)589A,满足规范要求

**解答过程：**

4. 爆炸性环境2区内照明单相支路断路器长延时过电流脱扣器整定电流16A,照明线路采用BYJ-450/750V铜芯绝缘导线穿镀锌钢管SC敷设,计算导管截面占空比不超过30%,穿管导线敷设环境载流量选择见下表,计算选择照明敷设线路是下列哪项值？（　　）

**BYJ-450/750V铜芯导体穿管敷设允许持续载流量选择表**

| 铜芯导体截面($mm^2$) | 1.5 | 2.5 | 4 | 6 |
|---|---|---|---|---|
| 允许持续载流量(A) | 12 | 16 | 22 | 28 |
| 导线外径(mm) | 3.5 | 4.5 | 5.0 | 5.5 |

(A)BYJ-3×2.5,SC15　　(B)BYJ-3×2.5,SC20

(C)BYJ-3×4,SC15　　(D)BYJ-3×4,SC20

**解答过程：**

5. 屋顶水箱设超高水位浮球液位传感器,开关信号采用2×1.5$mm^2$控制线路敷设至控制箱,2芯控制线路电容0.3μF/km,电压降29V/A·km,控制电路AC24V继电器额定功率1.6VA,计算控制线路最大允许长度是下列哪组数值？（　　）

(A)55m　　(B)104m
(C)1.24km　　(D)4.63km

**解答过程：**

题6~10：某新建35/10kV变电站，两回电源可并列运行，其系统接线如下图所示，已知参数标列在图上，采用标幺值法计算，不计各元件电阻，忽略未知阻抗，汽轮发电机相关数据参见《工业与民用供配电设计手册》（第四版），请回答下列问题，并列出解答过程。

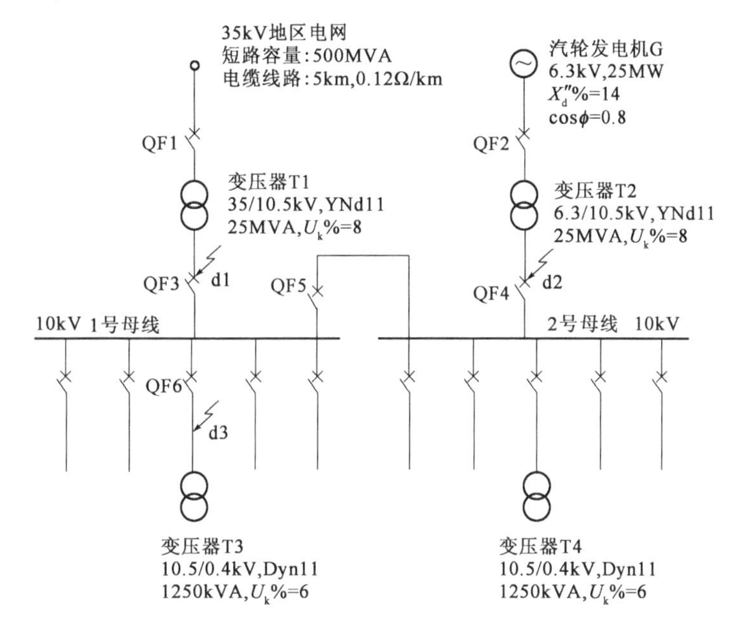


6.假设断路器QF1闭合、QF5断开，d1点发生三相短路时，该点的短路电流初始值及短路容量最接近下列哪组数值？（　　）

(A)9.76kA,177.37MVA　　(B)10.32kA,187.59MVA
(C)12.43kA,225.99MVA　　(D)15.12kA,274.94MVA

**解答过程：**

7. 假设断路器 QF2 闭合,QF5 断开,d2 点发生三相短路时,该点的短路电流初始值及短路容量最接近下列哪组数值? ( )

(A)4.53kA,82.18kA (B)6.22kA,113.15kA
(C)7.16kA,130.24kA (D)7.78kA,141.49kA

**解答过程:**

8. 假设断路器 QF1 ~ QF5 闭合,两路电源同时运行。当 d3 点发生三相短路故障时,地区电网电源提供的短路电流交流分量初始有效值为 12kA 不衰减,直流分量衰减时间常数为 30;发电机电源提供的短路电流交流分量初始有效值为 6kA 不衰减,直流分量衰减时间常数为 60。请计算断路器 QF6 的额定关合电流最小值最接近下列哪项数值? ( )

(A)16.54kA (B)32.25kA
(C)34.50kA (D)48.79kA

**解答过程:**

9. 当断路器 QF1 ~ QF4 闭合,QF5 断开时,10kV 1 号母线三相短路电流初始值为 9kA,10kV 2 号母线三相短路电流初始值为 6kA,若变压器 T3 高压侧安装电流速断保护,计算电流速断保护装置一次动作电流及灵敏系数为下列哪组数值?(可靠系数取 1.3) ( )

(A)1.39kA,3.75 (B)1.45kA,3.58
(C)2.41kA,2.17 (D)2.85kA,1.82

**解答过程:**

10. 当断路器 QF5 断开时,10kV 1 号母线三相短路电流初始值为 9kA,10kV 2 号母线三相短路电流初始值为 6kA,若在变压器 T3 高压侧安装带的时限的过电流保护作为变压器低压侧后备保护,请计算过电流保护装置一次动作电流及灵敏系数为下列哪组数值?(过负荷系数取 1.5) ( )

(A)144.34A,6.06　　(B)144.34A,7.0
(C)250A,3.5　　(D)250A, 4.04

**解答过程：**

题11～15：某工厂厂址所在地最热月的日最高温度平均值为30℃，电缆埋深处最热月平均地温为25℃，土壤干燥，少雨。请回答以下问题，并列出解答过程。

11. 某10kV配电回路，出线采用一根截面185mm²的三芯铝芯交联聚乙烯绝缘铠装电缆，电缆敷设由高压配电柜起始，经户内电缆桥架引至户外综合管网网桥架，沿综合管网敷设一段距离后，经桥架引下并在土壤中直埋至设备。假设桥架采用梯架型(有遮阳措施)，桥架内电缆采用单层无间距并行敷设，电缆直埋时不与其它回路并敷，求该回路电缆的实际允许持续截流量最接近下列哪项数值？(参考《电力工程电缆设计规范》提供的相关数据进行计算)　　(　　)

(A)215A　　(B)247A　　(C)252A　　(D)279A

**解答过程：**

12. 某厂房内设一台单梁起重机，计算电流为20A，尖峰电流为计算电流的10倍，采用50mm×50mm×5mm的角钢滑触线供电，供电电源箱在滑触线中部。若起重机要求供电网路的电压降不高于10%，求该滑触线的最大长度最接近下列哪项数值？(设该角钢滑触线的交流电阻和电抗分别为1.26Ω/km和0.87Ω/km，忽略除滑触线以外的供电回路阻抗)　　(　　)

(A)71m　　(B)79m　　(C)159m　　(D)790m

**解答过程：**

13. 某梯架型桥架内敷设了10根1kV铜芯交联聚乙烯绝缘电缆，其中4根电缆导体截面为95mm²(每根电缆外径为40mm)，另外6根电缆导体截面为185mm²(每根电缆外径为65mm)。电缆并列无间距布置，电缆载流量校正系数均按0.8设计，求满足敷设要求的最小桥架规格为下列哪项数值？　　(　　)

(A)400mm × 100mm　　(B)400mm × 160mm
(C)600mm × 100mm　　(D)600mm × 150mm

**解答过程：**

14. 某车间属于爆炸性气体环境2区，车间内设有一台鼠笼型感应电动机，额定电压为380V，额定功率为110kW，功率因数为0.85，运行效率为0.9。只考虑载流量要求时，下列电缆规格中哪项满足该电动机配电的最小要求？（假设铝芯和铜芯电缆的载流量分别按照电流密度为1.6A/mm$^2$和2A/mm$^2$选取）　（　　）

(A)4 × 185mm$^2$铝芯　　(B)4 × 150mm$^2$铝芯
(C)4 × 120mm$^2$铜芯　　(D)4 × 95mm$^2$铜芯

**解答过程：**

15. 某车间配置两台380V给水泵，一备一用，给水泵工作电流为160A，正常运行小时数为4000小时。当仅考虑载流量和经济性的时，备用给水泵的配电电缆截面最小值为下列哪项？（电缆的载流量按照电流密度3.2A/mm$^2$考虑，电缆在运行小时数为2000、4000、6000时对应的经济电流密度分别按2.2A/mm$^2$、1.6A/mm$^2$、1.4A/mm$^2$考虑）　（　　）

(A)50mm$^2$　　(B)70mm$^2$　　(C)95mm$^2$　　(D)120mm$^2$

**解答过程：**

题16～20：某矿山企业业主工业场地设110/35kV变电站一座，110kV侧采用桥型接线，站内设主变压器两台，采用YNd11接线，35kV侧采用单母分段接线，分列运行，每段母线设置接地变压器加自动跟踪补偿消弧接地装置一套（单套额定电流为60A），35kV侧发生单相接地故障时可以持续运行。35kV配电设备和35/0.4站用电布置在建筑物内，站用变采用TN-S系统，低压电器装置采用保护总电位联接系统（包括建筑物钢筋）。110kV线路全部采用架空敷设，并全程架设避雷线，35kV配电采用电缆和架空（全程架设避雷线）混合敷设。110kV侧采用一套速动主保护和远后备保护作为单相接地继电保护设备，主保护时间0S，后备保护时间0.5S，断路器开断时间0.15S。110kV 和35kV 配电装置公用同一接地网，变电站采取一系列措施使得接地网电位升高至5kV 时，站内设备和人身安全任得到保障。假设110kV 侧发生接地故障时电流衰减系数为1.05，35kV 系统发生接地故障时电流衰减系数为1.05，变电站及35kV 线路所在的地区土壤电阻率为250Ω·m。回答下列问题并列出解答过程。

16. 假设在工程设计年水平最大运行方式下110kV 系统发生接地故障时，接地网最大入地对称电流有效值为1.1kA。计算该变电站接地网接地电阻最大值为下列哪项数值？（ ）

(A)4.33Ω (B)1.7Ω (C)1.6Ω (D)0.8Ω

**解答过程：**

17. 110/35kV 变电站接地网如图所示。图中标注的单位尺寸均为m，水平接地网采用等间距布置，接地导体规格为直径10mm 的镀锌圆钢，水平接地网埋深1.0m，表层土壤衰减系数为0.8。假设变电站110kV 和35kV 系统发生接地故障时，接地网最大入地不对称电流分别为1.2kA 和0.01kA，计算该变电站接地网的最大跨步电位差为下列哪项数值？（ ）

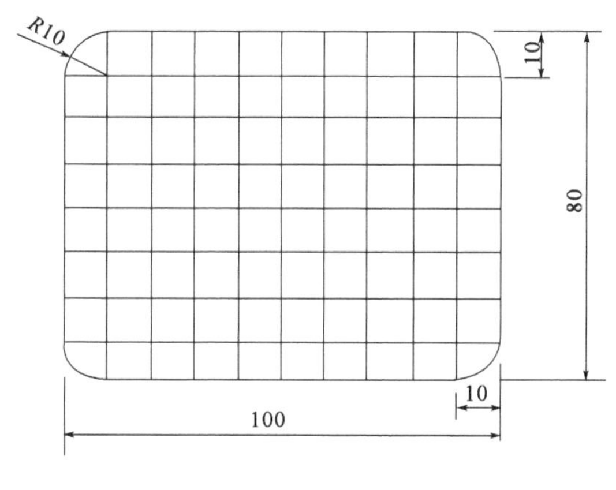


(A)389.58V (B)108.33V (C)90V (D)0.9V

**解答过程：**

18. 110/35kV 变电站110kV 设备拟选用户内型SF6 气体绝缘金属封闭开关设备，

并在设备布置区域设置110kV设备专用接地网络，该接地网络与室外的主接地网通过4根扁钢导体连接。在工程设计水平年最大运行方式下变电站110kV侧发生单相接地故障时的接地网最大故障对称电流有效值为1.5KA。计算确定这4根连接线的最小截面为下列哪项数值？ (    )

(A) $18.14mm^2$　　(B) $10.58mm^2$　　(C) $6.35mm^2$　　(D) $3.05mm^2$

**解答过程：**

19. 该企业某车间35kV电源用架空线路引自工业场地110/35kV变电站，该线路全程架设避雷线，直线杆塔采用无拉线的钢筋混凝土电杆，经计算直线杆塔的自然接地极工频接地电阻不满足规范的要求，因此采用增加水平接地装置的设计方案降低接地电阻，接地极采用直径为10mm的镀锌圆钢，水平接地装置埋深为1.0m，如下图所示，图中标注的尺寸单位均为m，请计算该方案实施后的电杆的工频接地电阻并判断是否满足规范要求？（忽略人工接地体和自然接地体之间的相互屏蔽影响，不计电杆至水平接地极之间的导体影响）？ (    )

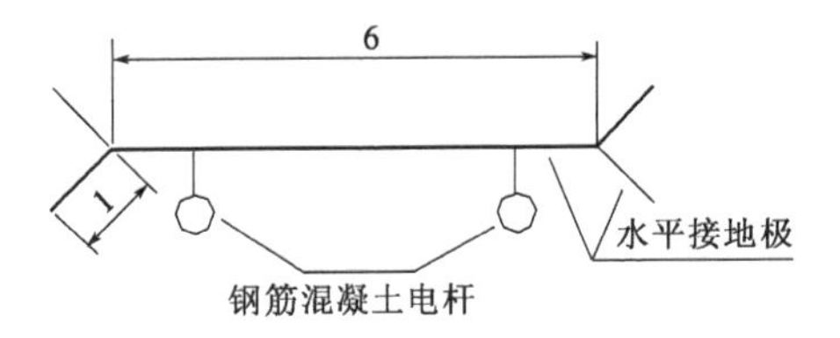


(A) 50Ω，不满足要求　　(B) 44.6Ω，不满足要求

(C) 23.57Ω，不满足要求　　(D) 7.5Ω，满足要求

**解答过程：**

20. 在工业厂区内设有10/0.4kV箱式变电站一座。变压器采用Dyn11接线，变压器10kV侧不接地，低压侧采用TN-S系统，箱式变电站及由该变电站供电的建筑物设施、外露可导电部分全部做等电位联结。变压器10kV侧发生接地故障时的电容电流为15A，请判断变压器低压侧中性点能否与高压侧共用接地装置，并计算该接地装置的最大接地电阻为下列哪项数值？ (    )

(A) 8Ω，不可共用　　(B) 8Ω，可以共用

(C) 3.33Ω，不可共用　　(D) 3.33Ω，可以共用

解答过程：

题 21 ~ 25：某水泵站水泵电动机及阀门电动机的控制系统分别由以下两种典型原理系统图（图 1 及图 2）组成，运行系统及状态受 PLC 控制及监测。

PLC 控制系统主要硬件参数如下：

(1) 输入电源：AC110 ~ 220V；

(2) 开关量输入模块点数：32，模块电源为 DC24V；

(3) 开关量输出模块点数：32，模块电源为 DC24V，开关量输出模块输出接点为内置继电器无源接点，接点容量 AC220V，2A；

(4) 模拟量输入模块通道数：8；

(5) 模拟量输出模块通道数：8。

请回答下列问题，并列出解答过程。

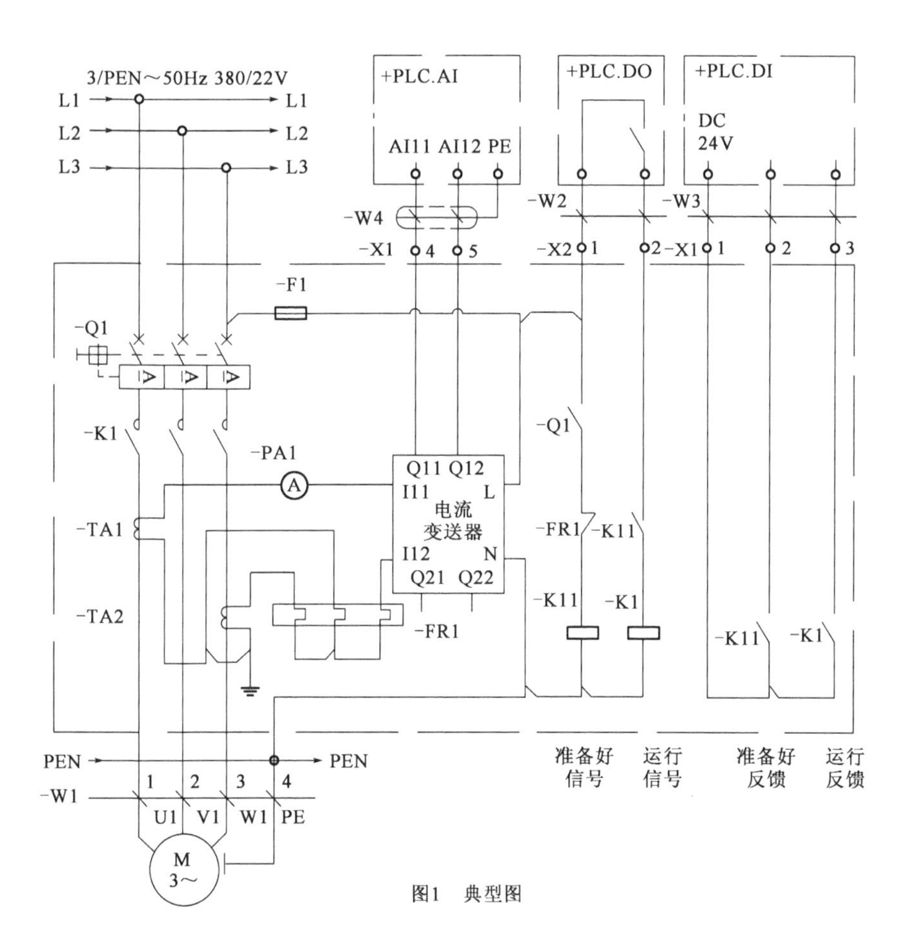


图1　典型图

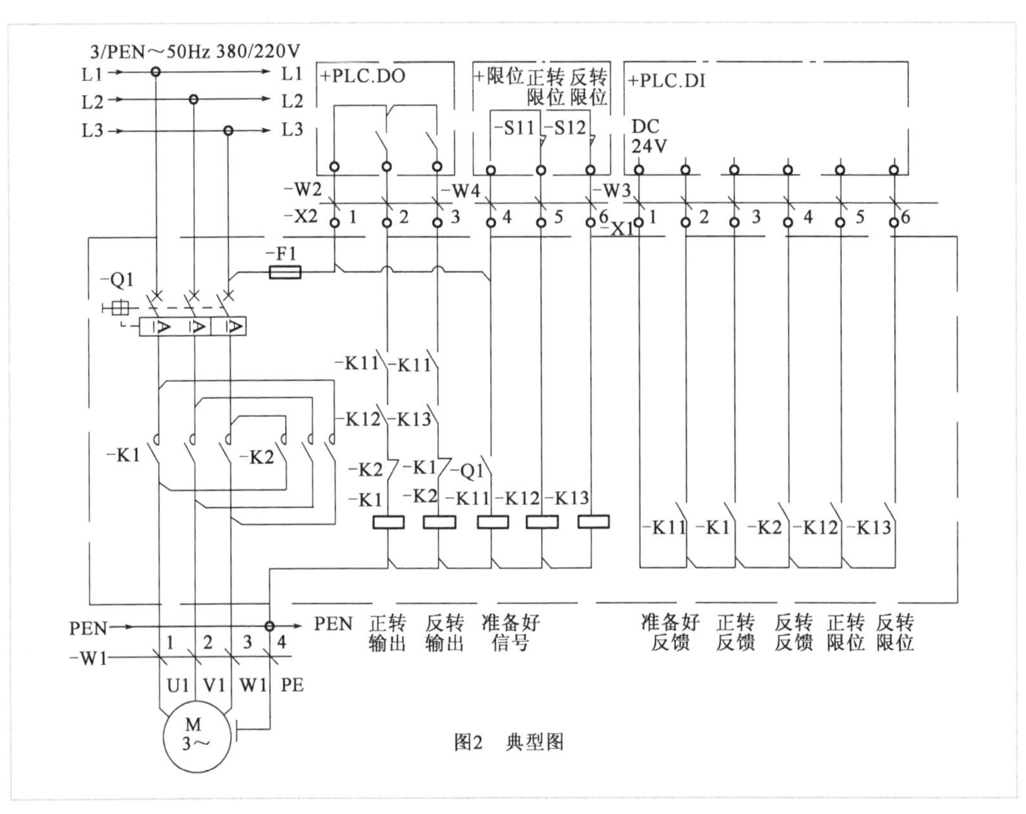


图2　典型图

21. 图1回路数18个，图2回路数20个，若PLC系统的开关量输入、输出模块不能互换接线，按要求各类模块的总备用点(通道)数至少为已用点(通道)数的15%。计算开关量输入、输出模块，模拟量输入模块的最少配置数量为下列哪个选项？（　　）

(A)4个，2个，2个　　(B)4个，3个，2个

(C)5个，3个，2个　　(D)5个，3个，3个

解答过程：

22. 若PLC系统运行的开关量输入点数为200点，开关量输出点数为88点，模拟输入通道为15个通道，模拟量输出通道为6个通道；PLC系统通讯数据占有内存1kB，计算PLC系统内存容量至少是多少kB？(各类计算数均按最小值取值)（　　）

(A)4kB　　(B)5kB

(C)6kB　　(D)7kB

解答过程：

23. 若 PLC 系统主机与编程器通讯时间为 6ms，与网络通讯时间为 12ms，用户程序运行时间为 12ms，读写 I/O 时间为 6.1ms，输入输出模块的滤波时间均为 8ms；计算实际运行编程器不接入时 PLC 系统的扫描周期，以及实际运行编程器接入时 PLC 系统的最大响应时间是下列哪项数值？（　　）

(A) 30.1ms，88.2ms　　(B) 32.1ms，90.2ms

(C) 34.1ms，92.2ms　　(D) 36.1ms，94.2ms

**解答过程：**

24. 如图 1 所示，若 K1 线圈的吸持功率为 80W，吸持时功率因数为 0.8，计算 K1 线圈的吸持电流并判断 PLC 输出接点容量能否满足 K1 线圈吸持电流回路要求？（　　）

(A) 0.45A，满足　　(B) 0.65A，满足

(C) 3.3A，不满足　　(D) 4.2A，不满足

**解答过程：**

25. 设 PLC 开关量输入模块 0-1 的触发阈值电压为额定电压的 80%，若图 2S11 两端（不经过 K12 转换）直接接入 PLC 模块，其回路电流为 100mA，回路采用 0.5$mm^2$的铜芯电缆接线，S11 触点电阻 2Ω，为保证 PLC 输入接点 0-1 的正确触发，计算开关量 PLC 输入点到 S11 的理论最大距离为下列哪项数值？（不计模块输入点内阻以及其他接触电阻，铜导体电阻率为 0.00184Ω · $mm^2$/m）

(A) 625m　　(B) 652m

(C) 679m　　(D) 1250m

**解答过程：**

# 2018年案例分析试题答案(上午卷)

题1~5答案:**BAADC**

1.《电流对人和家畜的效应　第1部分:通用部分》(GB/T 13870.1—2008)附录D例1。

由于低压配电接地系统采用TN-S系统,且相线与PE线等截面,故接触电压

$$U_T = \frac{R_{PE}}{R_L + R_{PE}} \cdot 220 = \frac{1}{2} \times 220 = 110V$$

中等接触面积手到躯干:$Z_{中}(H-T) = 50\% \times Z_{中}(H-H) = 0.5 \times 4720 = 2360\Omega$

大的接触面积躯干到脚:$Z_{大}(T-F) = 30\% \times Z_{大}(H-H) = 0.3 \times 1655 = 496.5\Omega$

由于双手到双脚为并联,故 $Z_T = \frac{1}{2}Z'_T = \frac{1}{2} \times (2360 + 496.5) = 1428.25\Omega$

接触电流:$I_T = \frac{U_T}{Z_T} = \frac{110}{1428.25} = 77.02mA$

2.《低压配电设计规范》(GB 50054—2011)第3.2.14条、第5.2.10-1条,《工业与民用供配电设计手册》(第四版)P861式(9.4-1)。

由第3.2.14条可知,保护导体截面为$16mm^2$,满足规范要求。

保护导体电阻:$R_{PE} = \rho_{20}\frac{l}{S} = 0.0172 \times \frac{258}{16} = 0.27735\Omega$

由第5.2.10-1条可知:

$$\frac{50}{U_0}Z_s = \frac{50}{220} \times 0.0172\left(\frac{258}{35} + \frac{258}{16} + \frac{30}{2.5} \times 2\right) = 0.8169\Omega$$

显然,$\frac{50}{U_0}Z_s < R_{PE}$,不满足规范要求。

3.《工业与民用供配电设计手册》(第四版)P965式(11.2-6)。

最小接地故障电流:

$$I_k = \frac{(0.8 \sim 1.0)U_0 S}{1.5\rho(1+m)L}k_1 k_2 = \frac{(0.8 \sim 1.0) \times 220 \times 25}{1.5 \times 0.0172 \times [1 + (25/16)] \times 250} \times 1 \times 1$$
$$= (265.9 \sim 332.4)A$$

取最小值265.9A。

$$I_{js} = \frac{I_k}{k_{rel}k_{op}} = \frac{266}{1.1 \times 1.2} = 201.5A < I_{set3} = 250A$$,不满足要求。

4.《爆炸危险环境电力装置设计规范》(GB 50058—2014)第5.4.1-6条。

第5.4.1-6条:在爆炸环境内,导体允许载流量不应小于断路器长延时过电流脱扣器电流的1.25倍。

$I_z \geqslant 1.25I_{set1} = 1.25 \times 16 = 20A$,故选电线规格为BYJ-3×$4mm^2$;

其次，$30\% \times \pi \times \left(\frac{D_{sc}}{2}\right)^2 > 3\pi \times \left(\frac{D}{2}\right)^2$，导管外径 $D_{sc} > \sqrt{10}D = \sqrt{10} \times 5 = 15.81$mm，取SC20。

5.《工业与民用供配电设计手册》(第四版)P1105 式(12.1-7)，P1106 式(12.1-8)。

按线路电容校验：$L_{cr} = \frac{500P_h}{CU_n^2} = \frac{500 \times 1.6}{0.3 \times 24^2} = 4.63\text{km}$

按电压降校验：$L_{max} = \frac{0.1U_n^2}{\Delta u P_a} = \frac{0.1 \times 24^2}{29 \times 1.6} = 1.24\text{km}$

故取两者之较小值。

题 6 ~ 10 答案：**ADDAB**

6.《工业与民用供配电设计手册》(第四版)P280 ~ 284 表 4.6-2、表 4.6-3、式(4.6-12)、式(4.6-13)。

系统电抗标幺值：$X_{*S} = \frac{S_b}{S_s''} = \frac{100}{500} = 0.2$

电缆线路电抗标幺值：$X_{*L1} = X_{L1} \cdot \frac{S_b}{U_b^2} = 5 \times 0.12 \times \frac{100}{37^2} = 0.0438$

变压器 T1 电抗标幺值：$X_{*T1} = \frac{u_k\%}{100} \cdot \frac{S_b}{S_{NT}} = 0.08 \times \frac{100}{25} = 0.32$

总短路电抗标幺值：$X_{*\Sigma} = 0.2 + 0.0438 + 0.32 = 0.5638$

短路电流初始有效值：$I_k'' = \frac{I_b}{X_{*\Sigma}} = \frac{5.5}{0.5638} = 9.755\text{kA}$

短路容量：$S_k = \frac{S_b}{X_{*\Sigma}} = \frac{100}{0.5638} = 177.37\text{MVA}$

7.《工业与民用供配电设计手册》(第四版)P281 表 4.6-3、式(4.6-18)，P290 表 4.6-6。

发电机电抗标幺值：$X_{*G} = X_{*d} \cdot \frac{S_b}{S_{NG}} = 0.14 \times \frac{100}{25/0.8} = 0.448$

变压器 T2 电抗标幺值：$X_{*T2} = \frac{u_k\%}{100} \cdot \frac{S_b}{S_{NT}} = 0.08 \times \frac{100}{25} = 0.32$

总短路电抗标幺值：$X_{*\Sigma} = 0.448 + 0.32 = 0.768$

转换成以其相应发电机的额定容量为基准容量的标幺电抗值，即计算用电抗

$X_{*c} = X_{*\Sigma} \cdot \frac{S_{NG}}{S_b} = 0.768 \times \frac{25/0.8}{100} = 0.24$

查表 4.6-6 得的短路电流标幺值为 $I_* = 4.526$

短路电流初始有效值：$I_k'' = I_* I_{N \cdot b} = 4.526 \times \frac{25/0.8}{\sqrt{3} \times 10.5} = 7.78\text{kA}$

短路容量：$S_k = \sqrt{3}U_b I_k'' = \sqrt{3} \times 7.78 \times 10.5 = 141.44\text{MVA}$

8.《导体和电器选择设计技术规定》(DL/T 5222—2005) 第 9.2.6 条、附录 F 式(F.4.1)。

系统短路电流冲击系数：$K_{chs} = 1 + e^{-\frac{0.01\omega}{T_a}} = 1 + e^{-\frac{0.01 \times 314}{30}} = 1.9$

系统短路冲击电流：$i_{chs} = \sqrt{2} K_{ch} I'' = \sqrt{2} \times 1.9 \times 12 = 32.24\text{kA}$

发电机短路电流冲击系数：$K_{chG} = 1 + e^{-\frac{0.01\omega}{T_a}} = 1 + e^{-\frac{0.01 \times 314}{60}} = 1.95$

发电机短路冲击电流：$i_{chG} = \sqrt{2} K_{ch} I'' = \sqrt{2} \times 1.95 \times 6 = 16.54\text{kA}$

短路冲击电流：$i_{ch} = i_{chs} + i_{chG} = 32.24 + 16.54 = 48.78\text{kA}$

9.《工业与民用供配电设计手册》(第四版)P281 表 4.6-3、P520 表 7.2-3。

系统电抗标幺值：$X_{*S} = \dfrac{S_b}{S''_s} = \dfrac{100}{\sqrt{3} \times 10.5 \times 9} = 0.611$

变压器 T3 电抗标幺值：$X_{*T1} = \dfrac{u_k\%}{100} \cdot \dfrac{S_b}{S_{NT}} = 0.06 \times \dfrac{100}{1.25} = 4.8$

最大运行方式下变压器低压侧三相短路时，流过高压侧(保护安装处)的电流初始值

$$I''_{2k\max} = \frac{144.3}{0.611 + 4.8} \Big/ \frac{10}{0.4} = 1.067\text{kA}$$

保护装置一次侧动作电流：$I_{op\cdot k} = K_{rel} K_{con} I''_{2k\max} = 1.3 \times 1 \times 1.067 = 1.387\text{kA}$

按系统最小运行方式下，保护装置安装处一次侧两相短路电流：

$I''_{1k2\cdot\max} = 0.866 \times 6 = 5.196\text{kA}$

保护装置的灵敏系数：$K_{sen} = \dfrac{I''_{1k2\cdot\max}}{I_{op}} = \dfrac{5.196}{1.387/1} = 3.746 > 1.5$

10.《工业与民用供配电设计手册》(第四版)P520 表 7.2-3。

保护装置动作电流：$I_{op\cdot k} = K_{rel} K_{con} \dfrac{K_{ol} I_{1rT}}{K_r} = 1.2 \times \dfrac{1.5}{0.9} \times \dfrac{1250}{\sqrt{3} \times 10} = 144.34\text{A}$

按系统最小运行方式下，保护装置安装处一次侧两相短路电流：

$$I''_{2k1\cdot\min} = \frac{2}{\sqrt{3}} \times 0.866 \times 1016 = 1016\text{A}$$

保护装置的灵敏系数：$K_{sen} = \dfrac{I''_{2k1\cdot\min}}{I_{op}} = \dfrac{1016}{144.34} = 7.04 > 1.3$

题 11 ~ 15 答案：**BDDAB**

11.《电力工程电缆设计规范》(GB 50217—2018) 附录 C 表 C.0.3、附录 D 表 D.0.1、表 D.0.3、表 D.0.6。

查表 C.0.3，空气中敷设(电缆桥架)允许载流量：$I_z = 320\text{A}$

查表 D.0.1，环境温度载流量校正系数：$K_1 = 1.09$。

查表 D.0.6，无间距配置单层并列载流量校正系数：$K_2 = 0.8$

故空气中敷设(电缆桥架)实际载流量：$I_{z1} = 1.09 \times 0.8 \times 320 = 279.04\text{A}$

查表 C.0.3，土壤直埋敷设允许载流量：$I_z = 247\text{A}$

查表 D.0.1，环境温度载流量校正系数：$K_3 = 1$

故土壤直埋敷设实际载流量：$I_{z2} = 1 \times 247 = 247\text{A}$

取较小值：$I_z = I_{z2} = 247A$

12.《工业与民用供配电设计手册》（第四版）P1132 式（12.2-8）。

按交流滑触线电压降计算：$\Delta u\% = \frac{\sqrt{3} \times 100}{U_n} I_p l (R\cos\varphi + X\sin\varphi)$，故

$$l = \frac{U_n \cdot \Delta u\%}{\sqrt{3} \times 100 \times I_p \times (R\cos\varphi + X\sin\varphi)}$$

$$= \frac{380 \times 10}{\sqrt{3} \times 100 \times (20 \times 10) \times (1.26 \times 0.5 + 0.87 \times 0.866)}$$

$l = 0.0793\text{km} = 79.3\text{m}$

13.《工业与民用供配电设计手册》（第四版）P910。

电力电缆在桥架内敷设，容积率不宜超过40%，控制电缆不宜超过50%。

电缆总截面积：$S = 4 \times \pi\left(\frac{40}{2}\right)^2 + 6 \times \pi\left(\frac{65}{2}\right)^2 = 24936\ \text{mm}^2$

桥架最小截面：$S' \geq \frac{S}{0.4} = \frac{24936}{0.4} = 62341\ \text{mm}^2$，故取600mm×150mm。

14.《工业与民用供配电设计手册》（第四版）P1072 式（12.1-1），《爆炸危险环境电力装置设计规范》（GB 50058—2014）第5.4.1-6条。

电动机额定电流：$I_{rM} = \frac{P_{rM}}{\sqrt{3} U_{rM} \eta_r \cos\varphi_r} = \frac{110 \times 10^3}{\sqrt{3} \times 380 \times 0.9 \times 0.85} = 218.47A$

第5.4.1-6条：在爆炸环境内，导体允许载流量不应小于断路器长延时过电流脱扣器电流的1.25倍。

$I_z \geq 1.25 I_{rM} = 1.25 \times 218.47 = 273.1A$，按电流密度确定电缆截面，则：

铝芯：$S_{Al} \geq \frac{273.1}{1.6} = 170.07\ \text{mm}^2$

铜芯：$S_{Cu} \geq \frac{273.1}{2} = 136.5\ \text{mm}^2$

故选4×185mm$^2$铝芯。

15.《电力工程电缆设计规范》（GB 50217—2018）第B.0.3-2条、第B.0.3-3条。

附录B之第B.0.3-2条：对备用回路的电缆，如备用的电动机回路等，宜根据其运行情况对其运行小时数进行折算后选择电缆截面。

电缆载流量确定电缆截面：$S \geq \frac{160}{3.2} = 50\ \text{mm}^2$

附录B之第B.0.3-3条：当电缆经济电流截面介于电缆标称截面档次之间时，可视其接近程度，选择较接近一档截面。

经济电流密度确定电缆截面：$S = \frac{160}{2.2} = 72.73\ \text{mm}^2$，故取70mm$^2$。

题16～20答案：**DBCBD**

16.《交流电气装置的接地设计规范》（GB/T 50065—2011）第4.2.1条、第B.0.1-3

条。

附录 B 之第 B.0.1-3 条：计算衰减系数 $D_f$ 将其乘以入地对称电流，得到计及直流偏移的经接地网入地的最大接地故障不对称电流有效值 $I_G$。

根据第 4.2.1 条，已采取安全措施后，接地网地电位升高可提高至 5kV，故接地电阻

110kV 侧：$R_1 \leqslant \dfrac{5000}{I_G} = \dfrac{5000}{1.05 \times 1.1 \times 10^3} = 4.329\Omega$

35kV 侧：$R_2 \leqslant \dfrac{120}{I_G} = \dfrac{5000}{1.25 \times 2 \times 60} = 0.8\Omega$

取较小值，$R = 0.8\Omega$。

17.《交流电气装置的接地设计规范》(GB/T 50065—2011) 附录 D 第 D.0.3-1 条、第 D.0.3-2 条。

接地网导体总长度：$L_c = (100 \times 7 + 80 \times 2) + (80 \times 9 + 60 \times 2) + 2 \times 10 \times 3.14 = 1762.8\text{m}$

接地网周边长度：$L_p = 80 \times 2 + 60 \times 2 + 2 \times 10 \times 3.14 = 342.8\text{m}$

$n = n_a n_b n_c n_d = n_a n_b = 10.28 \times 0.976 = 10.04$

其中，$n_a = \dfrac{2L_c}{L_p} = \dfrac{2 \times 1762.8}{342.8} = 10.28$

$$n_b = \sqrt{\frac{L_p}{4\sqrt{A}}} = \frac{1}{2} \times \sqrt{\frac{342.8}{\sqrt{100 \times 80 + (20 \times 20 - 3.14 \times 10^2)}}} = 0.976$$

接地网近似为矩形，$n_c = n_d \approx 1$

网孔电压几何校正系数：

$$K_s = \frac{1}{\pi}\left(\frac{1}{2h} + \frac{1}{D+h} + \frac{1 - 0.5^{n-2}}{D}\right) = \frac{1}{3.14} \times \left(\frac{1}{2 \times 1} + \frac{1}{10+1} + \frac{1 - 0.5^{10-2}}{10}\right) = 0.22$$

接地网不规则校正系数：$K_i = 0.644 + 0.148n = 2.13$

埋入地中的接地系统导体有效长度：$L_s = 0.75L_c = 0.75 \times 1762.8 = 1322.1\text{m}$

最大跨步电压差：$U_s = \dfrac{\rho I_G K_s K_i}{L_s} = \dfrac{250 \times 1200 \times 0.22 \times 2.13}{1322.1} = 106.33\text{V}$

18.《交流电气装置的接地设计规范》(GB/T 50065—2011) 第 4.4.5 条，附录 E 式 (E.0.1)。

$$S_g \geqslant \frac{I_g}{C}\sqrt{t_e} = \frac{1.05 \times 1.5 \times 1000}{70} \times \sqrt{0.5 + 0.15} = 18.14\ \text{mm}^2$$

第 4.4.5 条：4 根连接线截面的热稳定校验电流，应按单相接地故障时最大不对称电流有效值的 35% 取值。

故最小截面：$S = 35\% S_g = 35\% \times 18.14 = 6.35\ \text{mm}^2$

19.《交流电气装置的接地设计规范》(GB/T 50065—2011) 第 5.1.1 条、附录 F 式 (F.0.1)。

第 5.1.1 条：6kV 及以上无地线线路钢筋混凝土杆宜接地，金属杆塔应接地，接地电

阻不宜超过30Ω。

杆塔水平接地装置的工频接地电阻：

$$R=\frac{\rho}{2\pi L}\left(\ln\frac{L^2}{hd}+A_t\right)=\frac{250}{2\times3.14\times(4\times1+6)}\left[\ln\frac{(4\times1+6)^2}{1\times0.01}+2\right]=44.6\Omega>30\Omega$$

20.《交流电气装置的接地设计规范》(GB/T 50065—2011) 第6.1.1条、第7.2.5条。

由第6.1.1条可知，最大接地电阻：$R\leqslant\frac{50}{I}=\frac{50}{15}=3.33\Omega<4\Omega$；

由第7.2.5条可知，低压系统电源中性点可与高压侧共用接地装置。

题21～25答案：**DDAAA**

21. 根据题干条件计算开关量输入模块：$n_{DI}=\frac{2\times18+20\times5}{32}\times(1+15\%)=4.9$，取$n_{DI}=5$；

开关量输出模块：$n_{DO}=\frac{2\times18+20\times2}{32}\times(1+15\%)=2.73$，取$n_{DO}=3$；

模拟量输入模块：$n_A=\frac{1\times18}{8}\times(1+15\%)=2.6$，取$n_A=3$。

22.《钢铁企业电力设计手册》(下册)P509式(27-3)。

内存容量：$M=1.25\times0.85\times[(200+88)\times10+15\times100+6\times200]=5928.8$ Byte

PLC系统通讯数据占有内存1kB，故$M'=\frac{5928.8}{1024}+1=6.79$kB

23.《钢铁企业电力设计手册》(下册)P515式(27-5)、式(27-6)。

编程器不接入时的扫描时间：$\omega=0+0+12+12+6.1=30.1$ms

编程器接入时的扫描时间：$\omega=0+6+12+12+6.1=36.1$ms

最大响应时间：$T=T_a+2\omega+T_d=8+2\times36.1+8=88.2$ms

24. 根据题干条件计算K1线圈吸持电流：$I=\frac{S}{U}=\frac{80/0.8}{220}=0.45\text{A}<2\text{A}$，满足要求。

25.《工业与民用供配电设计手册》(第四版)P763式(8.5-4)。

电缆芯截面：

$$S=\frac{2I_{Q\cdot max}L}{\Delta U\cdot U_r\gamma}\Rightarrow0.5=\frac{2\times0.1\times L}{[(1-80\%)\times24-0.1\times2]\times\frac{1}{0.0184}}$$

故$L=625$m

# 2018 年案例分析试题(下午卷)

**[案例题是 4 选 1 的方式,各小题前后之间没有联系,共 25 道小题,每题分值为 2 分,上午卷 50 分,下午卷 50 分,试卷满分 100 分。案例题一定要有分析(步骤和过程)、计算(要列出相应的公式)、依据(主要是规程、规范、手册),如果是论述题要列出论点。]**

题 1 ~5:某企业变电所低压供电系统简化结构如图所示,电网及各元件参数标明在图上,电动机 M1 由变频器 AF1 供电,电阻性加热器 E1、E2 分别由调压器 AU1、AU2 供电。短路电流计算中不计电阻及其他未知阻抗,请回答下列问题,并列出解答过程。

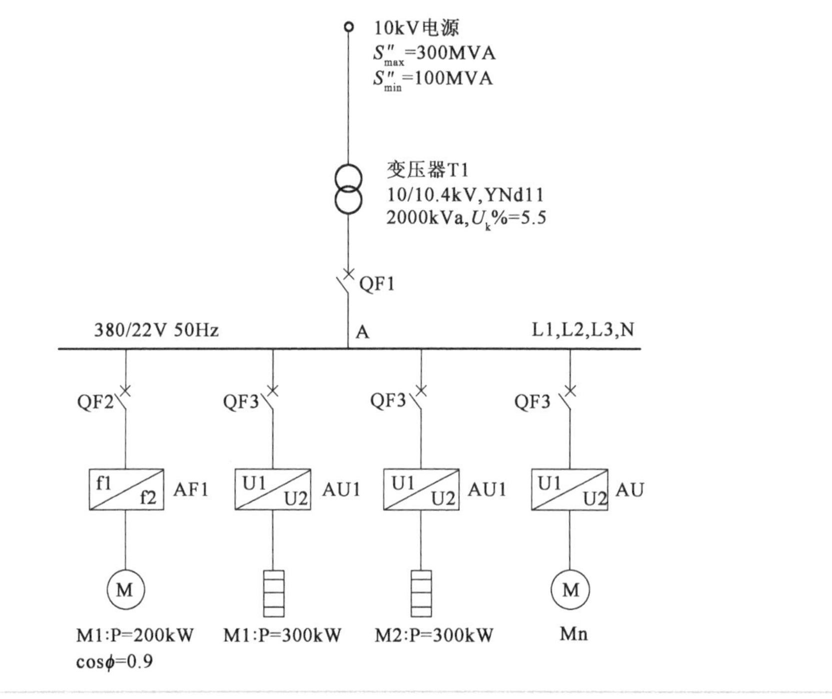


1. 若将 380V 母线 A 视为低压用电设备的公共连接点,计算 380V 母线上所有电气设备注入该点的 5 次谐波电流最大允许值是多少安培? (　　)

(A)12.4A　　(B)62A

(C)165.4A　　(D)201.3A

**解答过程:**

2. 设每个支路用电设备的额定容量为该用户的用电协议容量,并且 380V 母线上所有电气设备注入 A 点的 7 次谐波电流最大允许值是 117A。问用户 M1 和 E1 支路允许注入该点的 7 次谐波电流分别为多少安培? ( )

(A)22.59A,30.18A (B)24.18A,30.18A

(C)31.39A,42.8A (D)49.5A,67.5A

**解答过程:**

3. 系统中为电动机 M1 供电的变频器 AF1 和为 E1、E2 供电的调压器 AU1、AU2 说明书中分别提供了电气设备注入电网谐波电流,见下表,不计其他设备产生的谐波电流,求 380V 系统进线电源线路上 11 次谐波电流值是多少安培? ( )

| 电气设备 | 谐波次数及注入电网谐波电流值(A) | | | | | | |
|---|---|---|---|---|---|---|---|
| | 3 | 5 | 7 | 9 | 11 | 13 | 其他各次 |
| AF1 | 2 | 32 | 24 | 1 | 18 | 16 | 0 |
| AU1 | 3 | 42 | 33 | 2 | 25 | 22 | 0 |
| AU2 | 3 | 42 | 33 | 2 | 25 | 22 | 0 |

(A)39.67A (B)42.5A

(C)54.6A (D)68A

**解答过程:**

4. 如果 380V 系统电源进线上 5 次谐波电流值是 240A,近似计算 380V 母线上 5 次谐波电压含有率最大是多少?最小是多少? ( )

(A)39.5%,7.9% (B)2.96%,2.43%

(C)0.79%,0.26% (D)0.6%,0.49%

**解答过程:**

5. 已知 A 点的短路容量为 38MVA，如果 380V 系统进线电源线路上基波及各次谐波电流值见下表，计算 380V 母线上电压总谐波畸变率是多少？

**谐波次数及注入电网的谐波电流值**(单位：A)

| 基波 | 3 | 5 | 7 | 9 | 11 | 13 | 其他各次 |
|---|---|---|---|---|---|---|---|
| 600 | 8 | 116 | 90 | 5 | 68 | 13 | 0 |

(A)0.54%　　(B)0.9%　　(C)2.39%　　(D)28.8%

**解答过程：**

题 6～10：某变电所用电负荷情况：10kV 高压电动机 1 台，功率 1250kW，额定电流 88.5A，功率因数 0.86，额定转速 1475r/min；其他负荷均为 0.4kV 低压负荷，运行功率 210kW，运行功率因数 0.76；高压电动机与除尘风机直联；电动机在高速运行时的效率为 0.95，低速运行时的效率为 0.88，除尘风机采用变频器驱动，高速运行频率为 47Hz，变频器效率为 0.96，运行时间比例为 60%；低速运行频率为 30Hz，变频器效率 0.95，运行时间比例为 40%。已知风机工频运行时的输入轴功率为 1000kW，假定风机效率恒定，风机年运行时间为 340d(每天不间断运行)。请回答下列问题，并列出解答过程。

6. 采用变频器调速时的年耗电量为下列哪项数值？　　(　　)

(A)4667824kWh　　(B)5302205kWh
(C)6386457kWh　　(D)6724683kWh

**解答过程：**

7. 风机在高速运行时，假设变频器的功率因数为 0.92，计算包括低压负荷在内的整个系统的功率因数为下列哪项数值？　　(　　)

(A)0.82　　(B)0.85　　(C)0.89　　(D)0.93

**解答过程：**

8. 风机在低速运行时，假设变频器的功率因数为 0.91，计算包括低压负荷在内的整个系统的功率因数为下列哪项数值？ ( )

(A)0.825　　(B)0.844

(C)0.872　　(D)0.895

**解答过程：**

9. 若要求高低压整个系统的功率因数为 0.93 时，假设变频器的功率因数为 0.91，除尘风机低速运行时 10kV 侧需设置多少 kvar 电容器补偿？ ( )

(A)98.8kvar　　(B)106.2kvar

(C)112.3kvar　　(D)243.6kvar

**解答过程：**

10. 假设该除尘风机采用液力耦合器调速，风机高速运行时，转速为 1387r/min，运行时间 60%。风机低速运行时，转速为 885r/min，运行时间为 40%，忽略液力耦合器滑差率变化的影响，计算采用液力耦合器调速时的年耗电量为下列哪项数值？ ( )

(A)4937592kWh　　(B)5295725kWh

(C)5311237kWh　　(D)5893984kWh

**解答过程：**

题 11 ~ 15：为驱动负荷平稳连续工作的机械设备，选择鼠笼型电动机，$P_n$ = 550kW，$N_n$ = 2975r/min，最小启动转矩倍数 $T_{min}$ = 0.73，最大转矩倍数 $\lambda$ = 2.5，启动过程中的最大负荷力矩 $M_{lmax}$ = 560N·m，请根据下列条件对电动机的参数选择进行计算及校验，并列出解答过程。

11. 在电动机全压启动的情况下，计算机械负荷要求的最小启动转矩及电动机的最小启动转矩，并判断该电动机启动转矩能否满足要求？（保证电动机启动时有足够加速转矩的系数 $K_s$ 取上限值） ( )

(A)969N·m,1289N·m,满足要求　　(B)969N·m,605N·m,不满足要求

(C)982N·m,1289N·m,满足要求　　(D)982N·m,605N·m,不满足要求

**解答过程:**

12.已知传动机械折算到电动机轴上的总飞轮矩 $GD^2_{mec}=2002N\cdot m^2$,电动机转子飞轮力矩 $GD^2_m=445N\cdot m^2$,整个传动系统允许的最大飞轮力矩 $GD^2_0=3850N\cdot m^2$,计算电动机允许的最大飞轮力矩,并判断能否满足传动机械的飞轮力矩?(按电动机全压启动计算,计算平均转矩系数取下限值)　　(　　)

(A)1909N·m²,不满足　　(B)1959N·m²,不满足

(C)2243 N·m²,满足　　(D)2343 N·m²,满足

**解答过程:**

13.若电动机为F级绝缘,额定工作环境温度40℃,允许温升100℃,额定可变损耗与固定损耗比值为1.176,当环境温度变化并维持在55℃时,计算电动机的可用功率为下列哪项数值?　　(　　)

(A)437.5kW　　(B)467.5kW

(C)487.5kW　　(D)507.5kW

**解答过程:**

14.下表为某车间传动系统特定时间段的生产负荷,若该异步电动机(不带飞轮)额定功率 $P_N=1300kW$,额定转速 $N=975r/min$,最大转矩倍数 $\lambda=2.5$,计算该电动机的等效功率、可用的最大转矩,并判断电动机的转矩能否满足生产要求?　　(　　)

| 负荷转矩 $M_1$(kN·m) | 3.9 | 1.9 | 7.6 | 6.0 | 14 | 19 | 7.5 | 3.5 |
|---|---|---|---|---|---|---|---|---|
| 持续时间 $t$(s) | 0.6 | 6.5 | 3 | 2 | 1.8 | 1.7 | 2.2 | 3.5 |

(A)0.831kW,20.7kN·m,满足要求　　(B)1.852kW,24.4kN·m,满足要求

(C)831kW,20.7kN·m,满足要求　　　　　　(D)1250kW,24.4kN·m,不满足要求

**解答过程：**

15. 某生产线一台电动机驱动负荷平稳连续工作的机械设备，转速为2975r/min，折算到电动机轴上的负荷转矩为1450N·m，若负荷功率为电动机功率的85%，计算电动机额定功率为下列哪项数值？（　　）

(A)384kW　　(B)532kW　　(C)552kW　　(D)632kW

**解答过程：**

题16～20：某厂区分布有门卫、办公楼、车间及货场等，请回答下列电气照明设计过程中的问题，并列出解答过程。

16. 办公室长24m，宽9m，吊顶距地高3.2m，墙上玻璃窗面积60m$^2$。已知室内吊顶反射比为0.7，墙面反射比为0.52，地面反射比为0.17，玻璃窗反射比为0.35。选用正方形600mm×600mm×120mm嵌入式40W/LED灯盘均匀对称布置照明，灯具效能120lm/W，最大允许距高比1.4，其利用系数见下表，维护系数0.8。设计照度标准值300lx，计算0.75m办公桌面上的平均照度和灯具数量是下列哪组数值？（　　）

**嵌入式40W/LED灯具利用系数表**

| 0.3 室形指数 *RI* | 顶棚、墙面和地面反射系数（表格从上往下顺序） | | | | | | | | |
|---|---|---|---|---|---|---|---|---|---|
| | 0.7 | 0.7 | 0.7 | 0.5 | 0.5 | 0.5 | 0.3 | 0.3 | 0.3 |
| | 0.5 | 0.3 | 0.1 | 0.5 | 0.3 | 0.1 | 0.5 | 0.3 | 0.1 |
| | 0.2 | 0.2 | 0.2 | 0.2 | 0.2 | 0.2 | 0.2 | 0.2 | 0.2 |
| 0.75 | 0.64 | 0.56 | 1.51 | 0.62 | 0.55 | 0.50 | 0.60 | 0.54 | 0.50 |
| 1.00 | 0.73 | 0.66 | 0.61 | 0.71 | 0.65 | 0.61 | 0.69 | 0.64 | 0.60 |
| 1.25 | 0.80 | 0.73 | 0.68 | 0.78 | 0.72 | 0.68 | 0.75 | 0.71 | 0.67 |
| 1.50 | 0.85 | 0.79 | 0.74 | 0.82 | 0.77 | 0.73 | 0.80 | 0.75 | 0.72 |
| 2.00 | 0.91 | 0.86 | 0.81 | 0.88 | 0.84 | 0.80 | 0.86 | 0.82 | 0.78 |
| 2.50 | 0.96 | 0.91 | 0.87 | 0.92 | 0.88 | 0.85 | 0.89 | 0.86 | 0.83 |
| 3.00 | 0.99 | 0.94 | 0.91 | 0.95 | 0.92 | 0.88 | 0.92 | 0.89 | 0.86 |
| 4.00 | 1.03 | 0.99 | 0.86 | 0.99 | 0.96 | 0.93 | 0.95 | 0.93 | 0.91 |
| 5.00 | 1.05 | 1.02 | 0.99 | 1.01 | 0.99 | 0.96 | 0.97 | 0.95 | 0.93 |

(A)274lx,16 盏　　(B)291lx,17 盏

(C)308lx,18 盏　　(D)311lx,19 盏

**解答过程:**

17. 机电装配车间长 54m,宽 30m,高 10m,照度标准值 500lx,布置 120 盏 100W/LED 灯,灯具效能 130lm/W,模拟计算结果平均照度 510lx,最小照度值 420lx 和最大照度值 600lx,分别计算照度均匀度和照明功率密度 LPD 是下列哪组数值? (　　)

(A)0.4,7.4W/$m^2$　　(B)0.7,9.6W/$m^2$

(C)0.8,7.4 W/$m^2$　　(D)0.9,9.6 W/$m^2$

**解答过程:**

18. 会客室净高 3.5m,房间正中吊顶布置表面亮度为 500cd/$m^2$,平面尺寸 4m×4m 的发光天棚,亮度均匀,按面光源计算房间地面正中点垂直照度是下列哪项数值? (　　)

**arctan 弧度值速算表**

| arctan | 0.500 | 0.169 | 0.873 | 1.000 | 1.237 | 1.750 | 2.000 |
|---|---|---|---|---|---|---|---|
| 弧度值 | 0.464 | 0.554 | 0.719 | 0.785 | 0.891 | 1.052 | 1.107 |

(A)81lx　　(B)240lx　　(C)419lx　　(D)466lx

**解答过程:**

19. 货场面积 10000$m^2$,设计最低照度 5lx,选用 180W LED 投光灯,灯具效率 95%,光源能效 120lm/W, 利用系数 0.7,维护系数 0.7,照度均匀度 0.5,LED 灯具分置驱动电源耗电 1W,线缆损耗不计,求灯具数量和总功率为下列哪组数值? (　　)

(A)5 盏,900W　　(B)5 盏,905W

(C)10 盏,900W　　(D)10 盏,1810W

**解答过程:**

20. 厂区道路宽 6m，选用 40W、4000lm LED 灯杆，灯杆间距 18m，已知利用系数为 0.54，维护系数 0.65，计算路面平均照度为下列哪项数值？（　　）

(A) 13lx　　(B) 16lx
(C) 20lx　　(D) 24lx

**解答过程：**

题 21～25：根据以下已知条件，回答下面防雷接地相关问题，并列出解答过程。

21. 假设某多层办公楼长 72m，宽 12m，高 20m，为平屋顶、砖混结构、混凝土接触。办公楼位于山顶，周围无其他建筑，土壤电阻率为 1550Ω·m，办公楼屋顶设防直击雷保护装置，办公楼基础通过扁钢相连构成环形接地体作为防雷接地装置。测得办公楼四周的防雷引下线的冲击电阻为 25Ω。当地年平均雷暴日 $T_d$ 为 154.5d/年。请问此建筑物是否需要补加接地体，若需要，对其补加垂直接地体时其最小总长度为下列哪项数值？（　　）

(A) 不需要　　(B) 需要，1.71m
(C) 需要，3.41m　　(D) 需要，4.56m

**解答过程：**

22. 假设本办公楼为第二类防雷建筑物，需引入低压屏蔽电缆一根，金属给水、排水管共三条，这些管线在入户处均与防雷系统做了等电位联结。低压屏蔽电缆为 4 芯电缆，从电源点埋地敷设 300m 至建筑物内，为办公楼内的电气设备供电电缆屏蔽层采用两端接地。已知土壤电阻率为 400Ω·m，屏蔽层采用铝制材料，电阻为 1.9Ω/km，电缆芯线电阻为 0.2Ω/km。请确定低压屏蔽电缆的屏蔽层最小面积为下列哪项数值？（　　）

(A) 2.23mm$^2$　　(B) 5.83mm$^2$
(C) 8.27mm$^2$　　(D) 11.02mm$^2$

**解答过程：**

23. 假设某办公楼为二类防雷建筑，钢筋混凝土结构，所有结构柱均作为防雷引下线。楼顶装设多联机空调系统，为其供电的配电箱设于空调附近楼面上，采用 TN-S 系统。配电箱装设有 SPD，空调配电采用 5 芯电缆，回路采用钢管穿线方式，钢管规格为 $\phi$40mm，长度为 25m，钢管两端分别与设备外壳和配电箱 PE 线相连，并就近与屋顶的防雷装置相连。当雷击在空调设备上时，已知流经钢管的雷电流分流系数 $K_{c1}$ 为 0.44，再流经 SPD 的分流系数 $K_{c2}$ 为 0.2，请计算流经 SPD 每个模块的分流雷电流为下列哪项数值？ （　　）

(A) 1.68kA　　(B) 2.64kA

(C) 7.82kA　　(D) 13.2kA

**解答过程：**

24. 某 110/10kV 变电站采用架空进线，该架空进线杆塔的接地装置由水平接地极连接的三根垂直接地极组成，垂直接地极为 $\phi$50mm 的钢管，每根长 2.5m，间距 5m，水平接地极为 40mm × 4mm 的扁钢，埋设深度 0.8m，计算长度 10m；土壤电阻率为 100Ω · m。若单根垂直接地极的冲击系数取 0.65，水平接地极的冲击系数取 0.7，计算该架空进线杆塔接地装置中冲击接地电阻接近下列哪项数值？ （　　）

(A) 3.91Ω　　(B) 5.59Ω

(C) 7.07Ω　　(D) 9.29Ω

**解答过程：**

25. 假设一建筑物外设环型接地体，接地体形状为正方形 15m × 15m，土壤电阻率为 5000Ω · m，建筑物防雷引下线与接地体可靠连接，水平接地体采用锁锌扁钢，其等效直径 20mm，埋深 0.8m。已知冲击电阻的换算系数 $A$ 为 1.45，请计算引下线的冲击电阻最接近下列哪项数值？ （　　）

(A) 5.81Ω　　(B) 12.19Ω

(C) 17.68Ω　　(D) 25.64Ω

**解答过程：**

题 26～30：某企业 35kV 电源线路，选用 JL/G1A-240$mm^2$ 导线，导线的参数如下：重量为 964.3kg/km，计算总截面为 277.75$mm^2$，导线直径为 21.66mm，本线路在某档需跨越高速公路，在档距中央跨越高速公路路面，两侧铁塔处高程相同，该档档距为 220m，导线 40℃时最低点应力为 76.7N/$mm^2$，导线 70℃时最低点应力为 68.8N/$mm^2$，两塔均为直线塔，导线悬垂绝缘子串长度为 0.75m。弧垂按平抛物线公式计算，g = 9.8N/kg，请回答以下问题，并列出解答过程。

26. 若某气象条件下(无冰)单位风荷载为 3N·m，则该导线无冰时的综合比载为下列哪项数值？（　　）

(A)10.8N/m·$mm^2$　　(B)34.02N/m·$mm^2$

(C)35.69N/m·$mm^2$　　(D)54.09N/m·$mm^2$

**解答过程：**

27. 假设该线路跨越高速公路时，两侧跨越直线塔呼称高相同，两基杆塔间地面标高与杆塔立杆处标高致，则两侧直线塔呼称高应至少为下列哪项数值？（　　）

(A)8.8m　　(B)10m

(C)11m　　(D)11.8m

**解答过程：**

28. 已知该档距 40℃时最大弧垂为 2.6m，求在跨越档中距铁塔 8m 处，40℃时导线弧垂应为下列哪项数值？(假设坐标 O 点位于左侧杆塔的导线悬挂点)（　　）

(A)2.11m　　(B)2.41m

(C)2.60m　　(D)3.78m

**解答过程：**

29. 该线路某档水平档距为 250m，垂直档距为 270m，若导线在工频电压下风速为 15m/s，导线的风荷载为 8N/m，导线的自重力为 9N/m，导线绝缘于串由 4 片单盘盘径为

254mm 的绝缘子组成,悬垂绝缘子串重力为 1.5N/m,则该塔悬垂绝缘子串在工频电压下的摇摆角(即风偏角)为下列哪项数值? ( )

(A)32.9° (B)32.5°

(C)42.9° (D)50.6°

**解答过程:**

30. 若最大风时导线自重比载为 $28\times10^{-3}$N/(m·mm$^2$),风荷载比载为 $18\times10^{-3}$N/(m·mm$^2$),请计算在最大风时导线的风偏角应为下列哪项数值? ( )

(A)20.5° (B)25.2°

(C)32.7° (D)57.3°

**解答过程:**

题 31~35:在某市开发区拟建设一座 110/10kV 变电所。该变电所有两回 110kV 架空进线。两台主变压器布置在室外,型号为 SFZ10-20000/110。高压配电装置采用屋内双层布置,10kV 配电室、电容器室、维修间、备件库等布置在一层,110kV 配电室、控制室布置在二层。请回答下列问题,并列出解答过程。

31. 该变电所一层 10kV 配电室布置有 40 台 KYN28A-12 型手车式高压开关柜,双列背对背布置。开关柜外形尺寸(深×宽×高)为 1500mm×800mm×2300mm,小车长度为 800mm,开关柜需进行就地检修,室内墙面无局部突出部位,柜后设维护通道。请计算确定 10kV 配电室最小宽度(净距)为下列哪一项?并说明其依据及主要考虑的因素是什么? ( )

(A)9000mm (B)8000mm

(C)7800mm (D)7000mm

**解答过程:**

32. 该变电所屋内、外配电装置布置如下图所示。变电所 110kV 系统为直接接地系统,变电站所处地海拔 1000m 以下,母线和连接导线均为裸导体,屋外两台主变压器(每台变压器油量 10t)之间净距 $L_7=7500\text{mm}$,无防火墙;110kV 配电室中设高度 1700mm 网状遮拦,图中 $L_1=1500\text{mm}$,$L_2=1000\text{mm}$,$L_3=900\text{mm}$,$L_4=3500\text{mm}$,$L_5=5000\text{mm}$,$L_6=10000\text{mm}$,请分析判断 $L_1\sim L_7$ 中有几处不满足安全净距要求?并说明理由。 ( )

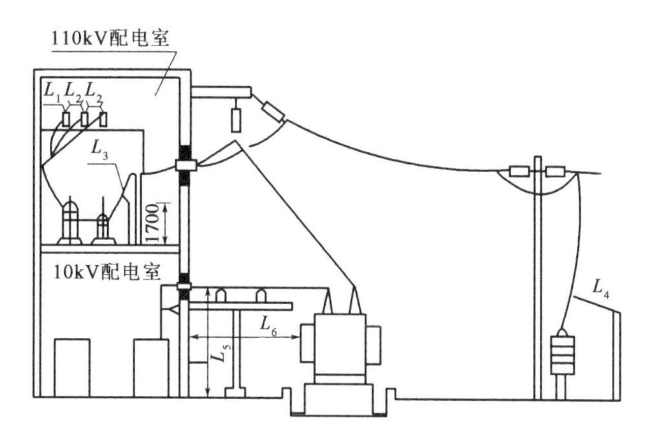


(A)1 处 (B)2 处

(C)3 处 (D)4 处

**解答过程:**

33. 在配电装置楼的一层设有一个变压器室,室内装有一台 S9-1000/10,10 ± 0.5%/0.4kV,1000kVA 配电变压器,变压器空载损耗 $P_0$ 为 1.7kW,负载损耗 $P_k$ 为 10.3kW。变压器室通风采用自然通风,进出风口有效面积之比按 1∶1 考虑,进风口空气密度为 1.173kg/m$^3$,局部阻力系数为2.7,出风口空气密度 1.11kg/m$^3$,局部阻力系数 2.5,因太阳辐射热面增加热量修正系数取 1.1,当进风窗与出风窗中心高差为 2.5m 时,请计算该变压器室通风窗的有效面积 $F$ 为下列哪项数值?(计算时,进风温度为 28℃,出风温度为 45℃,负载损耗按满载考虑) ( )

(A)1.18m$^2$ (B)1.04m$^2$

(C)0.90m$^2$ (D)0.15m$^2$

**解答过程:**

34. 该变电所至污水处理厂的 10kV 交联聚氯乙烯绝缘铝芯电缆(其载流量和电缆参数见下表)长 12km,污水处理厂的负荷 2MVA,功率因数 0.9,电缆的热稳定系数为

77，载流量校正系数为0.8，该变电所10kV母线的短路电流为15kA，短路故障切除时间为0.15s，要求电缆的末端电压降不大于7%，该10kV电缆截面应为下列哪项数值？ （　　）

| 截面($mm^2$) | 50 | 70 | 95 | 120 |
|---|---|---|---|---|
| 载流量 | 145 | 190 | 215 | 240 |
| $r$(Ω/km) | 0.64 | 0.46 | 0.34 | 0.253 |
| $x$(Ω/km) | 0.082 | 0.079 | 0.076 | 0.076 |

(A)$50mm^2$　　(B)$70mm^2$

(C)$95mm^2$　　(D)$120mm^2$

**解答过程：**

35. 某35/0.4kV变电所，35kV高压开关柜选用气体绝缘固定式，交流屏选用固定式；低压柜选用抽屉式，单侧操作。干式低压变压器T1和T2带防护外壳，不考虑移出外壳和所内检修，容量为1000kVA。平面布置如下图所示（图中标注单位均为mm），请判断图中有几处不符合规范要求？并说明理由。 （　　）

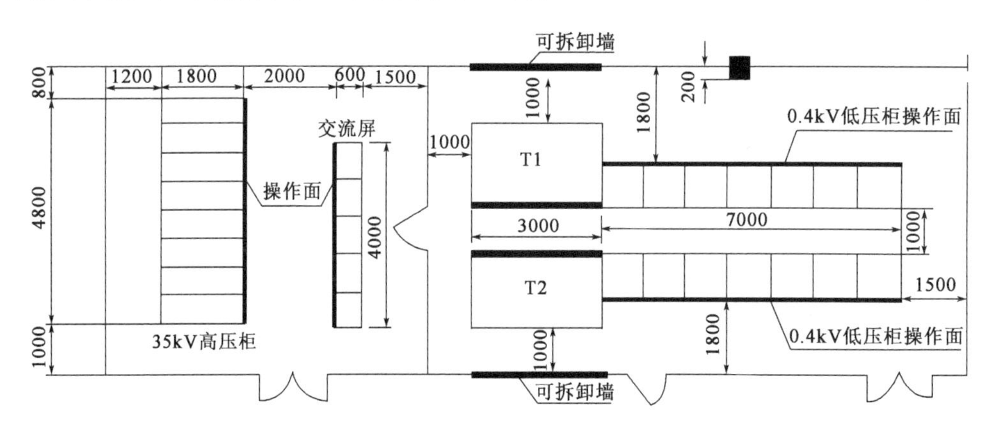


(A)1处　　(B)2处

(C)3处　　(D)4处

**解答过程：**

36. 在该建筑安防系统设计时，其视频安防监控系统采用数字信号在IP网络中传输，系统选用1280×720图形分辨率的摄像机100台，请计算100台摄像机接入监控中心，同时并发互联的网络带宽至少应为下列哪项数值？（不考虑预留网络带宽余量）（ ）

(A) 51.2Mbps　　(B) 204.8Mbps

(C) 465.5Mbps　　(D) 1047.3Mbps

**解答过程：**

37. 在该建筑四层有一多功能厅，长22.5m，宽15m，层高4.8m，在吊顶均匀安装了6组扬声器，已知安装高度为4.5m，安装间距为7.5m，试计算要满足扬声器声场的均匀覆盖，扬声器的辐射角为下列哪项数值？（ ）

(A) 50°　　(B) 94°

(C) 99°　　(D) 134°

**解答过程：**

38. 在该建筑物二层有一会议室厅共设置了4组扬声器，每组扬声器为25W，如果驱动扬声器的有效值功率为25W，按规定留有6dB的工作余量，试计算所配置的功率放大器的峰值功率应为多少瓦？（ ）

(A) 130W　　(B) 150W

(C) 158W　　(D) 398W

**解答过程：**

39. 该建筑中一般办公区域按照开放型办公室进行布线系统设计，已知工作区设备电缆长6m，电信间内跳线和设备电缆长度为4m，所采用的电缆是非屏蔽电缆，线规为26AWG。请计算水平电缆最大长度为下列哪项数值？（ ）

(A) 87m　　(B) 88.5m

(C)90m　　(D)92m

**解答过程：**

40. 该建筑作为一个独立配线区，从用户接入点用户侧配线设备至最远端用户单元信息配线箱采用的光纤，在 1310nm 波长窗口时，采用的是 G625 光纤，长度为 500m，全程光纤有两处接头，采用热熔接方式。请计算从用户接入点用户侧配线设备至最远端用户单元信息配线箱的光纤链路全程衰减值为下列哪项数值？　（　）

(A)0.44dB　　(B)0.66dB

(C)0.76dB　　(D)0.98dB

**解答过程：**

# 2018年案例分析试题答案(下午卷)

题1~5答案:**CBBBC**

1.《电能质量　公用电网谐波》(GB 14549—1993) 表2 附录B 式(B1)。

最小运行方式下,系统电抗标幺值:$X_{*s} = \frac{S_b}{S_s''} = \frac{100}{100} = 1$

变压器电抗标幺值:$X_{*T1} = \frac{u_k\%}{100} \cdot \frac{S_b}{S_{NT}} = 0.055 \times \frac{100}{2} = 2.75$

母线最小短路容量:$S_k'' = \frac{S_b}{X_{*\Sigma}} = \frac{100}{1+2.75} = 26.67\text{MVA}$

谐波电流允许值:$I_h = \frac{S_{k1}}{S_{k2}} I_{hp} = \frac{26.67}{10} \times 62 = 165.33\text{A}$

2.《电能质量　公用电网谐波》(GB 14549—1993) 附录C3 。

M1支路注入该点的7次谐波电流:$I_{7(M1)} = I_h \left(\frac{S_i}{S_t}\right)^{\frac{1}{\alpha}} = 117 \times \left(\frac{200/0.9}{2000}\right)^{\frac{1}{1.4}} = 24.35\text{A}$

E1支路注入该点的7次谐波电流:$I_{7(E1)} = I_h \left(\frac{S_i}{S_t}\right)^{\frac{1}{\alpha}} = 117 \times \left(\frac{300/1}{2000}\right)^{\frac{1}{1.4}} = 30.18\text{A}$

3.《电能质量 公用电网谐波》(GB 14549—1993) 附录C2。

当相位角不确定时,叠加的谐波电流为:

$$I_{11}' = \sqrt{I_{11\text{-}2}^2 + I_{11\text{-}3}^2 + K_{11} I_{11\text{-}2} I_{11\text{-}3}} = \sqrt{25^2 + 25^2 + 0.18 \times 25 \times 25} = 36.91\text{A}$$

$$I_{11} = \sqrt{I_{11\text{-}1}^2 + I_{11}'^2 + K_{11} I_{11\text{-}1} I_{11}'} = \sqrt{18^2 + 36.91^2 + 0.18 \times 18 \times 36.91} = 42.50\text{A}$$

4.《电能质量　公用电网谐波》(GB 14549—1993) 附录C1。

最小运行方式下,系统电抗标幺值:$X_{*s} = \frac{S_b}{S_s''} = \frac{100}{100} = 1$

变压器电抗标幺值:$X_{*T1} = \frac{u_k\%}{100} \cdot \frac{S_b}{S_{NT}} = 0.055 \times \frac{100}{2} = 2.75$

母线最小短路容量:$S_k'' = \frac{S_b}{X_{*\Sigma}} = \frac{100}{1+2.75} = 26.67\text{MVA}$

5次谐波电压含有率:$HRU_{5\cdot\min} = \frac{\sqrt{3} U_N h I_h}{10 S_{k\min}} = \frac{\sqrt{3} \times 0.38 \times 5 \times 240}{10 \times 26.67} = 2.962\%$

最大运行方式下,系统电抗标幺值:$X_{*s} = \frac{S_b}{S_s''} = \frac{100}{300} = 0.333$

母线最大短路容量:$S_k'' = \frac{S_b}{X_{*\Sigma}} = \frac{100}{0.333+2.75} = 32.43\text{MVA}$

5次谐波电压含有率:$HRU_{5\cdot\max} = \frac{\sqrt{3} U_N h I_h}{10 S_{k\max}} = \frac{\sqrt{3} \times 0.38 \times 5 \times 240}{10 \times 32.34} = 2.435\%$

5.《电能质量　公用电网谐波》(GB 14549—1993) 附录 A、附录 C 式(C2)。

$$HRU_3 = \frac{\sqrt{3}U_n hI_3}{10S_k} \times 100\% = \frac{\sqrt{3} \times 0.38 \times 3 \times 8}{10 \times 38} \times 100\% = 0.0416\%$$

$$HRU_5 = \frac{\sqrt{3}U_n hI_5}{10S_k} \times 100\% = \frac{\sqrt{3} \times 0.38 \times 5 \times 116}{10 \times 38} \times 100\% = 1.0046\%$$

$$HRU_7 = \frac{\sqrt{3}U_n hI_7}{10S_k} \times 100\% = \frac{\sqrt{3} \times 0.38 \times 7 \times 90}{10 \times 38} \times 100\% = 1.0912\%$$

$$HRU_9 = \frac{\sqrt{3}U_n hI_9}{10S_k} \times 100\% = \frac{\sqrt{3} \times 0.38 \times 9 \times 5}{10 \times 38} \times 100\% = 0.0779\%$$

$$HRU_{11} = \frac{\sqrt{3}U_n hI_{11}}{10S_k} \times 100\% = \frac{\sqrt{3} \times 0.38 \times 11 \times 68}{10 \times 38} \times 100\% = 1.2956\%$$

$$HRU_{13} = \frac{\sqrt{3}U_n hI_{13}}{10S_k} \times 100\% = \frac{\sqrt{3} \times 0.38 \times 13 \times 13}{10 \times 38} \times 100\% = 1.351\%$$

电压总谐波畸变率：$THD_u = \sqrt{\sum(HRU_i)^2} = 2.39\%$

题 6～10 答案：**BCBCD**

6.《钢铁企业电力设计手册》(上册)P306，P309 式(6-45)。

转速 $N$ 与频率 $f$ 成正比，故有 $\frac{P_1}{P_2} = \left(\frac{N_2}{N_1}\right)^3 = \left(\frac{f_2}{f_1}\right)^3$，则：

$$P_{高} = \left(\frac{f_{高}}{f_N}\right)^3 P_N = \left(\frac{47}{50}\right)^3 \times 1000 = 830.58\text{kW}$$

$$P_{低} = \left(\frac{f_{低}}{f_N}\right)^3 P_N = \left(\frac{30}{50}\right)^3 \times 1000 = 216.0\text{kW}$$

年耗电量：$W = \sum\left(\frac{P_i}{\eta_{mi}\eta_{Mi}} \cdot t_i\right) = \left(\frac{830.58}{0.96 \times 0.95} \times 0.6 + \frac{216}{0.95 \times 0.88} \times 0.4\right) \times 340 \times 24$

$= 5302233\text{kWh}$

7. 根据 $S^2 = P^2 + Q^2$ 可知，由题 6 结论，$P_{高} = 830.58\text{kW}$，故

$$P_\Sigma = \frac{830.58}{0.96 \times 0.95} + 210 = 1120.72\text{kW}$$

$$Q_\Sigma = \frac{830.58}{0.96 \times 0.95} \times \tan(\cos^{-1}0.92) + 210 \times \tan(\cos^{-1}0.76) = 567.55\text{kvar}$$

则 $\cos\varphi_\Sigma = \frac{P_\Sigma}{\sqrt{Q_\Sigma^2 + P_\Sigma^2}} = \frac{1120.72}{\sqrt{567.55^2 + 1120.72^2}} = 0.892$

8. 根据 $S^2 = P^2 + Q^2$ 可知，由题 6 结论，$P_{低} = 216.0\text{kW}$，故

$$P_\Sigma = \frac{216}{0.88 \times 0.95} + 210 = 468.37\text{kW}$$

$$Q_\Sigma = \frac{216.0}{0.88 \times 0.95} \times \tan(\cos^{-1}0.91) + 210 \times \tan(\cos^{-1}0.76) = 290.3\text{kvar}$$

则 $\cos\varphi_{\Sigma} = \dfrac{P_{\Sigma}}{\sqrt{Q_{\Sigma}^2 + P_{\Sigma}^2}} = \dfrac{468.37}{\sqrt{297.30^2 + 468.37^2}} = 0.844$

9.《工业与民用供配电设计手册》(第四版) P36 式(1.11-5)。

由题6结论，$P_{低} = 216.0\text{kW}$，故电动机额定功率：$P_M = \dfrac{216}{0.88 \times 0.95} = 258.37\text{kW}$

电动机的补偿容量：

$$Q_M = P_M(\tan\varphi_1 - \tan\varphi_2) = 258.37 \times [\tan(\cos^{-1}0.91) - \tan(\cos^{-1}0.93)] = 15.60\text{kvar}$$

其他负荷的补偿容量：

$$Q_L = P_L(\tan\varphi_1 - \tan\varphi_2) = 210 \times [\tan(\cos^{-1}0.76) - \tan(\cos^{-1}0.93)] = 96.59\text{kvar}$$

总补偿容量为：$\sum Q = Q_M + Q_L = 15.6 + 96.59 = 112.19\text{kvar}$

10.《钢铁企业电力设计手册》(上册) P306、P309 式(6-45)，(下册) P362 式(25-128)。

高速运行时的效率：$\eta_H = \dfrac{P_T}{P_B} = \dfrac{n_T}{n_B} = \dfrac{1387}{1475} = 0.94$，则

$$P_H = \frac{1000 \times (1387/1475)}{0.94 \times 0.95} = 931.11\text{kW}$$

低速运行时的效率：$\eta_L = \dfrac{P_T}{P_B} = \dfrac{n_T}{n_B} = \dfrac{885}{1475} = 0.6$，则

$$P_H = \frac{1000 \times (885/1475)}{0.88 \times 0.6} = 409.09\text{kW}$$

$$W = (931.11 \times 0.6 + 409.09 \times 40\%) \times 24 \times 340 = 5893984\text{kWh}$$

题 11 ~ 15 答案：**ACBCB**

11.《钢铁企业电力设计手册》(下册) P14 式(23-7)、P50 式(23-136)。

额定转矩：$T_n = 9550\dfrac{P_n}{N_n} = 9550 \times \dfrac{550}{2975} = 1765.55\text{r/min}$

负荷要求的最小启动转矩：$T_{l\min} = \dfrac{T_{l\max}K_s}{K_u^2} = \dfrac{560 \times 1.25}{0.85^2} = 968.86\text{N}\cdot\text{m}$

电动机最小启动转矩：$T_{\min} = 0.73 \times 1765.55 = 1288.85\text{N}\cdot\text{m}$

$T_{\min} > T_{l\min}$，故满足启动要求。

注：也可参考《电气传动自动化技术手册》(第3版) P293 式(2-7)、P288 表 2-5。

12.《钢铁企业电力设计手册》(下册) P20 式(23-53)、P50 式(23-137)。

平均启动转矩：

$$M_{sav} = (0.45 \sim 0.5)(M_s + M_{\max}) = (0.45 \sim 0.5)(0.73 + 2.5) \times 1765.55 = 2566.23\text{N}\cdot\text{m}^2$$

允许的最大飞轮力矩：

$$GD_{xm}^2 = GD_0^2\left(1-\frac{M_{l\max}}{M_{sav}K_u^2}\right)-GD_m^2 = 3850\times\left(1-\frac{560}{2566.23\times0.85^2}\right)-445 = 2242.17\text{N}\cdot\text{m}^2$$

$GD_{xm}^2 > GD_{mec}^2 = 2002\text{N}\cdot\text{m}^2$，故满足要求。

13.《钢铁企业电力设计手册》(下册)P57 式(23-175)、式(23-176)。

环境温度改变时的修正系数：

$$X = \sqrt{1-\frac{\Delta\tau}{\tau_N}(\gamma+1)} = \sqrt{1-\frac{55-40}{100}\times\left(\frac{1}{1.176}+1\right)} = 0.85$$

电动机可用功率：$P = XP_N = 0.85\times550 = 467.5\text{kW}$

14.《钢铁企业电力设计手册》(下册)P14 式(23-7)，P51～52 式(23-139)、式(23-144)。

等效转矩：$M_{Mrms} = \sqrt{\dfrac{M_{1dx}^2t_1+M_{2dx}^2t_2+\cdots+M_{ndx}^2t_n}{T_c}}$

$$= \sqrt{\frac{3.9^2\times0.6+1.9^2\times6.5+7.6^2\times3+14^2\times1.8+19^2\times1.7+7.5^2\times2.2+3.5^2\times3.5}{0.6+6.5+3+2+1.8+1.7+2.2+3.5}}$$

$= 8.14\text{N}\cdot\text{m}$

等效电动机功率：$P_{Mrms} = \dfrac{M_{Mrms}n_N}{9550} = \dfrac{8.139\times975\times1000}{9550} = 830.9\text{kW}$

额定转矩：$M_{l\max} = k_1K_u\lambda M_N = 0.9\times0.85^2\times2.5\times12.733 = 20.7\text{kN}\cdot\text{m}$

$M_{l\max} > M_{Mrms}$，故满足要求。

15.《钢铁企业电力设计手册》(下册)P58 例题 23.6.1。

折算到电动机轴上的负荷功率：$P_L = \dfrac{T_LN_L}{9550} = \dfrac{1450\times2975}{9550} = 451.7\text{kW}$

电动机额定功率：$P_n = \dfrac{P_L}{FC} = \dfrac{451.7}{85\%} = 531.4\text{kW}$

题 16～20 答案：**CCDDA**

16.《照明设计手册》(第三版) P7 式(1-9)、P145 式(5-39)、P147 式(5-47)。

室形指数：$RI = \dfrac{LW}{H(L+W)} = \dfrac{24\times9}{(3.2-0.75)\times(24+9)} = 2.67$

内墙面平面反射比：$\rho = \dfrac{\sum_{i=1}^{n}\rho_iA_i}{\sum_{i=1}^{n}A_i} = \dfrac{[2\times(3.2-0.75)\times(24+9)-60]\times0.52+60\times0.35}{2\times(24+9)\times(3.2-0.75)} = 0.457$

采用插入法计算利用系数：

当 $RI = 2.5$ 时，$\dfrac{0.457-0.5}{0.3-0.5} = \dfrac{U_1-0.96}{0.91-0.96}$，故 $U_1 = 0.949$；

当 $RI = 3.0$ 时，$\dfrac{0.457-0.5}{0.3-0.5} = \dfrac{U_2-0.99}{0.94-0.99}$，故 $U_2 = 0.979$；

当 $RI = 2.67$ 时，$\dfrac{U-0.949}{0.979-0.949} = \dfrac{2.67-2.5}{3-2.5}$，故 $U = 0.959 \approx 0.96$。

灯具数量：$N = \frac{E_{av}A}{\Phi UK} = \frac{300 \times 24 \times 9}{120 \times 40 \times 0.959 \times 0.8} = 17.59$ 盏，取 18 盏。

根据办公室结构，横向布置 6 套灯具，中心距 $\frac{24}{6+1} = 3.45$m；纵向布置 3 套灯具，中心距 3m，均可满足距高比要求。

校验工作面平均照度：$E_{av} = \frac{\Phi NUK}{A} = \frac{18 \times 120 \times 40 \times 0.96 \times 0.8}{24 \times 9} = 307.2$lx

《建筑照明设计标准》(GB 50034—2013) 第 4.1.7 条：设计照度与照度标准值的偏差不应超过 ±10%，因此校验满足要求。

17.《建筑照明设计标准》(GB 50034—2013) 第 2.0.32 条。

第 2.0.32 条：照度均匀度，规定表面上的最小照度与平均照度之比，符号是 $U_0$。

照度均匀度：$U_0 = \frac{E_{min}}{E_{av}} = \frac{420}{510} = 0.824$

照明功率密度：$LPD = \frac{120 \times 100}{54 \times 30} = 7.4$ W/m$^2$

18.《照明设计手册》(第三版) P136 式(5-29)。

$X = \frac{a}{h} = \frac{2}{3.5} = 0.57$，$Y = \frac{b}{h} = \frac{2}{3.5} = 0.57$

地面中心点垂直照度：

$$E_{hA} = 4 \times \frac{L}{2}\left[\frac{Y}{\sqrt{1+Y^2}}\arctan\frac{X}{\sqrt{1+Y^2}} + \frac{X}{\sqrt{1+X^2}}\arctan\frac{Y}{\sqrt{1+X^2}}\right]$$

$$= 4 \times \frac{500}{2} \times \left[\frac{0.57}{\sqrt{1+0.57^2}}\arctan\frac{0.57}{\sqrt{1+0.57^2}} + \frac{0.57}{\sqrt{1+0.57^2}}\arctan\frac{0.57}{\sqrt{1+0.57^2}}\right]$$

$$= 456\text{lx}$$

19.《照明设计手册》(第三版) P160 式(5-64)。

灯具数量：$N = \frac{E_{min}A}{\Phi_1 \eta U U_1 K} = \frac{5 \times 10000}{180 \times 120 \times 0.95 \times 0.5 \times 0.7 \times 0.7} = 9.95$，取 10 个。

灯具总功率：$P = 10 \times (180 + 1) = 1810$W

20.《照明设计手册》(第三版) P406 式(18-5)。

路面平均照度：$E_{av} = \frac{\Phi UKN}{SW} = \frac{4000 \times 0.54 \times 0.65 \times 1}{18 \times 6} = 13$ lx

题 21 ~ 25 答案：**BCBBB**

21.《建筑物防雷设计规范》(GB 50057—2010) 第 4.3.6 条、附录 A。

建筑物所处地区雷击大地的年平均密度：$N_g = 0.1T_d = 0.1 \times 154.5 = 15.45$ 次/km$^2$/a

与建筑物截收相同雷击次数的等效面积：

$$A_e = [LW + 2(L+W)\sqrt{H(200-H)} + \pi H(200-H)] \times 10^{-6}$$

$$= [72 \times 12 + 2(72+12)\sqrt{20 \times (200-20)} + 20\pi \times (200-20)] \times 10^{-6}$$

$= 0.02225$

建筑物年预计雷击次数：$N = kN_gA_e = 2 \times 15.45 \times 0.02225 = 0.6875 > 0.25$，故为第二类防雷建筑。

防雷引下线的冲击电阻为25Ω过大，根据第4.3.6条规定，需加打水平或垂直接地体。

垂直接地体长度：$L_r = \frac{1}{2}\left(\frac{\rho - 550}{50} - \sqrt{\frac{A}{\pi}}\right) = \frac{1}{2}\left(\frac{1550 - 550}{50} - \sqrt{\frac{12 \times 72}{3.14}}\right) = 1.71\text{m}$

22.《建筑物防雷设计规范》（GB 50057—2010）第4.2.4-9条式（4.2.4-7）、附录H式（H.0.1）。

冲击电流：$I_f = \frac{0.5IR_s}{n(mR_s + R_c)} = \frac{0.5 \times 150 \times 1.4}{4 \times (4 \times 1.9 + 0.2)} = 4.567\text{kA}$

由表H.0.1-1，$8\sqrt{\rho} = 8\sqrt{400} = 160 < 300$，故 $L_c = 160\text{m}$

线路屏蔽层截面：$S_c \geqslant \frac{I_f \rho_c L_c \times 10^6}{U_w} = \frac{4.567 \times 28.264 \times 10^{-9} \times 160 \times 10^6}{2.5} = 8.26\text{mm}^2$

23.《建筑物防雷设计规范》（GB 50057—2010）第4.5.4条及条文说明。

TN-S接地系统，采用5芯电缆，共设5个SPD模块，则流经SPD每个模块的分流雷电流：$I_{imp} = \frac{k_{c1}k_{c1}I_{th}}{5} = \frac{0.44 \times 0.2 \times 150}{5} = 2.64\text{kA}$

24.《交流电气装置的接地设计规范》（GB/T 50065—2011）第5.1.7条～第5.1.9条、附录A及F。

单根垂直接地体工频接地电阻：

$$R_v = \frac{\rho}{2\pi L}\left(\ln\frac{8l}{d} - 1\right) = \frac{100}{2\pi \times 2.5} \times \left(\ln\frac{8 \times 2.5}{0.05} - 1\right) = 31.78\Omega$$

水平接地体工频接地电阻：

$$R_h = \frac{\rho}{2\pi L}\left(\ln\frac{L^2}{hd} + A\right) = \frac{100}{2\pi \times 10} \times \left(\ln\frac{100}{0.8 \times 0.02} - 0.6\right) = 12.9\Omega$$

单根垂直接地体冲击接地电阻：$R_{vi} = \alpha R_v = 0.65 \times 31.78 = 20.66\Omega$

水平接地体冲击接地电阻：$R_{hi} = \alpha R_h = 0.7 \times 12.9 = 9.03\Omega$

由 $\frac{D}{L} = 2$ 查附录F表F.0.4可知，冲击利用系数 $\eta_i = 0.7$

架空进线杆塔接地装置冲击接地电阻：

$$R_i = \frac{\frac{R_{vi}}{n} \times R'_{hi}}{\frac{R_{vi}}{n} + R'_{hi}} \times \frac{1}{\eta_i} = \frac{\frac{20.66}{3} \times 9.03}{\frac{20.66}{3} + 9.03} \times \frac{1}{0.7} = 5.59\Omega$$

25.《建筑物防雷设计规范》（GB 50057—2010）附录C C.0.3。

由 $2\sqrt{\rho} = 2\sqrt{500} = 44.72 > 2 \times 15 = 30$，故 $L = 2 \times (15 + 15) = 60\text{m}$

$$R = \frac{\rho}{2\pi L}\left(\ln\frac{L^2}{hd} + A_t\right) = \frac{500}{2\pi \times 4 \times 15}\left(\ln\frac{60^2}{0.8 \times 0.02} + 1\right) = 17.67\Omega$$

则引下线的冲击电阻：$R_i = \frac{R}{1.45} = \frac{17.67}{1.45} = 12.19\Omega$

题 26 ~ 30 答案：**CCBBC**

26.《电力工程高压送电线路设计手册》(第二版)P179 表 3-2-3。

无冰时的综合比载：

$$\gamma_6 = \sqrt{\gamma_1^2 + \gamma_4^2} = \sqrt{\frac{3^2 + (964.3 \times 9.8 \times 10^{-3})^2}{277.75}} = 35.69 \times 10^{-3}\text{N/m} \cdot \text{mm}^2$$

27.《电力工程高压送电线路设计手册》(第二版) P602 呼称高公式,《66kV 及以下架空电力线路设计规范》(GB 50061—2010) 表 12.0.16。

导线弧垂：$f_m = \frac{g}{2\sigma_0} l_a l_b = \frac{0.034}{8 \times 68.8} \times 220^2 = 3.0$

忽略杆塔施工基面误差的呼称高：$H = h_1 + s + \lambda = 7 + 3 + 0.75 = 10.75\text{m}$

28.《电力工程高压送电线路设计手册》(第二版) P179 ~ 181 表 3-3-1。

$$f'_x = \frac{4x'}{l}\left(1 - \frac{x'}{l}\right) f_m = \frac{4 \times 80}{220} \times \left(1 - \frac{80}{220}\right) \times 2.6 = 2.41\text{m}$$

29.《电力工程高压送电线路设计手册》(第二版) P103 式(2-6-44)。

绝缘子串风偏角：$\varphi = \tan^{-1}\left(\frac{P_1/2 + PL_H}{G_1/2 + W_1 L_v}\right) = \tan^{-1}\left(\frac{0 + 8 \times 250}{0 + 9 \times 270}\right) = 39.5°$

30.《电力工程高压送电线路设计手册》(第二版) P106。

导线风偏角：$\varphi = \tan^{-1}\left(\frac{\gamma_4}{\gamma_1}\right) = \tan^{-1}\left(\frac{18 \times 10^{-3}}{28 \times 10^{-3}}\right) = 32.7°$

题 31 ~ 35 答案：**BBBDB**

31.《20kV 及以下变电所设计规范》(GB 50053—2013) 第 4.2.7 条及表 4.2.7。

10kV 配电室的最小宽度：$W = 1500 \times 2 + 1000 + (800 + 1200) \times 2 = 8000\text{mm}$

32.《3 ~ 110kV 高压配电装置设计规范》(GB 50060—2008) 表 5.1.1、表 5.1.4。查表 5.1.1和表 5.1.4 可知：$L_1 = 850\text{mm}, L_2 = 900\text{mm}, L_3 = 950\text{mm}, L_4 = 2900\text{mm}, L_5 = 5000\text{mm}, L_6 = 10000\text{mm}, L_7 = 8000\text{mm}$。

对比可知,仅 $L_3 = 950\text{mm}$ 和 $L_7 = 8000\text{mm}$ 两处题中表述有误。

33.《工业与民用供配电设计手册》(第四版) P130 式(3.2-1)。

变压器室通风窗的有效面积：

$$F_{in} = \frac{k \times P}{4\Delta t}\sqrt{\frac{\zeta_{in} + \zeta_{ex}}{h\gamma_{av}(\gamma_{in} + \gamma_{ex})}}$$

$$= \frac{1.1 \times (1.7 + 10.3)}{4 \times (45 - 28)} \times \sqrt{\frac{2.7 \times 2.5}{2.5 \times 1.1415 \times (1.173 - 1.11)}} = 1.044$$

34.《工业与民用供配电设计手册》(第四版) P374 表 5.6-7、P459 式(6.2-5),《电力工程电缆设计规范》(GB 50217—2018) 附录 E。

按载流量选择导体截面,考虑载流量校正系数 0.8:

$$I_Z = \frac{S}{0.8 \times \sqrt{3}U\cos\varphi} = \frac{2000}{0.8 \times \sqrt{3} \times 10 \times 0.9} = 160.4\text{A}$$

按热稳定校验导体截面:$S \geqslant \frac{I_k}{K}\sqrt{C} = \frac{15000}{77} \times \sqrt{0.15} = 75.4\ \text{mm}^2$

按电压损失校验导体截面:

$$\Delta u = \frac{\sqrt{3}IL}{10U_n}(R'\cos\varphi + X'\sin\varphi) = \frac{\sqrt{3} \times 128.3 \times 12}{10 \times 10}(0.34 \times 0.9 + 0.076 \times 0.436)$$
$$= 9.04 > 7$$

$$\Delta u = \frac{\sqrt{3}IL}{10U_n}(R'\cos\varphi + X'\sin\varphi) = \frac{\sqrt{3} \times 128.3 \times 12}{10 \times 10}(0.253 \times 0.9 + 0.076 \times 0.436)$$
$$= 6.95 < 7$$

其中 $I_n = \frac{S}{\sqrt{3}U\cos\varphi} = \frac{2000}{0.8 \times \sqrt{3} \times 10 \times 0.9} = 128.3\text{A}$

综上计算,仅导体截面为 120mm$^2$ 时满足要求。

35.《3~110kV 高压配电装置设计规范》(GB 50060—2008) 第 7.1.1 条、第 7.1.4 条、第 7.3.3 条、表 5.4.4。

第 7.1.4 条:相邻配电装置室之间有门时,应能双向开启。图中不满足,第一处错误。

第 7.3.3 条:屋内气体绝缘金属封闭开关设备配电装置两侧应设置安装、检修和巡视的通道。主通道宜靠近断路器侧,宽度宜为 2000m,巡视通道宽度不应小于 1000mm。图中不满足,第二处错误。

注:第 7.1.1 条:长度大于 7m 的配电装置室,应设置 2 个出口,长度大于 60m 的配电装置室,宜设置 3 个出口,当配电装置室有楼层时,一个出口可设置在通往屋外楼梯的平台处。图中均满足要求。

根据《低压配电设计规范》(GB 50054—2011) 表 4.2.5:低压配电柜双排背对背布置时,屏前距离 1800mm(不受限制),屏后维护通道 1000mm,屏侧通道 1500mm。图中均满足要求。

有关配电装置室门的尺寸可满足设备运输要求,但本题中未标注门洞尺寸,无法判断其是否满足规范要求,显然这不是出题人关注的题点。

题 36~40 答案:**CCDAA**

36.《民用闭路监视电视系统》(GB 50198—2011) 第 3.3.10 条。

网络带宽:$B = \frac{H \times V}{352 \times 288} \times 512 \times 100 = \frac{1024 \times 720}{352 \times 288} \times 512 \times 100 \times 10^{-3} = 465.5\text{Mbps}$

37.《民用建筑电气设计标准》(GB 51348—2019) 第 16.5.5 条式(16.5.5-3)。

扬声器的辐射角:$L = 2(H - 1.3)\tan\frac{\theta}{2} \Rightarrow \theta = \tan^{-1}\left[\frac{7.5}{2(4.5 - 1.3)}\right] = 99.05°$

38.《民用建筑电气设计标准》(GB 51348—2019)第16.5.2-5条、附录F式(F.0.1-2)。

根据第16.5.2-5条:要求扩声系统应有不少于6dB的工作余量。

峰值余量的分贝数:$\Delta L_W = 10\lg W_{e2} - 10\lg W_{e1} = 10\lg W_{e2} - 10\lg(4\times25) = 6\text{dB}$,则 $W_{e2} = 398\text{W}$

注:由公式 $L_W = 10\lg W_a + 120 \Rightarrow L_W = 10\lg W_e + 120$ 可知,声压每提高10dB,所要求的电功率(或说声功率)就必须增加10倍,一般为了峰值工作,扬声器的功率留出必要的功率余量是十分必要的。

39.《综合布线系统工程设计规范》(GB 50311—2016)第3.6.3-1条。

$$C = \frac{(102 - H)}{1 + D} \Rightarrow 4 + 6 = \frac{102 - H}{1 + 0.5} \Rightarrow H = 87\text{m}$$

40.《综合布线系统工程设计规范》(GB 50311—2016)第4.5.1条。

全程衰减值:$\beta = \alpha_f L_{max} + (N+2)\alpha_j = 0.36\times0.5 + (2+2)\times0.06 = 0.42\text{dB}$

2019年

注册电气工程师(供配电)执业资格考试

# 专业考试试题及答案

# 2019年专业知识试题(上午卷)

## 一、单项选择题(共40题,每题1分,每题的备选项中只有1个最符合题意)

1. 关于柴油发电机供电系统短路电流的计算条件,下列正确的是哪项? ( )

(A)励磁方式按并励考虑
(B)短路计算采用标幺制
(C)短路时,设故障点处的阻抗为零
(D)短路电流应按短路点远离发电机的系统短路进行计算

2. 变电站二次回路的工作电压最高不应超过下列哪项数值? ( )

(A)250V　　(B)400V
(C)500V　　(D)750V

3. 关于10kV变电站的二次回路线缆选择,下列说法不正确的是哪项? ( )

(A)二次回路应采用铜芯控制电缆和绝缘导线
(B)控制电缆的绝缘水平宜选用450V/750V
(C)在最大负荷下,操作母线至设备的电压降,不应超过额定电压的10%
(D)当全部保护和自动装置动作时,电流互感器至保护和自动装置屏的电缆压降不应超过额定电压的3%

4. 在变电站的电压互感器二次接线设计中,下列设计原则不正确的是哪项? ( )

(A)对中性点直接接地系统,电压互感器星形接线的二次绕组应采用中性点接地方式
(B)对中性点非直接接地系统,电压互感器星形接线的二次绕组宜采用中性点不接地方式
(C)电压互感器开口三角形绕组的引出端之一应接地
(D)35kV以上贸易结算用计量装置的专用电压互感器二次回路不应装设隔离开关辅助接点

5. 关于35～110kV变电站的站址选择,下列说法错误的是哪项? ( )

(A)应靠近负荷中心
(B)应与城乡或工矿企业规划相协调,并应便于架空和电缆线路的引入和引出
(C)站址标高宜在50年一遇高水位上,当无法避免时,需采用可靠的防洪措施,此时可低于内涝水位

(D)变电站主体建筑应与周边环境相协调

6. 某 10kV 室内变电所内有一台 1250kVA 的油浸变压器,采用就地检修方式。设计采用的下列尺寸中,不符合规范要求的是哪项?（　　）

(A)变压器与后壁间 800mm
(B)变压器与侧壁间 1000mm
(C)变压器与门间 800mm
(D)室内高度按吊芯所需的最小高度加 700m

7. 某变电站内设置一台单台容量为 750kvar 的 10kV 电容器,其内部故障保护采用专业熔断器,该熔断器的熔丝额定电流宜选择下列哪项?（　　）

(A)40A　　(B)50A
(C)63A　　(D)80A

8. 某住宅楼有四个单元,地下 1 层(面积 2500$m^2$),地上 16 层,建筑高度 50.2m,该住宅楼地下消防泵房内的消防水泵为几级用电负荷?（　　）

(A)一级负荷中特别重要负荷　　(B)一级负荷
(C)二级负荷　　(D)三级负荷

9. 当采用利用系数法进行负荷计算时,下列为无关参数的是哪项?（　　）

(A)用电设备组平均有功功率　　(B)总利用系数
(C)用电设备有效台数　　(D)同时系数

10. 采用需用系数法对某一变压器所带负荷进行计算后,其视在功率为 1880kVA,功率因数为 0.78,欲在变压器低压侧进行集中无功功率补偿,补偿后的功率因数达到 0.95,则无功功率补偿量应为下列哪项数值?（　　）

(A)542kvar　　(B)695kvar
(C)847kvar　　(D)891kvar

11. 在供配电系统的设计中,关于电压偏差的描述,下列描述不正确的是哪项?
（　　）

(A)正确选择供电元件和系统结构,可以在一定程度上减少电压偏差
(B)适当提高系统阻抗可缩小电压偏差范围
(C)合理补偿无功功率可缩小电压偏差范围
(D)尽量使三相负荷平衡

12. 关于电能质量,以下指标与电能质量无关的是哪项?（　　）

(A)波形畸变　　(B)频率偏差

(C)三相电压不平衡　　　　(D)电网短路容量

13. 高压系统采用中性点不接地系统时,下列描述正确的是哪项? (　　)

(A)发生单相接地故障时,单相接地电流很大,必然会引起断路器跳闸
(B)发生单相接地故障时,通常不会产生弧光重燃过电压
(C)与中性点直接接地系统相比,不接地系统的过电压水平和输变电设备所需的绝缘水平较低
(D)单相接地故障电流很小,可以带故障运行一段时间

14. 当系统中并联电容器装置的串联电抗器用于抑制5次及以上谐波时,其电抗率取值宜为下列哪项? (　　)

(A)1%　　　　(B)5%
(C)9%　　　　(D)12%

15. 关于消防负荷分级,下列错误的是哪项? (　　)

(A)一级负荷:一类高层民用建筑
(B)二级负荷:二类高层民用建筑
(C)二级负荷:室内消防用水量大于300L/s的仓库
(D)二级负荷:粮食仓库

16. 下列哪个场合可选用聚氯乙烯外护层电缆? (　　)

(A)移动式电气设备　　　　(B)人员密集场所
(C)有低毒阻燃性防火要求的场所　　　　(D)放射线作用场所

17. 校核电缆短路热稳定时,下列说法不符合规定的是哪项? (　　)

(A)短路计算时,系统接线应采用正常运行方式,且按工程建成后5~10年发展规划
(B)短路点应选取在电缆回路最大短路电流可能发生处
(C)短路电流的作用时间,应取主保护动作时间与断路器开端时间之和
(D)短路电流作用的时间,对于直馈的电动机应取主保护动作时间与断路器开端时间之和

18. 某110kV无人值守变电所直流系统,事故放电时间为2h,配有一组300Ah阀控式铅酸蓄电池组,其与直流柜之间的连接电缆的长期允许载流量的计算电流最少应大于下列哪项数值?(设蓄电池容量换算系数为0.3/h) (　　)

(A)30A　　　　(B)90A
(C)150A　　　　(D)987.5A

19. 关于爆炸性环境内电压1000V以下的钢管配线的技术要求，下列错误的是哪项？（ ）

(A)1区电力线路：铜芯绝缘导线截面面积为2.5$mm^2$及以上

(B)20区电力线路：铜芯绝缘导线截面面积为2.5$mm^2$及以上

(C)21区控制线路：铜芯绝缘导线截面面积为2.5$mm^2$及以上

(D)22区电力线路：铜芯绝缘导线截面面积为1.5$mm^2$及以上

20. 某220/380V馈电线路上有一台20kVA的三相全控整流设备，三、五、七次谐波含量分别为9%、40%、30%，馈电线路的相电流为下列哪项数值？（ ）

(A)32A　　(B)34A

(C)36A　　(D)38A

21. 下列有关电压型交—直—交变频器主要特点的描述，错误的是哪项？（ ）

(A)直流滤波环节采用电抗器

(B)输出电压波形是矩形

(C)输出动态阻抗小

(D)再生制动时需要在电源侧设置反并联逆变器

22. 关于爆炸性气体环境中，非爆炸危险区域的划分，下列错误的是哪项？（ ）

(A)没有释放源且不可能有可燃物侵入的区域

(B)可燃物质可能出现的最高浓度不超过爆炸下限值的15倍

(C)在生产过程中使用明火的设备附近，或炽热部件的表面温度超过区域内可燃物质引燃温度的设备附近

(D)在生产装置区外，露天或敞开设置的输送可燃物质的架空管道地带(但其阀门处按具体情况确定)

23. 一类、二类、三类防雷类别对应的滚球半径分别为30m、45m、60m，可拦截的最小雷电电流分别为下列哪组数值？（ ）

(A)5kA，10kA，16kA　　(B)3kA，10kA，16kA

(C)50kA，37.5kA，25kA　　(D)200kA，150kA，50kA

24. 当采用独立的架空接闪线保护一类防雷建筑物时，受场地限制，架空接闪线的接地装置距离被保护建筑物的地下入户水管(金属材质)的间隔为3m，已知该建筑物高10m，场地土壤电阻率为300Ω·m，接地装置的冲击电阻不应超过下列哪项数值？

（ ）

(A)10Ω　　(B)9Ω

(C)7.5Ω　　(D)6.5Ω

25. 一座35/10kV变电站,35kV、10kV侧均采用高电阻接地方式,当变电站地表层土壤电阻率为500Ω·m,衰减系数取0.4,当发生单相接地故障时,系统并不马上切断故障,这时变电站接地网的接触电位差不应超过下列哪项数值? ( )

(A)60V (B)70V

(C)90V (D)130V

26. 按电气设备的电击防护措施分类,低压配电柜属于下列哪类? ( )

(A)0类 (B)Ⅰ类

(C)Ⅱ类 (D)Ⅲ类

27. 容易被触及的裸带电体,其标称电压超过交流方均根值多少时,应设置遮拦或外护物? ( )

(A)50V (B)25V

(C)24V (D)6V

28. 校验跌落式高压熔断器开端能力和灵敏性时,不对称短路分断电流计算时间应取下列哪项数值? ( )

(A)0.5s (B)0.3s

(C)0.1s (D)0.01s

29. 某企业35kV变电所,设计将部分35kV电气设备布置在建筑物2层,当地的抗震设防烈度为多少度以上时,应进行抗震设计? ( )

(A)6 (B)7

(C)8 (D)9

30. 某10kV配电系统采用不接地运行方式,避雷器柜内选用无间隙金属氧化物避雷器,该避雷器的额定电压应不低于下列哪项数值? ( )

(A)6.0kV (B)9.6kV

(C)13.8kV (D)16.67kV

31. 下列不属于气体放电光源的是哪项? ( )

(A)霓虹灯 (B)氙灯

(C)低电压石英杯灯 (D)氖灯

32. 在建筑照明设计中,作业面临近周围照度可低于作业面照度,规范规定作业面临近周围是指作业面外宽度不小于下列哪项数值的区域? ( )

(A)0.5m (B)1.0m

(C)1.5m　　　　(D)2.0m

33. 28W 的 T5 荧光灯,其中 28W 代表下列哪项含义?　　(　　)

(A)光源耗电量　　(B)灯具耗电量
(C)额定功率　　(D)标称功率

34. 下列哪项不是机动车交通道路照明评价指标?　　(　　)

(A)道路平均亮度　　(B)路面亮度纵向均匀度
(C)环境比　　(D)平均水平照度

35. 为防止或减少光幕反射眩光,不应采取下列哪项措施?　　(　　)

(A)采用地光泽度的表面装饰材料　　(B)限制灯具出光口表面发光亮度
(C)墙面的平均照度不低于 50lx　　(D)顶棚的平均照度不低于 30lx

36. 某接替会议室所设的主席摄像机的 CCD 靶面尺寸为 1 英寸,则其像场宽高尺寸与下列哪组数值最接近?　　(　　)

(A)宽 25.4mm,高 19.1mm　　(B)宽 20.1mm,高 15.0mm
(C)宽 12.7mm,高 9.5mm　　(D)宽 8.8mm,高 6.6mm

37. 当系统管理主机发生故障或通信线路故障时,出入口控制器应能独立工作,当正常电源失去时,重要场合的 UPS 应能连续工作不少于下列哪项数值?　　(　　)

(A)24h　　(B)48h
(C)72h　　(D)96h

38. 关于星形会议讨论系统的设计,下列描述错误的是哪项?　　(　　)

(A)传声器可设置静音或开关按钮
(B)传声器宜具有相应指示灯
(C)传声器控制装置应能支持传声器的数量
(D)传声器数量大于 20 只时,应采用星形会议讨论系统

39. 关于特低电压的描述,下列正确的是哪项?　　(　　)

(A)相间电压不超过交流最大值 50V 的电压
(B)相间电压不超过交流最大值 36V 的电压
(C)相间电压或相对地不超过交流方均根值 50V 的电压
(D)相间电压或相对地不超过交流最大值 50V 的电压

40. 交流电力电子开关保护电路,当过电流倍数为 1.2 时,动作时间应为下列哪项数值?　　(　　)

(A)5min　　(B)10min

(C)15min　　(D)20min

**二、多项选择题(共30题,每题2分。每题的备选项中有2个或2个以上符合题意,错选、少选、多选均不得分)**

41. 电力系统可采取下列哪些措施限制短路电流?　(　　)

(A)在允许的范围内,增大系统的零序阻抗

(B)降低电力系统的电压等级

(C)变压器的运行方式由并列运行改为分列运行

(D)采用限流电抗器

42. 下列电力负荷中,哪些属于一级负荷?　(　　)

(A)建筑高度64m的写字楼地下室的排污泵、生活水泵

(B)大型商场及超市营业厅的备用照明

(C)甲等剧场的空调机房和锅炉房电力和照明

(D)甲等电影院的照明与放映

43. 在进行负荷计算时,关于设备功率的确定,下列说法正确的有哪些?　(　　)

(A)不同工作制的用电设备功率应统一换算为连续工作制的功率

(B)不同物理量的设备功率统一换算为有功功率

(C)用电设备组的设备功率应包括专门用于检修的设备功率

(D)在计算范围内,不同时使用的设备功率不叠加

44. 一级负荷中特别重要的负荷,除应由双重电源供电外,尚应增设应急电源,下列哪些电源可以作为应急电源?　(　　)

(A)独立于正常电源的发电机组

(B)正常电源的专用馈电线路

(C)蓄电池

(D)干电池

45. 无功功率装置的投切方式,下列哪些情况宜装设无功自动补偿装置?　(　　)

(A)避免过补偿,且在经济上合理时

(B)避免在轻载时电压过高,造成某些用电设备损坏,且在经济上合理时

(C)常年稳定的无功功率

(D)每天投切次数少于三次的高压电动机和高压电容器组

46. 当需要降低波动负荷引起的电网电压波动和电压闪变,可采取下列哪些措施?　(　　)

(A)与其他负荷共用配电回路时,提高配电线路阻抗
(B)较大功率的波动负荷与对电压波动、闪变敏感的负荷,分别由不同的变压器供电
(C)采用专线供电
(D)采用动态无功补偿装置

47.变电所中有载调压变压器的使用,下列说法正确的有哪些? (  )

(A)大于35kV的变电所的降压变压器,直接向35kV、10kV、6kV电网送电时,应采用有载调压变压器
(B)35kV降压变电所的主变压器,在电压偏差不能满足要求时,应采用有载调压变压器
(C)6kV变压器不能采用有载调压变压器
(D)用户有对电压要求严格的设备,单独设置调压装置技术经济不合理时10kV配电变压器亦可采用有载调压变压器

48.选择控制电缆时,下列哪些回路不应合用一根控制电缆? (  )

(A)弱电信号控制回路与强电信号控制回路
(B)同一电流互感器二次绕组的三相导体及其中性导体
(C)交流断路器分相操作的各相弱电控制回路
(D)弱电回路的一对往返回路

49.某110/35kV变电站中的一回35kV馈出回路应至少对下列哪些电气参数进行测量? (  )

(A)交流电流 (B)交流电压
(C)有功功率 (D)频率

50.某35/10kV变电站,采用两回电源进线,站内有两台35/10kV主变压器,下列关于本站用电的说法正确的有哪些? (  )

(A)设置两台容量相同、可互为备用的站用变压器
(B)每台变压器容量按全站计算负荷的80%选择
(C)装设一台站用变压器,并从变电站外引入一路可靠的低压备用电源
(D)站用电低压配电采用TN-S系统

51.110kV变电所中,对户内配电装置室的通风要求,下列选项正确的有哪些? (  )

(A)事故排风每小时换气次数不应少于10次
(B)按通风散热要求,装设事故通风装置
(C)通风机应与火灾探测系统连锁,火灾时应开启事故风机

(D)宜采用自然通风,自然通风不能满足要求时,可设置机械排风

52. 露天或半露天的变电所,不应设置在下列哪些场所? ( )

(A)有腐蚀性气体的场所
(B)附近有棉、粮及其他易燃、易爆物品集中的露天堆旁
(C)耐火等级为四级的建筑物旁
(D)负荷较大的车间和动力站旁

53. 钢铁企业关于按电源容量允许全压起动的笼型异步电动机功率,下列描述正确的有哪些? ( )

(A)小容量发电厂,每1kVA发电机容量为0.1~0.12kW
(B)10/0.4kV变压器,经常启动时,不大于变压器额定容量的20%
(C)高压线路,不超过电动机供电线路上的短路容量的5%
(D)变压器—电动机组,电动机容量不大于变压器容量的80%

54. 下列有关电流型交—直—交变频器主要特点的描述,正确的有哪些? ( )

(A)直流滤波环节采用电容
(B)输出电流波形是矩形
(C)输出动态阻抗大
(D)再生制动方便,主回路不需附加设备

55. 在选择电压互感器时,需要考虑下列哪些技术及条件? ( )

(A)一次和二次回路电压
(B)系统的接地形式
(C)二次回路电流
(D)准确度等级

56. 关于TN系统中配电线路的间接接触防护电器切断故障回路的时间,下列说法正确的有哪些? ( )

(A)配电线路或仅供给固定式电气设备用电的末端线路,不宜大于5s
(B)配电相电压220V手持式电气设备用电的插座回路,不宜大于0.4s
(C)配电相电压380V移动式电气设备用电的末端线路,不宜大于0.2s
(D)配电相电压660V移动式电气设备用电的末端线路,不宜大于0.15s

57. 某大型国际会议厅,需设置同声传译室,以下同声传译室的设置位置符合规范要求的有哪些? ( )

(A)会议厅前部
(B)会议厅后部
(C)会议厅左侧面
(D)会议厅右侧面

58. 下列哪些选项的消防用电应按二级负荷供电? ( )

(A)一类高层民用建筑　　(B)二类高层民用建筑

(C)三类城市交通隧道　　(D)Ⅳ类汽车库和修车库

59. 在380/220V配电系统中,下列关于选择隔离器的说法正确的有哪些?　(　　)

(A)额定电流小于所在回路计算电流

(B)应满足短路条件下的动稳定和热稳定要求

(C)根据隔离器不同的安装位置,选择不同的冲击耐受电压

(D)隔离器严禁作为功能性开关电器

60. 关于电力电缆截面的选择,下列说法错误的有哪些?　(　　)

(A)多芯电缆导体最小截面面积,不宜小于2.5$mm^2$

(B)敷设于水下的电缆,应按抗拉要求选择截面

(C)最大工作电流作用下的电缆导体温度,不得超过电缆绝缘最高允许值

(D)对于熔断器保护回路可不按满足短路热稳定条件确定电缆导体最小截面

61. 工程中下列哪些选项不符合电缆敷设要求?　(　　)

(A)电力电缆直埋平行敷设于油管正下方1m处

(B)电力电缆直埋平行敷设于排水沟1m处

(C)同一部门使用的控制电缆平行紧靠直埋敷设

(D)35kV电力电缆直埋敷设,不同部门之间电缆间距为0.25m

62. 下列关于直流系统充电装置技术参数描述,不符合要求的有哪些?　(　　)

(A)充电装置纹波系数0.4%

(B)高频开关电源模块交流测功率因数为0.89

(C)双高频开关电源模块并联工作时,根据负荷需要自动投入或退出模块

(D)充电装置稳压精度为1.2%

63. 表征照明质量的要素有下列哪些选项?　(　　)

(A)照明均匀度　　(B)色温

(C)反射比　　(D)光通量

64. 关于照明设计的说法,下列选项不正确的有哪些?　(　　)

(A)进行很短时间的作业场所,其作业面或参考平面的照度标准值可降低一级照度标准值

(B)设计照度与照度标准值的偏差不应超过±10%,但当房间或场所的室形指数值等于或小于1时,可适当增加,但不应超过±20%

(C)当房间或场所的照度标准值提高或降低一级时,其照明功率密度值应按比例提高或折减

(D)设装饰性灯具的场所,可将实际采用的装饰型灯具总功率的 50% 计入照度计算

65. 关于教室黑板专用照明灯,下列说法正确的有哪些? ( )

(A)教室内如果仅设一般照明灯具,黑板上的垂直照度很低,均匀度差,因此对黑板应设置专用灯具
(B)黑板照明不应对教师产生直接眩光,也不应对学生产生反射眩光
(C)教室内设置黑板专用灯,确保黑板的混合照明照度达到 500lx
(D)为避免产生眩光,教室内的黑板照明灯具不应采用壁装方式

66. 利用系数是计算平均照度的重要指标,下列哪些选项的各因素均与利用系数有关? ( )

(A)房间形状、光通量、室内墙面材料
(B)灯具光强分布、有效顶棚反射比、灯具安装高度
(C)工作面高度、地面材料、灯具效率
(D)灯具安装方式、墙面开窗面积、房间高度

67. 某厂房车间变电所内设置一台 1600kVA 变压器,变压器低压侧母线上带有多台大功率电焊机,当电焊机工作时,母线电压下降为正常电压的 85%,为了保证母线上其他用电设备的正常工作,需要采取措施将母线电压提升至正常电压的 95%。下列措施中错误的有哪些? ( )

(A)采用有载调压变压器
(B)采用带有 ±5% 分接头的变压器,将分接头调至 -5%
(C)采用晶闸管投切的电容器
(D)采用手动投切的电容器

68. 下列关于发电厂和变电站的水平接地网的做法哪些是正确的? ( )

(A)水平接地网可只利用自然接地极
(B)水平接地网应采用 2 根以上的导线在不同地点与自然接地极或人工接地极连接
(C)水平接地网应与 110kV 架空线路的地线直接相连
(D)水平接地网应与 66kV 架空线路的地线直接相连

69. 关于 SPD,下列说法正确的有哪些? ( )

(A)限压型 SPD 无电涌时呈现高阻抗特性,当出现电压电涌时突变为低阻抗
(B)限压型 SPD 具有连续的电压、电流特性
(C)电压保护水平值应大于所测量的限制电压最高值
(D)限压型 SPD 的有效电压保护水平值大于或等于其电压保护水平值

70. 关于火灾自动报警系统的供电及传输线路，下列说法正确的有哪些？（　　）

（A）不同防火分区的火灾自动报警系统供电及报警总线穿管水平敷设时，不应传入同一根管内

（B）消防联动控制器电源容量需满足受控消防设备同时启动所需的容量，当其供电线路电压降超过5%时，应有现场提供其直流24V电源

（C）火灾自动报警系统的供电线路和传输线路设置在室外时，应埋地敷设

（D）不同电压等级的线缆不应传入同一根保护管内

# 2019年专业知识试题答案(上午卷)

1. **答案**:C

**依据**:《工业与民用供配电设计手册》(第四版)P266“4.5.1 计算条件”。

2. **答案**:C

**依据**:《电力装置的继电保护和自动装置设计规范》(GB/T 50062—2008)第15.1.1条。

3. **答案**:D

**依据**:《电力装置的继电保护和自动装置设计规范》(GB/T 50062—2008)第15.1.3条。

4. **答案**:B

**依据**:《电力装置的电测量仪表装置设计规范》(GB/T 50063—2017)第8.2.4条、第8.2.6条,《电力装置的继电保护和自动装置设计规范》(GB/T 50062—2008)第15.2.2-5条。

5. **答案**:C

**依据**:《35~110kV变电站设计规范》(GB 50059—2011)第2.0.1条。

6. **答案**:C

**依据**:《3~110kV高压配电装置设计规范》(GB 50060—2008)第5.4.5条。

7. **答案**:C

**依据**:《并联电容器装置设计规范》(GB 50227—2017)第5.4.2条。

电容电流:$I_c = \dfrac{750}{10 \times \sqrt{3}} = 43.3\text{A}$

熔丝额定电流:$I_N = (1.37 \sim 1.5) \times 43.3 = (59.3 \sim 64.95)\text{A}$

8. **答案**:C

**依据**:《建筑设计防火规范》(GB 50016—2014)第5.1.1条、第10.1.2条。

9. **答案**:D

**依据**:《工业与民用供配电设计手册》(第四版)P15~P18相关内容,同时系数为采用需要系数法进行负荷计算时所用的参数。

10. **答案**:B

**依据**:《工业与民用供配电设计手册》(第四版)P36式(1.11-5)及表1.4-7。

$Q = 1880 \times 0.78 \times (0.802 - 0.329) = 693\text{kvar}$

11. **答案**:B

**依据**:《供配电系统设计规范》(GB 50052—2009)第5.0.9条。

12. **答案：**D

**依据：**《工业与民用供配电设计手册》(第四版)P457“概述”。

13. **答案：**D

**依据：**《工业与民用供配电设计手册》(第四版)P60 表 2.3-1。

14. **答案：**B

**依据：**《并联电容器装置设计规范》(GB 50227—2017)第 5.5.2 条。

15. **答案：**C

**依据：**《建筑设计防火规范》(GB 50016—2014)第 10.1.1 条、第 10.1.2 条。

16. **答案：**D

**依据：**《电力工程电缆设计标准》(GB 50217—2018)第 3.4.6 条。

17. **答案：**C

**依据：**《电力工程电缆设计标准》(GB 50217—2018)第 3.6.8 条。

18. **答案：**B

**依据：**《电力工程直流系统设计技术规程》(DL/T 5044—2014)附录 A 第 A.3.6 条、附录 C 式(C.2.2)。

$$I_1 = 0.3 \times 300 = 90\text{A}$$

19. **答案：**C

**依据：**《爆炸危险环境电力装置设计规范》(GB 50058—2014)第 5.4.1-5 条。

20. **答案：**B

**依据：**《工业与民用供配电设计手册》(第四版)P493 式(6.7-2)、式(6.7-4)。

$$I_1 = \frac{20}{0.38 \times \sqrt{3}} = 30.38\text{A}$$

$$I_2 = 30.38 \times \sqrt{1 + 0.09^2 + 0.4^2 + 0.3^2} = 34\text{A}$$

21. **答案：**A

**依据：**《钢铁企业电力设计手册》(下册)P311 表 25-12。

22. **答案：**B

**依据：**《爆炸危险环境电力装置设计规范》(GB 50058—2014)第 3.3.2 条。

23. **答案：**A

**依据：**《建筑物防雷设计规范》(GB 50057—2010)第 5.2.12 条及条文说明式(22)。

$$h_r = 10 \cdot I^{0.65} \Rightarrow I = \left(\frac{h_r}{10}\right)^{\frac{1}{0.65}}$$

$$I_1 = \left(\frac{30}{10}\right)^{\frac{1}{0.65}} = 5.42\text{kA}, I_2 = \left(\frac{45}{10}\right)^{\frac{1}{0.65}} = 10.11\text{kA}, I_3 = \left(\frac{60}{10}\right)^{\frac{1}{0.65}} = 15.75\text{kA}$$

24. **答案：**C

**依据：**《建筑物防雷设计规范》(GB 50057—2010)第4.2.1-5条式(4.2.1-3)。

$$R_i \leqslant \frac{3}{0.4} = 7.5\Omega$$

25. **答案：**A

**依据：**《交流电气装置的接地设计规范》(GB/T 50065—2011)第4.2.2条。

$U_t = 50 + 0.05 \times 500 \times 0.4 = 60V$

26. **答案：**B

**依据：**《电击防护 装置和设备的通用部分》(GB 17045—2008)第7.2条 。

27. **答案：**B

**依据：**《低压配电设计规范》(GB 50054—2011)第5.1.2条。

28. **答案：**D

**依据：**《导体和电器选择设计技术规定》(DL/T 5222—2005)第5.0.12条。

29. **答案：**B

**依据：**《电力设施抗震设计规范》(GB 50260—2013)第6.7.1条及条文说明。

30. **答案：**D

**依据：**《交流电气装置的过电压保护和绝缘配合设计规范》(GB/T 50064—2014)第4.4.3条。

31. **答案：**C

**依据：**《照明设计手册》(第三版)P22表2-1。

32. **答案：**A

**依据：**《建筑照明设计标准》(GB 50034—2013)第4.1.4条。

33. **答案：**C

**依据：**《工业与民用供配电设计手册》(第四版)P5表1.2-1。

34. **答案：**D

**依据：**《照明设计手册》(第三版)P389相关内容。

评价指标包括路面平均亮度、路面亮度总均匀度、路面亮度纵向均匀度、眩光控制、环境比等。

35. **答案：**D

**依据：**《建筑照明设计标准》(GB 50034—2013)第4.3.2条。

36. **答案：**C

**依据：**《工业电视系统工程设计规范》(GB 50115—2009)第4.1.7条表2及条文

说明。

37. **答案**:B

**依据**:《民用建筑电气设计标准》(GB 51348—2019)第14.4.9条。

38. **答案**:D

**依据**:《电子会议系统工程设计规》(GB 50799—2012)第4.2.3条。

39. **答案**:C

**依据**:《低压配电设计规范》(GB 50054—2011)第5.3.2条、第5.3.3条。

40. **答案**:D

**依据**:《钢铁企业电力设计手册》(下册)P231表24-57。

---

41. **答案**:AD

**依据**:《工业与民用供配电设计手册》(第四版)P279"限流措施"相关内容。

42. **答案**:AB

**依据**:《民用建筑电气设计标准》(GB 51348—2019)附录A。

甲等剧场的空调机房和锅炉房电力和照明、甲等电影院的照明与放映属于二级负荷;大型商场及超市营业厅的备用照明属于一级负荷;建筑高度64m的写字楼属于一类高层建筑,其地下室的排污泵、生活水泵属于一级负荷。

43. **答案**:BD

**依据**:《工业与民用供配电设计手册》(第四版)P4 ~ P6"1.2.1 单台用电设备的设备功率"和"1.2.2.1 用电设备组的设备功率"。

44. **答案**:ACD

**依据**:《供配电系统设计规范》(GB 50052—2009)第5.0.4条。

45. **答案**:AB

**依据**:《供配电系统设计规范》(GB 50052—2009)第6.0.8条。

46. **答案**:BCD

**依据**:《供配电系统设计规范》(GB 50052—2009)第5.0.11条

47. **答案**:ABD

**依据**:《供配电系统设计规范》(GB 50052—2009)第5.0.6条、第5.0.7条。

48. **答案**:AC

**依据**:《电力工程电缆设计标准》(GB 50217—2018)第3.7.4条。

49. **答案**:AC

依据:《电力装置的电测量仪表装置设计规范》(DL/T 50063—2017)附录C表C.0.7。

50. 答案:ACD

依据:《35~110kV变电站设计规范》(GB 50059—2011)第3.6.1条、第3.6.3条。

51. 答案:AD

依据:《35~110kV变电站设计规范》(GB 50059—2011)第4.5.5条。

52. 答案:ABC

依据:《20kV及以下变电所设计规范》(GB 50053—2013)第2.0.6条。

53. 答案:ABD

依据:《钢铁企业电力设计手册》(下册)P89表24-1。

54. 答案:BCD

依据:《钢铁企业电力设计手册》(下册)P311表25-12。

55. 答案:ABD

依据:《导体和电器选择设计技术规定》(DL/T 5222—2005)第16.0.1条。

56. 答案:ABC

依据:《低压配电设计规范》(GB 50054—2011)第5.2.9条。

57. 答案:BCD

依据:《红外线同声传译系统工程技术规范》(GB 50524—2010)第3.1.8条。

58. 答案:BC

依据:《建筑设计防火规范》(GB 50016—2014)第10.1.1条、第10.1.2条,《汽车库、修车库、停车场设计防火规范》(GB 50067—2014)第9.0.1条。

59. 答案:BCD

依据:《低压配电设计规范》(GB 50054—2011)第3.1.1条、第3.1.10条,《建筑物电气装置 第5部分:电气设备的选择和安装 第53章:开关设备和控制设备》(GB 16895.4—1997)第537.2.1.1条表53A。

60. 答案:AD

依据:《电力工程电缆设计标准》(GB 50217—2018)第3.6.1条、第3.6.7条。

61. 答案:AD

依据:《电力工程电缆设计标准》(GB 50217—2018)第5.3.5条及表5.3.5。

62. 答案:BD

依据:《电力工程直流系统设计技术规程》(DL/T 5044—2014)第6.2.1条。

63. 答案:ABC

依据:《建筑照明设计标准》(GB 50034—2013)第4.2条~第4.5条。

照明质量要素包括照度均匀度、眩光限制、光源颜色(即色温)、反射比。

64. **答案**:BD

**依据**:《人民防空地下室设计规范》(GB 50038—2005)第4.1.3条、第6.3.14条~第6.3.16条。

65. **答案**:ABC

**依据**:《照明设计手册》(第三版)P191"2.黑板照明"。

66. **答案**:BCD

**依据**:《照明设计手册》(第三版)P147。

利用系数是灯具光强分布、灯具效率、房间形状、室内表面反射比的函数。

67. **答案**:BD

**依据**:《供配电系统设计规范》(GB 50052—2009)第5.0.9条、第5.0.11条。

68. **答案**:BC

**依据**:《交流电气装置的接地设计规范》(GB/T 50065—2011)第4.3.1条。

69. **答案**:BCD

**依据**:《建筑物防雷设计规范》(GB 50057—2010)第2.0.41条、第2.0.44条、第6.4.6条,《工业与民用供配电设计手册》(第四版)P1312"13.11.1.1-2"。

70. **答案**:BCD

**依据**:《火灾自动报警系统设计规范》(GB 50116—2013)第11.2.6条。

# 2019年专业知识试题(下午卷)

## 一、单项选择题(共40题,每题1分,每题的备选项中只有1个最符合题意)

1. 关于高压断路器的选择校验和短路电流计算的选择,下列表述错误的是哪项? ( )

(A)校验动稳定时,应计算短路电流峰值
(B)校验动稳定时,应计算分闸瞬间的短路电流交流分量和直流分量
(C)校验关合能力,应计算短路电流峰值
(D)校验开断能力,应计算分闸瞬间的短路电流交流分量和直流分量

2. 用于电能计量装置的电压互感器二次回路电压降应符合下列哪项规定? ( )

(A)二次回路电压降不应大于额定二次电压的5%
(B)二次回路电压降不应大于额定二次电压的3%
(C)二次回路电压降不应大于额定二次电压的0.5%
(D)二次回路电压降不应大于额定二次电压的0.2%

3. 在某10/0.4kV变电所内设置一台容量为1600kVA的油浸变压器,接线组别为Dyn11,下列变压器保护配置方案满足规范要求的是哪项? ( )

(A)电流速断+瓦斯+单相接地+温度
(B)电流速断+纵联差动+过电流+单相接地
(C)电流速断+瓦斯+过电流+单相接地
(D)电流速断+过电流+单相接地+温度

4. 下列关于单侧线路重合闸保护的表述中,正确的是哪项? ( )

(A)自动重合闸装置应采用一次重合闸
(B)只要线路保护动作跳闸,自动重合闸就应该动作
(C)母线保护线路断路器跳闸,自动重合闸就应动作
(D)重合闸动作与否,与断路器状态无关

5. 关于10kV变电站的站址选择,下列不正确的是哪项? ( )

(A)不应设在有剧烈振动或高温的场所
(B)油浸变压器的变电所,当设在二级耐火等级的建筑物内时,建筑物应采取局部防火措施
(C)应布置在爆炸性环境以外,当为正压室时,可布置在1区、2区内

(D)位于爆炸危险区附加2区的变电所、配电所和控制室的电气和仪表的设备层和地面应高出室外地面0.3m

6. 某110kV户外配电装置，为防止外人随便进入，其围栏高度至少宜为下列哪项数值？（ ）

(A)1.5m　　(B)1.7m

(C)2.0m　　(D)2.3m

7. 某10kV配电室选择屋内裸导体及其他电器的环境温度，若该处无通风设计温度资料时，可选择下列哪项作为环境温度？（ ）

(A)最热月平均最高温度　　(B)年最高温度

(C)最高排风温度　　(D)最热月平均最高温度加5℃

8. 在民用建筑中，大型金融中心的关键电子计算机系统和防盗报警系统，应分别划分为哪级负荷？（ ）

(A)均为一级负荷中特别重要负荷

(B)电子计算机系统为一级负荷当中特别重要负荷，防盗报警系统为一级负荷

(C)电子计算机系统为一级负荷，防盗报警系统为一级负荷当中特别重要负荷

(D)均为一级负荷

9. 关于二级负荷的供电电源的要求，依据规范下列正确的是哪项？（ ）

(A)应由双重电源供电

(B)不可单回路供电

(C)必须由两会线路供电，且两回线路不应同时发生故障

(D)某些情况下，可由一回6kV及以上专用架空线路供电

10. 对于一级负荷当中特别重要负荷设置应急电源时，以下应急电源与正常电源之间采取的正确措施是哪项？（ ）

(A)应采取防止分列运行的措施

(B)应采取防止并列运行的措施

(C)任何情况下，都禁止并列运行

(D)应各自独立运行，禁止发生任何电气联系

11. 关于无功功率自动补偿的调节方式，下列说法不正确的是哪项？（ ）

(A)以节能为主进行补偿时，宜采用无功功率参数调节

(B)当三相负荷平衡时，可采用功率因数参数调节

(C)如供电变压器采用了自动电压调节，则可按电压参数调节

(D)无功功率随时间稳定变化时，宜按时间参数调节

12. 发电机额定电压为6.3kV,额定容量为25MW,当发电机内部发生单相接地故障不要求瞬时切机且采用中性点不接地方式时,发电机单相接地故障电容电流最高允许值为下列哪项数值?大于该数值时,应采用何种接地方式? ( )

(A)最高允许值为4A,大于该值时,应采用中性点谐振接地方式
(B)最高允许值为4A,大于该值时,应采用中性点直接接地方式
(C)最高允许值为3A,大于该值时,应采用中性点谐振接地方式
(D)最高允许值为3A,大于该值时,应采用中性点直接接地方式

13. 当低压配电系统采用TT接地系统形式时,下列说法正确的是哪项? ( )

(A)电力系统有一点直接接地,电气装置的外露可导电部分通过保护线与该接地点相连
(B)电力系统与大地间不直接连接,电气装置的外露可导电部分通过接地极与该接地点相连
(C)电力系统有一点直接接地,电气装置的外露可导电部分通过保护线接至与电力系统接地点无关的接地极
(D)电力系统与大地间不直接连接,电气装置的外露可导电部分与大地也不直接连接

14. 某35kV变电站采用双母线接线形式,与单母线接线形式相比,其优点为下列哪项? ( )

(A)接线简单清晰,操作方便
(B)设备少,投资少
(C)供电可靠性高,运行灵活方便,便于检修和扩建
(D)占地少,便于扩建和采用成套配电装置

15. 计算分裂导线次档距长度和软导线短路摇摆时,应选择下列哪项短路点? ( )

(A)弧垂最低点
(B)导线断点
(C)计算导线通过最大短路电流的短路点
(D)最大受力点

16. 电缆经济电流密度和下列哪项无关? ( )

(A)相线数目
(B)电缆电抗
(C)回路类型
(D)电缆价格

17. 空气中敷设的1kV电缆在环境温度为40℃时载流量为100A,其在25℃时的载流量为下列哪项数值?(电缆导体最高温度为90℃,基准环境温度为40℃) ( )

(A)100A
(B)109A
(C)113A
(D)114A

18. 关于电缆终端的选择,下列做法不正确的是哪项? (　　)

(A)电缆与 GIS 相连时,采用封闭式 GIS 终端

(B)电缆与变压器高压侧通过裸母线相连时,采用封闭式 GIS 终端

(C)电缆与充气式中压配电柜相连时,采用封闭式终端

(D)电缆与低压电动机相连时,采用敞开式终端

19. 下列直流负荷中,属于事故负荷的是哪项? (　　)

(A)正常及事故状态皆运行的直流电动机

(B)高压断路器事故跳闸

(C)只在事故运行时的汽轮发电机直流润滑泵

(D)DC/DC 变换装置

20. 下列直流负荷中,不属于控制负荷的是哪项? (　　)

(A)控制继电器

(B)用于通讯设备的 220V/48V 变换装置

(C)继电保护装置

(D)功率测量仪表

21. 下列实测用电设备端子电压偏差,不满足规范要求的是哪项? (　　)

(A)电动机 +3% (B)一般工作场所照明 -5%

(C)道路照明 -7% (D)应急照明 +7%

22. 入侵报警系统设计时,关于入侵探测器的选择和设置,下列不满足规范要求的是哪项? (　　)

(A)报警区域应按不同目标区域相对独立性划分,当防护区域较大、报警点分散时,应采用带有地址码的探测器

(B)被动红外探测器的防护区域内,不应有影响探测的障碍物,并应避免受热源干扰

(C)拾音器的安装位置应与摄像机彼此独立,保证信道信息

(D)紧急报警按钮的设置应隐蔽、安全和便于操作

23. 某办公楼 220/380V 低压配电系统谐波含量主要包括三次、五次、七次,其中三次谐波的含量超过 30%,为了减少三次及以上谐波的谐振影响,下列无功补偿措施正确的是哪项? (　　)

(A)采用电抗率为 6% 的电抗,电容的额定电压为 480V

(B)采用电抗率为 12% 的电抗,电容的额定电压为 525V

(C)采用电抗率为 6% 的电抗,电容的额定电压为 525V

(D)采用电抗率为 12% 的电抗,电容的额定电压为 480V

24. 某山区内建设有一座生产炸药的厂房，电源采用低压架空线路，建设地点的土壤电阻率为300Ω·m。下列电源引入方式描述正确的是哪项？（　　）

(A)架空线路在入户处改为电缆直接埋地敷设，电缆的金属外皮、钢管接到等电位连接带或放闪电感应的接地装置上

(B)架空线路转为铠装电缆埋地引入，埋地敷设的长度不小于15m

(C)架空线路与建筑物的距离应大于15m

(D)架空线路应转为铠装电缆埋地引入，铠装电缆与独立防雷接地装置的距离不小于2m

25. 某室外路灯采用220/380V、TT系统供电，设置RCD保护，为了避免其误动作，RCD额定电流为100mA。假设路灯的PE线电阻可忽略不计，安全电源限值按正常环境考虑，则路灯的接地电阻最大不应超过下列哪项数值？（　　）

(A)500Ω　　(B)250Ω

(C)50Ω　　(D)4Ω

26. 一座10/0.4kV变电站低压屏某照明回路，回路计算电流为23A，保护电器的整定值为32A，单相接地短路电流为3kA，保护动作时间为1s，$k$取143。PE线的截面面积最小为下列哪项数值？（　　）

(A)$6mm^2$　　(B)$16mm^2$

(C)$25mm^2$　　(D)$32mm^2$

27. 某建筑使用16A插座为某固定用电设备供电，用电设备保护接地端子最大连接导体为$4mm^2$，当该设备正常运行时，保护导体电流的最大限值为下列哪项数值？

（　　）

(A)30mA　　(B)10mA

(C)5mA　　(D)0.5mA

28. 额定电压为380V的隔离电器，在新的、清洁的、干燥的条件下断开触头之间的泄露电流每级不得超过下列哪项数值？（　　）

(A)0.5mA　　(B)0.2mA

(C)0.1mA　　(D)0.01mA

29. 如果房间的面积为$48m^2$，周长为28 m，灯具安装高度距地2.8m，工作面0.75m，则室型指数为下列哪项数值？（　　）

(A)1.22　　(B)1.67

(C)2.99　　(D)4.08

30. 下列哪类光源已不再使用？（　　）

(A)中显色高压钠灯　　(B)自镇流荧光高压钠灯
(C)白炽灯　　(D)低压钠灯

31. 36W 的 T8 荧光灯,配置调光电子镇流器,问在调光电子镇流器光输出时,其能效限定值不应低于下列哪项数值?（　）

(A)79.5%　　(B)84.2%
(C)88.9%　　(D)91.4%

32. 道路照明灯具按照配光分为截光、半截光和非截光三种类型,在快速路上不能使用下列哪种灯具?（　）

(A)截光型　　(B)半截光型
(C)非截光型　　(D)截光型和半截光型

33. 下列哪个场所的照度标准值参考的平面不是地面?（　）

(A)宴会厅　　(B)展厅
(C)观众休息厅　　(D)售票大厅

34. 视频显示系统的工作环境以及设备部件和材料选择,下列符合规范要求的是哪项?（　）

(A)LCD 视频显示系统的室内工作环境温度应为 0 ~ 40℃
(B)LCD、PDP 视频显示系统的室外工作环境温度应为 -40 ~ 55℃
(C)LED 视频显示系统的室外工作环境温度应为 -40 ~ 55℃
(D)系统采用设备和部件的模拟视频输入和输出阻抗以及同轴电缆的特性阻抗均为 100Ω

35. 进行公共广播系统功放设备的容量计算时,若广播线路功耗为 2dB,则其线路衰耗补偿系数取值应为下列哪项数值?（　）

(A)1.12　　(B)1.20
(C)1.44　　(D)1.58

36. 在光纤到用户通信系统的设计中,用户接入点是光纤到用户单元工程特定的一个逻辑点,对其设置要求的描述,下列错误的是哪项?（　）

(A)每一个光纤配线区应设置一个用户接入点
(B)用户光缆和配线光缆应在用户接入点进行互联
(C)不允许在用户接入点处进行配线
(D)用户接入点处可设置光分路器

37. 关于隔离电器的选用,下列错误的是哪项?（　）

(A)插头与插座　　(B)连接片
(C)熔断器　　(D)半导体开关电器

38. 继电保护和自动装置的设计应满足下列哪项要求？　　(　　)

(A)可靠性、经济性、灵敏性、速动性
(B)可靠性、选择性、灵敏性、速动性
(C)可靠性、选择性、合理性、速动性
(D)可靠性、选择性、灵敏性、安全性

39. 考虑到电网电压降低及计算偏差，若同步电动机的最大转矩为 $M_{max}$，则设计可采用的下限最大转矩为多少？　　(　　)

(A) $0.95M_{max}$　　(B) $0.9M_{max}$
(C) $0.85M_{max}$　　(D) $0.75M_{max}$

40. 关于交—交变频调速器的特点，下列描述不正确的是哪项？　　(　　)

(A)容易启动　　(B)启动转矩大
(C)快速性好　　(D)不适用于大容量电机

**二、多项选择题(共30题，每题2分。每题的备选项中有2个或2个以上符合题意，错选、少选、多选均不得分)**

41. 采用现行《三相交流系统短路电流计算》(GB/T 15544)短路电流计算方法，下列说法正确的有哪些？　　(　　)

(A)可不考虑电机的运行数据
(B)在各序网中，线路电容和非旋转负载的并联导纳都可忽略
(C)同步发电机、同步电动机和异步电动机的电势均视为零
(D)计算三绕组变压器的短路阻抗时，应引入阻抗校正系数

42. 下列哪些建筑的消防用电应按二级负荷供电？　　(　　)

(A)省(市)级及以上的广播电视.电信和财贸金融建筑
(B)室外消防用水量大于25L/s的公共建筑
(C)二类高层民用建筑
(D)一类高层建筑的公共走道应急疏散照明

43. 关于负荷计算，下列说法正确的有哪些？　　(　　)

(A)计算负荷为实际负荷经适当的转换后得到的假想的持续性负荷
(B)需要负荷可用于按发热条件选择电器和导体，计算电压偏差、电网损耗
(C)只有平均负荷才能用于计算电能消耗量和无功补偿量
(D)尖峰电流可用于校验电压波动和选择保护电器

44. 对于电网供电电压的限值要求，下列表述正确的有哪些？（　　）

(A)35kV 及以上供电电压正、负偏差绝对值之和不超过标称电压的 10%
(B)20kV 及以下三相供电电压偏差为标称电压的 ±7%
(C)220V 单相供电电压偏差为标称电压的 +5% ~ -10%
(D)对供电点短路容量较小、供电距离较长以及对供电电压偏差有特殊要求的用户

45. 为降低由谐波引起的电网电压正弦波形畸变率，可采取下列哪些措施？（　　）

(A)大功率非线性用电设备变压器，由短路容量较大的电网供电
(B)对大功率静止整流器，采用增加整流变压器二次侧的相数和整流器的整流脉冲数
(C)对大功率静止整流器，按谐波次数设分流滤波器
(D)选用 Y,yn0 接线组别的三相配电变压器

46. 供配电系统采用并联电力电容器作为无功补偿装置时，宜就地平衡补偿，并应符合下列哪些要求？（　　）

(A)低压部分的无功补偿，应由低压电容器补偿
(B)高压部分的无功补偿，宜由高压电容器补偿
(C)容量较大，符合平稳且经常使用的用电设备的无功功率，应在变电所内集中补偿
(D)补偿基本无功功率的电容器组，宜单独就地补偿

47. 关于应急电源，下列说法正确的有哪些？（　　）

(A)应急电源的类型，应根据允许中断供电的时间来选择，与负荷性质及容量的大小无关
(B)允许中断供电时间为 15s 以上的供电，可选择快速自启动的发电机组
(C)允许中断供电时间为毫秒级的供电，可选用蓄电池静止型不间断供电装置
(D)对于需要设置备用电源的负荷，可根据需要接入应急电源供电系统

48. 关于变电站中继电保护和自动装置的控制电缆，下列正确的选项有哪些？
（　　）

(A)控制电缆应选择屏蔽电缆
(B)电缆屏蔽应单端接地
(C)弱电回路和强电回路不应共用同一根电缆
(D)低电平回路和高电平回路不应共用同一根电缆

49. 变电站设计中，下列哪些回路应检测直流系统的绝缘？（　　）

(A)同步发电机的励磁回路　　(B)重要的直流回路

(C)UPS 逆变器输出回路　　(D)高频开关电源充电装置输出回路

50. 某变电站中,设置两台 110kV 单台油量为 4t 的室外油浸主变压器,主变压器本体之间净距为 7m,下列关于变压器之间防火墙的设计不正确的有哪些?（　　）

(A)不设置防火墙
(B)设置高度高于变压器油箱顶端的防火墙
(C)设置高度高于变压器油枕的防火墙
(D)设置长度大于变压器两侧各 1.0m 的防火墙

51. 某 10kV 变电站,高压柜采用成套金属封闭开关设备,下列关于高压柜的说法正确的有哪些?（　　）

(A)需具备防止误分、误合断路器的功能
(B)需具备防止带负荷拉合负荷开关的功能
(C)需具备防止带地线关(合)断路器(隔离开关)的功能
(D)需具备防止误入带电间隔的功能

52. 关于电动机的选择,应优先考虑下列哪些基本要求?（　　）

(A)电动机的类型和额定电压
(B)电动机的体积和重量
(C)电动机的结构形式、冷却方式、绝缘等级
(D)电动机的额定容量

53. 相对于直流电动机,下列哪些是交流电动机的优点?（　　）

(A)电动机的结构简单　　(B)价格便宜
(C)启动、制动性能好　　(D)维护方便

54. 下列属于间接接触电击防护的有哪些选项?（　　）

(A)采用Ⅱ类电气设备　　(B)采用特低电压供电
(C)自动切断电源　　(D)将裸带电体置于伸臂范围之外

55. 在工程设计中应先采取消除或减少爆炸性粉尘混合物产生和积聚的措施,下列说法正确的有哪些?（　　）

(A)工艺设备宜将危险物料密封在防止粉尘泄漏的容器内
(B)宜采用露天或敞开式布置,或采用机械除尘设施
(C)提高自动化水平,可采用必要的安全联锁
(D)可适当降低物料湿度

56. 位于下列哪些场所的油浸变压器室的门应采用甲级防火门?（　　）

(A)无火灾危险的车间内　　(B)容易沉积可燃粉尘的场所
(C)民用建筑内,门通向其他相邻房间　　(D)油浸变压器室下面设置地下室

57. 电力系统装置或设备的下列哪些选项应接地?　　(　　)

(A)电机变压器和高压电器等的底座和外壳
(B)配电、控制和保护用的屏(柜、箱)等的金属框架
(C)电力电缆的金属护套或屏蔽层,穿线的钢管和电缆桥架等
(D)安装在配电屏、控制屏和配电装置上的电测量仪表继电器和其他低压电器等的外壳

58. 在下列哪些场合不宜选用铝合金电缆?　　(　　)

(A)不重要的电机回路　　(B)核电厂常规岛
(C)中压回路　　(D)应急照明回路

59. 关于电缆类型的选择,下列说法正确的有哪些?　　(　　)

(A)电缆导体与绝缘屏蔽层之间额定电压不得低于回路工作线电压
(B)10kV 交联聚乙烯绝缘电缆应选用内、外半导电屏蔽层与绝缘层三层共挤工艺特征的形式
(C)敷设在桥架内的电缆可不需要铠装
(D)海底电缆不宜选用铝铠装

60. 关于交流单芯电缆金属层接地方式的选择,下列说法正确的有哪些?　　(　　)

(A)电缆金属层接地方式的选择与电缆长度无关
(B)电缆金属层接地方式的选择与电缆金属层上的感应电势相关
(C)电缆金属层接地方式的选择与是否采取防止人员接触金属层安全措施相关
(D)电缆金属层接地方式的选择与输送容量相关

61. 关于直流系统保护电器,下列说法不正确的有哪些?　　(　　)

(A)直流熔断器的下级不应使用断路器
(B)充电装置直流侧出口宜按直流进线选用直流断路器
(C)直流馈线断路器宜选用带短延时保护特性的直流断路器
(D)当直流断路器有极性要求时,对充电装置回路应采用反极性接线

62. 关于灯具的选择,下列选项正确的有哪些?　　(　　)

(A)室外场所应选用防护等级不低于 IP54 的灯具
(B)多尘埃的场所,应选用防护等级不低于 IP4X 的灯具
(C)游泳池水下灯具,应选用标称电压不超过 12V 的安全特低电压
(D)灯具安装高度大于 8m 的工业建筑场所,其显色指数 $R_a$ 可低于 80,但必须能

够辨别安全色

63. 在气体放电灯的频闪效应对视觉作业有影响的场所，可采取的措施有哪些？ （　　）

(A)采用窄光束的灯具
(B)采用提高灯具安装高度
(C)相邻灯具分接在不同相序
(D)采用高频电子镇流器

64. 下列选项中的照度值不符合照度标准值的有哪些？ （　　）

(A)0.5lx、15lx、75lx、1500lx
(B)2lx、50lx、1000lx、3000lx
(C)3lx、150lx、400lx、3000lx
(D)30lx、200lx、1500lx、2500lx

65. 关于照明灯具布置、照明配电、照明控制，下列说法正确的有哪些？ （　　）

(A)多媒体教室、报告厅等场所的一般照明宜沿外窗平行方向控制或分区控制
(B)在照明分支回路中，不宜采用三相低压断路器对三个单相分支回路进行控制和保护
(C)大空间办公室的工作区域，可按座位使用需求自动开关灯或调光
(D)门厅、大堂、电梯厅等场所，宜采用夜间定时提高照度的自动控制装置

66. 某厂房为一类防雷建筑物，长50m，宽30m，高35m，当采用滚球法时，下列关于雷电防护措施的描述正确的有哪些？ （　　）

(A)该建筑物装设独立的架空接闪线
(B)该建筑物装设独立的架空接闪网，网格尺寸不大于5m×5m或4m×6m
(C)该建筑物在屋面装设不大于5m×5m或4m×6m的接闪网，还应采取防侧击雷的措施
(D)每一防雷引下线的冲击电阻应小于10Ω

67. 当广播扬声器为无源扬声器，传输距离与传输功率的乘积大于1km·kW时，根据规范要求，额定传输电压可优先选用下列哪些数值？ （　　）

(A)100V
(B)150V
(C)200V
(D)250V

68. 在综合布线系统设计中，根据规范要求，下列用户数符合一个光纤配线区所辖用户数量要求的有哪些？ （　　）

(A)100
(B)200
(C)250
(D)300

69. 关于建筑物引下线,下列措施正确的有哪些?（　　）

(A)引下线的附近应采取措施防接触电压和跨步电压

(B)防直击雷的专设引下线与建筑物出口的距离不小于5m

(C)外露引下线应套钢管防止机械损伤导致断线

(D)建筑物有不少于10根的柱子内电气上贯通的主筋作为引下线时,不必采取其他的防止接触电压和跨步电压的措施

70. 某三相四线制低压配电系统,变压器中性点直接接地,负荷侧用电设备外露可导电部分与附近的其他用电设备公用接地装置,且与电源侧接地无直接接电气连接。该配电系统的接地形式不属于下列哪几种类型?（　　）

(A)TN-S　　(B)TN-C

(C)TT　　(D)IT

# 2019年专业知识试题答案(下午卷)

1. **答案**:B

**依据**:《导体和电器选择设计技术规定》(DL/T 5222—2005)第9.2.5条、第9.2.6条,《工业与民用供配电设计手册》(第四版)P375式(5.5-74)。

2. **答案**:D

**依据**:《电力装置的电测量仪表装置设计规范》(DL/T 50063—2017)第8.2.3-2条。

3. **答案**:C

**依据**:《电力装置的继电保护和自动装置设计规范》(GB/T 50062—2008)第4.0.2条、第4.0.3条。

4. **答案**:A

**依据**:《电力装置的继电保护和自动装置设计规范》(GB/T 50062—2008)第10.0.3条。

5. **答案**:D

**依据**:《电力装置的电测量仪表装置设计规范》(DL/T 50063—2017)第2.0.1-5条、第2.0.2条、第5.3.5条。

6. **答案**:A

**依据**:《3~110kV高压配电装置设计规范》(GB 50060—2008)第5.4.7条。

7. **答案**:D

**依据**:《3~110kV高压配电装置设计规范》(GB 50060—2008)第3.0.2条之注3。

8. **答案**:A

**依据**:《民用建筑电气设计标准》(GB 51348—2019)附录A。

9. **答案**:B

**依据**:《供配电系统设计规范》(GB 50052—2009)第3.0.2条、第3.0.7条。

10. **答案**:A

**依据**:《供配电系统设计规范》(GB 50052—2009)第4.0.2条。

11. **答案**:C

**依据**:《供配电系统设计规范》(GB 50052—2009)第6.0.10-2条。

12. **答案**:A

**依据**:《交流电气装置的过电压保护和绝缘配合设计规范》(GB/T 50064—2014)第3.1.3-3条及表3.1.3。

13. **答案**:C

**依据**:《交流电气装置的接地设计规范》(GB/T 50065—2011)第7.1.2条。

14. **答案**:C

**依据**:《工业与民用供配电设计手册》(第四版)P70"双母线接线形式的优点"。

15. **答案**:C

**依据**:《导体和电器选择设计技术规定》(DL/T 5222—2005)第5.0.7条。

16. **答案**:B

**依据**:《电力工程电缆设计标准》(GB 50217—2018)附录B、式(B.0.1-1)~式(B.0.1-6)。

17. **答案**:B

**依据**:《电力工程电缆设计标准》(GB 50217—2018)附录D第D.0.2条。

18. **答案**:B

**依据**:《电力工程电缆设计标准》(GB 50217—2018)第4.1.1条。

19. **答案**:C

**依据**:《电力工程直流系统设计技术规程》(DL/T 5044—2014)第4.1.2-2条。

20. **答案**:B

**依据**:《电力工程直流系统设计技术规程》(DL/T 5044—2014)第4.1.1-1条。

21. **答案**:D

**依据**:《工业与民用供配电设计手册》(第四版)P462表6.2-3。

22. **答案**:C

**依据**:《民用建筑电气设计标准》(GB 51348—2019)第14.2.3条。

23. **答案**:D

**依据**:《并联电容器装置设计规范》(GB 50227—2017)第5.5.2条。

电抗率宜选12%,$U = 400/(1-12\%) = 454.5\text{V}$,取480V。

24. **答案**:D

**依据**:《建筑物防雷设计规范》(GB 50057—2010)第4.2.3条。

25. **答案**:A

**依据**:《低压配电设计规范》(GB 50054—2011)第5.2.5条和式(5.2.15)。

26. **答案**:C

**依据**:《低压配电设计规范》(GB 50054—2011)第3.2.14条。

$$S \geqslant \frac{3000}{143\sqrt{1}} = 21\text{mm}^2$$

27. **答案**:B

**依据**:《低压配电设计规范》(GB 50054—2011)第3.2.14条及条文说明。

28. **答案**:A

**依据**:《工业与民用供配电设计手册》(第四版)P996“11.5.5.1-2”。

29. **答案**:B

**依据**:《照明设计手册》(第三版)P9式(1-9)。

$$RI=\frac{2\times 48}{28\times(2.8-0.75)}=1.67$$

30. **答案**:C

**依据**:《照明设计手册》(第三版)P54表2-53。

31. **答案**:C

**依据**:《照明设计手册》(第三版)P56表2-56。

32. **答案**:C

**依据**:《照明设计手册》(第三版)P56表18-16。

33. **答案**:A

**依据**:《建筑照明设计标准》(GB 50034—2013)第5.3.5条。

34. **答案**:B

**依据**:《视频显示系统工程技术规范》(GB 50464—2008)第4.1.4条、第4.1.5条。

35. **答案**:D

**依据**:《民用建筑电气设计标准》(GB 51348—2019)第16.4.4条。

36. **答案**:C

**依据**:《综合布线系统工程设计规范》(GB 50311—2016)第4.1.4条。

37. **答案**:D

**依据**:《低压配电设计规范》(GB 50054—2011)第3.1.7条。

38. **答案**:C

**依据**:《工业与民用配电设计手册》(第四版)P513“7.1.1 继电保护和自动装置设计的一般要求”。

39. **答案**:C

**依据**:《钢铁企业电力设计手册》(下册)P20“23.3.3.6”。

40. **答案**:D

**依据**:《钢铁企业电力设计手册》(下册)P331“25.5.4 交—交变频调速系统特别适合

于大容量的低速传动装置”。

---

41. **答案**：CD

**依据**：《工业与民用配电设计手册》(第四版)P176“4.1.4 GB/T 15544 短路电流计算方法简介”。

42. **答案**：ABC

**依据**：《工业与民用配电设计手册》(第四版)P49“表 2.1-3 消防负荷分级”。

43. **答案**：ABD

**依据**：《工业与民用配电设计手册》(第四版)P1“1.1.1-4 计算负荷”“1.1.2-1 最大负荷和需要负荷”“1.1.2-3 尖峰电流”。

44. **答案**：ABD

**依据**：《工业与民用配电设计手册》(第四版)P462 表 6.2.4 及注解。

45. **答案**：AC

**依据**：《供配电系统设计规范》(GB 50052—2009)第 5.0.13 条。

46. **答案**：AB

**依据**：《供配电系统设计规范》(GB 50052—2009)第 6.0.4 条。

47. **答案**：BC

**依据**：《供配电系统设计规范》(GB 50052—2009)第 3.0.3 条、第 3.0.5 条。

48. **答案**：ACD

**依据**：《电力装置的继电保护和自动装置设计规范》(GB/T 50062—2008)第 15.4.4 条。

49. **答案**：AB

**依据**：《电力装置的电测量仪表装置设计规范》(GB/T 50063—2017)第 3.3.7 条。

50. **答案**：ABD

**依据**：《3 ~110kV 高压配电装置设计规范》(GB 50060—2008)第 5.5.4 条。

51. **答案**：ACD

**依据**：《3 ~110kV 高压配电装置设计规范》(GB 50060—2008)第 4.3.8 条。

52. **答案**：ACD

**依据**：《钢铁企业电力设计手册》(下册)P4“23.1.2 对所选电动机的基本要求”。

53. **答案**：ABD

**依据**：《钢铁企业电力设计手册》(下册)P8“23.2.1 电动机类型的选择”。

54. **答案：**ABC

**依据：**《低压配电设计规范》(GB 50054—2011)第5.2.1条。

55. **答案：**ABC

**依据：**《爆炸危险环境电力装置设计规范》(GB 50058—2014)第4.1.4条。

56. **答案：**BCD

**依据：**《20kV及以下变电所设计规范》(GB 50053—2013)第6.1.2条。

57. **答案：**ABC

**依据：**《交流电气装置的接地设计规范》(GB/T 50065—2011)第3.1.2条。

58. **答案：**BCD

**依据：**《电力工程电缆设计标准》(GB 50217—2018)第3.1.1条。

59. **答案：**BCD

**依据：**《电力工程电缆设计标准》(GB 50217—2018)第3.3.7条、第3.4.4-3C条、第3.4.8条。

60. **答案：**BCD

**依据：**《电力工程电缆设计标准》(GB 50217—2018)第4.1.11条和附录F.0.1。

61. **答案：**ABC

**依据：**《电力工程直流系统设计技术规程》(DL/T 5044—2014)第5.1.2条、第5.1.3条。

62. **答案：**AD

**依据：**《建筑照明设计标准》(GB 50034—2013)第3.3.4-5条、第4.4.2条、第7.1.3条。

63. **答案：**CD

**依据：**《建筑照明设计标准》(GB 50034—2013)第7.2.8条。

64. **答案：**CD

**依据：**《建筑照明设计标准》(GB 50034—2013)第4.1.1条。

65. **答案：**BC

**依据：**《民用建筑电气设计标准》(GB 51348—2019)第10.6.7条、第10.6.17条、第10.6.19条、第10.6.21条。

66. **答案：**AB

**依据：**《建筑物防雷设计规范》(GB 50057—2010)第4.2.1-1条、第4.2.4-7条及条文说明、第4.2.1-8条。

67. **答案：**BCD

**依据：**《公共广播系统工程技术规范》(GB 50262—2010)第3.5.4条。

68. **答案**:ABC

**依据**:《综合布线系统工程设计规范》(GB 50311—2016)第4.2.1条。

69. **答案**:AD

**依据**:《建筑物防雷设计规范》(GB 50057—2010)第4.5.6条、第5.3.7条。

70. **答案**:ABD

**依据**:《交流电气装置的接地设计规范》(GB/T 50065—2011)第7.1条"低压系统接地的型式"。

# 2019 年案例分析试题(上午卷)

**[案例题是 4 选 1 的方式,各小题前后之间没有联系,共 25 道小题,每题分值为 2 分,上午卷 50 分,下午卷 50 分,试卷满分 100 分。案例题一定要有分析(步骤和过程)、计算(要列出相应的公式)、依据(主要是规程、规范、手册),如果是论述题要列出论点]**

题 1~5:某大型综合体商业项目,包括回迁住宅、公寓、写字楼和五星级酒店等建筑,项目设置有多座 10/0.4kV 变电所。请回答以下问题并列出解答过程。

1. 回迁住宅为一栋 7 层的建筑,3 个单元,每个单元一梯两户,共计 42 户,每户用电负荷按 6kW 计算,采用 380/220V 供电,需要系数见下表。

| 按单相配电计算时所连接的基本户数 | 按三相配电计算时所连接的基本户数 | 需要系数 $k_x$ |
|---|---|---|
| 1~3 | 3~9 | 0.9 |
| 4~8 | 12~24 | 0.8 |
| 9~12 | 27~36 | 0.6 |
| 13~24 | 39~72 | 0.45 |
| 25~124 | 75~372 | 0.4 |

住宅干线配电系统见下图。

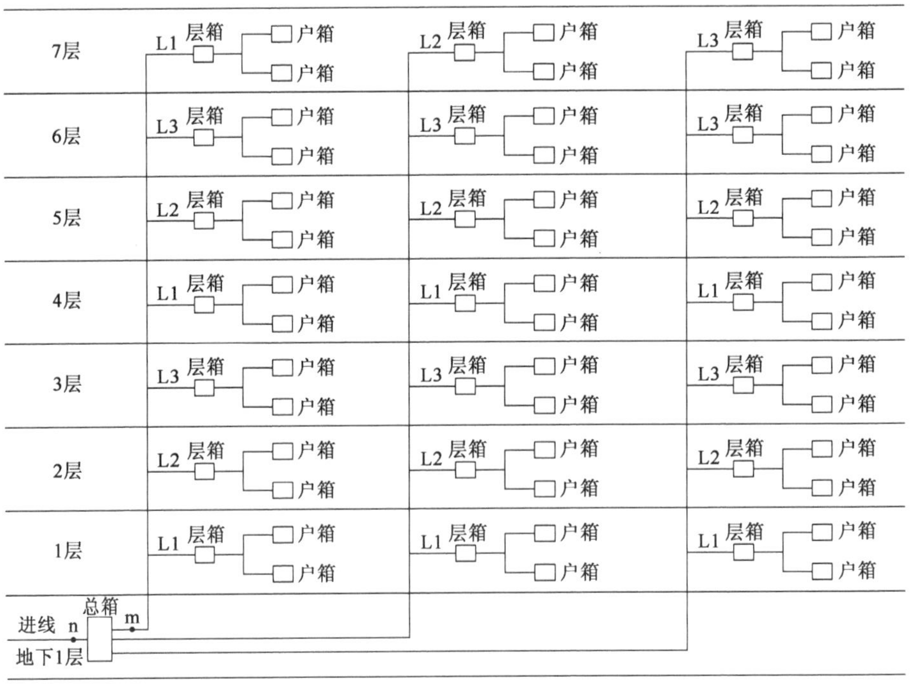

请用需要系数法计算 m 点三相有功计算负荷和 n 点位置的计算电流分别应为下列哪组数值?(功率因数 $\cos\varphi$ 取 0.9)（　　）

(A)67.2kW,170A　　(B)86.4kW,170A

(C)67.2kW,191A　　(D)86.4kW,191A

**解答过程:**

2. 该综合体内的五星级酒店设置独立的 10/0.4kV 变电所,该变电所中的一台变压器所带负荷见下表。

| 用电设备组别 | 设备功率 $P_e$(kW) | 需要系数 | 功率因数 | |
|---|---|---|---|---|
| | | | $\cos\varphi$ | $\tan\varphi$ |
| 客房照明 | 630 | 0.6 | 0.9 | 0.48 |
| 排水泵 | 150 | 0.5 | 0.8 | 0.75 |
| 客梯 | 80 | 0.8 | 0.5 | 1.73 |
| 厨房 | 280 | 0.5 | 0.8 | 0.75 |
| 空调机组及送排风 | 150 | 0.8 | 0.8 | 0.75 |
| 洗衣房 | 160 | 0.6 | 0.8 | 0.75 |
| 消防泵房 | 300 | 0.9 | 0.8 | 0.75 |
| 排烟风机 | 95 | 0.9 | 0.8 | 0.75 |

计算在正常情况下,当有功同时系数为 0.8 时,此变压器低压侧计算有功功率应为下列哪项数值?（　　）

(A)573.61kW　　(B)698.4kW

(C)801.1kW　　(D)982.8kW

**解答过程:**

3. 某 10kV 变电所一台变压器计算有功功率为 786kW,无功功率为 550kvar,采用并联电容器进行无功补偿,补偿后的功率因数为 0.95,变压器负载率不大于 70%,忽略变压器损耗,计算无功补偿后的无功功率及最小变压器容量最接近下列哪组数值?

（　　）

(A)260kvar,1000kVA　　(B)290kvar,1000kVA

(C)260kvar,1250kVA　　(D)290kvar,1250kVA

**解答过程:**

4. 该综合体地下1层有商场及写字楼设置的设备机房,设备容量见下表。

| 用电设备组别 | 设备电量参数(380V) | 利用系数 $k_u$ | 功率因数 $\cos\varphi$ |
|---|---|---|---|
| 泵组A | 15kW×3 两用一备 | 0.85 | 0.8 |
| 泵组B | 55kW×3 两用一备 | 0.80 | 0.8 |
| 泵组C | 75kW×3 两用一备 | 0.80 | 0.8 |
| 泵组D | 37kW×3 两用一备 | 0.85 | 0.8 |

2h最大系数 $k_m$ 见下表。

| $n_{eq}$ | 0.1 | 0.15 | 0.2 | 0.3 | 0.4 | 0.5 | 0.6 | 0.7 | 0.8 |
|---|---|---|---|---|---|---|---|---|---|
| 4 | 3.43 | 2.06 | 1.82 | 1.57 | 1.44 | 1.33 | 1.23 | 1.15 | 1.07 |
| 5 | 3.23 | 1.94 | 1.71 | 1.50 | 1.38 | 1.29 | 1.21 | 1.13 | 1.06 |
| 6 | 3.04 | 1.82 | 1.62 | 1.44 | 1.33 | 1.26 | 1.19 | 1.12 | 1.05 |
| 7 | 2.88 | 1.74 | 1.55 | 1.40 | 1.29 | 1.23 | 1.17 | 1.11 | 1.04 |
| 8 | 2.72 | 1.66 | 1.50 | 1.36 | 1.26 | 1.20 | 1.15 | 1.10 | 1.03 |

采用利用系数法进行负荷计算,取2h最大系数,计算过程中用电设备有效(换算)台数 $n_{eq}$ 要求精确计算,$n_{eq}$ 按如下原则取整数:介于两个相邻整数之间的 $n_{eq}$ 值,按两个整数对应的 $k_m$ 值较大者确定 $n_{eq}$ 值。则该设备机房的计算功率最接近下列哪项数值?

(　　)

(A)296kW　　(B)311kW

(C)317kW　　(D)364kW

**解答过程:**

5. 某变电所内有一台干式变压器,规格为10/0.4kV、1600kVA。其空载有功损耗为2.2kW,短路有功损耗为10.2kW,变压器0.4kV侧的计算视在功率为1378kVA,功率因数为0.95。忽略其他损耗,计算该变压器10kV侧的计算有功功率最接近下列哪项

数值？（　　）

(A)1297kW　　(B)1319kW

(C)1305kW　　(D)1390kW

**解答过程：**

题6～10：某厂区内设一座10kV配电站和多座10/0.4kV变电所。低压配电系统采用TN-S系统，采用单一制电价0.540元/kWh。请回答下列问题。

6. 某低压三相馈线回路采用一根五芯铜芯交联聚乙烯绝缘铠装电缆，各相线基波电流为50A，3次谐波电流为20A。则满足载流量要求的电缆规格最接近下列哪项数值？（电缆载流量按照电流密度1.9A/$mm^2$选取）（　　）

(A)$(3\times35+2\times16)mm^2$　　(B)$(4\times35+1\times16)mm^2$

(C)$(3\times50+2\times25)mm^2$　　(D)$(4\times50+1\times25)mm^2$

**解答过程：**

7. 某车间变电所三相380V电机配电回路，实际运行有功功率为160kW，功率因数为0.8，出线采用一根长度为100m、截面面积为185$mm^2$的四芯电缆。为提高系统功率因数，在变电所母线处设置120kvar的电容进行补偿。求该回路电缆的实际有功损耗最接近下列哪项数值？[设该电缆阻抗为$(0.16+j0.09)\Omega/km$]（　　）

(A)0.95kW　　(B)1.47kW

(C)2.84kW　　(D)4.43kW

**解答过程：**

8. 某380V配电回路经常年实测运行负荷为120kVA，实际运行时间为2000h，采用一根四芯铝芯交联聚乙烯绝缘铠装电缆供电。当仅考虑载流量和经济型时，上述配电电缆截面面积最小为下列哪项数值？[电缆载流量按照电流密度1.3A/$mm^2$考虑，经济

电流密度参照《电力工程电缆设计标准》(GB 50217—2018)附录B] (  )

(A)95$mm^2$ (B)150$mm^2$

(C)185$mm^2$ (D)240$mm^2$

**解答过程:**

9. 以厂区10kV配电站内10kV配电柜为起点,敷设一回电缆至某车间变压器高压侧,实际路径长度为120m,中间无接头,若计算电缆长度时考虑2%的路径地形高差变化和5%的伸缩节及迂回容量,则该电缆的长度最接近下列哪项数值?[计算方法依据《电力工程电缆设计标准》(GB 50217—2018)] (  )

(A)128.4m (B)132.4m

(C)133.4m (D)138.4m

**解答过程:**

10. 由上级变电站向10kV用户配电站提供电流,采用一回电缆出线,回路阻抗为0.118Ω/km,电阻为0.09Ω/km,电缆长度为2km。用户配电站实际运行有功功率变化范围为5~10MW,功率因数为0.95。假设上级变电站10kV母线电压偏差范围为±2%,求用户配电站10kV母线电压偏差范围为多少? (  )

(A)−3.29% ~ −0.58% (B)−4.58% ~ 0.71%

(C)−4.95% ~ 0.52% (D)−5.58% ~ 1.72%

**解答过程:**

题 11～15：某工厂新建 35/10kV 变电站，其系统接线如图 1 所示，已知参数均列在图上。变压器 T2 高压侧的 CT 接线方式及变比如图 2 所示。请回答下列问题，并列出解答过程。（采用实用短路计算法，计算过程采用标幺制，不计各元件电阻，忽略未知阻抗）

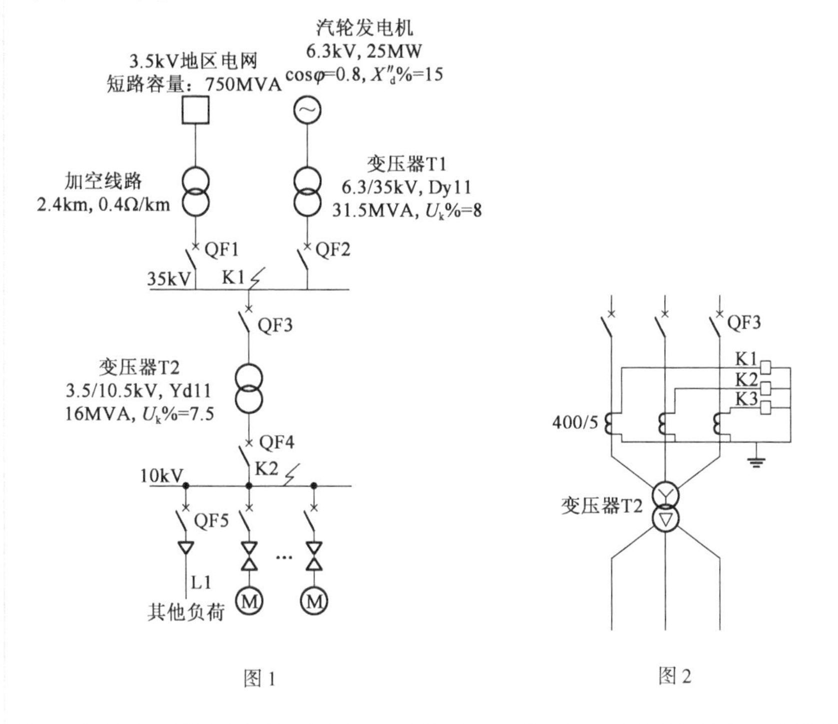


图 1　　　　　　　　图 2

11. 假设系统运行过程中，断路器 QF1 闭合，QF2 断开，此时 K1 点发生三相短路，该点的短路电路初始值最接近下列哪项数值？（不考虑电动机反馈电流）　（　　）

(A) 2.31kA　　　　(B) 7.69kA

(C) 10.00kA　　　　(D) 12.42kA

**解答过程：**

12. 假设 K1 点发生三相短路时，由地区电网提供的短路电流初始值为 12.5kA。参与电路反馈的 10kV 电动机均为异步电动机，其总功率为 2000kW，效率为 0.8，功率因数为 0.8，启动电流倍数为 5。若汽轮发电机退出运行，此时 K2 点发生三相短路，该点的短路电路初始值最接近下列哪项数值？　（　　）

(A) 0.90kA　　　　(B) 2.31kA

(C) 6.05kA　　　　(D) 6.95kA

**解答过程：**

13. 假定汽轮发电机系统不参与运行，最大运行方式下35kV母线的短路容量为550MVA，最小运行方式下35kV母线的短路容量为500MVA。断路器QF5采用无时限电流速断保护作为10kV馈电线路L1的主保护，L1线路长6km，单位电抗为0.2Ω/km。请计算速断保护装置的一次动作电流最接近下列哪项数值？（可靠系数为1.3，忽略电动机反馈电流） （ ）

(A) 3.79kA (B) 4.11kA
(C) 47.34kA (D) 51.29kA

**解答过程：**

14. 假定汽轮发电机系统不参与运行，最小运行方式下35kV母线的短路容量为500MVA，若在变压器T2高压侧安装带时限的过电流保护，请计算过流保护装置动作整定电流和灵敏系数最接近下列哪组数值？（过负荷系数取1.5，忽略电动机反馈电流） （ ）

(A) 6.24A，2.47 (B) 6.24A，4.94
(C) 6.60A，2.34 (D) 6.60A，4.67

**解答过程：**

15. 假定仅采用汽轮发电机为本站供电，地区电网不参与本站连接，短路电流持续时间为2s，校验断路器QF2热稳定时，其短路电流热效应最接近下列哪项数值？ （ ）

(A) $0.53(kA)^2s$ (B) $4.01(kA)^2s$
(C) $4.27(kA)^2s$ (D) $4.54(kA)^2s$

**解答过程：**

题 16～20：某建筑物防雷等级为一类，单层建筑，长、宽、高分别为 50m、30m、10m，电源线路埋地引入建筑物。

16. 该建筑物采用独立的架空接闪线，引下线的冲击接地电阻为 10Ω，架空接闪线的支柱高为 15m。请问接闪线支柱与建筑物、接闪线与建筑物屋面的最小距离应为下列哪组数值？（　　）

(A) 3m，3.33m　　(B) 3m，4m

(C) 4.4m，3.3m　　(D) 4.4m，4m

**解答过程：**

17. 受场地限制，独立加架空接闪线的支柱与建筑物外立面的距离为 4m，如果场地土壤电阻率为 100Ω · m，架空接闪线接地装置的工频接地电阻为下列哪项数值？（　　）

(A) 1Ω　　(B) 4Ω

(C) 9Ω　　(D) 10Ω

**解答过程：**

18. 如果土壤电阻率为 500Ω · m，采用 $\phi$16mm 钢管作为架空接闪线的水平接地极。接地极 12m，埋深为 1m，水平接地极的形状系数为 -0.6，则接地极的冲击电阻最接近下列哪项数值？（　　）

(A) 7.5Ω　　(B) 15Ω

(C) 38Ω　　(D) 56Ω

**解答过程：**

19. 该建筑物采用 TN-S 接地系统，某 220/380V 回路发生单相接地故障时，故障回路阻抗为 40mΩ，该回路保护电器的整定值为 63A，请问该回路的单相接地故障电流为下列哪项数值？（　　）

(A) 0.82kA　　(B) 4.2kA

（C）5.5kA　　　　　　　　　　（D）7.2kA

**解答过程：**

20. 该建筑物埋地引入3根YJV$(3\times95+1\times50)mm^2$的电缆，3根金属水管，1根金属压缩空气管。总进线配电箱设置SPD，SPD的冲击电流$I_{imp}$最接近下列哪项数值？（　　）

（A）2.5kA　　　　　　　　　　（B）4kA

（C）5kA　　　　　　　　　　（D）12.5kA

**解答过程：**



题21～25：某10kV室内变电所设有变配电室和10kV开关柜室，10kV配电装置采用SF6气体绝缘固定式开关柜，0.4kV配电装置采用抽屉式开关柜，采用10/0.4kV、1250kVA的干式变压器，防护等级为IP2X，与0.4kV配电装置相邻布置，室内墙体无局部突出物，平面布置如图所示，图中尺寸单位均为mm。低压开关柜屏侧通道最小宽度为1m，在建筑平面不受限制的情况下，请回答下列问题并列出解答过程。

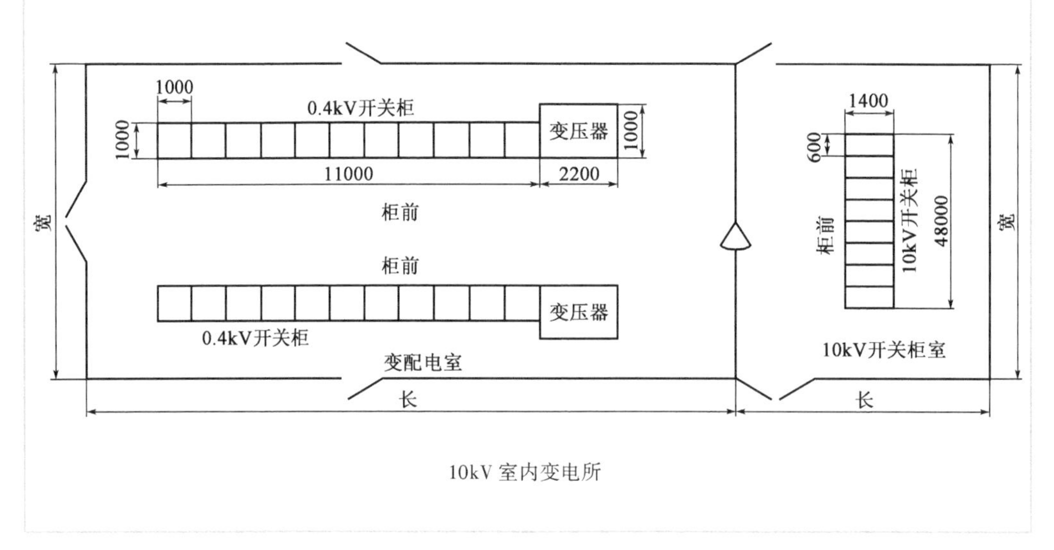


10kV室内变电所

21. 开关柜均采用柜前操作、柜后维护的方式，变配电室与10kV开关柜室宽度保持一致，变压器与0.4kV开关柜操作面平齐布置，整个变电所需要的最小面积应为下列哪项数值？（忽略墙体厚度）（　　）

(A)127.18$m^2$　　(B)129.03$m^2$

(C)136.51$m^2$　　(D)137.97$m^2$

**解答过程：**

22. 若变配电室中设备外形尺寸及布置方式保持不变，当该房间净长度为 17m 时，0.4kV 开关柜最多可以排列多少面？（　　）

(A)28　　(B)26

(C)24　　(D)22

**解答过程：**

23. 本变电所低压配电系统如图所示，系统采用 TN-S 接地型式，各阻抗值（归算到 400V 侧）如下表所示，忽略其他未知阻抗，配电箱进线处的三相短路电流最接近下列哪项数值？（　　）

| 序号 | 元件名称 | 单位 | 电阻 | | 电抗 | |
|---|---|---|---|---|---|---|
| | | | $R$ | $R_{php}$ | $X$ | $X_{php}$ |
| 1 | 变压器 $S_T$ | mΩ | 0.93 | 0.93 | 7.62 | 7.62 |
| 2 | 铜芯电缆 5×16$mm^2$ | mΩ/m | 1.097 | 3.291 | 0.082 | 0.174 |

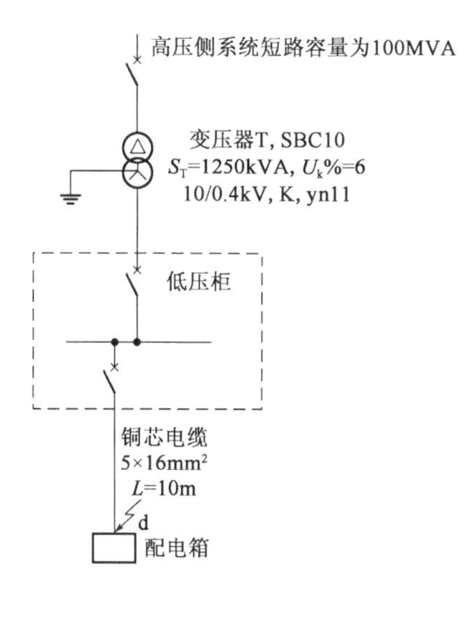


(A)6.18kA　　(B)14.72kA

(C)15.04kA　　(D)15.83kA

解答过程：

24. 某低压配电回路如图所示，其中电动机参数为：额定电压 380V，额定功率 132kW，额定容量 150kVA，启动电流倍数为 7，其配电线路 L 总电抗为 8mΩ。请计算电动机全压起动时，低压母线相对值与下列哪项数值最接近？［依据《工业与民用供配电设计手册》（第四版）计算］（　　）

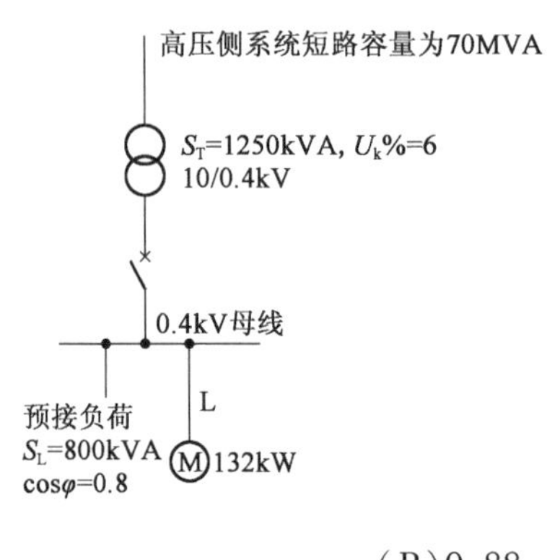


（A）0.85　　（B）0.88

（C）0.91　　（D）0.96

解答过程：

25. 某车间一台电动机，额定功率为 132kW，额定电压为 380V，额定运行时效率为 90%，功率因数为 0.88，采用一根 YJV-0.6/1kV-(3×95＋1×50)mm² 电缆配电，电缆长度为 100m，电缆电阻率取 $0.02\times10^{-6}\Omega\cdot m$。当电动机额定运行时，电缆的散热量最接近下列哪项数值？（　　）

（A）$3.28\times10^{-3}$W　　（B）$4.05\times10^{-3}$W

（C）$3.28\times10^{3}$W　　（D）$4.05\times10^{3}$W

解答过程：

# 2019年案例分析试题答案(上午卷)

题1~5答案:**DBCBB**

1.《工业与民用供配电设计手册》(第四版)P19~P20,P10式(1.4-6)。

1.6.1-(1):单相用电设备应均匀分配三相上,使各相的计算负荷尽量相近,减小不平衡度。

1.6.2-(2):只有相负荷时,等效三相负荷取最大相负荷的3倍。

m点为三相负荷,可设A相带3层,B、C相分别带2层,按最大相3倍计入;回路共有14户,由题表需要系数取$k_{x1}=0.8$,故m点三相有功负荷为:

$P_{c\text{-}m}=3\times3\times(6+6)\times0.8=86.4\text{kW}$

n点带负荷共42户,查表可知需要系数$k_{x2}=0.45$,故其计算电流为:

$$I_c=\frac{S_c}{\sqrt{3}U_n}=\frac{P_c}{\sqrt{3}U_n\cos\varphi}=\frac{6\times42\times0.45}{\sqrt{3}\times0.38\times0.9}=191\text{ A}$$

2.《工业与民用供配电设计手册》(第四版)P10式(1.4-3)。

计算有功功率:

$P_c=K_P\Sigma K_xP_e=0.8\times(630\times0.6+150\times0.5+80\times0.8+280\times0.5\times150\times0.8\times160\times0.6)=698.4\text{kW}$

3.《工业与民用供配电设计手册》(第四版)P965式(11.2-6)。

补偿后无功功率:$Q=P_c\tan(\cos^{-1}\varphi)=786\times\tan[\cos^{-1}(0.85)]=258\text{kvar}$

考虑补偿后变压器容量:$S=\dfrac{P}{\beta\cos\varphi}=\dfrac{786}{0.7\times0.95}=1182\text{kVA}$

4.《工业与民用供配电设计手册》(第四版)P15~P18式(1.5-1)~式(1.5-6)。

设备总有功功率:$P_e=(15+55+75+37)\times2=364\text{kW}$

设备有功平均功率:$P_{av}=(15\times0.85+55\times0.8+75\times0.8+37\times0.85)\times2=296.4\text{kW}$

总利用系数:$K_{ut}=\dfrac{\Sigma P_{av}}{\Sigma P_e}=\dfrac{296.4}{364}=0.814$

用电设备有效台数:$n_{eq}=\dfrac{(\Sigma P_{ei})^2}{\Sigma P_e^2}=\dfrac{364^2}{(15^2+55^2+75^2+37^2)\times2}=6.5$

用0.814查表,可得$K_m=1.05$,故计算负荷有功功率:

$P_c=K_m\Sigma P_{av}=1.05\times296.4=311\text{kW}$

5.《工业与民用供配电设计手册》(第四版)P1544式(16.3-3)。

有功功率损耗:$\Delta P=P_0+\beta^2P_k=2.2+\left(\dfrac{1378}{1600}\right)^2\times10.2=9.77\text{kW}$

高压侧有功功率:$P_1=S_2\cos\varphi+\Delta P=1378\times0.95+9.77=1318.87\text{kW}$

题6～10答案:**DDCCB**

6.《工业与民用供配电设计手册》(第四版)P811 表9.2.2。

当三次谐波电流超过33%时,它所引起的中性导体电流超过基波的相电流。此时应按中性导体电流选择导体截面,计算电流要除以校正系数。

三次谐波电流比例:$\frac{20}{50}=0.4>0.33$,查表9.2-2,校正系数 $K_1=0.86$。

中性线电流:$I_N=\frac{I_3\times 3}{0.86}=\frac{20\times 3}{0.86}=69.76A$

相线与中性线截面相同,$S_{ne}=S_{ph}=\frac{I_N}{J}=\frac{69.76}{1.9}=36.71mm^2$

根据《工业与民用供配电设计手册》(第四版) P1399 表14.3-1,PE线取相导体截面面积的一半,即$(4\times 50+1\times 25)mm^2$。

7.《工业与民用供配电设计手册》(第四版)P26 式(1.10-1)。

三相线路有功功率损耗:

$$\Delta P_L=3I_c^2R\times 10^{-3}=3\times\left(\frac{160\times 10^3}{\sqrt{3}\times 380\times 0.8}\right)\times 0.16\times 100\times 10^{-3}\times 10^{-3}=4.43kW$$

8.《工业与民用供配电设计手册》(第四版)P10 式(1.4-6)。

回路计算电流:$I_c=\frac{S}{\sqrt{3}U_n}=\frac{120}{\sqrt{3}\times 0.38}=182.32A$

按载流量选择导体截面面积:$S\geqslant\frac{I_c}{J_1}=\frac{182.32}{1.3}=140mm^2$

按经济电流密度选择导体截面面积:$S\geqslant\frac{I_c}{J_2}=\frac{182.32}{0.9}=202.57mm^2$,其中根据《电力工程电缆设计标准》(GB 50217—2018)附录B可知,$J_2=0.9A/mm^2$

依据《电力工程电缆设计标准》(GB 50217—2018)附录B第B.0.3条,当电缆经济电流截面介于电缆标称截面档次之间时,可视其接近程度,选择较接近一档截面。

9.《电力工程电缆设计标准》(GB 50217—2018)第5.1.17条、第5.1.18条及附录G。

电缆头制作需两个终端$2\times 0.5m$,电源侧配电柜附加长度1m,车间变压器高压侧附加长度3m,再考虑其他附加长度,故电缆总长度:

$$L=120\times(1+2\%+5\%)+3+1+0.5+0.5=133.4m$$

10.《工业与民用供配电设计手册》(第四版)P459 式(6.2-4)、式(6.2-5)。

线路最小压降:

$$\Delta u_{min}=\frac{Pl}{10U_n^2}(R'+X'\tan\varphi)=\frac{5\times 10^3\times 2}{10\times 10^2}\times(0.09+0.118\times 0.328)=1.287\%$$

线路最大压降:

$$\Delta u_{max}=\frac{Pl}{10U_n^2}(R'+X'\tan\varphi)=\frac{10\times 10^3\times 2}{10\times 10^2}\times(0.09+0.118\times 0.328)=2.574\%$$

末端最小压降：$\sum\Delta u_{max}=2\%-1.287\%=0.713\%$

末端最大压降：$\sum\Delta u_{max}=-2\%-2.574\%=-4.574\%$

题 11～15 答案：**BDBDD**

11.《工业与民用供配电设计手册》(第四版)P281 表(4.6-3)、式(4.6-11)、式(4.6-13)。

设 $S_B=100MVA$，$U_B=1.05\times35=37kV$

系统电抗标幺值：$X_{s*}=\frac{S_B}{S_S}=\frac{100}{750}=0.133$

线路电抗标幺值：$X_{l*}=X_l\frac{S_B}{U_B^2}=2.4\times0.4\times\frac{100}{37^2}=0.07$

短路电流有名值：$I_{k1}=I_B\frac{1}{X_{\Sigma*}}=\frac{100}{\sqrt{3}\times37}\times\frac{1}{0.133+0.07}=7.68kA$

12.《工业与民用供配电设计手册》(第四版)P281 表(4.6-3)、P300 式(4.6-22)。

设 $S_B=100MVA$，$U_B=1.05\times10=10.5kV$

系统电抗标幺值：$X_{s*}=\frac{S_B}{S_S}=\frac{100}{\sqrt{3}\times10.5\times12.5}=0.44$

变压器电抗标幺值：$X_{T*}=\frac{U_k\%}{100}\cdot\frac{S_B}{S_{nT}}=\frac{7.5}{100}\times\frac{100}{16}=0.469$

短路电流有名值：$I_{k2}=I_B\frac{1}{X_{\Sigma*}}=\frac{100}{\sqrt{3}\times10.5}\times\frac{1}{0.44+0.469}=6.05kA$

异步电动机提供的反馈电流周期分量初始值：

$I'_M=K_{stM}I_{stM}\times10^{-3}=5\times\frac{2000\times10^{-3}}{\sqrt{3}\times10\times0.8\times0.8}=0.9kA$

故总的短路电流：$I_k=I_{2k}+I_M=6.05+0.9=6.95kA$

13.《工业与民用供配电设计手册》(第四版)P281 表 4.6-3、P550 表 7.3-2。

设 $S_B=100MVA$，$U_B=1.05\times10=10.5kV$

系统电抗标幺值：$X_{s*}=\frac{S_B}{S_S}=\frac{100}{550}=0.182$

变压器电抗标幺值：$X_{T*}=\frac{U_k\%}{100}\cdot\frac{S_B}{S_{nT}}=\frac{7.5}{100}\times\frac{100}{16}=0.469$

线路电抗标幺值：$X_{l*}=X_l\frac{S_B}{U_B^2}=6\times0.2\times\frac{100}{10.5^2}=1.09$

短路电流有名值：$I_{k2}=I_B\frac{1}{X_{\Sigma*}}=\frac{100}{\sqrt{3}\times10.5}\times\frac{1}{0.182+0.469+1.09}=3.16kA$

过电流保护继电器动作电流为(根据题图,接线系数取 1)：

$I_{op\cdot k}=K_{rel}K_{con}I_{2k}=1.3\times1\times3.16=4.11kA$

14.《工业与民用供配电设计手册》(第四版)P281 表 4.6-3、P520 表 7.2-3。

设 $S_B=100MVA$，$U_B=1.05\times10=10.5kV$

系统电抗标幺值：$X_{s*} = \frac{S_B}{S_S} = \frac{100}{500} = 0.2$

变压器电抗标幺值：$X_{T*} = \frac{U_k\%}{100} \cdot \frac{S_B}{S_{nT}} = \frac{7.5}{100} \times \frac{100}{16} = 0.469$

短路电流有名值：$I_{k2} = I_B \frac{1}{X_{\Sigma *}} = \frac{100}{\sqrt{3} \times 10.5} \times \frac{1}{0.2 + 0.469} = 8.22\text{kA}$

流过高压侧两相短路电流：$I_{2k2,\min} = \frac{2I_{22k2,\min}}{\sqrt{3}n_T} = \frac{2 \times 0.866 \times 8.22}{\sqrt{3} \times 35/10.5} = 2.47\text{kA}$

过电流保护的动作电流：$I_{op} = \frac{K_{rel}K_{con}K_{ol}}{K_r n_{TA}} I_{1rT} = \frac{1.2 \times 1 \times 1.5}{0.9 \times 80} \cdot \frac{16}{\sqrt{3} \times 35} = 6.6\text{kA}$

保护装置的灵敏系数：$K_{sen} = \frac{I_{2k2,\min}}{n_{TA}I_{op}} = \frac{2.47 \times 10^3}{80 \times 6.6} = 4.67$

15.《工业与民用供配电设计手册》(第四版)P281 表 4.6-3，P290 表 4.6-6，P381 表 5.6-2、式(5.6-4)～式(5.6-6)。

发电机额定容量：$S_G = \frac{P_G}{\cos\varphi} = \frac{25}{0.8} = 31.25$，设基准容量 $S_B = 31.25\text{MVA}$

发电机电抗标幺值：$X_{G*} = 0.15$

变压器电抗标幺值：$X_{T*} = \frac{U_k\%}{100} \cdot \frac{S_B}{S_{nT}} = \frac{8}{100} \times \frac{31.25}{31.5} = 0.08$

总电抗标幺值：$X_{c*} = X_{G*} + X_{T*} = 0.15 + 0.08 = 0.23$

根据 P290 表 4.6-6 查得：$t = 0\text{s}$ 时，$I_0^* = \frac{4.938 + 4.526}{2} = 4.732$；$t = 1\text{s}$ 时，$I_1^* = \frac{2.729 + 2.638}{2} = 2.684$；$t = 2\text{s}$ 时，$I_2^* = \frac{2.561 + 2.515}{2} = 2.538$

基准电流：$I_{N\cdot b} = \frac{S_G}{\sqrt{3}U_B} = \frac{31.25}{\sqrt{3} \times 37} = 0.488\text{kA}$，则分支短路电流交流分量有名值为：

$t = 0\text{s}$ 时，$I_0 = I_{N\cdot b}I_0^* = 0.488 \times 4.732 = 2.309\text{kA}$；

$t = 1\text{s}$ 时，$I_1 = I_{N\cdot b}I_1^* = 0.488 \times 2.684 = 1.31\text{kA}$；

$t = 2\text{s}$ 时，$I_2 = I_{N\cdot b}I_2^* = 0.488 \times 2.538 = 1.239\text{kA}$。

短路电流交流分量引起的热效应：

$$Q_z = \frac{(I_k^2 + 10I_{kt/2}^2 + I_{kt}^2)t}{12} = \frac{2.309 + 10 \times 1.31^2 \times 1.239^2}{12} \times 2 = 4.01(\text{kA})^2\text{s}$$

短路电流直流分量引起的热效应：$Q_f = T_{eq}I_k^2 = 0.1 \times 2.309^2 = 0.53(\text{kA})^2\text{s}$

总热效应：$Q_t = Q_z + Q_f = 4.01 + 0.53 = 4.54(\text{kA})^2\text{s}$

题 16～20 答案：**CCCCB**

16.《建筑物防雷设计规范》(GB 50057—2010)第 4.2.1-5 条、式(4.2.1-1)、式(4.2.1-4)。

当 $h_x = 10 < 5R_i = 50$ 时，则空气间的间隔距离为：

$S_{a1} \geq 0.4(R_i + 0.1h_x) = 0.4 \times (10 + 0.1 \times 10) = 4.4\text{m}$

水平长度：$L = 2S_{a1} + l = 2 \times 4.4 + 50 = 58.8\text{m}$

当$\left(h + \frac{L}{2}\right) = 44.4 < 5R_i = 50$，则空气间的间隔距离为：

$$S_{a2} \geq 0.2R_i + 0.03 \times \left(h + \frac{L}{2}\right) = 0.2 \times 10 + 0.03 \times \left(15 + \frac{58.8}{2}\right) = 3.33\text{m}$$

17.《建筑物防雷设计规范》(GB 50057—2010)第4.2.1-5条，式(4.2.1-1)，附录C图C.0.1、式(C.0.1)。

当 $h_x = 10 < 5R_i = 50$ 时，则空气间的间隔距离为：

$S_{a1} \geq 0.4(R_i + 0.1h_x) \Rightarrow 4.4 = 0.4 \times (R_i + 0.1 \times 10)$，故 $R_i \leq 9\Omega$

工频接地电阻：$R_{\sim} = A \times R_i = 1 \times 9 = 9\Omega$

18.《建筑物防雷设计规范》(GB 50057—2010)附录A式(A.0.2)，附录C式(C.0.1)、式(C.0.2)。

接地装置的工频接地电阻：

$$R = \frac{\rho}{2\pi L}\left(\ln\frac{L^2}{hd} + A\right) = \frac{500}{2 \times 3.14 \times 12}\left(\ln\frac{12^2}{1 \times 0.016} - 0.6\right) = 56.4\Omega$$

接地体有效长度：$l_e = 2\sqrt{\rho} \Rightarrow \frac{l}{l_e} = \frac{12}{2\sqrt{500}} = 0.268$，查图C.0.1可知换算系数为1.5

接地装置冲击接地电阻：$R_{\sim} = A \times R_i \Rightarrow R_i = \frac{R_{\sim}}{A} = \frac{56.4}{1.5} = 37.6\Omega$

19.无。

单相接地短路电流：$I_d = \frac{U_{ph}}{R_{php}} = \frac{220}{0.04} \times 10^{-3} = 5.5\text{kA}$

20.《建筑物防雷设计规范》(GB 50057—2010)第4.2.4-9条及式(4.2.4-6)。

电源线路无屏蔽层时的冲击电流值：$I_{imp} = \frac{0.5I}{nm} = \frac{0.5 \times 200}{(3 + 3 + 1) \times 4} = 3.6\text{kA}$

题21~25答案：**CCBDD**

21.《20kV及以下变电所设计规范》(GB 50053—2013)、《低压配电设计规范》(GB 50054—2011)。

《20kV及以下变电所设计规范》(GB 50053—2013)第4.2.8条：当配电屏与干式变压器靠近布置时，干式变压器通道的最小宽度应为800mm。

《低压配电设计规范》(GB 50054—2011)第4.2.5条表4.2.5：低压配电柜屏侧通道1.0m，故低压配电室长度 $L_1 = 1 + 11 + 2.2 + 0.8 = 15\text{m}$。

《20kV及以下变电所设计规范》(GB 50053—2013)第4.2.7条：10kV开关柜室，固定式柜前1.5m，柜后0.8m，故10kV开关柜室长度 $L_2 = 1.5 + 1.4 + 0.8 = 3.7\text{m}$，变配电室总长度 $L = L_1 + L_2 = 15 + 3.7 = 18.7\text{m}$。

《低压配电设计规范》(GB 50054—2011)第4.2.5条表4.2.5：低压开关柜为抽屉式双列面对面布置(不受限)，屏前操作通道宽度2.3m，柜后维护通道宽度1m，故低压

配电室宽度 $W = 2\times1+2\times1.5+2.3=7.3\text{m}$，变配电室最小面积 $S=L\times W=18.7\times7.3=136.51\text{m}^2$。

注：《3～110kV 高压配电装置设计规范》(GB 50060—2008)第7.3.3条是GIS设备的一些规定，且明确开关柜"两侧"应设置安装、检修和巡视通道，主通道宜靠近断路器侧，故不适用本题。

22.《20kV 及以下变电所设计规范》(GB 50053—2013)。

第4.2.8条：当配电屏与干式变压器靠近布置时，干式变压器通道的最小宽度应为800mm。按题意左侧通道宽度为1m，故低压配电柜长度：$L'=17-11-0.8=15.2\text{m}$。

第4.2.6条条文说明：当变压器与低压配电装置靠近布置时，计算配电装置的长度应包括变压器的长度，由于低压屏后设备的维护检修较多，故规定长度超过15m时需增加出口，故用于低压开关柜的长度为：$L=15.2-1-2.2=12\text{m}$，故单排只能排布12面配电柜，面对面布置可以排列24面配电柜。

注：《低压配电设计规范》(GB 50054—2011)第4.2.5条表4.2.5：低压配电柜屏侧通道1.0m。

23.《工业与民用供配电设计手册》(第四版)P304 表4.6-11。

高压侧系统阻抗(归算0.4kV侧)：$Z_s=1.6\text{m}\Omega$，$R_s=0.1Z_s=0.1\times1.6=0.16\text{m}\Omega$，$X_s=0.995Z_s=1.59\text{m}\Omega$

变压器阻抗：$R_T=0.93\text{m}\Omega$，$X_T=7.62\text{m}\Omega$

电缆阻抗：$R_1=rl=1.097\times10=10.97\text{m}\Omega$，$X_1=xl=0.082\times10=0.82\text{m}\Omega$

短路回路总电阻：$R_\Sigma=0.16+0.93+10.97=12.06\text{m}\Omega$

短路回路总电抗：$X_\Sigma=1.59+7.62+0.82=10.03\text{m}\Omega$

短路电流：$I'_{k3}=\dfrac{cU_n}{\sqrt{3}\sqrt{R_\Sigma^2+X_\Sigma^2}}=\dfrac{1.05\times380}{\sqrt{3}\times\sqrt{12.06^2+10.03^2}}=14.72\text{kA}$

24.《工业与民用供配电设计手册》(第四版)P482 表6.5-4。

母线短路容量：$S_{scB}=\dfrac{1}{\dfrac{1}{S_k}+\dfrac{u_k\%}{100S_{rT}}}=\dfrac{1}{\dfrac{1}{70}+\dfrac{6}{100\times1250\times10^{-3}}}=16.06\text{MVA}$

启动回路计算容量：$S_{st}=\dfrac{1}{\dfrac{1}{S_{stM}}+\dfrac{X_1}{U_{av}^2}}=\dfrac{1}{\dfrac{1}{0.15\times7}+\dfrac{0.008}{0.4^2}}=0.998\text{MVA}$

预接负荷的无功功率：$Q_L=S_L\sqrt{1-\cos^2\varphi_L}=800\times\sqrt{1-0.8^2}=480\text{kvar}=0.48\text{MVA}$

电动机端子电压相对值：$u_{stM}=u_s\dfrac{S_k}{S_k+Q+S_{st}}=1.05\times\dfrac{16.06}{16.06+0.48+7\times0.15}=0.96$

25.《工业与民用供配电设计手册》(第四版)P916 式(10.2-1)。

额定电流：$I = \frac{P}{\sqrt{3}U_{n}\eta\cos\varphi} = \frac{132}{\sqrt{3} \times 0.38 \times 0.88 \times 0.9} = 253.22\text{A}$

$$P = \frac{nI^{2}\rho_{t}}{S} = \frac{3 \times 253.22^{2} \times 0.02 \times 10^{-6}}{95 \times 10^{-6}} = 4.05 \times 10^{3}\text{W}$$

# 2019年案例分析试题(下午卷)

**[案例题是4选1的方式,各小题前后之间没有联系,共25道小题,每题分值为2分,上午卷50分,下午卷50分,试卷满分100分。案例题一定要有分析(步骤和过程)、计算(要列出相应的公式)、依据(主要是规程、规范、手册),如果是论述题要列出论点]**

题1~5:某多层普通办公楼,其中一间办公室长16m,宽8m,顶棚距地面高度3.2m,工作面高度0.75m,灯具均匀布置于顶棚,请回答下列问题并列出解答过程。

1. 下列每组选项中的3个参数分别表示光源的色温、一般显色指数和统一眩光值,问其中哪组适合该办公室?并说明理由。 ( )

(A)3000K,70,19　　(B)3000K,70,22

(C)4000K,80,19　　(D)4000K,80,22

**解答过程:**

2. 若该办公室有吊顶,距地高度2.85m,灯具嵌入式安装,LED每盏28W,光通量2800lm,办公室照度标准300lx,顶棚反射比0.7,墙面平均反射比0.5,地面有效反射比0.2,灯具维护系数0.8,利用系数如下表所示(利用 *RI* 查表确定利用系数时,可不采取插值法,直接取表中最接近的数值),若要满足照度要求,计算所需灯具最少数量为下列哪项数值? ( )

| 顶棚有效反射比(%) | 70 | | | | 50 | | | 20 |
|---|---|---|---|---|---|---|---|---|
| 墙面平均反射比(%) | 50 | 50 | 30 | 30 | 50 | 30 | 30 | 30 |
| 地面有效反射比(%) | 20 | 10 | 20 | 10 | 20 | 20 | 10 | 10 |
| 室型指数 *RI* | 利用系数(%) | | | | | | | |
| 0.6 | 53 | 52 | 46 | 45 | 52 | 45 | 45 | 44 |
| 0.8 | 64 | 62 | 56 | 55 | 62 | 55 | 55 | 54 |
| 1.0 | 71 | 69 | 64 | 62 | 69 | 63 | 62 | 61 |
| 1.3 | 80 | 77 | 73 | 71 | 78 | 72 | 70 | 70 |
| 1.5 | 85 | 82 | 79 | 76 | 82 | 77 | 75 | 74 |
| 2.0 | 92 | 87 | 86 | 83 | 89 | 84 | 82 | 81 |
| 2.5 | 96 | 92 | 92 | 88 | 93 | 90 | 87 | 85 |
| 3.0 | 100 | 95 | 96 | 93 | 97 | 93 | 90 | 89 |
| 4.0 | 104 | 97 | 100 | 95 | 100 | 97 | 93 | 92 |
| 5.0 | 106 | 100 | 103 | 97 | 102 | 100 | 96 | 94 |

(A)16 盏　　　　　　　　　　(B)18 盏

(C)19 盏　　　　　　　　　　(D)20 盏

**解答过程：**

3. 与办公室邻贴的卫生间长 5m，宽 2.8m，顶棚高度 2.8m，灯具嵌入式安装，采用 15W LED 筒灯，每盏光通量 1000lm，利用系数 0.5，维护系数 0.75，通常卫生间照度标准值为 75lx，功率密度限值目标值为 3.0W/$m^2$，关于灯具数量、照度和功率密度值的要求，下列正确的是哪项？（　　）

(A)安装 2 盏 LED 筒灯，不满足照度标准值和功率密度限值目标值的要求

(B)安装 2 盏 LED 筒灯，满足照度标准值，但不满足功率密度限值目标值的要求

(C)安装 3 盏 LED 筒灯，满足照度标准值，但不满足功率密度限值目标值的要求

(D)安装 3 盏 LED 筒灯，满足照度标准值和功率密度限值目标值的要求

**解答过程：**

4. 该办公楼内有一带有装饰性照明的普通用途功能房间，房间面积 200$m^2$，安装灯具的总功率为 2800W，其中装饰性照明灯具 800W，其他照明灯具 2000W，下列关于该房间照度标准值和功率密度限值的要求，正确的是哪项？（　　）

(A)计算功率密度值为 12W/$m^2$，此场所为带有装饰性照明场所，照度标准应该增加一级，功率密度值也应该按比例提高

(B)计算功率密度值为 12W/$m^2$，此场所为带有装饰性照明场所，但照度标准和功率密度限值均不应增加

(C)计算功率密度值为 14W/$m^2$，此场所为带有装饰性照明场所，照度标准应该增加一级，功率密度值也应该按比例提高

(D)计算功率密度值为 14W/$m^2$，此场所为带有装饰性照明场所，但照度标准和功率密度限值均不应增加

**解答过程：**

5. 该办公楼有一展厅，长 16m，宽 14m，顶棚高度 3.0m，展厅内表面反射比分别为顶棚 0.7、墙面 0.5、地板面 0.1。外墙玻璃总面积 $40m^2$，反射比 0.35。LED 平面灯具吸顶安装，则该房间墙面平均反射比为下列哪项数值？（　　）

(A) 0.43　　(B) 0.47

(C) 0.52　　(D) 0.56

**解答过程：**

> 题 6 ~ 10：某无人值守的 110kV 变电站，直流系统标称电压为 220V，采用直流控制与动力负荷合并供电。蓄电池采用阀控式密封铅酸蓄电池（贫液），单体 2V，放电终止电压区 1.85V，电池相关参数见《电力工程直流系统设计技术规程》（DL/T 5044—2014）附录部分。

6. 直流系统负荷电流曲线如下图所示，随机（5s）冲击负荷电流为 5A，采用阶梯计算法计算蓄电池 10h 放电率计算容量最接近以下哪项数值？（　　）

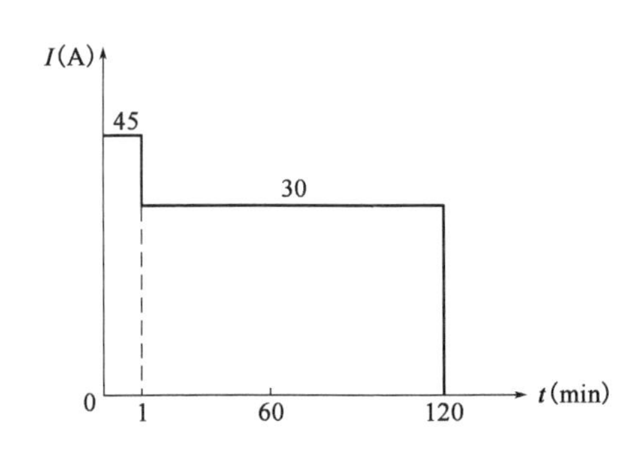


(A) 54Ah　　(B) 122.6Ah

(C) 126.3Ah　　(D) 127.9Ah

**解答过程：**

7. 如下图所示，其中熔断器 F1 额定电流应为下列哪项数值？（配合系数取 2.0）

（　　）

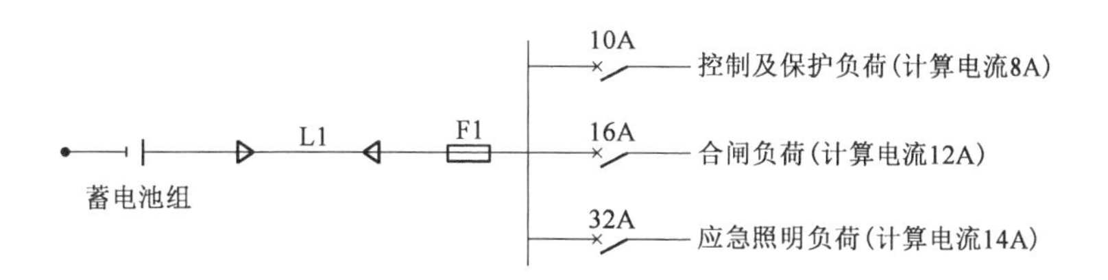


(A)40A　　　　(B)63A

(C)80A　　　　(D)100A

**解答过程：**

8. 直流系统接线如下图所示,其中蓄电池出口短路电流值为1.2kA,电缆L1长度120m,电阻系数$\rho = 0.0184\Omega \cdot mm^2/m$,断路器S1额定电流为50A,采用标准型C型脱扣器,该断路器的灵敏系数为下列哪项数值?(标准型C型脱扣器瞬时脱扣范围为$7I_n \sim 15I_n$,忽略图中其他未知阻抗)　　(　　)

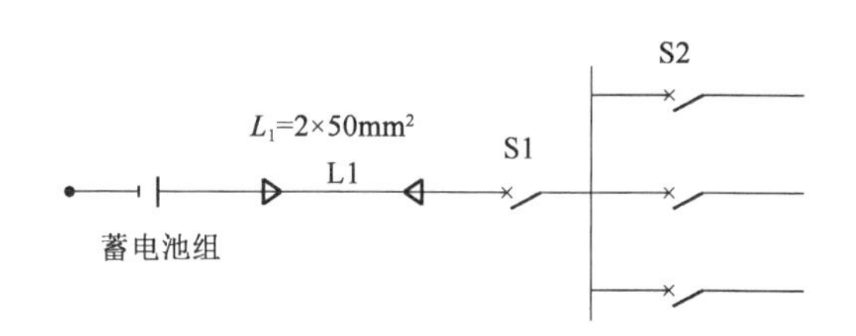


(A)1.08　　　　(B)1.29

(C)2.32　　　　(D)2.77

**解答过程：**

9. 系统直流负荷统计如下:控制与保护装置容量5kW,断路器跳闸装置容量0.1kW,恢复重合闸装置容量0.3kW,事故照明装置容量6kW,DC/DC变换装置容量5kW。充电装置采用一组单个模块,电流为10A的高频开关电源,充电时蓄电池与直流母线不脱开,蓄电池容量为200Ah。计算充电装置所需模块数量为下列哪项数值?

(　　)

(A)4　　(B)5

(C)7　　(D)11

**解答过程:**

10. 某 10kV 开关柜,断路器合闸电源由直流配电屏直接配出,配电电缆采用单根铜芯电缆,长度为 300m,合闸线圈电流为 3A,该配电电缆截面面积最小值应为下列哪项数值?(电缆载流量取 1A/mm$^2$,允许电压降取规范允许最大值)　(　　)

(A)1.5mm$^2$　　(B)2.5mm$^2$

(C)4mm$^2$　　(D)6mm$^2$

**解答过程:**

题 11~15:某厂房内设置一座 10/0.4kV 变电所,10kV 电源引自上级 35/10kV 变电站,该变电站为独立建筑物,建筑物长 48m,宽 24m,土壤电阻率为 100Ω·m。10kV 系统为不接地系统,厂房内 10/0.4kV 变压器中性点接地与保护接地共用一个接地装置,接地电阻 $R_b$ 为 1Ω,厂房内采用等电位连接。请回答下列相关问题,并列出解答过程。(计算接地电阻时,不采用简易算法)

11. 35/10kV 变电站采用独立的人工接地装置,距离建筑物基础 1m 处围绕建筑物设置一圈 40×4mm 扁钢的水平环形接地体埋深 1.0m,水平接地极的形状系数取 1,忽略自然接地体的影响,计算该变电所人工接地装置的工频接地电阻最接近下列哪项数值?　(　　)

(A)0.51Ω　　(B)1.00Ω

(C)1.57Ω　　(D)1.80Ω

**解答过程:**

12. 距离 35/10kV 变电站基础外 1m 处设有一圈水平环形接地体,接地体采用 40×4mm 扁钢接地体,埋深 1.0m,防雷专用引下线连接到环形接地体,计算该引下线的冲击接地电阻最接近下列哪项数值?(水平接地极的形状系数取 -0.18,忽略自然接地体的影响)　(　　)

(A)1.44Ω　　　　(B)4.44Ω

(C)5.16Ω　　　　(D)10.05Ω

**解答过程：**

13. 如果厂房内10kV侧出现单相接地故障，接地故障电流为15A，下图中用电设备的相导体与设备外壳之间的电压 $U_1$、设备外壳与所在地面之间的电压 $U_f$ 为下列哪组数值？　　(　　)

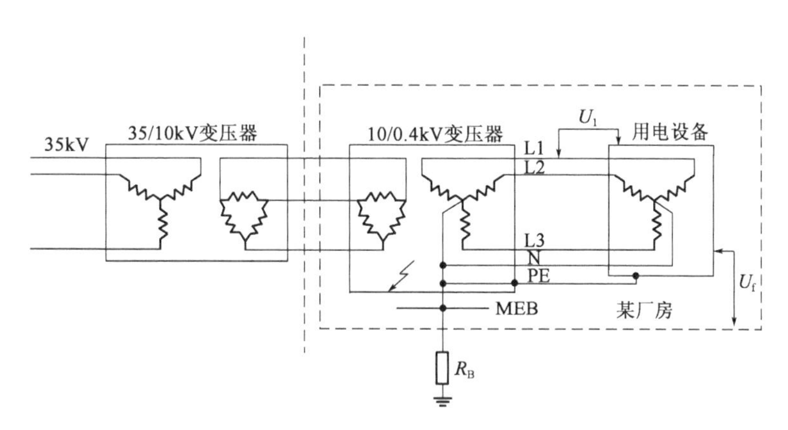


(A) $U_1=235V, U_f=15V$　　　　(B) $U_1=220V, U_f=15V$

(C) $U_1=235V, U_f=0V$　　　　(D) $U_1=220V, U_f=0V$

**解答过程：**

14. 室外用电设备采用TN-S系统供电，若厂房内10kV侧出现单相接地故障，接地故障电流为15A，下图中用电设备的相导体与设备外壳之间的电压 $U_1$、设备外壳与地面之间的电压 $U_f$ 为下列哪组数值？　　(　　)

(A) $U_1 = 220V$, $U_f = 0V$　　　　(B) $U_1 = 220V, U_f = 15V$

(C) $U_1 = 235V$, $U_f = 0V$　　　　(D) $U_1 = 235V, U_f = 15V$

**解答过程：**

15. 室外用电设备采用 TT 系统供电，用电设备就地设置接地极，接地电阻 $R_a$ 为 2Ω，若厂房内 10kV 侧出现单相接地故障，接地故障电流为 15A，下图中用电设备的相导体与设备外壳之间的电压 $U_1$、设备外壳与地面之间的电压 $U_f$ 为下列哪组数值？（　　）

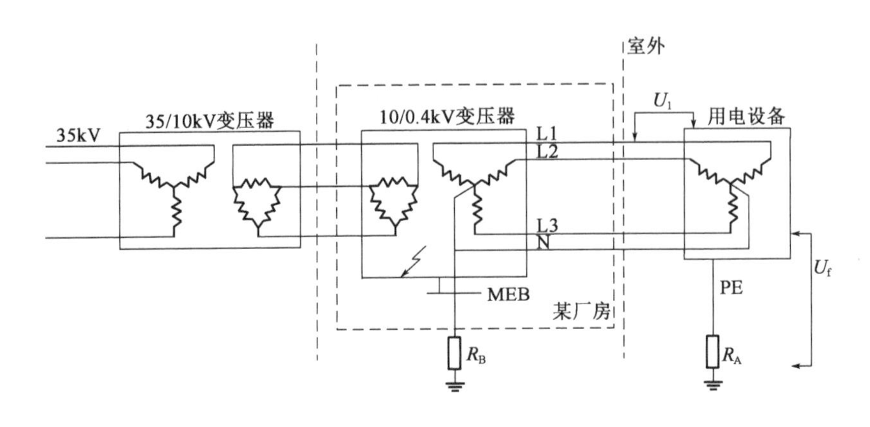


(A) $U_1$ = 220V，$U_f$ = 0V　　(B) $U_1$ = 235V，$U_f$ = 0V

(C) $U_1$ = 280V，$U_f$ = 0V　　(D) $U_1$ = 235V，$U_f$ = 15V

**解答过程：**

题 16～20：某变电站安装两台 110/10kV、31.5MVA 变压器，110kV 配电装置采用线路变压器组接线，10kV 采用单母线分段接线，分列运行，请回答下列相关问题，并列出解答过程。（忽略未知阻抗）

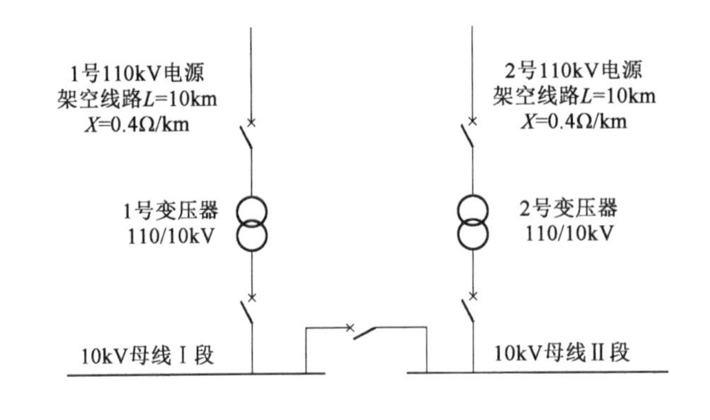


16. 若将该变电站变压器扩容至 50MVA，配变压器选用相同规格，并将 10kV 母线最大三相短路电流限制在 20kA 以下，新装变压器的最小短路阻抗电压应不小于下列哪项数值？（假定电源侧为无限大系统）（　　）

(A)9.25%　　(B)10.75%

(C)12.25%　　(D)12.75%

**解答过程：**

17. 该变电站 10kV 馈线采用电缆线路，总长度为 22km，10kV 系统采用消弧线圈接地方式，每段 10kV 母线配置一台消弧线圈，单台消弧线圈按全站考虑，其容量最接近下列哪项数值？（　　）

(A)180kVA　　(B)200kVA

(C)250kVA　　(D)300kVA

**解答过程：**

18. 某 35/10kV 变电站接线如下图所示，变压器出线侧 10kV 断路器的额定关合电流应不小于下列哪项数值？（忽略未知阻抗）（　　）

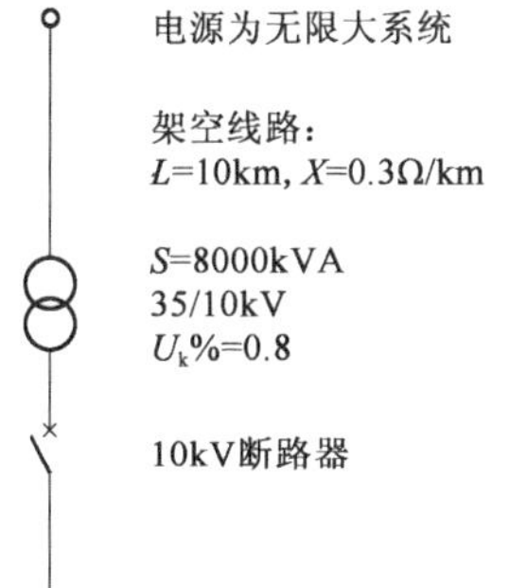


(A)4.5kA　　(B)6.8kA

(C)9.0kA　　(D)11.5kA

**解答过程：**

19. 某厂房位于海拔1500m处,其应急照明电源由一台专用EPS装置提供,应急照明总容量为5kW,关于EPS额定输出功率应为下列哪项数值? ( )

(A)5.5kW (B)6.0kW

(C)6.5kW (D)7.0kW

**解答过程:**

20. 一台交流弧焊机,额定电压为单相380V,容量为20kVA,额定负载持续率为60%,采用断路器保护,计算断路器长延时和瞬时过电流脱扣器的最小整定值应为下列哪组数值? ( )

(A)31A,113A (B)42A,117A

(C)42A,151A (D)53A,195A

**解答过程:**

题21~25:请回答以下关于电动机启动、制动及控制相关问题。

21. 断续周期工作制的某轧钢机输入辊道交流绕线型电动机技术数据为:$P_e$ = 75kW,$FC$ = 40%,$U_{2e}$ = 325V,$I_{2e}$ = 105A,按S4及S6工作制$Z$ = 310次/h,采用频敏变阻器实现启动控制,计算铜导线频敏变阻器2串2并星形接线使用时的每台铁芯片数、绕组匝数和绕组导体截面面积应为下列哪组数值? ( )

(A)6片,28匝,8mm$^2$ (B)8片,32匝,12mm$^2$

(C)8片,40匝,20mm$^2$ (D)32片,40匝,20mm$^2$

**解答过程:**

22. 交流鼠笼型异步电动机参数为:$U_e$ = 380$V$,$P_e$ = 22kW,$\cos\varphi$ = 0.8,$\eta$ = 0.85,$I_{kZ}/I_{ed}$ = 45%,$FC$ = 40%,定子相电阻$R_d$ = 0.19Ω,制动电源(距电动机50m),$U_{zd}$ = DC110V,制动回路采用一根2×10mm$^2$电缆($\rho$ = 0.018×10$^{-6}$Ω·m),能耗制动电流按3$I_{kz}$考虑,不计其他电阻,计算制动回路外加电阻$R_{zl}$应为下列哪项数值? ( )

(A)1.1Ω　　　　　　　　　　　　(B)1.19Ω

(C)1.29Ω　　　　　　　　　　　　(D)1.38Ω

**解答过程：**

23.某离心式水泵所配异步交流电动机数据为：额定电压 $U_e = 10\text{kV}$，额定功率400kW，定子绕组级数4，最大转矩/额定转矩 $M_{max}/M_e = 2$，额定转速1475r/min，假设电压降低时电动机的最大转矩(临界转矩)标幺值与电动机在临界转差率时的机械静组转矩标幺值差值为0.15时，是电动机稳定运行的最低端电压，计算该电压值为下列哪项数值？　(　　)

(A)7246V　　　　　　　　　　　　(B)7756V

(C)8250V　　　　　　　　　　　　(D)8500V

**解答过程：**

24.下图为交流异步电动机星—三角启动原理图，该电动机受PLC(可编程控制器)控制。请分析判断原理图中Ⅰ、Ⅱ、Ⅲ、Ⅳ有几个环节存在错误？并说明理由。　(　　)

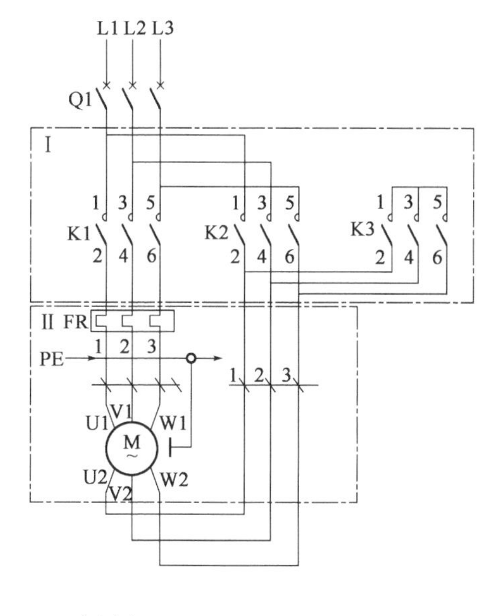


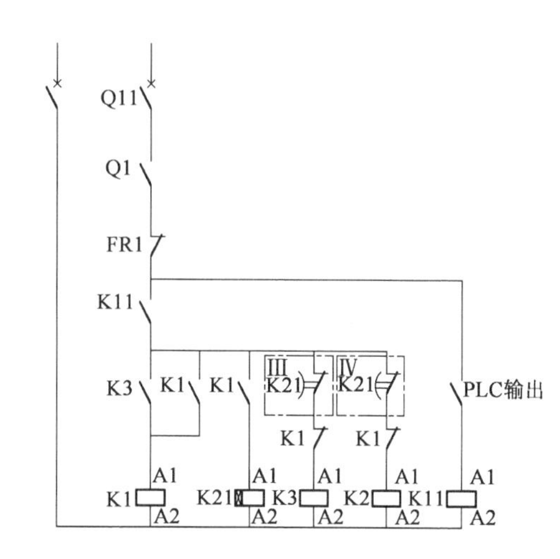


(A)1　　　　　　　　　　　　(B)2

(C)3　　　　　　　　　　　　(D)4

解答过程：

25. 某交流异步电动机采用自耦变压器降压启动，电动机主回路接线、PLC 系统接线和 PLC 系统控制逻辑梯形图如下图所示，T1 为 PLC 系统内部计时器。梯形图中的 a、b、c 三处正确的编码为下列哪个选项？请说明理由。 （ ）

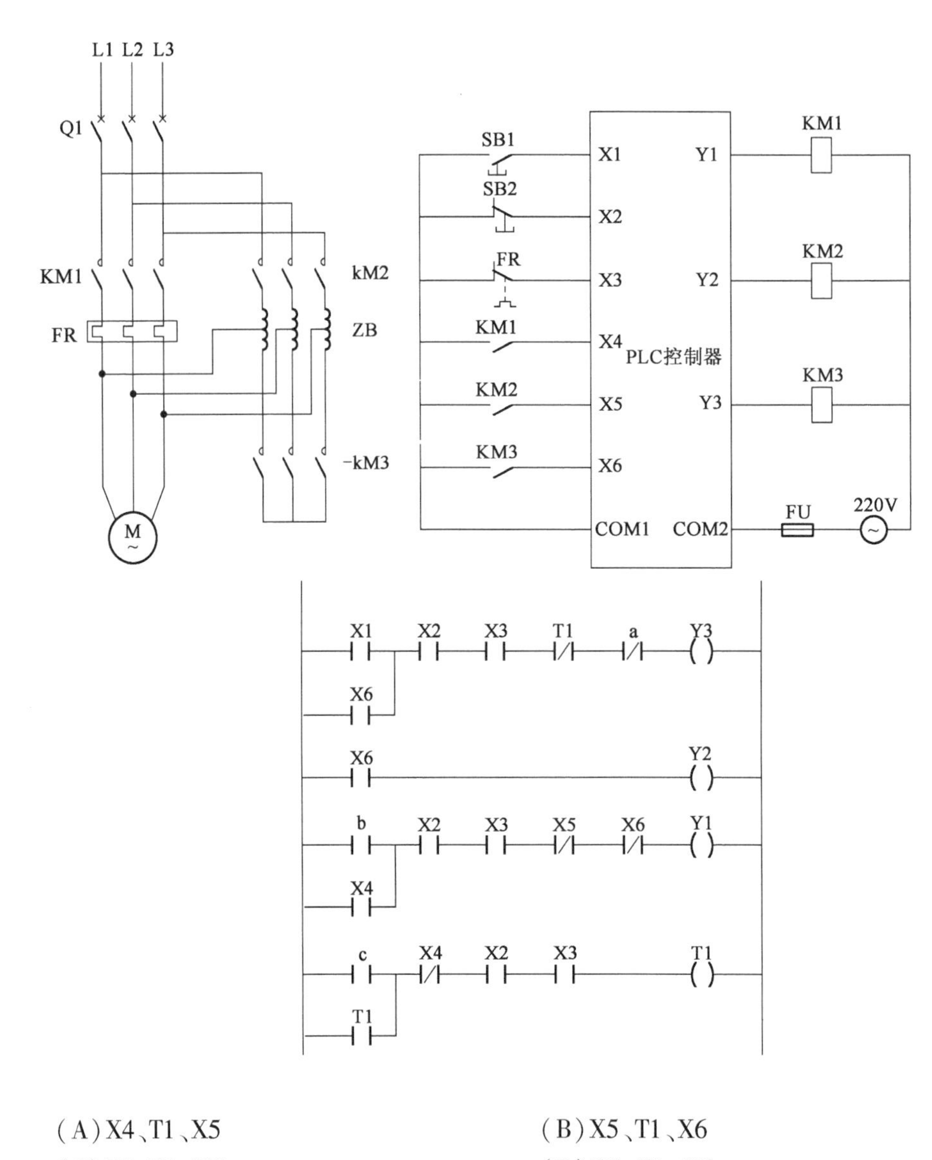


(A) X4、T1、X5　　(B) X5、T1、X6

(C) X4、X1、X5　　(D) X5、X1、X6

解答过程：

题 26～30：某企业用 110kV 架空线路供电，全程设单避雷线（无耦合线），导线选用 LGJ-150/25，外径 17.1mm，计算截面面积 $173.11mm^2$，单位质量 601kg/km，破坏强度 $29kg/mm^2$，按第七典型气象区设计。

26. 假定距离线路 70m 处的地面受雷击，离雷击点最近一档的导线平均高度为 10m，计算导线上的感应电压最大值最接近下列哪项数值？（　　）

（A）196.43kV　　（B）235.71kV

（C）307.14kV　　（D）357.14kV

**解答过程：**

27. 该线路在陆地上某耐张段导线的平均高度为 12m，为确定杆塔的水平荷载，试计算最大风速且覆冰为 10mm 时导线单位长度上的风荷载最接近下列哪项数值？（　　）

（A）13.03N/m　　（B）14.24N/m

（C）16.04N/m　　（D）17.51N/m

**解答过程：**

28. 该线路在陆地某处有一跨越档，导线的平均高度为 18m，风压不均匀系数取 0.61，在最大风无冰条件下，该档内导线的综合比载最接近下列哪项数值？（　　）

（A）$0.04N/(m \cdot mm^2)$　　（B）$0.043N/(m \cdot mm^2)$

（C）$0.05N/(m \cdot mm^2)$　　（D）$0.052N/(m \cdot mm^2)$

**解答过程：**

29. 下图为该线路某一耐张段内三基直线杆塔的塔头部分示意图（尺寸单位：m），已知该耐张段导线的安全系数为 3，导线的垂直比载取 $9.77N/(m \cdot mm^2)$，计算直线塔杆 B 的垂直档距为下列哪项数值？（　　）

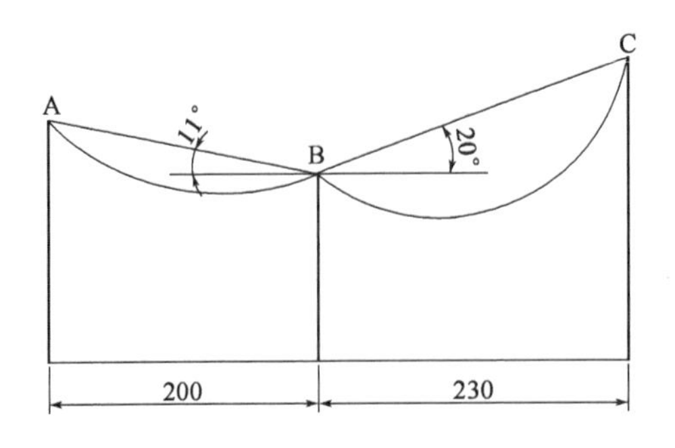


(A)209.59m　　(B)214.35m

(C)214.45m　　(D)220.41m

**解答过程：**

30. 如图所示，A、B、C 为某耐张段施工的三基直线塔杆（尺寸单位：m），导线悬挂高度相同，该耐张段的代表档距为 150m，各种代表档距下不同温度条件下的百米弧垂见下表（已考虑导线初伸长对弧垂的影响），架线施工时的温度为 20℃，确定 A-B 档和 B-C 档的架线弧垂为下列哪组数值？（　　）

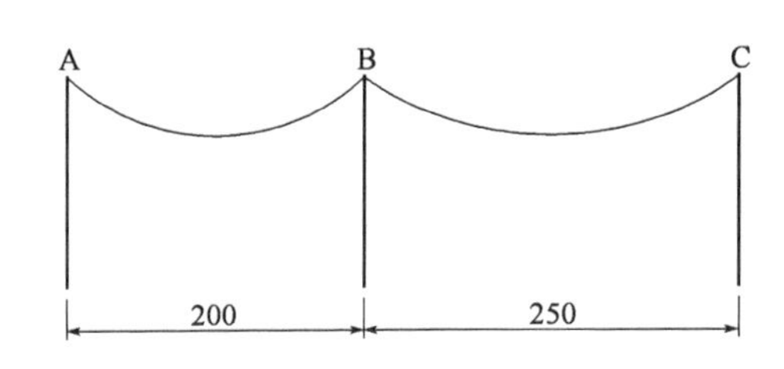


| 代表档距(m) | 100 | | | 150 | | | 200 | | | 250 | | |
|---|---|---|---|---|---|---|---|---|---|---|---|---|
| 温度(℃) | 10 | 20 | 30 | 10 | 20 | 30 | 10 | 20 | 30 | 10 | 20 | 30 |
| 弧垂(m) | 0.65 | 0.72 | 0.82 | 0.51 | 0.56 | 0.62 | 0.55 | 0.61 | 0.66 | 0.63 | 0.67 | 0.71 |

(A)0.61m，0.67m　　(B)2.04m，3.19m

(C)2.04m，3.19m　　(D)2.88m，4.5m

**解答过程：**

题 31 ~ 35：请回答以下问题。

31. 某企业工业场地内有乙类仓库、消防水泵房的建筑群。拟采用如下设计方案：

企业 10kV 电源架空线路经过厂区附近，线路杆高 12m，线路距乙类厂房最近点的水平距离为 15m，如下图所示。消防水泵选用矿物绝缘类不燃性电力电缆沿水泵房两侧墙壁明敷设。低压配电室备用照明在 0.75m 水平面的照度为 100lx。请分析判断该设计方案有几处不符合规范要求，并给出依据。（ ）

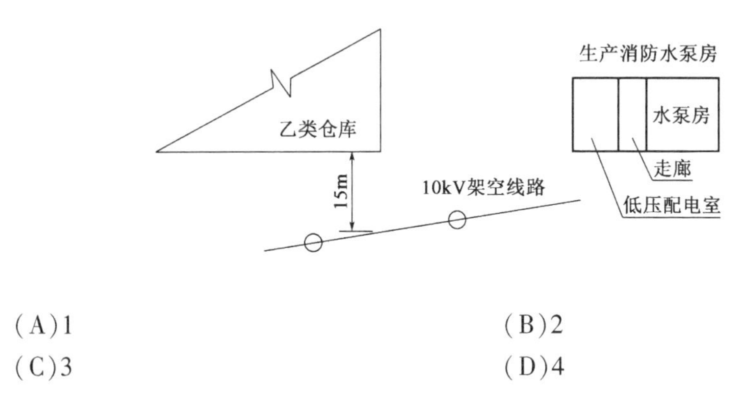


(A)1　　(B)2

(C)3　　(D)4

**解答过程：**

32. 某 380/220V TN-S 低压配电系统如下图所示，变压器中性点接地电阻为 4Ω，由一级配电箱向 A、B 供电的电缆均为 5 芯，相线、N 线与 PE 线截面相等，PE 线在二级配电箱处均做重复接地，接地电阻均为 4Ω。已知变压器电阻为 0.02Ω，各相线单位长度电阻均为 5.5Ω/km，忽略大地及其他未知导体电阻与电抗影响，当配电箱 B 处发生相线对设备外壳单相接地故障时，计算一级配电箱外壳处的接触电压值最接近下列哪项数值？（ ）

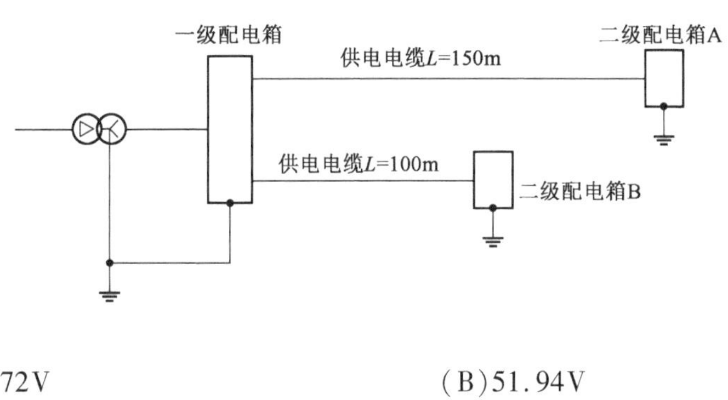


(A)36.72V　　(B)51.94V

(C)102.68V　　(D)108.04V

**解答过程：**

33. 某 660V 低压配电系统图如下图所示，变压器中性点接地电阻 $R$ 为 60Ω。三相用电设备 A、B 在设备安装出做保护接地，接地电阻均为 10Ω。由配电箱向用电设备 A、B 供电的电缆均为 3 芯，截面相等。已知变压器电阻为 0.02Ω，各相线单位长度电阻均为 5.5Ω/km，忽略其他未知电阻、电抗以及设备和电缆泄露电流的影响。当设备 B 处发生相线对设备外壳接地故障时，设备 B 外壳故障电压最接近下列哪项数值？（　　）

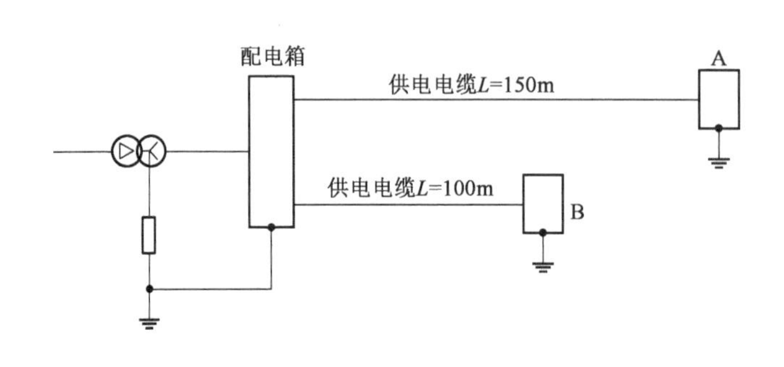


(A)7.1V　　(B)31.1V

(C)47.2V　　(D)53.8V

**解答过程：**

34. 某车间 10/0.4kV 变电所供配电系统示意图见下图，采用 TN-S 系统给车间内设备供电，设备间设置二级配电箱 1 个，为动力设备供电，电缆芯线中不含保护导体，保护导体单独敷设，以点划线表示。四芯电缆线路各导体单位长度的阻抗值为0.86mΩ/m，三芯电缆线路各导体单位长度的阻抗值为 1.35mΩ/m，保护导体单位长度阻抗值为 0.97mΩ/m，总等电位联结箱接地电阻为 4Ω，忽略电抗以及其他未知电阻影响。当固定用电设备发生接地故障时，ab 间保护导体的最大长度为下列哪项数值？（　　）

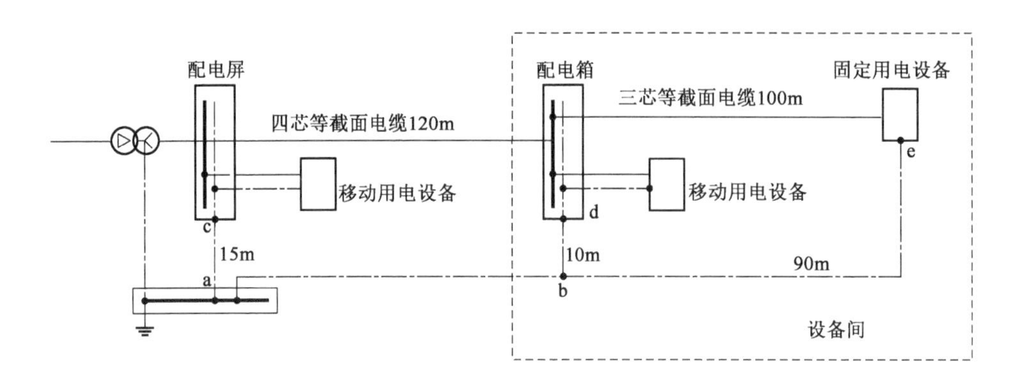


(A)36m　　(B)88m

(C)99m　　(D)103m

解答过程：

35. 已知交流电路径为手到手的人体总阻抗见下表，偏差系数 $F_D(5\%)=0.8$，$F_D(95\%)=1.4$。当接触电压为400V，人体总阻抗为不超过被测对象5%，电路路径仅为双手到双脚时，接触电流最接近下列哪项数值？（忽略阻抗中的电容分量及皮肤阻抗）　（　　）

| 接触电压(V) | 不超过被测对象的95%的人体阻抗值(Ω) |
|---|---|
| 400 | 1275 |
| 500 | 1150 |

(A)1.1A　　(B)0.63A

(C)0.55A　　(D)0.32A

解答过程：

题36～40：请回答下列关于消防与安防的问题。

36. 某煤干车间地面面积为3150m²，室内高度为8m，屋顶坡度为17.5°，使用A1型点型感温火灾探测器保护。已知探测器安装间距 $a=4$m，采用矩形等距布置，则安装间距 $b$ 的极限值最接近下列哪项数值？　（　　）

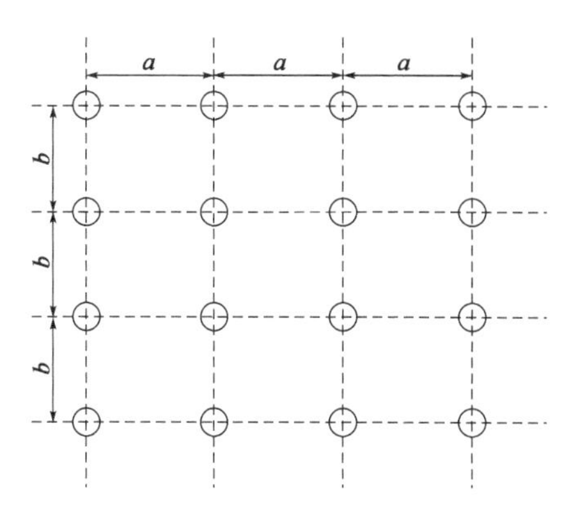


(A)5.0m　　(B)7.5m

(C)10.2m　　(D)10.9m

**解答过程：**

37. 上题中的煤干车间屋顶有热屏障，车间设有感温火灾探测器，探测器下表面至顶棚或屋顶距离最小值为多少？（　　）

(A)吸顶安装　　(B)250mm

(C)400mm　　(D)500mm

**解答过程：**

38. 某省级博物馆地下二层为库区和机电设备用房，机电设备用房由物业管理单位管理，库区由安保人员管理。库区外设置出入口控制的房间为同权限受控区，所有藏品库为同权限受控区，所有珍品库为同权限受控区，库区内需另外授权进入，珍品库的权限高于藏品库。下图配置的双门门禁控制器安装位置有几处错误？请说明理由。（　　）

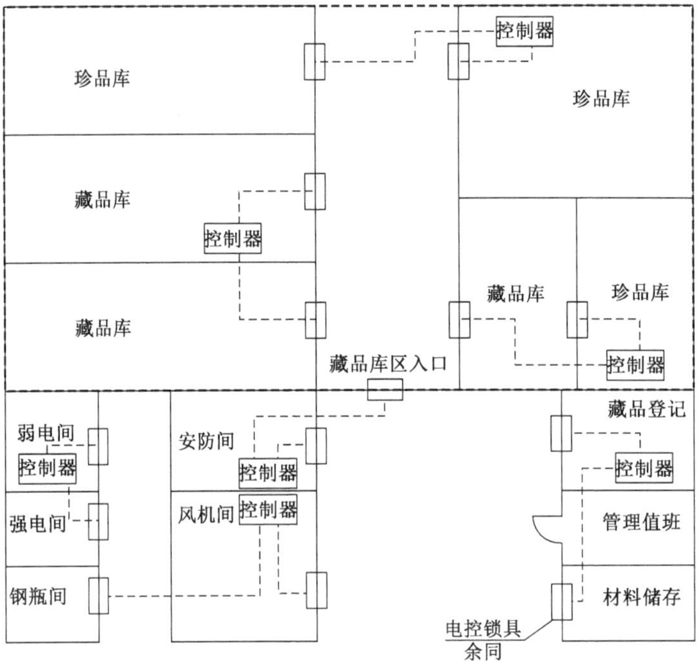

(A)0　　(B)1

(C)2　　(D)3

**解答过程：**

39. 上题中所述的博物馆库区选用非编码信号直接驱动电控锁具的联网门禁控制器，上题图中有几处执行部分输入线缆有可能成为被实施攻击的薄弱点，需针对其严格防护？　　（　　）

(A)2　　(B)3

(C)4　　(D)5

**解答过程：**

40. 该博物馆建筑消防及安防控制室设在一层，地下二层主要为藏品库房、楼控值班室及安防设备主机房。下列关于安防设计的方案哪项是错误的？请说明理由。　　（　　）

(A)本设计布线距离不大于 80m 的 IP 安防摄像机采用 1 根六类非屏蔽 4 对双绞线，布线距离大于或等于 80m 的 IP 安防摄像机采用 1 根 4 芯单模光纤完成视频信号传输，在安防专用桥架内敷设，接入安防接入层交换机（楼层安防井内）

(B)楼层安防井内设置的接入层接入层交换机采用 1 根多芯单模光缆在安防竖井的安防专用桥架内敷设，接入安防核心层交换机（安防设备主机房内）

(C)该项目进行视频监控系统集成联网时，可采用数字视频逐级汇聚方式

(D)安防设备主机机房内信号采用 1 根多芯单模光缆在安防竖井内的安防专用桥架内敷设，与消防及安防控制室内的安防监控设备相连

**解答过程：**

# 2019年案例分析试题答案(下午卷)

题1~5答案:**CBDBB**

1.《建筑照明设计规范》(GB 50034—2013)表4.4.1。

第4.4.1条表4.4.1:办公室光源色温为3300~5300K。

第5.3.2条表5.3.2:普通办公室参考平面及其高度为0.75m水平面,显色指数$R_a \geq 80$,眩光$UGR \leq 19$。

2.《照明设计手册》(第三版)P7式(1-9)、P148式(5-48)。

室型指数:$RI = \frac{LW}{H(L+W)} = \frac{16 \times 8}{(2.85-0.75) \times (16+8)} = 2.5$,查表,利用系数为0.96。

灯具数量:$N = \frac{E_{av}A}{\Phi UK} = \frac{300 \times 16 \times 8}{2800 \times 0.96 \times 0.8} = 17.86$,故取18盏。

注:设计照度与照度标准值的偏差不应超过10%,若取16盏,则:

$$E_{av} = \frac{N\Phi UK}{A} = \frac{16 \times 2800 \times 0.96 \times 0.8}{16 \times 8} = 268.8 < 270 = 90\% \times 300$$

故不能满足要求。

3.《照明设计手册》(第三版)P7式(1-9)、P148式(5-48)。

室型指数:$RI = \frac{LW}{H(L+W)} = \frac{2 \times 5 \times 2.8}{2 \times (5+2.8) \times 2.8} = 0.64 < 1$,查表,利用系数为0.96。

第6.3.14条:当房间或场所的室型指数等于或小于1时,其照明功率密度限值应增加,但增加值不超过限值的20%,故功率密度限值为$3 \times 1.2 = 3.6\text{W/m}^2$。

灯具数量:$N = \frac{E_{av}A}{\Phi UK} = \frac{75 \times 5 \times 2.8}{1000 \times 0.5 \times 0.75} = 2.8$,故取3盏

功率密度:$LPD = \frac{15 \times 3}{5 \times 2.8} = 3.2\text{W/m}^2$

4.《建筑照明设计规范》(GB 50034—2013)第6.3.16条。

第6.3.16条:装饰性灯具场所可将实际采用的装饰性灯具总功率的50%计入照明功率密度值的计算。

$$故功率密度:LPD = \frac{2000 + \frac{800}{2}}{200} = 12\text{W/m}^2$$

该带有装饰性灯具的办公楼不符合第4.1.2条中有关照度标准值提高一级的任一情况,故照度标准和功率密度值均不应增加。

5.《照明设计手册》(第三版)P147式(5-47)。

墙面反射比：$\rho_{wav}=\dfrac{\rho_w(A_w-A_g)+\rho_g A_g}{A_w}=\dfrac{0.5[(16+14)\times2\times3-40]+0.35\times40}{(16+14)\times2\times3}=0.47$

题 6~10 答案：**CCACB**

6.《电力工程直流系统设计技术规程》(DL/T 5044—2014)附录 C 式(C.2.3-2)、表 C.3-3。

查得 5s、1min、119min、120min 对应的容量换算系数分别为 $K_{cr}=1.34$，$K_{c1min}=1.24$，$K_{c119min}=0.347$，$K_{c120min}=0.344$。

第一阶段计算容量：$C_{c1}=K_k\dfrac{I_1}{K_c}=1.4\times\dfrac{45}{1.24}=50.81\text{Ah}$

第二阶段计算容量：$C_{c1}=K_k\left(\dfrac{I_1}{K_{c1}}+\dfrac{I_2-I_1}{K_{c2}}\right)=1.4\times\left(\dfrac{45}{0.344}+\dfrac{30-45}{0.347}\right)=122.62\text{Ah}$

随机负荷计算容量：$C_r=\dfrac{5}{1.34}=3.73\text{Ah}$

故总计算容量：$C_c=C_{c2}+C_r=122.62+3.73=126.35\text{Ah}$

7.《电力工程直流系统设计技术规程》(DL/T 5044—2014)附录 A 第 A.3.6 条。

按事故停电时间的蓄电池放电率电流选择：$I_{n1}\geqslant I_1=K_{c-1h}C_{10}=0.344\times150=51.6\text{A}$

按保护动作选择性条件选择：$I_{n2}>K_{c4}I_{nmax}=2\times32=64\text{A}$

综上，熔断器 F1 额定电流：$I_n=80\text{A}$

8.《电力工程直流系统设计技术规程》(DL/T 5044—2014)附录 A 式(A.4.2-4)、附录 G 式(G.1.1-1)。

蓄电池组总电阻：$r=\dfrac{U_n}{I_d}=\dfrac{220}{1200}=0.183\Omega$

电缆电阻：$R=\rho\dfrac{l}{S}=0.0184\times\dfrac{2\times120}{50}=0.088\Omega$

短路电流：$I_{bk}=\dfrac{U_n}{r+R}=\dfrac{220}{0.183+0.088}=810.85\text{A}$

灵敏系数：$K_L=\dfrac{I_{DK}}{I_{DZ}}=\dfrac{810.85}{50\times15}=1.08>1.05$

9.《电力工程直流系统设计技术规程》(DL/T 5044—2014)第 4.1.2 条、第 4.2.6 条和附录 D。

经常负荷电流：$I_{jc}=\dfrac{5\times0.6+5\times0.8}{0.22}=31.8\text{A}$

充电装置额定电流：

$I_r=(1.0\sim1.25)I_{10}+I_{jc}=(1.0\sim1.25)\times\dfrac{200}{10}+31.8=(51.8\sim56.8)\text{A}$

基本模块数量：$n_1=\dfrac{I_r}{I_{me}}=\dfrac{51.8\sim56.8}{10}=5.18\sim5.68$，取 6 个。

附加模块数量：$n_2=1$

总模块数量：$n=n_1+n_2=6+1=7$

10.《电力工程直流电源系统设计技术规程》(DL/T 5044—2014)附录E 第E.1.1条式(E.1.1-2)、表E.2-1、表E.2-2。

高速运行时的效率：断路器合闸回路计算电流 $I_{ca2}$ 取合闸线圈合闸电流，$I_{ca2}=3A$

回路允许压降：$\Delta U_p=6.5\%U_n=6.5\%\times220=14.3V$

电缆最小截面面积：$S_{cac}=\dfrac{\rho\cdot 2LI_a}{\Delta U_p}=\dfrac{0.0184\times2\times300\times3}{14.3}=2.3mm^2$

注：题干中未明确回路长期工作电流 $I_{ca1}$，可忽略。

题11~15答案：**CBDBB**

11.《交流电气装置的接地设计规范》(GB/T 50065—2011)附录A 式(A.0.2)。

接地极总长度：$L=2(48+2+24+2)=152m$

接地电阻：$R_h=\dfrac{\rho}{2\pi L}\left(\ln\dfrac{L^2}{hd}+A\right)=\dfrac{100}{2\pi\times152}\left(\ln\dfrac{152^2}{1\times0.04/2}+1\right)=1.57\Omega$

12.《建筑物防雷设计规范》(GB 50057—2010)附录C 式(C.0.2)。

接地体有效长度：$L_e=2\sqrt{\rho}=2\sqrt{100}=20m$

第C.0.3条：当环形接地体周长的一半大于或等于接地体的有效长度时，引下线的冲击接地电阻应为从与引下线的连接点起沿两侧接地体各取有效长度的长度算出的工频接地电阻，换算系数应等于1，故接地极总长度取 $L=2L_e=2\times20=40m$

接地电阻：$R_h=\dfrac{\rho}{2\pi L}\left(\ln\dfrac{L^2}{hd}+A\right)=\dfrac{100}{2\pi\times40}\left(\ln\dfrac{40^2}{1\times0.04/2}-0.18\right)=4.43\Omega$

查图C.0.1，换算系数 $A=1$，故冲击电阻 $R_{\sim}=R_h=4.43\Omega$

13.《低压电气装置 第4-44部分 安全防护电压骚扰和电磁骚扰防护标准》(GB/T 16895.10—2010)第442.2条、图44.A1和表44.A1"TN系统"。

用电设备的相导体与设备外壳之间的电压：$U_1=U_0=220V$

建筑物内电气装置的低压设备的外露可导电部分是用保护导体与总等电位联结相连结时，设备外壳与所在地面之间的电压为零，即 $U_f=0V$。

14.《低压电气装置 第4-44部分 安全防护电压骚扰和电磁骚扰防护标准》(GB/T 16895.10—2010)第442.2条、图44.A1和表44.A1"TN-S系统"。

用电设备的相导体与设备外壳之间的电压：$U_1=U_0=220V$

厂房外设备无等电位联结相连接时，设备外壳与所在地面之间的电压：

$U_f=I_ER_E=15V$

15.《低压电气装置 第4-44部分 安全防护电压骚扰和电磁骚扰防护标准》(GB/T 16895.10—2010)第442.2条、图44.A1和表44.A1"TT系统"。

用电设备的相导体与设备外壳之间的电压：$U_1=U_0+I_ER_E=220+15=235V$

$R_a$ 无电流流过，设备外壳与所在地面之间的电压：$U_f=0V$。

题16~20答案：**CBDBD**

16.《工业与民用供配电设计手册》(第四版)P281表4.6-3。

线路电抗标幺值：$X_{l*}=xl\dfrac{S_B}{U_B^2}=10\times0.4\times\dfrac{100}{115^2}=0.03$

变压器电抗标幺值：$X_{T*}=\dfrac{U_k\%}{100}\cdot\dfrac{S_B}{S_{NT}}=\dfrac{U_k\%}{100}\times\dfrac{100}{50}=0.02U_k\%$

短路电流有名值：$I_{k1}=\dfrac{I_B}{X_\Sigma}=\dfrac{5.5}{0.03+0.02U_k\%}=20\Rightarrow U_k\%=12.25$

17.《工业与民用供配电设计手册》(第四版)P302 式(4.6-35)、P303 表 4.6-10。

单相接地电容电流(考虑变电站电力设备增加的接地电容电流百分比)：

$I_c=0.1U_nL(1+16\%)=0.1\times10\times22\times1.16=25.52\text{A}$

《导体和电器选择设计技术规定》(DL/T 5222—2005)第 18.1.4 条式(18.1.4)。

消弧线圈补偿容量：$Q=1.35I_c\dfrac{U_n}{\sqrt{3}}=1.35\times25.52\times\dfrac{10}{\sqrt{3}}=199\text{kVA}$

18.《导体和电器选择设计技术规定》(DL/T 5222—2005)第 9.2.6 条、附录 F 表 F.4.1。

第 9.2.6 条：断路器的额定关合电流，不应小于短路电流的最大冲击值(第一个大半波电流峰值)。

《工业与民用供配电设计手册》(第四版)P281 表 4.6-3。

线路电抗标幺值：$X_{l*}=xl\dfrac{S_B}{U_B^2}=10\times0.3\times\dfrac{100}{37^2}=0.22$

变压器电抗标幺值：$X_{T*}=\dfrac{U_k\%}{100}\cdot\dfrac{S_B}{S_{NT}}=\dfrac{8}{100}\times\dfrac{100}{8}=1$

短路电流有名值：$I_{k1}=\dfrac{I_B}{X_\Sigma}=\dfrac{5.5}{1+0.22/2}=4.51\text{kA}$

查表 F.4.1，冲击系数 $k=1.8$，则冲击电流为：$i_p=1.8\sqrt{2}I_k=2.55\times4.51=11.50\text{kA}$。

19.《工业与民用供配电设计手册》(第四版)P103 表 2.6-4、P105“EPS 容量选择”。

灯具数量：$N=\dfrac{E_{\min}A}{\Phi_1\eta UU_1K}=\dfrac{5\times10000}{180\times120\times0.95\times0.5\times0.7\times0.7}=9.95$，取 10 个。

灯具总功率：$P=10\times(180+1)=1810\text{W}$

EPS 所供负载中同时工作负荷容量的 1.1 倍，查表 2.6-4，变电站海拔为 1500m，其降额系数 $k=0.95$，故修正后的 EPS 的容量：$P_{EPS}\geqslant\dfrac{1.1P_e}{k}=\dfrac{1.1\times5}{0.95}=5.8\text{kW}$。

20.《工业与民用供配电设计手册》(第四版)P1160 式(12.4-3)、表 12.4-1。

断路器长延时过电流脱扣器的整定电流：$I_{n1}\geqslant KI_e\sqrt{\varepsilon}=1.3\times\dfrac{20}{0.38}\times\sqrt{0.6}=53\text{A}$

断路器瞬时过电流脱扣器的整定电流：$I_{n3}\geqslant KI_e=3.7\times\dfrac{20}{0.38}=194.7\text{A}$

题 21 ~25 答案:**CAABA**

21.《钢铁企业电力设计手册》(下册)P122 式(24-18),P124 式(24-20)、式(24-21)。

电动机系数:$C_e = \frac{\sqrt{3}U_{ze}I_{ze}}{10^3P_e} = \frac{\sqrt{3}\times 325\times 105}{10^3\times 75} = 0.79$

铁芯总片数:$\sum N = K_N C_z P_e = 0.57\times 0.79\times 75 = 33.69$,取 32 片,2 串 2 并星形接线,每台片数 $N=8$。

绕组匝数:$W = K_w\frac{U_{ze}}{C}\sqrt{\frac{n}{C_z P_e N}} = 2.62\times\frac{325}{2}\times\sqrt{\frac{4}{0.79\times 75\times 8}} = 39.16$,取 40 匝。

每小时折算起动次数 $Z=310$ 次/h,查表 24-24 可知,$t_q Z\leqslant 1000\text{s/h}$;查表 24-29 可知,电流密度 $j_e = 2.8\text{A/mm}^2$。

导体截面面积:$S = \frac{I_{ze}}{bj_e} = \frac{105}{2\times 2.8} = 18.75\text{mm}^2$,取 $20\text{mm}^2$。

22.《钢铁企业电力设计手册》(下册)P114 例题。

电动机额定电流:$I_N = \frac{P}{\sqrt{3}U_n\eta\cos\varphi} = \frac{22}{\sqrt{3}\times 0.38\times 0.8\times 0.85} = 49.16\text{A}$

制动电流为空载电流 3 倍:$I_{zd}=3I_{kz}=3\times 0.45I_{ed}=3\times 0.45\times 49.16=66.37\text{A}$

制动回路的全部电阻:$R = \frac{U_{zd}}{I_{zd}} = \frac{110}{66.37} = 1.66\Omega$

供电电缆采用截面面积为 $10\text{mm}^2$,长 50m 的铜芯电缆,其电阻为:

$$R_1 = \rho\frac{l}{A} = 0.018\times 10^{-6}\times\frac{2\times 50}{10\times 10^{-6}} = 0.18\Omega$$

制动回路全部电阻由电动机定子两相绕组电阻、供电电缆电阻及外加电阻组成,则回路外加电阻:$R_{ad} = R-(2R_d+R_1) = 1.66-(2\times 0.19+0.18) = 1.1\Omega$。

23.《钢铁企业电力设计手册》(下册)P260 式(24-110)、式(24-111)、式(24-115)及例题。

电动机的临界转差率:

$$s_{lj} = s_e(M_{*\max}+\sqrt{M_{*\max}^2-1}) = \frac{1500-1475}{1500}\times(2+\sqrt{2^2-1}) = 0.062$$

水泵的静阻转矩:$M_{*j} = 0.15+0.85n_*^2 = 0.15+0.85\times(1-0.062)^2 = 0.90$

最低电压运行时,电动机产生的最大转矩:

$$M'_{*\max} = M_{*\max}\left(\frac{U_{\min}}{U_e}\right)^2 \Rightarrow 0.9+0.15=2\times(\frac{U_{\min}}{10})^2$$

计算可得:$U_{\min} = 7.246\text{kV} = 7246\text{V}$

24.《钢铁企业电力设计手册》(下册)P99"24.2.2 星形—三角形降压起动"。

星形—三角形降压起动适用于正常运行时绕组为三角形接线,且具有 6 个出线端子的低压笼型电动机。因此起动时,k1 和 k3 吸合,电动机线圈处于星形接法;定时器 k21 动作后,k3 断开,k2 吸合,电动机线圈处于三角形接法,正常运行。对照图 24.3"星形—三角形起动原理图",可知:

Ⅰ:三角形接法有误,应修正为 k2-2 接 W2,k2-4 接 U2,k2-6 接 V2。

Ⅱ:无错误,电机线圈的 6 个抽头。

Ⅲ:图示为延时闭合的动断触点有误,应采用延时断开的动断触点。

Ⅳ:无错误,图示为延时闭合的动合触点,即定时器计时到,控制 –k2 吸合。

25.《钢铁企业电力设计手册》(下册)P99“24.2.5 自耦变压器降压起动”。

自耦降压起动二次控制回路启动过程:按下 SB1 启动,kM3 动作吸合,然后 kM2 动作吸合,利用自耦变压器降压启动,kM1 不动作;时间继电器的计时完成,kM2 和 kM3 释放,kM1 动作吸合,则起动完成。

(1)kM3 与 kM1 不能同时吸合,应采取互锁模式,因此 a 为 kM1 常闭接点,对应 PLC 的硬件 I/O 为 X4。

(2)定时器计时时间到要吸合 kM1(由 PLC 硬件 I/O 的 Y1 输出控制),因此 b 为 T1 常开接点。

(3)定时器的启动计时条件是 kM2 吸合,因此 c 为 kM2 常开接点,对应 PLC 的硬件 I/O 为 X5。

题 26 ~ 30 答案:**CCDAC**

26.《电力工程高压送电线路设计手册》(第二版)P125 ~ P131 式(2-7-13)、式(2-7-14)、式(2-7-46),P134 表 2-7-8、表 2-7-9。

无地线时导线上的感应过电压最大值:$U_{\mathrm{i}} \approx 25\dfrac{I \times h_{\mathrm{av}}}{S} = 25 \times \dfrac{100 \times 10}{70} = 357.14\mathrm{kV}$

查表 2-7-8,几何耦合系数 $k_0 = 0.114$;查表 2-7-9,电晕校正系数 $k_1 = 1.25$。

总耦合系数:$k = k_0 k_1 = 0.114 \times 1.25 = 0.14$

有地线时导线上的感应过电压最大值:

$U_{\mathrm{ic}} = U_{\mathrm{i}}(1 - k) = 357.14 \times (1 - 0.14) = 307.14\mathrm{kV}$

27.《电力工程高压送电线路设计手册》(第二版)P167 ~ P175 式(3-1-1)、表 3-1-3、表 3-1-4、表 3-1-14、表 3-1-15,P179 表 3-2-3。

第七典型气象区风速为 $v = 30\mathrm{m/s}$,110kV 最大风速对应基准高度为距地面以上 15m,电线风压不均匀系数 $\alpha = 0.75$,电线受风体型系数 $\mu = 1.1$。

距离地面高度 12m 的风速:$v = 30 \times \left(\dfrac{12}{15}\right)^{0.16} = 28.95\mathrm{m/s}$

覆冰时风荷载:

$$g_5 = 0.625v^2(d + 2\delta)\alpha\mu_{\mathrm{sc}} \times 10^{-3} = 0.625 \times 28.95^2 \times (17.1 + 20) \times 10^{-3} \times 0.75 \times 1.1 = 16.04\mathrm{N/m}$$

28.《电力工程高压送电线路设计手册》(第二版)P167 ~ P175 式(3-1-1)、表 3-1-3、表 3-1-4、表 3-1-15,P179 表 3-2-3。

第七典型气象区风速为 $v = 30\mathrm{m/s}$,110kV 最大风速对应基准高度为距地面以上 15m,电线受风体型系数 $\mu = 1.1$。

距离地面高度 18m 的风速:$v = 30 \times \left(\dfrac{18}{15}\right)^{0.16} = 30.89\mathrm{m/s}$

自重力荷载：$g_1 = 9.8p_1 = 9.8 \times 0.61 = 5.89\text{N/m}$

无冰时风荷载：

$$g_4 = 0.625v^2 d\alpha\mu_{sc} \times 10^{-3} = 0.625 \times 30.89^2 \times 17.1 \times 10^{-3} \times 0.61 \times 1.1 = 6.84\text{N/m}$$

无冰时综合比载：$\gamma_6 = \dfrac{g_6}{A} = \dfrac{\sqrt{g_1^2 + g_4^2}}{A} = \dfrac{\sqrt{5.89^2 + 6.84^2}}{173.11} = 0.052\text{N/(m} \cdot \text{mm}^2)$

29.《电力工程高压送电线路设计手册》(第二版)P184 式(3-3-12)。

塔杆 B 的垂直档距：

$$l_v = l_h + \frac{\delta_0}{\gamma_v}\left(\frac{h_1}{l_1} + \frac{h_2}{l_2}\right) = l_h - \frac{\delta_0}{\gamma_v}(\tan\alpha_1 + \tan\alpha_2)$$

$$= \frac{200 + 230}{2} - \frac{29 \times 9.8/3}{9.77}(\tan11^\circ + \tan20^\circ) = 209.59\text{m}$$

30.《电力工程高压送电线路设计手册》(第二版)P210 式(3-5-5)。

代表档距 20℃时弧垂：$f_{100} = 0.56\text{m}$

A-B 档的架线弧垂：$f_{AB} = f_{100}\left(\dfrac{l}{100}\right)^2 = 0.56 \times \left(\dfrac{200}{100}\right)^2 = 2.24\text{m}$

B-C 档的架线弧垂：$f_{AB} = f_{100}\left(\dfrac{l}{100}\right)^2 = 0.56 \times \left(\dfrac{250}{100}\right)^2 = 3.50\text{m}$

题 31 ~ 35 答案：**BADCA**

31.《建筑设计防火规范》(GB 50016—2014)。

第 10.2.1 条表 10.2.1：10kV 架空线路与乙类仓库的最近水平距离 $L = 1.5h = 1.5 \times 12 = 18\text{m}$，此为错误 1。

第 10.3.3 条：低压配电室属于发生火灾时仍需正常工作的房间，应设备用照明，其作业面最低照度不应低于正常照明的照度，根据《建筑照明设计标准》(GB 50034—2013)第 5.5.1 条表 5.5.1，配电装置室 0.75m 水平面正常照明的照度为 200lx，此为错误 2。

注：根据第 10.1.10-1 条，当采用矿物绝缘类不燃性电缆时，可直接明敷。

32.《工业与民用供配电设计手册》(第四版)P1455 ~ P1457。

全回路电阻 $R$ 和电流电流 $I_d$ 为：

$$R = 0.02 + 0.55 + 0.55//[4 + 4//(4 + 0.825)] = 1.075\Omega$$

$$I_d = \frac{220}{1.075} = 204.65\text{A}$$

$$U_t = I_t R = \left[204.65 \times \frac{0.55}{0.55 + 4 + 4//(4 + 0.825)} \times \frac{4 + 0.825}{4 + (4 + 0.825)}\right] \times 4 = 36.54\text{V}$$

33.《工业与民用供配电设计手册》(第四版)P1455 ~ P1457。

短路分析：发生故障后，相保回路电流由变压器(0.02Ω)、配电箱 B 的相线 L

(0.1 ×5.5 =0.55Ω),流经单相接地设备外壳接地电阻(10Ω),再经变压器接地电阻(60Ω),返回至变压器中性点,全回路电阻 $R$ 和电流 $I_d$ 为:

$$R = 0.02 + 0.55 + 10 + 60 = 70.57\Omega$$

$I_d = \frac{660/\sqrt{3}}{70.57} = 54A$,故接触电压 $U_t = 5.4 \times 10 = 54V$

34.《工业与民用供配电设计手册》(第四版)P1455 ~ P1457。

短路分析:发生故障后,相保回路电流由四芯电缆相线 L(0.86 ×120 =103.2Ω)、三芯电缆相线 L(1.35 ×100 =135Ω),流经保护导体 PE 线(0.97 ×90 +0.97$L$ =0.97$L$ +87.3Ω),再流经总等电位端子返回至变压器中性点,全回路电阻 $R$ 和电流 $I_d$ 为:

$$R = 0.86 \times 120 + 1.35 \times 100 + 0.97L + 0.97 \times 90 = 0.97L + 325.5\Omega$$

$$I_d = \frac{220}{0.97 + 325.5}$$

根据《低压配电设计规范》(GB 50054—2011)第 5.2.11 条,设备外壳接触电压 $U_{t3}$ 为:$U_{t3} = I_d R = \frac{220}{0.97L + 325.5} \times 0.97L \leqslant 50V \Rightarrow L \leqslant 98.70m$

35.《电流对人和家畜的效应 第 1 部分:通用部分》(GB/T 13870.1—2008)第3.1.10条及附录 D。

$$F_D(5\%, U_T) = \frac{Z_T(5\%, U_T)}{Z_T(50\%, U_T)} = 0.8\ ,\ F_D(95\%, U_T) = \frac{Z_T(95\%, U_T)}{Z_T(50\%, U_T)} = 1.4$$

故 $\frac{Z_T(5\%, U_T)}{Z_T(95\%, U_T)} = \frac{0.8}{1.4} \Rightarrow Z_T(5\%, U_T) = \frac{0.8}{1.4} Z_T(95\%, U_T) = \frac{0.8}{1.4} \times 1275 = 728.57\Omega$

双手到双脚时,接触电流:$I_t = \frac{U_t}{Z_t} = \frac{400}{728.57 \times (0.5 + 0.5)/2} = 1.1A$

题 36 ~40 答案:**BABBD**

36.《火灾自动报警系统设计规范》(GB 50116—2013)第 6.2.2 条、表 6.2.2、附录 E。

查表可得,保护面积 $A$ =30m$^2$,保护半径 $R$ =4.9m。

故 $a^2 + b^2 = (2R)^2 \Rightarrow b = \sqrt{4R^2 - a^2} = \sqrt{4 \times 4.9^2 - 4^2} = 8.95m$

再由附录 E 图 E 可知,$b$≤7.5,取较小者。

37.《火灾自动报警系统设计规范》(GB 50116—2013)第 6.2.9 条及条文说明。

感温火灾探测器通常受热屏障的影响较小,所以感温探测器总是直接安装在顶棚上。

38.《出入口控制系统工程设计规范》(GB 50396—2007) 第 6.0.2-2 条及条文说明、图 7 和图 8。

控制室可装在同权限区(例如都是藏品库)或装在高权限区(例如藏品库和珍品库装在高权限的珍品库),不可以装在不同权限区(例如物业管理和藏品库区)。

39.《出入口控制系统工程设计规范》(GB 50396—2007) 第7.0.4条。

第7.0.4条:执行部分的输入电缆在该出入口的对应受控区、同级别受控区或高级别受控区外的部分,应封闭保护。钢瓶间、藏品库区入口、左上角珍品库入口输入电缆在对应的受控区外,故为3处。

40.《安全防范工程技术标准》(GB 50348—2018)第6.5.10-2条。

进行视频监控系统集成联网时,应能通过管理平台实现设备的集中管理和资源共享,可采用数字视频逐级汇聚方式。

选项D的监控联网不是逐级汇聚方式。

# 2020 年

# 注册电气工程师(供配电)执业资格考试

# 专业考试试题及答案

# 2020年专业知识试题(上午卷)

## 一、单项选择题(共40题,每题1分,每题的备选项中只有1个最符合题意)

1. 220/380V配电系统,接地型式为TN-S,安装在每一相线与PE线之间的SPD的最低持续运行电压$U_C$,$U_C$值应不小于以下哪项数值? ( )

(A)220V (B)253V
(C)380V (D)437V

2. 某办公楼内的220/380V分配电箱为一台家用电热水壶供电,配电箱与电热水壶的耐冲击电压额定值不应小于以下哪组数值? ( )

(A)6kV、4kV
(B)4kV、2.5kV
(C)4kV、1.5kV
(D)2.5kV、1.5kV

3. 某总配电箱的电源由户外引入,该配电箱设置电压开关型SPD,$U_p$=2.5kV,SPD两端引长度为0.5m,配电箱母线处的有效电压保护水平为以下哪项数值? ( )

(A)4kV (B)3kV
(C)2.5kV (D)0.5kV

4. 下列哪些场所不应选用铝导体? ( )

(A)加工氨气的场所 (B)储存硫化氢的杨所
(C)储存二氧化硫的场所 (D)户外工程的布电线

5. 某10kV母线,工作电流为3200A,宜选用哪种形式的导体? ( )

(A)矩形 (B)槽形
(C)圆管形 (D)以上均可

6. 某110kV铜母排,其对应于屈服点应力的荷载短时作用时安全系数不应小于下列哪项数值? ( )

(A)2.00 (B)1.67
(C)1.60 (D)1.40

7. 蓄电池组引出线为电缆时,下列哪项做法是错误的? ( )

(A)选用耐火电缆明敷
(B)选用阻燃电缆暗敷
(C)采用单芯电缆,正负极在同一通道敷设
(D)采用单根多芯电缆,正负极分配在同一电缆的不同芯

8. 某变电站采用直流电源成套装置,蓄电池组为中倍率铬镍碱性蓄电池,下列容量配置中哪项不符合规定? ( )

(A)40Ah (B)50Ah
(C)100Ah (D)120Ah

9. 数台电动机共用一套短路保护器件,且允许无选择切断时,回路电流不应超过下列哪项数值? ( )

(A)10A (B)15A
(C)20A (D)25A

10. 正常运行情况下,电动机端子处电压偏差允许值宜为下列哪项数值? ( )

(A) ±5% (B) ±10%
(C) -5% (D) -10%

11. 接在电动机控制设备侧用于无功补偿的电容器额定电流,不应超过电动机励磁电流的多少倍? ( )

(A)1.0 (B)0.9
(C)0.5 (D)0.3

12. 控制电缆宜采用多芯电缆,并应留有适当的备用芯,下列有关控制电缆截面积与芯数的说法哪项符合规范要求? ( )

(A)截面积为 1.5$mm^2$,不应超过 40 芯
(B)截面积为 2.5$mm^2$,不应超过 24 芯
(C)截面积为 4.0$mm^2$,不应超过 12 芯
(D)截面积为 6.0$mm^2$,不应超过 10 芯

13. 爆炸性环境 1 区内电气设备的保护级别应为下列哪一项? ( )

(A)$G_a$或 $G_b$ (B)$G_c$
(C)$D_a$或 $D_b$ (D)$D_c$

14. 关于 10kV 变电站的二次回路线缆选择,下列哪项说法是不正确的? ( )

(A)二次回路应采用铜芯控制的电缆和绝缘导线,在绝缘可能受到油侵蚀的地方,应采用耐油的绝缘导线或电缆

(B)控制电缆的绝缘水平宜采用450V/750V
(C)在最大负荷下,操作母线至设备的电压降,不应超过额定电压的12%
(D)当全部保护和自动装置时,电压互感器至保护和自动装置屏的电缆压降不应超过额定电压的3%

15. 电力装置继电保护中,变压器纵联差动保护的差流元件按被保护区末端金属性短路计算式,其最小灵敏系数应为下列哪项数值? ( )

(A)1.3 (B)1.5
(C)1.2 (D)1.0

16. 根据现行国家标准,下列哪项不属于电能质量指标? ( )

(A)电压偏差和三相电压不平衡度限值
(B)电压被动和闪变限值
(C)谐波电压和谐波电流限值
(D)系统短路容量限值

17. 建筑内疏散照明的地面最低水平照度,下列说法不正确的是哪一项? ( )

(A)室内步行街不应低于1lx
(B)避难层不应低于1lx
(C)人员密集厂房内的生产场所不应低于3lx
(D)病房楼楼梯间不应低于10lx

18. 下列哪个建筑物电子信息系统的雷电防护等级不符合规范的规定? ( )

(A)四星级宾馆的雷电防护等级为C级
(B)二级医院电子医疗设备的雷电防护等级为B级
(C)三级金融设施的雷电防护等级为C级
(D)火车枢纽站的雷电防护等级B级

19. 交流电力电子开关保护电路,当过流倍数为1.2时,动作时间应为下列哪项数值? ( )

(A)5min (B)10min
(C)15min (D)20min

20. 如果房间面积为48m$^2$,周长28m,灯具安装高度距地2.8m,工作面高度0.75m,室空间比为下列哪项数值? ( )

(A)1.22 (B)1.67
(C)2.99 (D)4.08

21. 初始照度是指照明装置新装时在规定表面上的下列哪一项？ (　　)

(A)平均照度　(B)平面照度
(C)垂直面照度　(D)平均柱面照度

22. 在室外场所，灯具的防护等级不应低于下列哪一项？ (　　)

(A)IP44　(B)IP54
(C)IP65　(D)IP67

23. 设计照度与照度标准值的偏差不应超过下列哪项数值？ (　　)

(A) ±50%　(B) ±10%
(C) ±15%　(D) ±20%

24. 关于灯具光源和附件的描述，下列哪项是错误的？ (　　)

(A)在电压偏差较大的场所，宜配用恒功率镇流器
(B)用同类光源的色容差不应大于5SDCM
(C)在灯具安装高度大于8m的工业建筑场所，在能够辨别安全色的情况下，显色指数可低于80
(D)闪效应有限制的场合，应选用低频电子镇流器

25. 下列哪一场所的照明标准值参考的不是垂直面？ (　　)

(A)靶心　(B)化妆台
(C)总服务台　(D)书架

26. 某普通办公楼，地下2层，地上5层，建筑高度21m，室外消火栓用水量30L/s，地下消防泵防内消防水泵的负荷等级为下列哪一项？ (　　)

(A)一级负荷中特别重要负荷
(B)一级负荷
(C)二级负荷
(D)三级负荷

27. 关于杭州G20国际峰会计算机系统用电和主会场照明的负荷等级，下列哪一项描述是正确的？ (　　)

(A)均为一级负荷中特别重要负荷
(B)计算机系统用电为一级负荷，主会场照明为一级负荷中特别重要负荷
(C)计算机系统用电为一级负荷中特别重要负荷，主会场照明为一级负荷
(D)均为一级负荷

28. 当采用需要系数法进行负荷计算时，无须考虑以下哪个参数？ (　　)

(A)用电设备的设备功率 (B)功率因数
(C)尖峰电流 (D)同时系数

29. 时钟系统设计中,有关子钟的显示器及安装地点,以下哪一项是不正确的? ( )

(A)子钟的安装高度,室内不应低于2.0m
(B)子钟的安装高度,室外不应低于3.5m
(C)子钟钟面直径60cm,室外最佳视距为60m,可辨视距为100m
(D)子钟钟面直径80cm,室外最佳视距为100m,可辨视距为150m

30. 关于会议系统讨论的功能设计要求,以下哪一项描述是不正确的? ( )

(A)传声器应具有抗射频干扰能力
(B)宜采用双向性传声器
(C)大型会场宜具有内部通话功能
(D)系统可支持同步录音、录像功能,可具备发言者独立录音功能

31. 光纤到用户单元通信设施中缆线与配线设备选择要求,以下描述哪一项是正确的? ( )

(A)户接入点至楼层光纤配线箱(分纤箱)之间的室内用户光缆应采用G.657光纤
(B)楼层光纤配电箱(分纤箱)至用户单元信息配电线箱之间的室内用户光缆应采用G.652光纤
(C)室内光缆宜采用干式,非延燃外护层结构的光缆
(D)室外管道至室内的光缆宜采用抽油式防潮的室外用光缆

32. 火灾自动报警系统的手动火灾报警按钮的设置要求,以下描述哪一项是错误的? ( )

(A)每个防火分区应至少设置一只手动火灾报警按钮
(B)从一个防火分区内的任何位置到最邻边的手动火灾报警按钮的步行距离不应大于25m
(C)手动火灾报警按钮窗宜设置在疏散通道式出入口处
(D)列车上设置的手动火灾报警按钮,应设置在每节车厢的出入口和中间部位

33. 下列哪项从左手到双脚流过的电流值,与从手到手流过225mA的电流具有相同的心室纤维颤动可能性? ( )

(A)70mA (B)80mA
(C)90mA (D)100mA

34. 关于TN系统故障防护的描述,下列哪一项是错误的? ( )

(A)过流保护器可用作 TN 系统的故障维护
(B)剩余电流保护器(RCD)可用于 TN 系统的故障保护
(C)剩余电流保护器(RCD)可用于 TN-C 系统
(D)TN-C-S 系统中采用剩余电流保护器时,在剩余电流保护器的负荷侧不得再出现 PEN 导体

35. 在 TN 系统中供给固定式电气设备的末端线路,其故障防护、电器切断故障回路时间的规定,下列哪一项是正确的? (　　)

(A)不宜大于 5s　　(B)不宜大于 8s
(C)不宜大于 10s　　(D)不宜大于 15s

36. 与强迫换流型变频器相比,交—直—交电流型自然换流型变频器的特点,下列描述哪一项是正确的? (　　)

(A)过载能力强
(B)适用于中小型电动机
(C)适用于大容量电动机
(D)启动转矩大

37. 在大于或等于 100kW 的用电设备中,电能计量器具配备效率应不低于下列哪项数值? (　　)

(A)85%　　(B)90%
(C)95%　　(D)100%

38. 与自然换流型变频器相比,关于交—直—交晶闸管强迫换流型变频器的特点,下列描述哪一项是正确的? (　　)

(A)启动转矩不够大,对负载随速度提高而增加有利
(B)需要强迫换相电器
(C)适用于大容量电动机
(D)用电源频率和电动机频率之间的关系来改变晶闸管的利用率

39. 我国标准对工频 50Hz,公共暴露电场强度控制限值是下列哪项数值? (　　)

(A)80V/m　　(B)100V/m
(C)400V/m　　(D)4000V/m

40. 关于消防控制室,下列描述哪项是正确的? (　　)

(A)不应布置在电磁干扰较强的设备用房正上方
(B)不宜穿过与消防无关的管路
(C)回风管穿墙处宜设置防火阀

(D)不宜穿过与控制室无关的小容量配电线路

**二、多项选择题(共30题,每题2分。每题的备选项中有两个或两个以上符合题意。错选、少选、多选均不得分)**

41. 某办公楼为三类防雷建筑,屋面设有接闪带,还有冷却塔、配电箱等设备,其外壳均为金属,CD配电箱尺寸为0.6m(宽)×0.4m(厚)0.4m(高),冷却塔尺寸为2.5m(长)×(宽)×3.5m(高),则以下哪些防雷措施是正确的? ( )

(A)设置接闪杆保护配电箱、冷却塔,并将配电箱、冷却塔外壳与屋面防雷装置相连接

(B)置接闪杆保护配电箱、冷却塔,并将配电箱、冷却塔在空气中的间隔距离满足要求时其外壳不必与屋面防雷装置连接

(C)配电箱与屋面防雷装置连接,不必采取其他措施

(D)利用冷却塔外壳做接闪器,冷却塔外壳与屋面防雷装置相连接

42. 电力系统的装置或设备的下列哪些部分不需要接地? ( )

(A)电缆沟的金属支架

(B)装有避雷线的架空线路杆塔

(C)称电压220V以下的蓄电池室内支架

(D)安装在金属外壳已接地的配电屏上的电测量仪表外壳

43. 关于变电站接地装置的设计,下列哪些做法是正确的? ( )

(A)人工接地水平敷设时采用扁钢,垂直敷设时采用角钢或钢管

(B)人工接地极采用25mm×4mm扁钢

(C)接地极应计及腐蚀的影响,并保证设计使用年限与地面工程设计使用年限一致

(D)接地装置中接地极的截面积,不宜小于连接至该接地装置的接地导体截面积的50%

44. 某110kV变电站位于海拔高度不超过1000m的地区,在常用相间距情况下采用下列哪几种导体可不进行电晕校验? ( )

(A)软导线型号LGJ-50

(B)软导线型号LGJ-70

(C)管导体外径20mm

(D)管导体外径30mm

45. 下列关于直流回路电缆选用的说法哪些是正确的? ( )

(A)低压直流供电线路每极选用两芯电缆

(B)低压直流供电线路选用单芯电缆

(C)蓄电池的正负极引出线共用一根两芯电缆

(D)蓄电池组与直流柜之间连接电缆长期允许载流量的计算电流应大于事故停电时间蓄电池放电率电流

46. 下列直流负荷中,哪些属于事故负荷? ( )

(A)直流应急照明

(B)高压断路器事故跳闸

(C)发电机组直流润滑油泵

(D)交流不断电流装置

47. 当布线采取了防机械损伤的保护措施,且布线靠近时,下列哪些连接线或回路可不装设短路保护器? ( )

(A)整流器、蓄电池与配电控制屏之间的连接线

(B)电流互感器的二次回路

(C)测量回路

(D)高压开关柜断路器的控制回路

48. 某低压交流电动机拟采用瞬动元件的过电流继电器作为短路及接地故障保护,关于电流继电器的接线和整定,下列哪些要求是正确的? ( )

(A)应在每个不接地的相线上装设

(B)可只在两相上装设

(C)瞬动元件的整定电流应取电动机起动电流周期分量最大有效值值的 2 ~ 2.5 倍

(D)瞬动元件的整定电流应取电动机额定电流的 2 ~ 2.5 倍

49. 下列关于电能计量表接线方式的说法哪些是正确的? ( )

(A)直接接地系统的电能计量装置应采用三相四线制的接线方式

(B)不接地系统电能计量装置宜采用三相三线制的接线方式

(C)经消弧线接地的计费用户年平均中性点电流不大于 0.1% 额定电流时应采用三相三线制的接线方式

(D)三相负荷不平衡率大于 10% 的 1200V 及以上的电力用户线路应采用三相四线制的接线方式

50. 下列哪些回路应进行频率测量? ( )

(A)接有发电机变压器组的母线

(B)终端变电站内的主变压器回路

(C)电网有可能解列运行的母线

(D)交流不停电电源配电屏的母线

51. 下列哪些措施可以减小供配电系统的电压偏差? （ ）

(A)降低系统阻抗 (B)采取无功补偿措施
(C)在回路中装设限流电抗器 (D)尽量使三相负荷平衡

52. 当公共连接点的实际最小短路容量与基准短路容量不同时,关于谐波电流的允许值,下列哪些说法是正确的? （ ）

(A)当公共连接点的实际最小短路容量小于基准短路容量时谐波电流允许值应按比例降低
(B)当公共连接点的实际最小短路容量大小基准短路容量时谐波电流允许值应按比例增加
(C)当公共连接点的实际最小短路容量小于基准短路容量时谐波电流允许值应按比例降低,但当公共连接点的实际最小短路容量大小基准短路容量时谐波电流允许值不应增加
(D)谐波电流允许值与实际最小短路容量无关

53. 关于并联电容器装置的接线方式,下列哪些说法是正确的? （ ）

(A)高压电容器组可接三角形
(B)高压电容器组可接三星形
(C)低压电容器组可接三角形
(D)低压电容器组可接星角形

54. 照明场所统一眩光值 *UGR* 与下列哪些因素直接相关? （ ）

(A)背景亮度
(B)每个灯具的发光部分在观察者眼睛方向上的亮度
(C)灯具的安装位置
(D)照明功率密度值

55. 下列关于建筑内消防应急照明和灯光疏散指示标准的备用电源的连续供电时间的说法哪些是正确的? （ ）

(A)180m 高的办公建筑:1.0h
(B)建筑面积 3000$m^2$的地下建筑:1.5h
(C)建筑面积 10000$m^2$的六层医疗建筑:1.5h
(D)建筑面积 60000$m^2$的四层商业建筑:1.0h

56. 下列关于照明设计的说法哪些是正确的? （ ）

(A)作业面背景区域一般照明的照度不宜低于作业面临近周围照度的 1/3
(B)视觉作业对操作安全有重要影响着其作业照面度可提高一级照度标准值
(C)医院手术室的安全照明的照度值应维持正常照明的 20% 的照度

(D)建筑面积大于 400m$^2$的办公大厅,其疏散照明的地面平均水平照度不应低于 3lx

57. 下列哪些建筑物的消防用电应按照二级负荷? ( )

(A)室外消防用水量 30L/s 的多层办公楼
(B)室外消防用水量 25L/s 的厂房(仓库)
(C)建筑高度 35m 的普通办公楼
(D)建筑面积 3200m$^2$的单层商店

58. 关于综合布线系统中室内光缆预留长度要求,下列描述正确的有哪些? ( )

(A)光缆在配线柜处预留长度应为 3 ~ 5m
(B)缆在楼层配线箱处长度应为 0.5 ~ 0.8m
(C)光缆在信息配线箱处终端接时预留长度不应小于 0.5m
(D)光缆纤芯不做终接时,不做预留

59. 电子巡查系统设计内容应包括巡查线路设置、巡查报警设置、巡查状态监测、统计报表联动等,对系统功能的要求下列哪些是正确的? ( )

(A)应能对巡查线路轨迹,时间巡查人员进行设置,以免形成多条并发线路
(B)应能对巡查线异常报警规则
(C)应能在预先设定的在线巡查路线中,对人员的巡查活动状态进行监督和记录并能在发生意外情况时及时报警
(D)系统对设置内容、巡查活动情况形成报表

60. 火灾自动报警模式系统的模块设置要求,下列描述哪些是正确的? ( )

(A)每个报警区域内的模块宜相对集中设置在本报警区域内的金属模块箱中
(B)模块设置在配电(控制)柜(箱)内时应有保护措施
(C)本报警区域内的模块不应控制其他报警区域的设备
(D)未集中设置的模块附近应有尺寸不小于 100mm × 100mm 的标识

61. 在 15 ~ 100Hz 范围内的正弦交流电流的效应,下列说法哪些是正确的? ( )

(A)感知阈:通过人体能引起感觉的接触电流的最小值
(B)应阈:能引起肌肉不自觉收缩的接触电流的最小值
(C)摆脱阈:人手握电极能自行摆脱电极时接触电流的最小值
(D)心室纤维性颤动阈:通过人体引起心室纤维性颤动的接触电流的最小值

62. 关于 FELV 系统及其插头、插座的规定,下列哪些是正确的? ( )

(A)FELV 系统为标称电压超过交流 50V 或直流 120V 的系统
(B)插头不可能插入其他电压系统的插座

(C)插座不可能被其他电压系统的插头插入
(D)插座应具有保护导体接点

63. 建筑物的可导电部分,下列哪些应做总电位连接? ( )

(A)总保护导体(保护导体,保护接地中性导体)
(B)电气装置总接地导体或总接地端子排
(C)建筑物内的水管,采暖和通风管道的各种非金属管
(D)可接用的建筑物金属结构部分

64. 关于火灾危险性分类,下列描述哪些是正确的? ( )

(A)油量为100kg的油浸变压器室,火灾危险类别为丙类
(B)油量为60kg的油浸变压器室,火灾危险类别为丁类
(C)干式电容器室,火灾危险类别为丁类
(D)柴油发电机室,火灾危险类别为丙类

65. 与自然换流变频器相比,关于晶闸管式强迫换流型变频器的特点,下列描述哪些是正确的? ( )

(A)过载能力强
(B)适用于中、小型电动机
(C)适用于大容量电动机
(D)需要强迫换相电路

66. 下列哪些做法可以降低电磁干扰? ( )

(A)对于电磁干扰敏感的电气设备设置电涌保护器
(B)电力、信号、数据电缆,宜布置在同一封闭金属桥梁内
(C)电力、信号、数据电缆布置在同一路径,宜避免形成封闭感应环
(D)为降低在保护导体中的感应电流,采用同芯电缆

67. 民用建筑的绿色建筑评价标准中,下列哪些项是得分项? ( )

(A)电气管线缺陷保险
(B)夜景照明光污染的限制符合标准《室外照明干扰光限制规范》(GB/T 35626—2017)、《城市夜景照明设计规范》(JGJ/T 163—2008)规定
(C)采取人车分流措施,且步行和自行车交通系统有充足照明
(D)公共建设停车场应具备电动汽车充电设施

68. 配电系统中,下列哪些措施可以抑制电压暂降和短时中断? ( )

(A)不间断电源UPS
(B)动态电压调节器DVR

(C)电流速断保护

(D)静止无功补偿

69. 与强迫换流变频器相比，关于晶闸管式自然换流型变频器的特点，下列描述哪些是正确的？ ( )

(A)适用于大容量电动机

(B)无需换流电路，可靠性高

(C)对元件本身的容量和耐压有要求

(D)适用于小型电动机

70. 关于直流电动机可逆方式的比较，当采用电枢一套变流装置方案时，下列关于该方案主要特点的描述，哪些是正确的？ ( )

(A)采用切换逻辑

(B)快速性好

(C)主回路不会产生环流

(D)适用于正反转调速不频繁的场合

# 2020 年专业知识试题答案(上午卷)

1. **答案**:B

**依据**:《建筑物防雷设计规范》(GB 50057—2010)附录 J 表 J.1.1。

持续运行电压:$U_c = 1.15U_0 = 1.15 \times 220 = 253\text{V}$。

2. **答案**:B

**依据**:《建筑物防雷设计规范》(GB 50057—2010)第 6.4.4 条及表 6.4.4。

3. **答案**:C

**依据**:《建筑物防雷设计规范》(GB 50057—2010) 第 6.4.6 条及表 6.4.6。

$U_{1p/f} = U_p = 2.5\text{kV}$,$U_{2p/f} = \Delta U = 0.5 \times 1 = 0.5\text{kV}$,取较大者。

4. **答案**:D

**依据**:《工业与民用供配电设计手册》(第四版)P15 ~ P18 相关内容。

5. **答案**:A

**依据**:《导体和电器选择设计技术规定》(DL/T 5222—2005)第 7.3.2 条。

6. **答案**:D

**依据**:《导体和电器选择设计技术规定》(DL/T 5222—2005)第 5.0.15 条及表 5.0.15 注 b。

7. **答案**:D

**依据**:《电力工程直流系统设计技术规程》(DL/T 5044—2014)第 6.3.1 条、第 6.3.2 条。

8. **答案**:D

**依据**:《电力工程直流系统设计技术规程》(DL/T 5044—2014)第 6.10.2-3 条。

9. **答案**:C

**依据**:《通用用电设备配电设计规范》(GB 50055—2011)第 2.3.3-1 条。

10. **答案**:A

**依据**:《供配电系统设计规范》(GB 50052—2009)第 5.0.4 条。

11. **答案**:B

**依据**:《供配电系统设计规范》(GB 50052—2009)第 6.0.12 条。

12. **答案**:B

**依据**:《电力装置的继电保护和自动装置设计规范》(GB/T 50062—2008)第 15.1.6 条。

13. **答案**:A

**依据**:《爆炸危险环境电力装置设计规范》(GB 50058—2014)第5.2.2-1条。

注:本题也可参考《电力工程电缆设计标准》(GB 50217—2018)第3.7.4条。

14. **答案**:C

**依据**:《电力装置的继电保护和自动装置设计规范》(GB/T 50062—2008)第15.1.3条~第15.1.5条。

15. **答案**:B

**依据**:《电力装置的继电保护和自动装置设计规范》(GB/T 50062—2008)附录B。

16. **答案**:D

**依据**:《工业与民用供配电设计手册》(第四版)P457式(6.1-1)。

17. **答案**:C

**依据**:《建筑设计防火规范》(GB 50016—2014)第10.3.2条。

18. **答案**:D

**依据**:《建筑物电子信息系统防雷技术规范》(GB 50343—2012)表4.3.1。

19. **答案**:D

**依据**:《钢铁企业电力设计手册》(下册)P231表24-57。

20. **答案**:C

**依据**:《照明设计手册》(第三版)P146式(5-44)。

$$RCR=\frac{2.5Hl}{S}=\frac{2.5\times(2.8-0.75)\times28}{48}=2.99$$

21. **答案**:A

**依据**:《照明设计手册》(第三版)P7有关初始照度的定义为:初始照度是照明装置新装时在规定表面上的平均照度。

22. **答案**:B

**依据**:《建筑照明设计标准》(GB 50034—2013)第3.3.4-5条。

23. **答案**:B

**依据**:《建筑照明设计标准》(GB 50034—2013)第4.1.7条。

24. **答案**:D

**依据**:《建筑照明设计标准》(GB 50034—2013)第7.2.8条。

25. **答案**:C

**依据**:《建筑照明设计标准》(GB 50034—2013)表5.3.12-1、表5.3.4、表5.3.2、表5.3-1。

26. **答案**:C

**依据**:《建筑设计防火规范》(GB 50016—2014)第10.1.2条及表5.1.1。

27. **答案**:A

**依据**:《安全防范工程技术标准》(GB 50348—2018)附录A表A。

28. **答案**:C

**依据**:《工业与民用供配电设计手册》(第四版)P10负荷计算相关内容。

29. **答案**:C

**依据**:《民用建筑电气设计标准》(GB 51348—2019)第17.4.10条。

30. **答案**:B

**依据**:《电子会议系统工程设计规范》(GB 50799—2012)第4.2.1条。

31. **答案**:C

**依据**:《综合布线系统工程设计规范》(GB 50311—2016)第4.4.1条、第4.4.2条。

32. **答案**:B

**依据**:《火灾自动报警系统设计规范》(GB 50116—2013)第6.3.1条。

33. **答案**:C

**依据**:《电流对人和家畜的效应　第1部分:通用部分》(GB/T 13870.1—2008)第5.9条。

$I_{ref} = I_h F = 225 \times 0.4 = 90A$

34. **答案**:C

**依据**:《低压电气装置　第4-41部分:安全防护　电击防护》(GB 16895.21—2012)第411.4.5条注1。

注:本题也可参考《民用建筑电气设计标准》(GB 51348—2019)第7.7.7-4条。

35. **答案**:A

**依据**:《低压配电设计规范》(GB 50054—2011)第5.2.9-1条。

36. **答案**:C

**依据**:《钢铁企业电力设计手册》(下册)P337表25-17。

37. **答案**:C

**依据**:《用能单位能源计量器具配备和管理通则》(GB 17167—2006)表2和表3。

38. **答案**:B

**依据**:《钢铁企业电力设计手册》(下册)P337表25-17。

39. **答案**:D

**依据**:《电磁环境控制限制》(GB 8702—2014)第 4.1 条及表 1。

40. **答案**:A

**依据**:《火灾自动报警系统设计规范》(GB 50116—2013)第 3.4.5 条~第 3.4.7 条。

---

41. **答案**:AD

**依据**:《建筑物防雷设计规范》(GB 50057—2010)第 4.4.2 条、第 4.5.4 条。

42. **答案**:CD

**依据**:《交流电气装置的接地设计规范》(GB/T 50065—2011)第 3.2.2 条。

43. **答案**:ABC

**依据**:《交流电气装置的接地设计规范》(GB/T 50065—2011)第 4.3.4 条、第 4.3.6 条。

44. **答案**:BCD

**依据**:《导体和电器选择设计技术规定》(DL/T 5222—2005)第 7.1.7 条及表 7.1.7。

45. **答案**:BD

**依据**:《电力工程直流系统设计技术规程》(DL/T 5044—2014)第 6.3.2 条、第 6.3.3 条。

46. **答案**:ACD

**依据**:《电力工程直流系统设计技术规程》(DL/T 5044—2014)第 4.1.2-2 条。

47. **答案**:ABC

**依据**:《低压配电设计规范》(GB 50054—2011)第 6.2.7 条。

48. **答案**:ABC

**依据**:《通用用电设备配电设计规范》(GB 50055—2011)第 2.3.4 条、第 2.3.5 条。

49. **答案**:ABD

**依据**:《电力装置的电测量仪表装置设计规范》(DL/T 50063—2017)第 4.1.7 条。

50. **答案**:ACD

**依据**:《电力装置的电测量仪表装置设计规范》(DL/T 50063—2017)第 3.5.2 条。

51. **答案**:ABD

**依据**:《供配电系统设计规范》(GB 50052—2009)第 5.0.9 条。

52. **答案**:AB

**依据**:《电能质量 公用电网谐波》(GB 14549—1993)附录 B 式(B1)。

53. **答案**:BCD

依据:《并联电容器装置设计规范》(GB 50227—2017)第4.1.2条、第4.1.3条。

54. 答案:ABC

依据:《建筑照明设计标准》(GB 50034—2013)附录A.0.1。

55. 答案:BCD

依据:《建筑设计防火规范》(GB 50016—2014)第10.1.5条。

56. 答案:ABD

依据:《建筑照明设计标准》(GB 50034—2013)第4.1.2-4条、第4.1.5条、第5.5.3条,《消防应急照明和疏散指示系统技术标准》(GB 51309—2018)第3.2.5条。

57. 答案:ACD

依据:《建筑设计防火规范》(GB 50016—2014)第5.1.1条、第10.1.2条。

58. 答案:AC

依据:《综合布线系统工程设计规范》(GB 50311—2016)第7.6.6-5条。

59. 答案:BCD

依据:《安全防范工程技术标准》(GB 50348—2018)第6.4.14条。

60. 答案:ACD

依据:《火灾自动报警系统设计规范》(GB 50116—2013)第6.8条。

61. 答案:ABD

依据:《电流对人和家畜的效应　第1部分:通用部分》(GB/T 13870.1—2008)第3.2.1条~第3.2.4条。

62. 答案:BCD

依据:《低压配电设计规范》(GB 50054—2011)第2.0.17条、第5.3.11条、第5.3.12条,《低压电气装置　第4-41部分:安全防护　电击防护》(GB 16895.21—2012)第411.4.5条。

63. 答案:ABD

依据:《低压配电设计规范》(GB 50054—2011)第5.2.4条。

64. 答案:ACD

依据:《火力发电厂与变电站设计防火标准》(GB 50229—2019)第11.1.1条。

65. 答案:ABD

依据:《钢铁企业电力设计手册》(下册)P337表25-17。

66. 答案:ACD

依据:《低压电气装置　第4-44部分:安全防护　电压骚扰和电磁骚扰防护》(GB/T

16895.10—2010)第444.4.2条。

67. **答案**:BC

**依据**:《绿色建筑评价标准》(GB 50378—2019)第4.2.5条、第6.2.3-2条、第8.2.7条。

68. **答案**:ABD

**依据**:《工业与民用供配电设计手册》(第四版)P478有关供电系统与用电设备的接口处安装附加设备等内容。

69. **答案**:BCD

**依据**:《钢铁企业电力设计手册》(下册)P337表25-17。

70. **答案**:ACD

**依据**:《钢铁企业电力设计手册》(下册)P430表26-33。

# 2020 年专业知识试题(下午卷)

## 一、单项选择题(共 40 题,每题 1 分,每题的备选项中只有一个最符合题意)

1. 供 220/380V 配电系统总进线箱采用Ⅰ级试验电压的 SPD,$I_{imp}=50kA$ 连接 SPD 的铜导体最小截面积应为下列哪项数值? ( )

(A)$16mm^2$　　(B)$10mm^2$

(C)$6mm^2$　　(D)$4mm^2$

2. 某山区土壤电阻为 1000~1200Ω·m,有架空地线的 35kV 线路金属杆塔的工频接地电阻最大值及接地极埋深度最小值宜为下列哪组数值? ( )

(A)10Ω,0.5m　　(B)10Ω,0.6m

(C)25Ω,0.5m　　(D)25Ω,0.5m

3. 某丁类单层工业厂房,年预计雷击次数为 0.06 次/a,爆炸危险分区为 2 区的车间靠近外墙,面积不超过厂房总面积的 15%,其余为普通车间,下列说法正确的是哪项? ( )

(A)该厂房为二类防雷建筑,应按照二类防雷建筑采取防雷措施

(B)该厂房为三类防雷建筑,应按照三类防雷建筑采取防雷措施

(C)该厂房内 2 区车间和其他部分宜按各自类别采取防雷措施

(D)以上都不对

4. YJLV-0.6/1kV 电缆在某车间内水平明敷,距地最小距离为下列哪项数值? ( )

(A)1.8m　　(B)2.4m

(C)2.5m　　(D)3.5m

5. 某耐火等级为三级的建筑,其楼板耐火极限为 0.5h,贯穿该楼板的电缆井的防火封堵材料的耐火时间应不低于下列哪项数值? ( )

(A)0.5h　　(B)1.0h

(C)2.0h　　(D)3.0h

6. 对电缆可能着火蔓延导致严重后果的回路,下列说法错误的是哪项? ( )

(A)同通道中数量较多的电缆敷设于耐火电缆槽盒内,耐火槽盒采用透气壁

(B)同通道中数量较多的明敷电缆敷设于同一通道的两侧,两侧间设置耐火极限为 0.5h 的防火封堵板材

(C)在外部火势作用一定时间内需要维持通电的回路采用耐火电缆时,可不再做防火分隔

(D)用于防火分隔的材料、产品不得对电缆有腐蚀和损害

7. 对于35kV架空线海拔高度为1000m及以上的地区,海拔高度每增高100m,内部过电压和运行电压的最小间隙比1000m以下地区增加的百分比为下列哪项数值? ( )

(A)1% (B)3%

(C)2% (D)4%

8. 某个有人值班的变电站统计直流负荷时,交流不间断电源的事故计算时间为下列哪项数值? ( )

(A)0.5h (B)1.0h

(C)1.5h (D)2.0h

9. 下列关于蓄电池组设计正确的是哪项? ( )

(A)110kV变电站装设1组蓄电池

(B)220kV变电站装设1组蓄电池

(C)相邻变电站共用蓄电池组

(D)2组蓄电池配1套充电装置

10. 用于中性点非直接地系统的电压互感器,剩余绕组的额定电压为下列哪项数值? ( )

(A)100V (B)$100/\sqrt{2}$V

(C)$100/\sqrt{3}$V (D)100/3V

11. 某电气设备最高标称电压按照交流36V设计,按照电流防护措施分类,该设备属于哪一类设备? ( )

(A)0 (B)Ⅰ

(C)Ⅱ (D)Ⅲ

12. 电缆经济电流密度和下列哪项无直接关联? ( )

(A)环境温度 (B)电价

(C)回路类型 (D)电缆价格

13. 额定电压为380V的隔离电器,在新的、清洁的、干燥的条件下断开时,触头之间的泄漏电流每极不得超过下列哪项数值? ( )

(A)0.5mA (B)0.2mA

(C)0.1mA (D)0.01mA

14. 某10kV配电系统采用不接地运行方式，避雷器柜内选用无间隙金属氧化物避雷器，该避雷器的相地额定电压应不低于下列哪项数值？ ( )

(A)8.0kV (B)13.8kV

(C)14.5kV (D)16.6kV

15. 与隔离开关相比，35kV固定式开关柜断路器的操作顺序是下列哪一项？ ( )

(A)先合后断 (B)先断后合

(C)后合先断 (D)后合后断

16. 计算机监控系统中的测量部分、常用电测量和综合保护测控装置的测量部分，用于测量的电压互感器的二次回路允许压降与额定二次电压的比值不应大于下列哪项数值？ ( )

(A)1.5% (B)2.0%

(C)3.0% (D)5.0%

17. 某110/10kV变电站内设置一套为通信设备专用的直流电源系统，该直流电源系统的额定电压应为下列哪项数值？ ( )

(A) -24V (B) -48V

(C) -110V (D) -220V

18. 变电所中不同接线的并联补偿电容器组，下列哪种保护配置是错误的？ ( )

(A)中性点不接地单星形接线的电容器组，可装设中性点电流不平衡保护

(B)中性点接地单星形接线的电容器组，可装设中性点电流不平衡保护

(C)中性点不接地双星形接线的电容器组，可装设中性点电流不平衡保护

(D)中性点接地双星形接线的电容器组，可装设中性回路电流差不平衡保护

19. 关于人体总阻抗的描述，下列哪项不符合规范规定？ ( )

(A)人体的总阻抗是由电阻性和电容性分量组成的

(B)对于比较高的接触电压，则皮肤阻抗对总阻抗的影响越来越小

(C)关于频率的影响，计及频率与皮肤阻抗的依从关系，人体总阻抗在直流时较高，且随着频率增加而增加

(D)对比较低的接触电压，皮肤阻抗具有显著的变化，而人体总阻抗也随之有很大的类似变化

20. 关于三阶闭环调节系统的品质指标，三阶闭环系统为标准形式，当输入端加有给定滤波器时，三阶闭环调节系统标准的稳定裕度为下列哪项？（　　）

(A)2 倍　　(B)3 倍

(C)4 倍　　(D)5 倍

21. 爆炸性气体混合物应按引燃温度分组，下列哪一项是错误的？（　　）

(A)T2 组，300℃ < 引燃温度 $t \leqslant$ 450℃

(B)T3 组，200℃ < 引燃温度 $t \leqslant$ 300℃

(C)T4 组，145℃ < 引燃温度 $t \leqslant$ 200℃

(D)T5 组，100℃ < 引燃温度 $t \leqslant$ 135℃

22. 在并联电容器组中，下列关于放电线圈选择哪项是错误的？（　　）

(A)放电线圈的放电容量不应小于与其并联的电容器组容量

(B)放电线圈的放电性能应能满足电容器组脱开电源后，在 5s 内将电容器组的剩余电压降至 50V 及以下

(C)放电线圈的放电性能应能满足电容器组脱开电源后，在 30s 内将电容器组的剩余电压降至 50V 及以下

(D)低压并联电容器装置的放电期器件应满足电容器断电后，在 3min 内将电容器的剩余电压降至 50V 及以下

23. 装有两台及以上变压器的变电所，当任意一台变压器断开时，其余变压器的容量应满足下列哪项负荷的用电要求？（　　）

(A)一级负荷和二级负荷

(B)仅一级负荷，不包括二级负荷

(C)一级负荷和三级负荷

(D)全部负荷

24. 两座 10kV 变电所之间设有一条 10kV 联络电源线，该联络线有可能向另一侧变电所供电，下列联络线回路开关设备的配置哪一项是正确的？（　　）

(A)两侧都装设断路器

(B)两侧都装设隔离开关

(C)一侧装设断路器，另一侧装设隔离开关

(D)一侧装设带熔断器的负荷开关，另一侧装设隔离开关

25. 在受谐波含量较大的用电设备影响的线路上装设电容器组时，宜采用下列哪项措施？（　　）

(A)串联电抗器

(B)加大电容器容量

(C)采用手动投切方式
(D)减小电容器容量

26. 配光特性为直接间接型的灯具,其上射光通与下射光通关系符合下列哪项?( )

(A)上射光通远大于下射光通
(B)上射光通远小于下射光通
(C)上射光通远与下射光通几乎相等
(D)出射光通量全方位均匀分布

27. 下列哪项不是 LED 光源的特点? ( )

(A)发光效率高
(B)使用寿命长
(C)调节范围窄
(D)易产生眩光

28. 人在夜晚路上行走时,为尽可能迅速识别出对面走来的其他行人,应采取下列哪项作为面部识别照明的评价指标? ( )

(A)半柱面照度
(B)照度均匀度
(C)路面平均亮度
(D)路面亮度纵向均匀度

29. 道路有效宽度 6m,单侧布置道路照明灯具,灯具安装高度 8m,采用半截光型灯具,灯具间距不应超过下列哪项数值? ( )

(A)20m
(B)24m
(C)28m
(D)32m

30. 关于一级负荷用户供电电源要求,以下哪项正确? ( )

(A)应由双重电源供电
(B)除应由双重电源供电外,尚应增设自备电源
(C)可由两回路供电,无需增设自备电源
(D)可由一回 6kW 以上专用架空线路供电,无须增设自备电源

31. 采用需要系数据对某一变压器所带负荷进行计算后,其有功计算功率为 1000kW,无功计算功率为 800kvar,不考虑同时系数。在变压器的低压侧进行集中无功率补偿,补偿后功率因数达到 0.95。则无功功率补偿量应为下列哪项数值? ( )

(A)207kvar
(B)474kvar
(C)574kvar
(D)607kvar

32. 在供配电系统中，下列关于应急电源的说法哪项正确？（　　）

(A)除一级负荷中，特别重要负荷外，其他负荷也可接入此应急电源供电系统中
(B)应急电源与正常电源之间，应采取防止并列运行的措施
(C)接入备用电源的负荷根据需要需求也可接入应急供电系统
(D)应急电源与正常电源应各自独立运行，禁止发生任何电气联系

33. 当广播扬声器为无源扬声器时，当传输距离与传输功率的乘积大于1km·kW时，其额定时传输电压选择不正确的是下列哪项？（　　）

(A)70V　　(B)150V
(C)200V　　(D)250V

34. 关于空调系统的节能措施，下列描述哪项不正确？（　　）

(A)在不影响舒适度的情况下，温度设定值宜根据作息时间、室外温度等条件自动再设定
(B)根据室内外空气焓值条件，自动调节新风量的节能运行
(C)空调设备的最佳启、停时间控制
(D)在建筑物预冷或预热期间，按照预先设定的自动控制程序开启新风供应

35. 视频安防监控系统工程的方案论证对提交资料的要求，下列哪项不正确？（　　）

(A)应提交设计任务书
(B)应提交现场勘察报告
(C)应提交方案设计文件
(D)应提交主要设备材料的型号、生产厂家检验报告或认证证书

36. 闪点不小于60℃的液体会可燃固体，其火灾危险性分类属于下列哪一项？（　　）

(A)乙类　　(B)丙类
(C)丁类　　(D)戊类

37. 二级耐火的丙类火灾危险的地下或地下室内，任意一点到安全出口的直线距离为下列哪项数值？（　　）

(A)30m　　(B)45m
(C)60m　　(D)不受限制

38. 关于10kV配电线路主保护的电流保护和电压保护计算，下列哪项是正确的？（　　）

(A)被保护区末端金属性短路计算
(B)按相邻电力设备和线路末端金属短路计算
(C)按正常运行下保护安装金属性短路计算
(D)以上均不正确

39. 医院照明中,看片灯在医院诊室中应用广泛,下列哪项不符合看片灯箱光源的要求? (　　)

(A)色温应小于5600K
(B)显色指数应大于85
(C)不应有频闪现象
(D)可采用无极调光方式

40. 变压器周围环境空气温度为57℃,额定耐受电压的环境温度修正因数是下列哪项数值? (　　)

(A)1.0561
(B)1.0726
(C)1.1056
(D)1.1221

**二、多项选择题(共30题,每题2分。每题的备选项中有两个或两个以上符合题意。错选、少选、多选均不得分)**

41. 下列哪些导体可以作为保护接地导体(PE)? (　　)

(A)多芯电缆中的导体
(B)具有电气连续性且截面积满足要求的电缆金属导管
(C)金属水管
(D)电缆梯架

42. 当输送可燃气体液体的金属管道从家外埋地入户时,下列哪些做法是正确的? (　　)

(A)不能利用该金属管道做接地极
(B)该金属管道在入户外设置绝缘段时,绝地段处跨接隔离放电间隙
(C)该金属管道在入户外设置绝缘段时,绝地段处跨接Ⅱ级试验的压敏型电涌保护器
(D)该金属管道在入户外设置绝缘段时,绝缘段之后进入室内处的这一段金属管道应进行防雷电位连接

43. 下列哪些因素可能影响电缆的载流量? (　　)

(A)环境温度

(B)绝缘体材料长期允许的最高工作温度
(C)回路允许电压降
(D)谐波因素

44. 关于低压配电线路的敷设,下列哪些说法是错误的? ( )

(A)直接布线应采用护套绝缘导线
(B)布线系统通过地板、墙壁、屋顶、天华板、隔墙等建筑构件时,其孔隙应按等同建筑构建耐火等级的规定封堵,槽盒内部不必封堵
(C)同一设备的电力回路和控制,回路可穿在同一根导管内
(D)配电通道上方裸带电体距地面的高度不应低于 2.5m

45. 下列哪些做法是正确的? ( )

(A)某二类高层住宅的消防风机线路采用 NHBV 型电线穿钢管在前室明敷,钢管采取防火保护措施
(B)某车间的防火卷帘的消防风机线路采用 BV 型电线穿聚氯乙烯(PVC)管敷设在混凝土墙内,混凝土保护层厚度为 30mm
(C)某多层厂房消防及非消防负荷均由主、备两路电缆供电,主、备电缆分别敷设在电井的同一主用电缆槽盒与同一备用电缆槽盒内,两个槽盒分别布置在电井两侧
(D)某多层旅馆的消防风机配电线路采用 BTTZ 型电缆明敷

46. 下列关于电缆的说法哪些是正确的? ( )

(A)NH-YJV 型电缆可以代替 ZA-YJV 型电缆使用
(B)阻燃的概念是相对的,在数量较少时呈阻燃特性,数量较多时呈不阻燃特性
(C)WDZ 型电缆不适合直埋
(D)重要的工业设施明敷的供配电回路应选用耐火电缆

47. 交流电动机启动时,关于配电母线的电压水平,下列哪些做法符合规定要求? ( )

(A)配电母线接有照明负荷时,为额定电压的 85%
(B)配电线路未接照明或其他对电压波动较敏感的负荷时,为额定电压的 85%
(C)电动机频繁启动时,为额定电压的 90%
(D)电动机不频繁启动时,为额定电压的 80%

48. 下列关于无功补偿的设计原则,哪些是正确的? ( )

(A)补偿基本无功功率的电容器值,应在变电所内集中补偿
(B)当采用高、低压自动补偿装置效果相同时,宜采用高压自动补偿
(C)电容器分阻时,应适当减少分值,值数和增加分值容量

(D)补偿低压基本无功功率的电容器阻值，宜采用手动投切的无功补偿装置

49. 某企业110/35kV变电所，拟采用在变压器中性点安装消弧线圈的方法减小电网电容电流的损害，下列关于消弧线圈的选择原则哪些是正确的？（ ）

(A)采用过补偿方式
(B)脱谐度不宜超过±30%
(C)电容电流的计算应考虑电网5~10年的规划
(D)电容电流大于消弧线圈的电感电流

50. 某三相四线制低压配电系统，电源侧变压器中性点直接接地，负荷侧用电设备，外露可导电部分与附近的其他用电设备共用接地装置，且与电源侧接地无直接电气连接，该配电系统的接地形式不属于下列哪几种？（ ）

(A)TN-S (B)TN-C
(C)TT (D)IT

51. 在选择电压互感器时，需要考虑下列哪些技术条件？（ ）

(A)一次和二次回路电压
(B)系统的接地方式
(C)电网的功率因数
(D)准确度等级

52. 测量仪表装置宜采用垂直安装，当测量仪表装置安装在2200mm高得标准屏柜上时，下列哪些测量仪表的中心线距地面的安装高度符合要求？（ ）

(A)常用电测量仪表安装高度为0.8m
(B)电能计量仪表和变送器安装高度为1.5m
(C)记录型仪表安装高度为1.8m
(D)开关柜上和配电盘上的电能表安装高度为1.5m

53. 对3kV及以上电动机母线电压短时降低或中断，应装设低电压保护，下列关于电动机低电压保护的说法哪些正确？（ ）

(A)生产过程中不允许自启动的电动机应装设0.5s时限的低电压保护，保护动作电压应为额定电压的65%~70%
(B)在电源电压时间消失后需自动断开的电动机应装设9s时限的低电压保护，保护动作电压应为额定电压的45%~50%
(C)在备用自动投入机械的I类负荷电动机应装设0.5s时限低电压保护，保护动作电压应为额定电压的65%~70%
(D)保护装置应动作于跳闸

54. 功率为2500kW、单相接地电流为20A的电动机，配置的下列哪些保护是正确

的？（　　）

(A)电流速断保护
(B)单相接地保护，动作于信号
(C)单相接地保护，动作于跳闸
(D)纵联差动保护

55. 对于一级负荷中特别重要负荷，下列哪些可作为应急电源？（　　）

(A)独立于正常电源的发电机组
(B)同一区域变电所不同母线上引来的另一专用馈电线路
(C)供电网络中独立于正常电源的专用馈电线路
(D)蓄电池

56. 当一级负荷中特别重要负荷的允许中断供电时间为毫秒级时，下列哪些可作为应急电源？（　　）

(A)快速自启动的发电机组
(B)带有自动投入装置的独立于正常电源的专用馈电线路
(C)蓄电池静止型不间断供电装置
(D)柴油机不间断供电装置

57. 关于照明灯具的端电压，下列哪些叙述是正确的？（　　）

(A)照明灯具的端电压不宜大于其额定电压的105%
(B)安全特低电压供电的照明不宜低于电压的95%
(C)一般工作场所的照明不宜低于电压的95%
(D)应急照明不宜低于电压的90%

58. 下列哪些选项是照明节能的技术措施？（　　）

(A)采用不产生眩光的高效灯具
(B)室内表面采用低反射比的装饰材料
(C)合理降低灯具安装高度
(D)室外指数较小时，应选用较窄配光灯具

59. 下列哪些组别中的照度标准是不一致的？（　　）

(A)中餐厅，西餐厅　(B)洗衣房，健身房
(C)书房，化妆台　(D)影院观众厅，剧场观众厅

60. 关于光源照度的叙述，下列哪些是正确的？（　　）

(A)被照面通过点光源的法线与入射线的夹角越大，被照明上该点的水平照度

越大,垂直照度越小

(B)点光源在与照射方向垂直的平面某点产生的照度与光源至被照面的距离成反比

(C)点光源照射在水平面的某点上的水平照度,其方向与水平面垂直

(D)在多光源照射下,在水平面上某点总照度是各光源照射下的该点照度的和

61. 下列哪些需要设置疏散照明? ( )

(A)建筑面积 180m$^2$的营业厅

(B)24m 高的准电建筑楼梯间

(C)人员密集的厂房内的生产场所

(D)四层教学楼的疏散走道

62. 下列电力负荷中,哪些属于一级负荷特别重要负荷? ( )

(A)甲剧场的舞台灯光用电

(B)大型博物馆安防系统用电

(C)四星级旅游饭店的经营设备管理用计算系统用电

(D)大型商场营业厅的备用照明用电

63. 供配电系统采用并联电力电容器作为无功补偿装置时,宜就地平衡补偿并符合下列哪些要求? ( )

(A)低压部分的无功功率应由低压电容器补偿

(B)高压部分的无功功率宜由高压电容器补偿

(C)容量较大,负荷平稳且经常使用的用电设备的无功功率,应在变电所内集中补偿

(D)补偿基本无功功率的电容器组,应在配电所内集中补偿

64. 计算最小短路电流时应考虑的条件,下列哪些是正确的? ( )

(A)不计电弧的电阻

(B)不计电动机的影响

(C)选择电网结构,考虑电厂与馈电网络可能的最大馈入电流

(D)电网结构不随短路持续时间变化

65. 关于智能化集成系统的功能要求,下列描述哪些是正确的? ( )

(A)以实现绿色建筑为目标应满足建筑的业务功能物业运营及管理模式的应用需求

(B)应采用智能化信息资源共享和独立运行的结构形式

(C)应具有实用、规模和高效的监督功能

(D)宜适应信息化综合应用功能的延伸及增强

66. 民用闭路电视系统采用数字系统时，系统的图像和声音的相关设备宜具有模拟输出能力，对设备和部件的阻抗造成要求，下列描述哪些是正确的？（　　）

（A）系统采用设备和部件的视频输入和输出阻抗应为75Ω、5Ω

（B）系统采用视频输入和输出阻抗应为75Ω、75Ω

（C）系统采用音频设备的输入和输出阻抗应为高阻抗或600Ω、600Ω

（D）系统采用四对对绞电缆的特性阻抗应为75Ω、75Ω

67. 关于光伏发电系统逆变器，下列描述哪些是正确的？（　　）

（A）逆变器的直流侧应设置隔离开关

（B）同一个逆变器接入的光伏组件串的电压、方阵朝向、安装倾角应一致

（C）逆变器应设置通信接口

（D）逆变器最大功率的工作电压变化范围应在光伏组件串的最大功率跟踪电压范围内

68. 1000V 交流系统和 1500V 直流系统在爆炸危险环境电力系统和保护接地设计时，下列哪些说法是正确的？（　　）

（A）TN 系统应采用 TN-S 系统

（B）TT 系统应采用剩余电流动作的保护电器

（C）IT 系统应设置绝缘监测装置

（D）在不良导电地面处，设备正常不带电的金属外壳不需要做保护接地

69. 关于民用建筑的防火分区最大允许建筑面积，下列哪些说法是正确的？（　　）

（A）设有自动灭火系统的一级或二级耐火的高层建筑的每层面积：$3000m^2$

（B）一级的耐火的地下室或地下室建筑的设备用房：$500m^2$

（C）三级耐火的单多层建筑：$1200m^2$

（D）有自动灭火系统的一级或二级耐火的单多层建筑：$5000m^2$

70. 下列哪些场所应设置自动灭火系统？（　　）

（A）高层乙、丙类厂房

（B）建筑面积大于 $500m^2$ 的地下室或半地下厂房

（C）单台容量在 40MVA 以上的厂矿企业油浸变压器室

（D）建筑高度大于 100m 的住宅建筑

# 2020年专业知识试题答案(下午卷)

1. **答案**:B

**依据**:《建筑物防雷设计规范》(GB 50057—2010) 第5.1.2条。

$S_{min} = 50/8 = 6.25m^2$

2. **答案**:C

**依据**:《交流电气装置的接地设计规范》(GB/T 50065—2011) 表5.1.3、第5.1.5-3条。

3. **答案**:C

**依据**:《建筑物防雷设计规范》(GB 50057—2010) 第3.0.3条、第3.0.4-3条、第4.5.1-3条。

4. **答案**:C

**依据**:《低压配电设计规范》(GB 50054—2011) 第7.6.8条。

5. **答案**:B

**依据**:《火力发电厂与变电站设计防火标准》(GB 50229—2019) 第11.4.2条。

6. **答案**:B

**依据**:《电力工程电缆设计标准》(GB 50217—2018) 第7.0.7条、第7.0.8条、第7.0.14条。

7. **答案**:A

**依据**:《交流电气装置的过电压保护和绝缘配合设计规范》(GB/T 50064—2014) 表6.2.4-1。

8. **答案**:B

**依据**:《电力工程直流系统设计技术规程》(DL/T 5044—2014) 第4.2.2-3条。

9. **答案**:A

**依据**:《电力工程直流系统设计技术规程》(DL/T 5044—2014) 第3.3.3-7条。

10. **答案**:D

**依据**:《电力装置的继电保护和自动装置设计规范》(GB/T 50062—2008) 第15.2.2-2条。

11. **答案**:D

**依据**:《电击防护装置和设备的通用部分》(GB/T 17045—2020) 第7.5条。

12. **答案**:C

**依据**:《电力工程电缆设计标准》(GB 50217—2018) 附录B.0.1式(B.0.1-1)~式(B.0.1-6)。

13. **答案**:A

**依据**:《建筑物电气装置 第5部分:电气设备的选择和安装 第53章:开关设备和控制设备》(GB 16895.4—1997) 第537.2.1.1条。

14. **答案**:D

**依据**:《交流电气装置的过电压保护和绝缘配合设计规范》(GB/T 50064—2014) 第4.4.3条。

15. **答案**:C

**依据**:《3~110kV 高压配电装置设计规范》(GB 50060—2008) 第4.3.8条。

16. **答案**:C

**依据**:《电力装置的电测量仪表装置设计规范》(GB/T 50063—2017) 第8.2.3-1条。

17. **答案**:B

**依据**:《民用建筑电气设计标准》(GB 51348—2019) 第20.3.9条。

18. **答案**:A

**依据**:《电力装置的继电保护和自动装置设计规范》(GB/T 50062—2008) 第8.1.2-3条。

19. **答案**:C

**依据**:《电流对人和家畜的效应 第1部分:通用部分》(GB/T 13870.1—2008) 第4.3条。

20. **答案**:C

**依据**:《钢铁企业电力设计手册》(下册) P462 滤波器相关内容。

21. **答案**:C

**依据**:《爆炸危险环境电力装置设计规范》(GB 50058—2014) 表3.4.2。

22. **答案**:C

**依据**:《并联电容器装置设计规范》(GB 50227—2017) 第5.6.4条、第5.6.6条。

23. **答案**:A

**依据**:《35~110KV 变电所设计规范》(GB 50059—2011) 第3.1.3条。

24. **答案**:A

**依据**:《20kV 及以下变电所设计规范》(GB 50053—2013) 第3.2.6条。

25. **答案**:A

**依据**:《供配电系统设计规范》(GB 50052—2009) 第6.0.13条。

注:本题也可参考《20kV 及以下变电所设计规范》(GB 50053—2013) 第5.2.5条。

26. **答案**:C

**依据**:《照明设计手册》(第三版)P77 表 3-8、P85 表 3-19。

27. **答案**:C

**依据**:《照明设计手册》(第三版)P47 相关内容。

28. **答案**:A

**依据**:《照明设计手册》(第三版)P392 半柱面照度和垂直照度相关内容。

29. **答案**:C

**依据**:《照明设计手册》(第三版)P401 表 18-18。

30. **答案**:A

**依据**:《供配电系统设计规范》(GB 50052—2009) 第 3.0.2 条。

31. **答案**:B

**依据**:《工业与民用配电设计手册》(第四版)P36 式(1.11-5)。

$\tan\varphi_1 = 800/1000 = 0.8$

$\tan(\arccos\varphi_2) = 0.329$

$Q = P_c(\tan\varphi_1 - \tan\varphi_2) = 1000 \times (0.8 - 0.329) = 471\text{kvar}$

32. **答案**:B

**依据**:《供配电系统设计规范》(GB 50052—2009) 第 3.5.4 条。

33. **答案**:A

**依据**:《公共广播系统工程技术规范》(GB 50526—2010) 第 5.3.5 条。

34. **答案**:D

**依据**:《民用建筑电气设计标准》(GB 51348—2019) 第 24.5.5 条。

35. **答案**:C

**依据**:《视频安防监控系统工程设计规范》(GB 50395—2007) 附录 A.5.2。

36. **答案**:B

**依据**:《建筑设计防火规范》(GB 50016—2014) 表 3.1.1。

37. **答案**:A

**依据**:《建筑设计防火规范》(GB 50016—2014) 表 3.7.4。

38. **答案**:A

**依据**:《电力装置的继电保护和自动装置设计规范》(GB/T 50062—2008) 附录 B 表 B.0.1。

39. **答案**:A

**依据**:《照明设计手册》(第三版)P225 看片灯相关内容。

40. **答案**:A

**依据**:《导体和电器选择设计技术规定》(DL/T 5222—2005)第 6.0.9 条。

$K_t = 1 + 0.0033(T - 40) = 1 + 0.0033(57 - 40) = 1.0561$

---

41. **答案**:AB

**依据**:《交流电气装置的接地设计规范》(GB/T 50065—2011)第 8.2.2-1 条、第 8.2.2-3 条。

42. **答案**:ABD

**依据**:《交流电气装置的接地设计规范》(GB/T 50065—2011)第 8.1.2-6 条,《建筑物防雷设计规范》(GB 50057—2010)第 4.2.4-13 条、第 4.3.8-9 条、第 4.4.7-5 条。

43. **答案**:AB

**依据**:《电力工程电缆设计标准》(GB 50217—2018)第 3.6.2 条、第 3.6.3 条。

44. **答案**:BC

**依据**:《低压配电设计规范》(GB 50054—2011)第 7.2.1-1 条、第 7.1.5-2 条、第 7.1.3-1 条。

45. **答案**:ABD

**依据**:《建筑设计防火规范》(GB 50016—2014)第 10.1.10 条。

46. **答案**:AB

**依据**:《工业与民用供配电设计手册》(第四版)P783 阻燃电缆选择要点。

47. **答案**:BC

**依据**:《通用用电设备配电设计规范》(GB 50055—2011)第 2.2.2 条。

48. **答案**:ACD

**依据**:《供配电系统设计规范》(GB 50052—2009)第 6.0.4 条、第 6.0.7 条、第 6.0.11-2 条。

49. **答案**:AC

**依据**:《导体和电器选择设计技术规定》(DL/T 5222—2005)第 18.1.5 条~第 18.1.7 条。

50. **答案**:ABD

**依据**:《系统接地的型式及安全技术要求》(GB 14050—2008)第 4.2 条。

注:本题也可参考《交流电气装置的接地设计规范》(GB/T 50065—2011)第 7.1.3 条。

51. **答案**:ABD

**依据**:《导体和电器选择设计技术规定》(DL/T 5222—2005) 第16.0.1条。

52. **答案**:BD

**依据**:《电力装置的电测量仪表装置设计规范》(DL/T 50063—2017) 第9.0.2条。

53. **答案**:ABD

**依据**:《电力装置的继电保护和自动装置设计规范》(GB/T 50062—2008) 第9.0.5条。

54. **答案**:CD

**依据**:《电力装置的继电保护和自动装置设计规范》(GB/T 50062—2008) 第9.0.2条、第9.0.3条。

55. **答案**:ACD

**依据**:《供配电系统设计规范》(GB 50052—2009) 第3.0.4条。

56. **答案**:CD

**依据**:《供配电系统设计规范》(GB 50052—2009) 第3.0.5-3条。

57. **答案**:ABC

**依据**:《建筑照明设计标准》(GB 50034—2013) 第7.1.4条。

58. **答案**:ACD

**依据**:《照明设计手册》(第三版)P500选择高效灯具的要求。

59. **答案**:ACD

**依据**:《建筑照明设计标准》(GB 50034—2013) 第5.3.1条、第5.3.4条、第5.3.5条。

60. **答案**:CD

**依据**:《照明设计手册》(第三版)P118式(5-1)有关点光源产生的水平照度和垂直照度的计算。

61. **答案**:CD

**依据**:《消防应急照明和疏散指示系统技术标准》(GB 51309—2018) 第3.2.5条。

62. **答案**:BC

**依据**:《民用建筑电气设计标准》(GB 51348—2019) 附录A。

63. **答案**:ABD

**依据**:《供配电系统设计规范》(GB 50052—2009) 第6.0.4条。

64. **答案**:ABD

**依据**:《工业与民用供配电设计手册》(第四版)P179和P180第4.1.4条、第4.1.6条相关内容。

65. **答案**:ACD

**依据:**《智能建筑设计标准》(GB 50314—2015) 第 4.3.1 条。

66. **答案:**ABC

**依据:**《民用闭路监视电视系统工程技术规范》(GB 50198—2011) 第 3.1.8-2 条。

67. **答案:**ABC

**依据:**《民用建筑电气设计标准》(GB 51348—2019) 第 25.2.11 条。

68. **答案:**ABC

**依据:**《爆炸危险环境电力装置设计规范》(GB 50058—2014) 第 5.5.1 条、第 5.5.3-1 条。

69. **答案:**ACD

**依据:**《建筑设计防火规范》(GB 50016—2014) 表 5.3.1。

70. **答案:**ACD

**依据:**《建筑设计防火规范》(GB 50016—2014) 第 8.3.1-5 条、第 8.3.1-6 条、第 8.3.3-4 条、第 8.3.8-1 条。

# 2020年案例分析试题(上午卷)

**[案例题是4选1的方式,各小题前后之间没有联系,共25道小题,每题分值为2分,上午卷50分,下午卷50分,试卷满分100分。案例题一定要有分析(步骤和过程)、计算(要列出相应的公式)、依据(主要是规程、规范、手册),如果是论述题要列出论点]**

题1~5:某中心城区有一五星级旅游宾馆,建筑面积42000m$^2$,地下两层,地上20层,建筑高度80m,4~20层为客房层,每层18间客房。空调系统主要用电设备清单见下表,请回答以下问题。

| 序号 | 设备名称 | 单台(套)设备功率(kW) | 台数和控制要求 | 额定电压 | 功率因数 | 所属楼层 |
| --- | --- | --- | --- | --- | --- | --- |
| 1 | 制冷机组 | 300 | 3台,自带启动装置 | 380V,3相 | 0.85 | 地下2层 |
| 2 | 冷冻泵 | 45 | 4台,三用一备,直接启动,启动电流为5倍额定电流 | 380V,3相 | 0.8 | 地下2层 |
| 3 | 冷却泵 | 37 | 4台,三用一备,直接启动,启动电流为5倍额定电流 | 380V,3相 | 0.8 | 屋顶层 |
| 4 | 冷却塔 | 18.5 | 3台,直接启动启,启动电流为5倍额定电流 | 380V,3相 | 0.8 | 屋顶层 |
| 5 | 屋顶VRV机组 | 60 | 1套 | 380V,3相 | 0.8 | 屋顶层 |
| 6 | 空调机组 | 11 | 10台 | 380V,3相 | 0.8 | 1~3层 |

1. 请判断下列哪组负荷不全是一级负荷?并说明理由。　　(　　)

(A)厨房照明、后勤走道照明、生活水泵、电子信息设备机房用电、安防系统用电
(B)值班照明、高级客房照明、排污泵、新闻摄影用电、消防电梯用电
(C)障碍照明、客房走道照明、计算机系统用电、客梯用电、应急疏散照明
(D)门厅照明、宴会厅照明、康乐设施照明、厨房用电、客房照明

**解答过程:**

2. 位于地下一层的厨房,装有三相380V的电烤箱2台,各30kW;三相380V的电开水炉2台,各15kW;三相380V冷库3套,各8kW。同时装有单相380V电烤箱1台,

30kW,功率因数为1;单相220V的面火炉3台,各4kW;单相220V的绞肉机2台,各3kW。该厨房设置一台总动力配电箱,总配电箱处功率因数取0.75,需要系数取0.6,忽略同时系数,该箱的主开关长延时整定值应不小于下列哪项数值?(单相负荷分配尽量按三相平衡考虑) ( )

(A)241A (B)204A

(C)197A (D)173A

**解答过程:**

3.变配电引出一路电源负担冷冻机房的冷冻泵、冷却泵以及冷却风机(电动机均为鼠笼电动机),该回路采用断路器保护,其瞬时过流脱扣器的可靠系数取1.2,电动机的全启动电流取启动电流2倍,各设备需要系数按0.9考虑,忽略同时系数,该断路器的瞬时过电流整定值不应小于下列哪项数值? ( )

(A)1040A (B)1554A

(C)1612A (D)3423A

**解答过程:**

4.客房采用风机盘管系统,每间客房的风机盘管额定功率为80W,需要系数为0.45;VRV系统的室内机总功率为800W,VRV系统(含室内室外机)需要系数取0.8;空调系统其他设备需要系数取0.7,忽略同时系数。空调系统年平均有功负荷系数取0.14,该空调系统年有功电能消耗量最接近下列哪项数值? ( )

(A)987865kWh (B)1139326kWh

(C)1151393kWh (D)1199051kWh

**解答过程:**

5.该建筑地下二层设有人防工程,分四个防护单元,平时用途为汽车库,防护单元1、2战时用途为二等人员掩蔽所;防护单元3、4的战时用途为人防物质库,每个防护单元战时用电负荷见下表。设置柴油发电机作为人防工程战时内部电源,仅为本项目人防战时用电负荷供电。忽略同时系数,请计算战时一级负荷的计算功以及柴油发电机组供电的用电负荷计算有功功率最接近下列哪项数值? (    )

| 项目 | 防护单元1(kW) | 防护单元2(kW) | 防护单元3(kW) | 防护单元4(kW) | 需要系数 |
|---|---|---|---|---|---|
| 正常照明 | 13 | 13 | 12 | 12 | 0.8 |
| 应急照明 | 2 | 2 | 2 | 2 | 1 |
| 重要风机 | 7.5 | 7.5 | 5.5 | 5.5 | 0.9 |
| 重要水泵 | 13.2 | 13.2 | 10.2 | 10.2 | 0.8 |
| 三种通风方式系统 | 1 | 1 | — | — | 1 |
| 柴油发电站配套附属设备 | 10 | — | — | — | 0.9 |
| 基本通信、应急通信设备 | 3 | 3 | 3 | 3 | 0.8 |

(A)26.6kW,26.6kW　　(B)28.6kW,28.6kW

(C)26.6kW,129.4kW　　(D)28.6kW,129.4kW

**解答过程:**

题6~10:某工厂低压配电电压为220/380V,请回答下列问题。

6. 某车间采用一根VV-0.6/1kV-4×70m$^2$电缆供电,该电缆有一部分在湿度小于4%的沙土中直埋敷设,埋深0.8m,有一部分在户内电缆沟内敷设,该电缆持续载流量最接近下列哪项数值?[电缆相关参数参考《电力工程电缆设计标准》(GB 50217—2018),不考虑其他电缆并敷影响。工厂所在地气象参数为:干球温度极端最高40℃,极端最低-20℃;最冷月平均值-5℃,最热月平均值25℃,最热月日最高温度平均值30℃;最热月0.8m埋深土壤温度20℃] (    )

(A)123.6A　　(B)154.4A

(C)159.5A　　(D)179.7A

**解答过程:**

7. 某照明回路计算电流为150A,保护电器选用额定电流为200A的gG型熔断器,其动作特性见下表,该回路电缆最小截面积应为下列哪项数值?(电缆载流量按2.2A/m$^2$考虑) (    )

| gG 型熔断器<br>额定电流 $I_n$(A) | 约定时间<br>(h) | 约定电流(A) | |
|---|---|---|---|
| | | 约定不动作电流 | 约定动作电流 |
| $16 \leq I_n < 63$ | 1 | $1.25I_n$ | $1.6I_n$ |
| $63 \leq I_n < 160$ | 2 | | |
| $160 \leq I_n < 400$ | 3 | | |

(A)$70mm^2$　　(B)$95mm^2$

(C)$120mm^2$　　(D)$150mm^2$

**解答过程：**

8. 某动力站低压进线电缆为单根 $VV_{22}$-0.6/1kV $4 \times 120 + 1 \times 70mm^2$,各出线回路电缆规格均不大于进线电缆,本动力站总等电位连接用铜导体的截面积最小值为下列哪项数值?　　(　　)

(A)25 $mm^2$　　(B)$35mm^2$

(C)$70mm^2$　　(D)$120mm^2$

**解答过程：**

9. 某车间为 2 区爆炸危险场所,车间中某鼠笼电动机采用星形—三角形启动,其一次接线图如下图所示,电动机额定容量为 45kW,额定电流为 85A,断路器 QF 长延时脱扣器额定电流为 125A,瞬时脱扣器为 1600A,若仅从载流量考虑,该电动机启动转换回路(loop2)的导线最小截面积为下列哪项数值?(导线载流量按 $2.0A/m^2$ 考虑)　(　　)

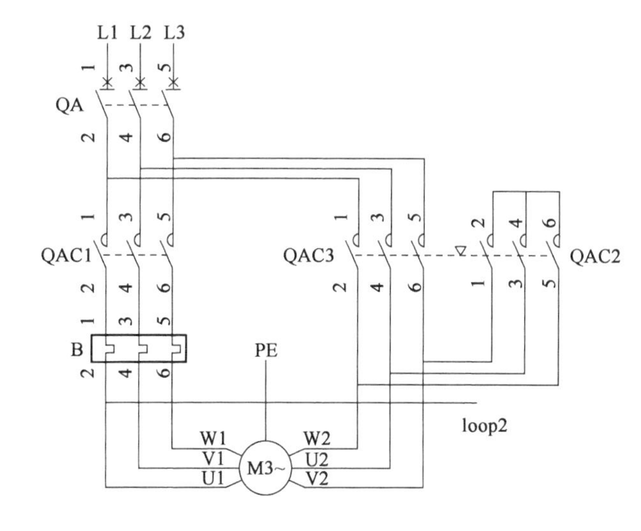

(A)$70mm^2$　　(B)$50mm^2$

(C)$35mm^2$　　(D)$25mm^2$

**解答过程：**

10. 变电所0.4kV侧短路电流为35kA，保护电器为断路器，瞬时脱扣器全分断时间为10ms，允许通过能量为$7 \times 105A^2 \cdot s$，出线采用YJV型电缆，按短路热稳定校验电缆截面积时，其最小为下列哪项数值？（热稳定系数$k$取143）（　　）

(A)$6mm^2$　　(B)$10mm^2$

(C)$16mm^2$　　(D)$25mm^2$

**解答过程：**



题11～15：某远离发电厂的终端35/10kV变电站，电气接线如下图所示。主变压器采用分列运行方式，电源1及电源2的短路容量均为无限大，变电站基本情况如下：

(1)主变压器参数：35/10.5kV，20MA，短路阻抗$U_k\% = 8\%$，接线组别为Dyn11。

(2)35kV电源线路电抗为0.15Ω/km，L1长度为10km，L2长度为8km。

请回答下列问题，并列出解答过程。（采用实用短路电流计算法，计算过程采用标么制，不计各元件电阻，忽略未知阻抗）

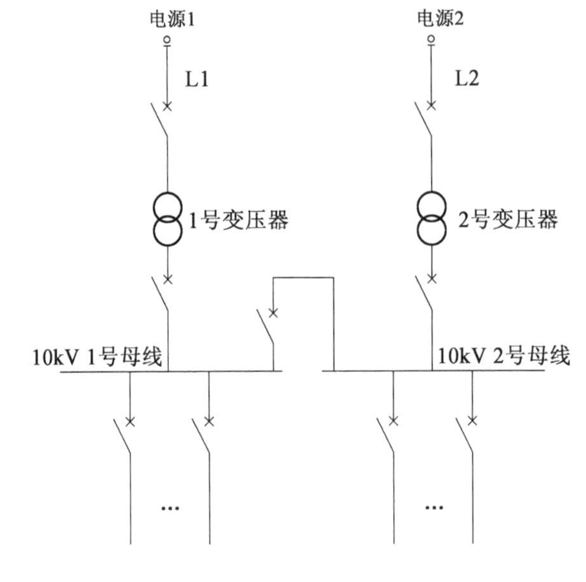

11. 请计算 10kV 1 号母线的最大三相短路电流初始值最接近下列哪项数值？（ ）

(A) 10.791kA　(B) 11.27kA
(C) 22.06kA　(D) 27.26kA

**解答过程：**

12. 假定 1 号变压器出线侧短路电流持续时间为 3s，校验 1 号变压器出线侧 10kV 断路器热稳定时，其短路电流(产生的)热效应最接近下列哪项数值？（ ）

(A) $349.27kA^2 \cdot s$　(B) $355.09kA^2 \cdot s$
(C) $342.71kA^2 \cdot s$　(D) $551.75kA^2 \cdot s$

**解答过程：**

13. 假定 10kV 1 号母线供电系统单相接地电容电流为 8A，变压器 10kV 侧中性点采用高电阻接地，计算 1 号变压器接地电阻器的阻值以及电阻器消耗功率的最小值最接近下列哪项数值？(10kV 1 号母线和 2 号母线按分列运行考虑)（ ）

(A) 656.08Ω，46.19kVA　(B) 656.08Ω，50.81kVA
(C) 688.89Ω，46.19kVA　(D) 688.89Ω，53.34kVA

**解答过程：**

14. 假定本站 1 号变压器最大可能工作负荷为变压器额定负荷的 1.2 倍，其 10kV 侧的最大短路电流为 25kA，两台主变压器正常工作时的负荷率均为 65%，现采用在 1 号变压器 10kV 侧串联限流电抗器的方式将该短路电流限制在 15kA 以下，请计算并选择该电抗器的电抗百分数最小值为下列哪项数值？（ ）

(A) 2%　(B) 3%
(C) 3.5%　(D) 4%

解答过程:

15. 本站内设置一间10kV高压开关柜室,16面10kV固定式开关柜分2组布置,每组8面,单台开关柜外形尺寸为600mm×1250mm×2300mm(宽×深×高),柜前操作柜后维护,要求两排布置,开关柜两端距墙0.8m,柜后通道1.2m。开关柜室最小面积为下列哪项数值? ( )

(A)40.96$m^2$
(B)42.88$m^2$
(C)44.16$m^2$
(D)50.56$m^2$

解答过程:

题16~20:某二类防雷建筑物,长100m,宽50m,高32m,请回答以下问题。

16. 建筑物为钢筋混凝土结构,将其视为一个屏蔽空间,当雷击在建筑物附近时(按正极性首次雷击考虑),雷击点与该屏蔽空间的最小平均距离应为下列哪项数值? ( )

(A)175m
(B)148m
(C)125m
(D)60m

解答过程:

17. 该建筑物由室外引来1根金属压缩空气管、2根金属冷冻水管、1根PVC污水管及1根YJV-0.6/1kV-3×95+1×50低压电缆。该电缆接入低压总配电箱,配电箱母排上SPD每一保护模式下的允许冲击电流最小值最接近以下哪项数值? ( )

(A)3.75kA
(B)5.0kA
(C)6.25kA
(D)12.5kA

解答过程：

18. 该建筑物有一个总配电箱，电源由室外架空引来，该总配电箱为一层某设备机房的配电箱配电，后者设有 I 级分类试验的限压型 SPD，电压保护水平 $U_p$ 为 1.8kV，其有效电压保护水平最接近以下哪项数值？ （ ）

(A)1.8kV (B)2.2kV
(C)2.5kV (D)4.0kV

解答过程：

19. 假定该建筑物采用 40×4mm 的热镀锌扁钢作为人工环形接地体沿基础四周敷设，敷设深度为 1m，土壤电阻率为 300Ω·m，该环形接地体的冲击电阻最接近以下哪项数值？ （ ）

(A)2.1Ω (B)2.6Ω
(C)8.5Ω (D)9.2Ω

解答过程：

20. 该建筑物旁设置有一个堆放大量易燃物的露天堆场，堆场预计雷击次数为 0.052，当采用独立闪接杆防直击雷时，闪接杆保护范围滚球半径最大可为下列哪项数值？ （ ）

(A)30m (B)45m
(C)60m (D)100m

解答过程：

> 题21~25：某建筑物由附近的变电所采用220/380V供电，接地型式为TN-C-S，在总配电箱处将PEN线分为PE排与N排，请回答以下问题，忽略各题中未知阻抗。

21. 已知线路阻抗如下图所示，当设备发生碰壳事故时，设备外壳的接触电压$U_f$最接近以下哪项数值？（　　）

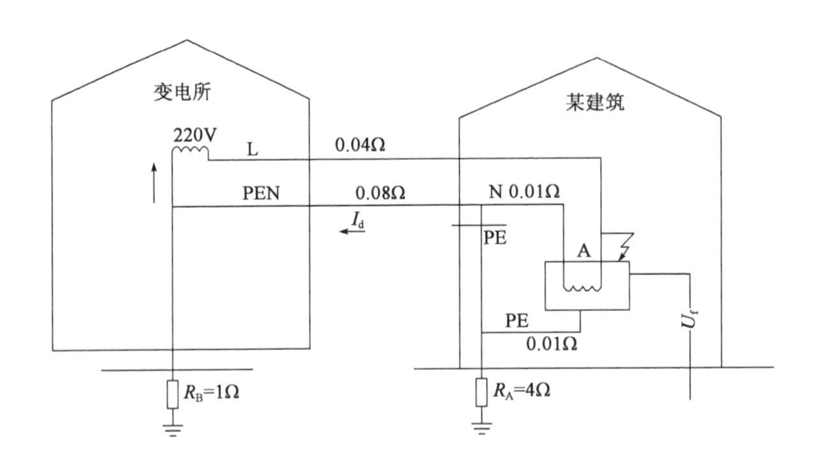


（A）8.8V　　（B）17.09V

（C）124.7V　　（D）152.3V

**解答过程：**

22. 建筑物采用总等电位连接（见下图），当设备发生碰壳事故时，设备外壳的接触电压$U_f$最接近以下哪项数值？（　　）

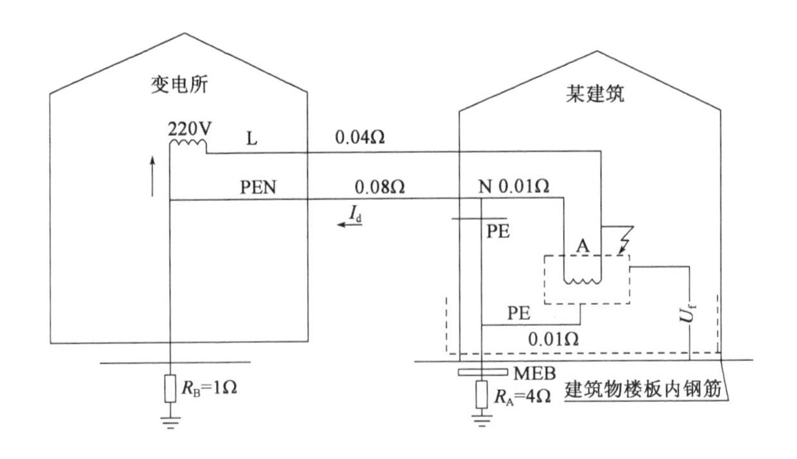

(A)8.8V　　(B)17.09V

(C)124.7V　　(D)152.3V

**解答过程：**

23. 如下图所示，变电所至建筑物的低压线路采用架空线路，当L1相断线接地时，为了保证设备外壳接触电压小于50V，在不计线路阻抗的情况下，线路接地阻抗$R_C$允许的最小值最接近以下哪项数值？（　　）

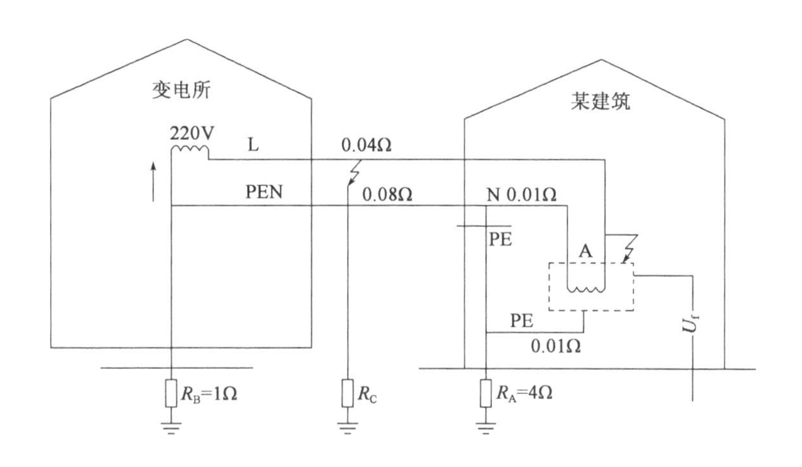


(A)1.0Ω　　(B)2.7Ω

(C)3.4Ω　　(D)13.6Ω

**解答过程：**

24. 如下图所示，变电所供建筑物的低压线路采用架空线路，当L1相断线接地时，在不计线路阻抗的情况下，设备外壳接触电压最接近以下哪项数值？（　　）

(A)0V　　(B)16.3V

(C)20V　　(D)176V

**解答过程：**

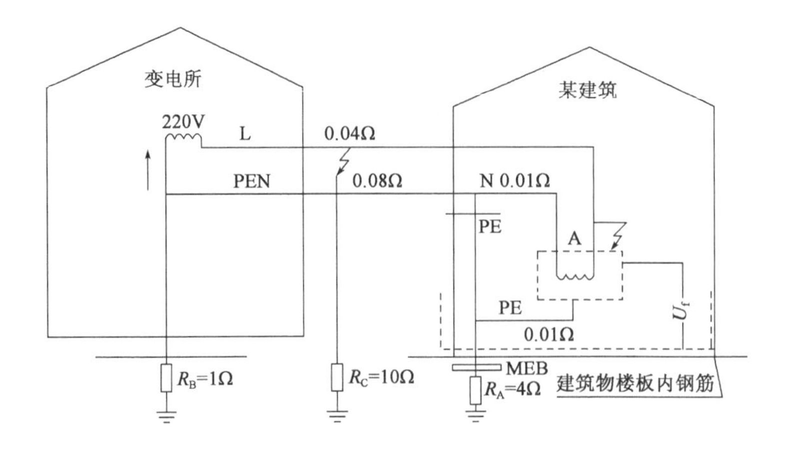


25. 如下图所示，变电站至建筑物的低压线路采用架空线路，当 L1 相断线接地时，在不计线路阻抗的情况下，户外设备外壳接触电压 $U_f$ 最接近以下哪项数值？（　　）

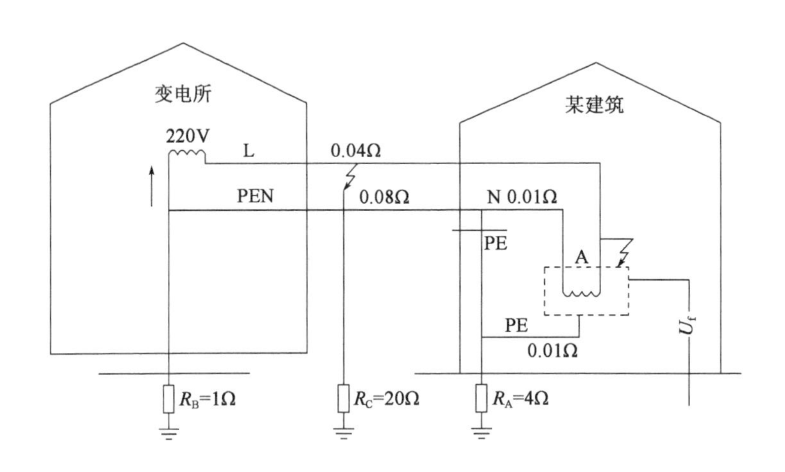


(A)0V　　　　(B)8.5V

(C)10V　　　　(D)176V

**解答过程：**

# 2020年案例分析试题答案(上午卷)

题1~5答案:**DBBDC**

1.《民用建筑电气设计标准》(GB 51348—2019)附录A有关酒店部分内容见下表。

| 项目 | | 级别 |
|---|---|---|
| 旅游饭店 | 四星级及以上旅游饭店的经营及设备管理用计算机系统用电 | 一级 |
| | 四星级及以上旅游饭店的宴会厅、餐厅、厨房、康乐设施用房、门厅及高级客房、主要通道等场所的照明用电;厨房、排污泵、生活水泵、主要客梯用电;计算机、电话、电声和录像设备、新闻摄影用电 | 一级 |

显然,客房照明不是一级负荷。

2.《工业与民用供配电设计手册》(第四版)P20、P21表1.6-1。

单相负荷:$P_d = 30 + 4 \times 3 + 3 \times 2 = 48\text{kW}$

三相负荷:$P_s = 30 \times 2 + 15 \times 2 + 8 \times 3 = 114\text{kW}$

由于$P_d = 48 > 17.1 = 15\% P_s$,故需进行换算。

设380V的单相负荷电烤箱接于U、V相之间,则相间负荷换算为相负荷为:

$P_u = 30 \times 0.5 = 15\text{kW}$,$P_v = 30 \times 0.5 = 15\text{kW}$

根据题意,单相负荷尽量均匀的分配在三相上,故其他相负荷接于W相上,则:

$P_w = 4 \times 3 + 3 \times 2 = 18\text{kW}$

故等效三相负荷为:$P_{ed} = 3 \times 18 = 54\text{kW}$

计算电流:$I_c = \dfrac{S}{\sqrt{3}U} = \dfrac{0.6 \times (114 + 54) \times 0.75}{\sqrt{3} \times 380} = 204.2\text{kW}$

3.《工业与民用供配电设计手册》(第四版)P986式(11.3-5)。

线路中最大一台电动机的全启动电流:$I_{stM1} = 2 \times 5 \times \dfrac{45}{\sqrt{3} \times 380 \times 0.8} = 854.7\text{A}$

除启动电流最大一台电动机以外的线路计算电流:

$I_{c(n-1)} = 0.9 \times \dfrac{2 \times 45 + 3 \times 37 + 3 \times 18.5}{\sqrt{3} \times 380 \times 0.8} = 438.5\text{A}$

瞬时脱扣器整定电流:$I_{set3} \geq 1.2 \times (854.7 + 438.5) = 1551.8\text{A}$

4.《工业与民用供配电设计手册》(第四版)P10式(1.4-1),P24和P25式(1.9-3)、表1.9-1。

客房计算功率:$P_{c1} = 0.45 \times 17 \times 18 \times 0.08 = 11.016\text{kW}$

VRV系统功率:$P_{c2} = 0.8 \times (60 + 0.8) = 48.64\text{kW}$

其他设备计算功率:$P_{c4} = 0.7 \times (300 \times 3 + 45 \times 3 + 37 \times 3 + 18.5 \times 3 + 11 \times 10) = 918.05\text{kW}$

查表1.9-1可知,年平均有功负荷系数取0.14。

年有功电能消耗量:$W_y = 0.14 \times (11.016 + 48.64 + 918.05) \times 8760 = 1199058\text{kWh}$

5.《人民防空地下室设计规范》(GB 50038—2019)第7.2.13条、表7.2.4。

战时一级负荷:应急照明,柴油发电站配套附属设备,基本通信、应急通信设备等,其计算功率为:$P_{c1} = 1 \times 2 \times 4 + 0.9 \times 10 + 0.8 \times 3 \times 4 = 26.5\text{kW}$

柴油发电机容量应满足一、二级负荷需要,则:

$P_{c2} = 0.8 \times (13 \times 2 + 12 \times 2) + 0.9 \times (7.5 \times 2 + 5.5 \times 2) + 0.8 \times (13.2 \times 2 + 10.2 \times 2) + 1 \times (1 + 1) + 26.6 = 129.4\text{kW}$

题6~10答案:**CCACA**

6.《电力工程电缆设计标准》(GB 50217—2018)附录A表A,附录C表C.0.1-1、表C.0.1-2,附录D表D.0.1、表D.0.3。

查表A,聚氯乙烯持续工作的电缆最高温度为70℃;查表C.0.1-2,电缆直埋时载流量为157A,铜芯电缆修正系数为1.29;查表D.0.1,温度修正系数为1.05;查表D.0.2,土壤热阻系数为0.75。

则直埋敷设载流量(20℃):$I_{c1} = 157 \times 1.29 \times 1.05 \times 0.75/1 = 159.5\text{A}$

根据第3.5.6条及表3.6.5可知:户内电缆沟敷设时,环境温度取最热月的日最高温度平均值+5℃=35℃。

查表C.0.1-1,电缆空气敷设时载流量为129A,铜芯电缆修正系数为1.29;查表D.0.1,温度修正系数为1.08。

则电缆沟敷设载流量(35℃):$I_{c2} = 129 \times 1.29 \times 1.08 = 179.7\text{A}$

7.《低压配电设计规范》(GB 50054—2011)第6.3.3条及相关公式。

由式(6.3.3-1),$I_Z \geqslant I_N = 200\text{A}$。

由式(6.3.3-2),$I_2 \leqslant 1.45 I_Z$,即 $I_Z \geqslant \dfrac{I_2}{1.45} = \dfrac{1.6}{1.45} I_N = \dfrac{1.6}{1.45} \times 200 = 200.7\text{A}$

故最小截面积:$S_{min} \geqslant \dfrac{220.7}{2.2} = 100.3\ \text{mm}^2$,取$120\text{mm}^2$。

8.《低压配电设计规范》(GB 50054—2011)第3.2.15条及表3.2.15。

总等电位连接用铜导体截面积为$6 \sim 25\text{mm}^2$,选最大值$25\text{mm}^2$。

9.《爆炸危险环境电力装置设计规范》(GB 50058—2014)第5.4.1-6条。

启动转换回路(loop2)的导体回路最大电流:$I_C = 1.25 \times 0.58 \times 85 = 61.625\text{A}$

故最小截面积:$S_{min} \geqslant \dfrac{61.625}{2} = 30.76\text{mm}^2$,取$35\text{mm}^2$。

10.《电力工程电缆设计标准》(GB 50217—2018)附录E式(E.1.1-1)。

故最小截面积:$S_{min} \geqslant \dfrac{\sqrt{Q}}{K} = \dfrac{\sqrt{7 \times 10^5}}{143} = 5.85\text{mm}^2$,取$6\text{mm}^2$。

题 11 ~ 15 答案：**BBBDB**

11.《工业与民用供配电设计手册》(第四版) P281 ~ P284 表 4.6-3、式(4.6-11) ~ 式(4.6-13)。

设 $S_B = 100\text{MVA}$，$U_B = 1.05 \times 35 = 37\text{kV}$

当母联闭合，电源 2 为 10kV 的 1 号母线供电时，三相短路电流最大。

L2 线路电抗标幺值：$X_{L2*} = X_l \dfrac{S_B}{U_B^2} = 8 \times 0.15 \times \dfrac{100}{37^2} = 0.0877$

变压器电抗标幺值：$X_{T*} = \dfrac{U_k\%}{100} \cdot \dfrac{S_B}{S_{nT}} = \dfrac{8}{100} \times \dfrac{100}{20} = 0.4$

短路电流有名值：$I_{k1} = I_B \dfrac{1}{X_{\Sigma *}} = \dfrac{100}{\sqrt{3} \times 10.5} \times \dfrac{1}{0.0877 + 0.4} = 11.25\text{kA}$

12.《工业与民用供配电设计手册》(第四版) P281 ~ P284 表 4.6-3、式(4.6-12)，P381 式(5.6-4)。

设 $S_B = 100\text{MVA}$，$U_B = 1.05 \times 10 = 10.5\text{kV}$

L1 线路电抗标幺值：$X_{L1*} = X_l \dfrac{S_B}{U_B^2} = 10 \times 0.15 \times \dfrac{100}{37^2} = 0.1096$

变压器电抗标幺值：$X_{T*} = \dfrac{U_k\%}{100} \cdot \dfrac{S_B}{S_{nT}} = \dfrac{8}{100} \times \dfrac{100}{20} = 0.4$

短路电流有名值：$I_{k2} = I_B \dfrac{1}{X_{\Sigma *}} = \dfrac{100}{\sqrt{3} \times 10.5} \times \dfrac{1}{0.1096 + 0.4} = 10.79\text{kA}$

短路电流热效应：$Q_t = I_{k2}^2 t = 10.79^2 \times (3 + 0.05) = 355.1\text{kA}^2 \cdot \text{s}$

13.《导体和电器选择设计技术规定》(DL/T 5222—2005) 第 18.2.5 条及相关公式。

设 $S_B = 100\text{MVA}$，$U_B = 1.05 \times 10 = 10.5\text{kV}$

中性点电阻值：

$$R = \frac{U_N}{I_R \cdot \sqrt{3}} \times 10^3 = \frac{10 \times 10^3}{1.1 \times 8 \times \sqrt{3}} = 656.08\Omega$$

电阻消耗功率：

$$P_R = \frac{U_N}{\sqrt{3}} \times I_R = \frac{10}{\sqrt{3}} \times 1.1 \times 8 = 50.81\text{kvar}$$

14.《工业与民用供配电设计手册》(第四版) P401 式(5.7-11)。

变压器回路最大工作电流：

$$I_N = 1.2 \times \frac{20}{\sqrt{3} \times 10.5} = 1.32\text{kA}$$

电抗器电抗百分值：

$$X_k\% = \left(\frac{1}{I_{2*}} - \frac{1}{I_{1*}}\right) \times \frac{I_{ok} U_j}{U_{ok}} \times 100\% = \left(\frac{1}{15} - \frac{1}{25}\right) \times \frac{1.32 \times 10.5}{10} \times 100\% = 3.70\%$$

15.《20kV 及以下变电所设计规范》(GB 50053—2013) 第 4.2.7 条及表 4.2.7。

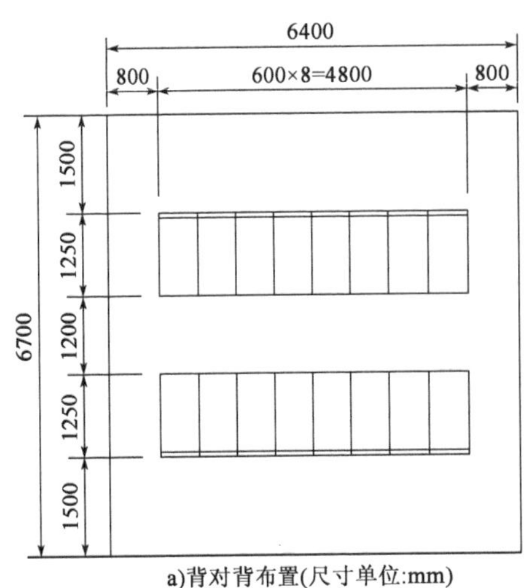

a)背对背布置(尺寸单位:mm)

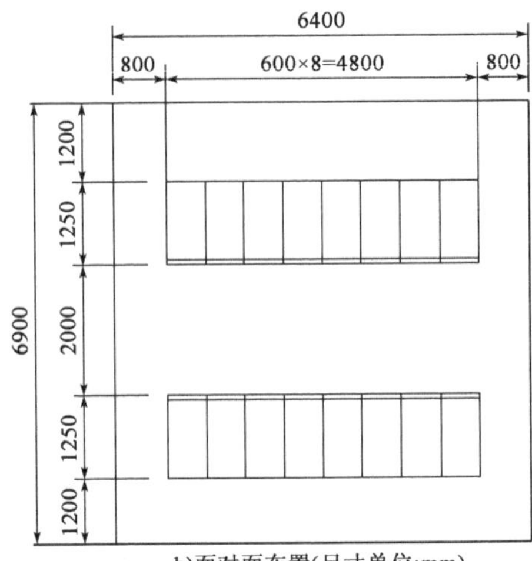

b)面对面布置(尺寸单位:mm)

| 项　　目 | | 数值(m) | 面积($m^2$) |
|---|---|---|---|
| 开关柜室长度 | | $0.6\times8+2\times0.8=6.4$ | |
| 开关柜室宽度 | 面对面布置 | $1.25\times2+1.2\times2+2=6.9$ | $6.4\times6.9=44.16$ |
| | 背对背布置 | $1.25\times2+1.5\times2+1.2=6.7$ | $6.4\times6.7=42.88$ |

题 16 ~ 20 答案:**ABBCD**

16.《建筑物防雷设计规范》(GB 50057—2010)第 6.3.2 条、式(6.3.2-6)、表 6.3.2-2。

查表 6.3.2-2,按正极性首次雷击考虑时,滚球半径 $R=260$m。

当 $h=32\text{m}<R=260\text{m}$ 时,雷击点与屏蔽空气之间的最小平均距离计算如下。

(1)按建筑物宽度计算:

$$S_{aW}=\sqrt{H(2R-H)}+\frac{L}{2}=\sqrt{32\times(2\times260-32)}+\frac{50}{2}=149.96\text{m}$$

(2)按建筑物长度计算:

$$S_{aL}=\sqrt{H(2R-H)}+\frac{L}{2}=\sqrt{32\times(2\times260-32)}+\frac{100}{2}=174.96\text{m}$$

为避免雷击到建筑物,按建筑物长度计算为 175m。

17.《建筑物防雷设计规范》(GB 50057—2010)第 4.2.4 条、式(4.2.4-6)、附录 F 表 F.0.1-1。

电源线路无屏蔽,则允许冲击电流最小值:$I_{imp}=\frac{0.5I}{nm}=\frac{0.5\times150}{4\times4}=4.69\text{A}$

注:PVC 管为非导体,故不计入。

18.《建筑物防雷设计规范》(GB 50057—2010)第 6.4.6 条。

限压型 SPD 有效电压保护水平:$U_{p/f}=U_P+\Delta U=1.8+0.2\times1.8=2.16\text{kV}$

19.《建筑物防雷设计规范》(GB 50057—2010)附录C,《交流电气装置的接地设计规范》(GB 50065—2011)附录A第A.0.2条。

接地体的有效长度:$l_e = 2\sqrt{\rho} = 2\times\sqrt{300} = 34.64\text{m}$

环形接地体的水平接地极的形状系数 $A=1$,则冲击电阻为:

$$R = \frac{\rho}{2\pi L}\left(\ln\frac{L^2}{hd} + A\right) = \frac{300}{2\times3.14\times34.64\times2}\left[\ln\frac{(34.64\times2)^2}{1\times0.02} - 0.18\right] = 8.41\Omega$$

20.《建筑物防雷设计规范》(GB 50057—2010)第4.5.5条。

粮、棉及易燃物大量集中的露天堆场,当其年预计雷击次数大于或等于0.05时,应采用独立接闪杆或架空接闪线防直击雷。独立接闪杆和架空接闪线保护范围的滚球半径可取100m。

题21~25答案:**CBBAB**

21.《工业与民用供配电设计手册》(第四版)P1455~P1457。

短路分析:发生故障后,相保回路电流由相线L(0.04Ω)流经建筑物内PE线(0.01Ω),再流经PEN线(0.08Ω)与大地的并联回路(4+1Ω)返回至变压器中性点,全回路电阻 $R$ 和电流 $I_d$ 为:

$R = 0.04 + 0.01 + [0.08//(1+4)] \approx 0.1287\Omega, I_d = 220/0.1287 = 1709.4\text{A}$

接触电压 $U_{f1}$ 为碰壳点与MEB之间的电位差:

$$U_{f1} = I_d R_{PE} + I_{d\cdot E} R_A = 1709.4\times0.01 + 1709.4\times\frac{0.08}{(1+4+0.08)}\times4 = 17.09 + 107.68 = 124.77\text{V}$$

22.《工业与民用供配电设计手册》(第四版)P1455~P1457。

短路分析:发生故障后,相保回路电流由相线L(0.04Ω)流经建筑物内PE线(0.01Ω),再流经PEN线(0.08Ω)与大地的并联回路(4+1Ω)返回至变压器中性点,全回路电阻 $R$ 和电流 $I_d$ 为:

$R = 0.04 + 0.01 + [0.08//(1+4)] \approx 0.1287\Omega, I_d = 220/0.1287 = 1709.4\text{A}$

接触电压 $U_{f2}$ 为碰壳点与MEB之间的电位差:$U_{f2} = I_d R_{PE} = 1709.4\times0.01 = 17.094\text{V}$

23.《工业与民用供配电设计手册》(第四版)P1455~P1457。

短路分析:发生故障后,相保回路电流由相线L(0.04Ω)流经 $R_c$,通过大地流经[4//(1+0.01)]返回至变压器中性点,全回路电阻 $R$ 和电流 $I_d$ 为:

不计线路阻抗,则 $R = R_c + (4//1) = (R_c + 0.8)\Omega, I_d = \frac{220}{R_c + 0.8}\text{A}$

接触电压 $U_{f3}$ 为碰壳点与MEB之间的电位差:

$$U_{f3} = 0.8I_d = \frac{220}{R_c + 0.8}\times0.8 \leqslant 50 \Rightarrow R_c \geqslant 2.72\Omega$$

24.《工业与民用供配电设计手册》(第四版)P1455~P1457。

短路分析:发生故障后,相保回路电流由相线L(0.04Ω)流经 $R_c$,通过大地流经[4//(1+0.01)]并联回路返回至变压器中性点,设备外壳接触电压 $U_{f4}$ 全为碰壳点与

MEB之间的电位差，即 $R_{PE}$ 上的电压降，因PE线上的电流为0，故接触电压 $U_{f4}=0V$。

25.《工业与民用供配电设计手册》（第四版）P1455～P1457。

短路分析：发生故障后，相保回路电流由相线L（$0.04\Omega$）流经 $R_c$，通过大地流经 $[4//(1+0.01)]$ 并联回路返回至变压器中性点，全回路电阻 $R$ 和电流 $I_d$ 为：

不计线路阻抗，则 $R=20+(4//1)=20.8\Omega$，$I_d=220/20.8=10.58A$

接触电压 $U_{f5}$ 为碰壳点与大地之间的电压：$U_{f5}=10.58\times\frac{1}{1+4}\times4=8.46V$

# 2020年案例分析试题(下午卷)

**[案例题是4选1的方式,各小题前后之间没有联系,共25道小题,每题分值为2分,上午卷50分,下午卷50分,试卷满分100分。案例题一定要有分析(步骤和过程)、计算(要列出相应的公式)、依据(主要是规程、规范、手册),如果是论述题要列出论点]**

题1~5:某二类高层民用建筑,地下层包括活动室、健身房、库房、机房等场所,地上包含小型展厅,请回答以下问题。

1. 下图为地下层公共活动场所的照明设计(尺寸单位为mm),分别为双管T5荧光灯、5W的LED筒灯和1W的疏散出口灯,荧光灯及筒灯采用I类灯具,疏散出口采用A型灯具,其满足活动室200lx照度和照明功率密度限值的要求。图中灯具安装方式皆满足规范要求,未注明的导线根数为3。请查找图中有几种类型的错误,并说明理由。 (　　)

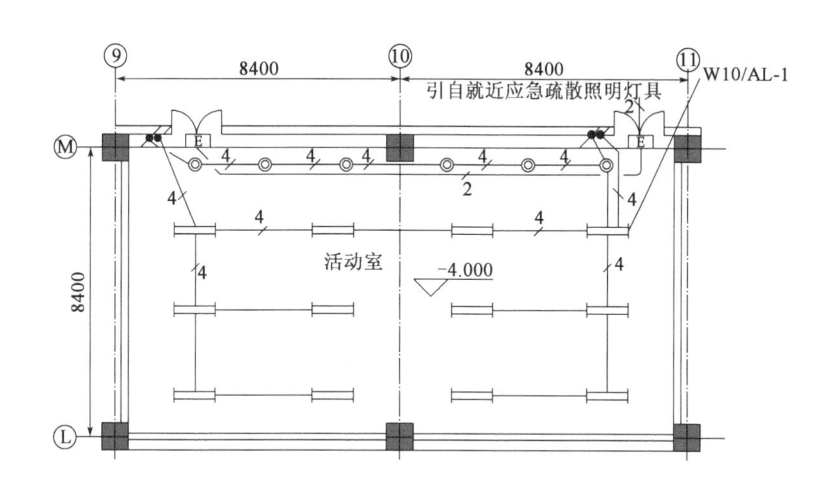


(A)1　　(B)3

(C)5　　(D)7

**解答过程:**

2. 地下层有一库房,如下图所示(尺寸单位为mm)。安装9只完全相同的旋转轴对称点光源,灯具安装高度5m,当只点亮四个角的四只灯具1~4时(这四只光源中的每只光源照射到距地1m水平面的A点方向实测的光强均为500cd),此时1m水平面上A

点的总照度为下列哪项数值？（不考虑维护系数）（　　）

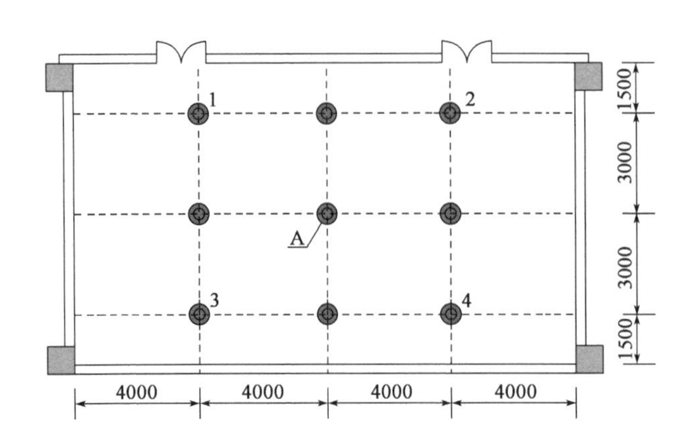


(A)7.6lx　　(B)9.5lx

(C)30.4lx　　(D)38lx

**解答过程：**

3. 地下层健身房长22m，宽10m，高4.5m，工作面高度0.75m。健身房有吊顶距地高度3.5m，LED灯具嵌入式安装，每盏LED灯具的光源参数为28W，光通量2800lm。健身房照度标准值为200lx，有效顶棚反射比0.7，墙面平均反射比为0.5，地面空间有效反射比为0.2，灯具维护系数为0.8，该灯具利用系数见下表，计算该房间所需灯具数量为下列哪项数值时，工作面上的平均照度最接近照度标准值？（　　）

| 有效顶棚反射比(%) | 70 | | | | 50 | | | 30 |
|---|---|---|---|---|---|---|---|---|
| 墙面平均反射比(%) | 50 | 50 | 30 | 30 | 50 | 30 | 30 | 30 |
| 地面有效反射比(%) | 20 | 10 | 20 | 10 | 20 | 20 | 10 | 10 |
| 室形指数(*RI*) | 利用系数(%) | | | | | | | |
| 1.0 | 71 | 69 | 64 | 62 | 69 | 63 | 62 | 61 |
| 1.3 | 80 | 77 | 73 | 71 | 78 | 72 | 70 | 70 |
| 1.5 | 85 | 82 | 79 | 76 | 82 | 77 | 75 | 74 |
| 2.0 | 92 | 87 | 86 | 83 | 89 | 84 | 82 | 81 |
| 2.5 | 96 | 92 | 92 | 88 | 93 | 90 | 87 | 85 |
| 3.0 | 100 | 95 | 96 | 93 | 97 | 93 | 90 | 89 |
| 4.0 | 104 | 97 | 100 | 95 | 100 | 97 | 93 | 92 |
| 5.0 | 106 | 100 | 103 | 97 | 102 | 100 | 96 | 94 |

(A)16 盏　　　　　　　　　　(B)18 盏

(C)20 盏　　　　　　　　　　(D)22 盏

**解答过程：**

4. 该建筑低压配电系统采用 TN-S 系统，地上某层设有走道照明配电箱，采用微型断路器进行照明线路的过负荷和短路保护。现有一照明回路总容量为 800W，导线选用 BV-3 ×2.5$mm^2$，经计算，该线路末端单相接地故障电流为 90A，如果利用断路器瞬时脱扣器进行单相接地故障保护，断路器动作灵敏系数为 1.3，微型断路器的 B 型脱扣曲线和 C 型脱扣曲线如下图所示，下列哪些断路器能实现该故障下的可靠动作？　(　　)

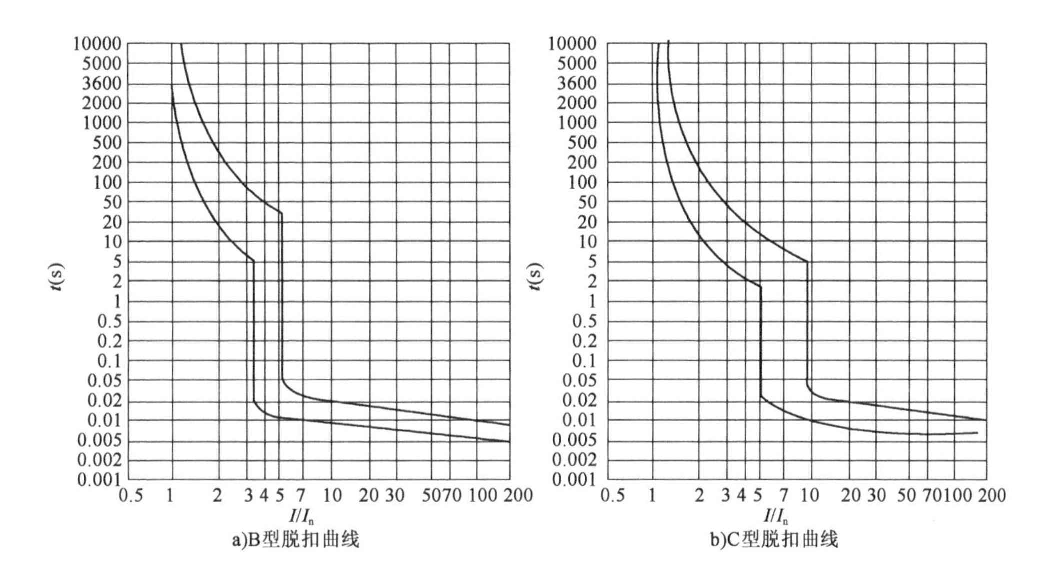


a)B型脱扣曲线　　b)C型脱扣曲线

(A)仅额定电流 10A 的 B 型曲线断路器

(B)额定电流 10A 的 B 型曲线、C 型曲线断路器

(C)额定电流 10A 和 16A 的 B 型曲线断路器

(D)额定电流 10A 和 16A 的 C 型曲线断路器

**解答过程：**

5. 该建筑的某展厅长 14m，宽 14m，灯具安装高度 2.8m，室内有效顶棚反射比 0.7，墙面反射比 0.5，地面反射比 0.2，展厅水平面照度 200lx，水平面照度 $E_h$ 和平均球面照度(标量照度)$E_s$ 的简易换算见下表，则展厅的平均柱面照度为下列哪项数值？　(　　)

| $RI$ | 1.0 ~ 1.6 | | | 2.5 | | | 4.0 | | |
|---|---|---|---|---|---|---|---|---|---|
| 地面反射比 | 0.1 | 0.2 | 0.3 | 0.1 | 0.2 | 0.3 | 0.1 | 0.2 | 0.3 |
| $E_h/E_s$ | 2.6 | 2.4 | 2.1 | 2.6 | 2.3 | 2.05 | 2.5 | 2.2 | 2.0 |

(A)86lx　　(B)70lx

(C)67lx　　(D)50lx

**解答过程：**

题6 ~ 10：某用电企业配电变压器，已知参数见下表，请回答以下问题。

| 参　数 | 单　位 | 数　值 |
|---|---|---|
| 高峰负荷容量 | kVA | 750 |
| 配电变压器数量 | 台 | 1 |
| 变压器额定容量 $S_e$ | kVA | 1000 |
| 额定空载损耗 $P_0$ | kW | 1.415 |
| 额定负载损耗 $P_k$ | kW | 8.130 |
| 额定空载电流 $I_0$ | % | 0.4 |
| 额定短路电流阻抗 $U_k$ | % | 6 |
| 变压器初始费 $C_1$ | 元/台 | 165000 |
| 企业支付的单位电量电费 $E_e$ | 元/kWh | 0.6 |
| 企业支付的单位容量电费，即两部制电价中按最大需量收取的月基本电费 $E_d$ | 元/kW | 20 |
| 企业支付的单位容量电费，即两部制电价中按变压器容量收取的月基本电费 $E_c$ | 元/kVA | 15 |
| 年带电小时数 $H_{py}$ | h | 8760 |
| 年最大负载利用小时数 $T_{max}$ | h | 8000 |
| 年最大负载损耗小时数 $t$ | h | 4549 |
| 负载损耗的温度矫正系数 $K_t$ | | 1 |
| 谷峰比 $L$ | | 0.5 |
| 初始年高峰负载率 $\beta_0$ | % | 0.75 |
| 年贴现率 $i$ | % | 0.12 |
| 高峰负荷年增长率 $g$ | | 0.02 |
| 经济使用期 $n$ | 年 | 10 |

6. 在计算该企业配电变压器经济使用期的综合能效费用时，连续 10 年费用现值系数最接近下列哪项数值？（　　）

(A)4.35　　(B)5.65
(C)6.43　　(D)7.35

**解答过程：**

7. 在计算该企业配电变压器经济使用期的综合能效费用时，变压器经济使用期的年负载等效系数的平方最接近下列哪项数值？（　　）

(A)2.24　　(B)2.86
(C)3.69　　(D)4.81

**解答过程：**

8. 在计算该企业配电变压器经济使用期的综合能效费用时，按照变压器容量计算基本电费，若连续 10 年费用现值系数为 6，空载损耗等效初始费用系数最接近下列哪项数值？（　　）

(A)27176　　(B)28910
(C)31536　　(D)34346

**解答过程：**

9. 在计算该企业配电变压器经济使用期的综合能效费用时，按照变压器容量计算基本电费，若变压器经济使用期的年负载等效系数的平方为 3，负载损耗等效初始费用系数最接近下列哪项数值？（　　）

(A)7373　　(B)8188
(C)9113　　(D)9833

解答过程：

10. 该企业按照变压器容量计算基本电费，若连续 10 年费用现值系数为 6，空载损耗等效初始费用系数为 32300，负载损耗等效初始费用系数为 9400，该企业配电变压器经济使用期的综合能效费最接近下列哪项数值？（　　）

(A) 1337137 元　　(B) 1443940 元

(C) 1554508 元　　(D) 1665108 元

解答过程：

题 11 ~ 15：某企业接入 10kV 电网，公共连接点处的最小短路容量为 560MVA，电网供电设备容量为 40MVA，该企业协议容量 4MVA。该企业 10kV 系统设有 1 路 10kV 电源，2 回 10kV 馈线，其中馈线 1 的 7 次谐波电流为 9A，馈线 2 的 7 次谐波电流为 5A，请回答下列问题。

11. 若企业馈线 1 和馈线 2 的 7 次谐波电流相角为 45°，该企业在公共连接点处注入电网的 7 次谐波电流最接近下列哪项数值？（计算公式以相关规范为准）（　　）

(A) 11.20A　　(B) 14.00A

(C) 15.64A　　(D) 16.22A

解答过程：

12. 公共连接点处 7 次谐波电流总量允许值最接近下列哪项数值？（　　）

(A) 15A　　(B) 24A

(C) 44A　　(D) 84A

解答过程：

13. 若公共连接处7次谐波电流总量允许值是90A，该企业允许注入的7次谐波电流值最接近下列哪项数值？（　　）

(A)15A　　(B)17A

(C)44A　　(D)84A

解答过程：

14. 该企业扩产，增加1路10kV馈线，其7次谐波电流为7A，扩产后该企业协议容量增加到6MVA，若扩产前该企业在公共点注入电网7次谐波电流为16A，扩产后该企业在公共连接点注入电网的7次谐波电流最接近下列哪项数值？（　　）

(A)15.00A　　(B)17.76A

(C)19.64A　　(D)23.00A

解答过程：

15. 若该企业10kV公共连接点处的3次谐波电流为9A，5次谐波电流为13A，7次谐波电流为23A，9次谐波电流为8A，11次谐波电流为12A，忽略其他次谐波，该企业在公共连接点处注入电网谐波电流含量最接近下列哪项数值？（　　）

(A)31.42A　　(B)54.03A

(C)65.00A　　(D)84.00A

解答过程：

题 16～20：某远离发电厂的工厂拟建一座110kV 终端变电站，电压等级为110/10kV，由两路独立的110kV 电源供电，站内设两台相同容量的主变压器，接线组别为YNd11，变压器的过负荷倍数为1.3，110kV 配电装置为户内 GIS，10kV 采用户内成套开关柜，两台变压器分列运行。10kV 侧采用单母线分段接线，每段母线有8回电缆出线，平均长度4km，变电站10kV 负荷均匀分布在两个母线段，其中一级负荷10MW，二级负荷35MV，三级负荷10MW。10kV 负荷总自然功率因数为0.86，经补偿后功率因数为0.96，110kV 母线最大三相短路电流为31.5kA，10kV 母线最大三相短路电流为20A，请回答下列问题。

16. 不考虑经济运行时，通过计算确定主变压器的最小容量为下列哪项数值？（　　）

(A)31.5MVA　　(B)40MVA

(C)50MVA　　(D)63MVA

**解答过程：**

17. 主变压器容量为63MVA，短路阻抗电压百分数为16，空载电流百分数为1，在一台主变压器检修，另一台主变压器带全部负荷的情况下，若10kV 侧功率因数为0.92，此时本站在110kV 侧的无功负荷最接近下列哪项数值？（　　）

(A)9707kvar　　(B)33136kvar

(C)23430kvar　　(D)42842kvar

**解答过程：**

18. 若该变电所10kV 系统中性点采用消弧线圈接地方式，单台消弧线圈按补偿变电站全部电容电流考虑，试分析其安装位置，并计算补偿容量计算值。（　　）

(A)在主变压器10kV 中性点接入消弧线圈，计算容量为498kVA

(B)在主变压器10kV 中性点接入消弧线圈，计算容量为579kVA

(C)在10kV 母线上接入接地变压器和消弧线圈，计算容量为498kVA

(D)在10kV 母线上接入接地变压器和消弧线圈，计算容量为579kVA

解答过程：

19. 变电站10kV户内配电装置室的通风设计温度为30℃，10kV主母线选用矩形铝母线竖放安装，假如主变压器容量为50MVA，10kV侧最大持续工作电流出现一台主变故障，另一台主变负担变电站的全部负荷时，请计算变压器10kV侧各相主母线的最小规格为下列哪项数值？［母线相关数据参照《导体和电器选择设计技术规定》(DL/T 5222—2005)］ (　　)

(A) 3×(100mm×8mm)　　(B) 3×(100mm×10mm)

(C) 3×(125mm×10mm)　　(D) 4×(125mm×10mm)

解答过程：

20. 本变电站10kV户内成套开关柜某间隔内的分支母线规格为80mm×8mm铝排，三相母线，母线布置在同一平面，相间中心距离30cm，母线相邻支持绝缘子间中心跨距120cm，请按照《工业与民用供配电设计手册》(第四版)计算该分支母线相间最大短路电动力最接近下列哪项数值？(矩形截面导体的形状系数取1，采用短路电流实用计算方法) (　　)

(A) 1771N　　(B) 1800N

(C) 1900N　　(D) 2003N

解答过程：

题21～25：请解答以下问题。

21. 某变电所内的变压器室为附设式、封闭高式布置，安装2000kVA、10/0.4kV的变压器，并设置100%变压器油量的储油设施。已知该变压器油重1250kg，油密度为$0.85\times10^3 kg/m^3$，卵石缝隙容油率为20%，墙厚240mm，计算图中储油设施的卵石层最小厚度应为下列哪项数值？ (　　)

(A) 200mm　　(B) 250mm

(C) 365mm　　(D) 405mm

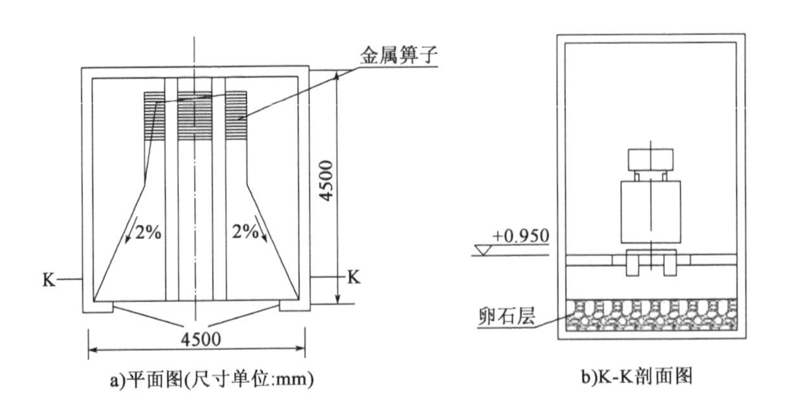

a)平面图(尺寸单位:mm)　　　b)K-K剖面图

**解答过程:**

22. 某低压电室内一段明敷钢管内合穿下表中 BV-450/750 导线,钢管敷设路径共有 100 度弯 3 个,管长 14m,中间不设拉线箱,忽略壁厚,计算并选择该钢管的最小公称直径为下列哪项数值? (　　)

| 导线根数 | 截面积($mm^2$) | 外径(mm) |
|---|---|---|
| 2 | 2.5 | 4.2 |
| 2 | 4 | 4.8 |
| 2 | 6 | 5.4 |
| 2 | 16 | 8 |

(A)25mm　　(B)32mm

(C)40mm　　(D)50mm

**解答过程:**

23. 下图 1、图 2、图 3 分别为电动运输车运行示意图、主回路图、PLC 系统接线图的概要图。该电动运输车受 PLC(可编程控制器)控制。设前进、后退 2 个启动按钮和 1 个停止按钮负责手动启停,启动后系统做自动往复运动。图 a、图 b、图 c、图 d 为 PLC 系统编程梯形图,判断其中正确的是哪项,并简要说明其他 3 个梯形图的错误原因。

(　　)

(A)图 a　　(B)图 b

(C)图 c　　(D)图 d

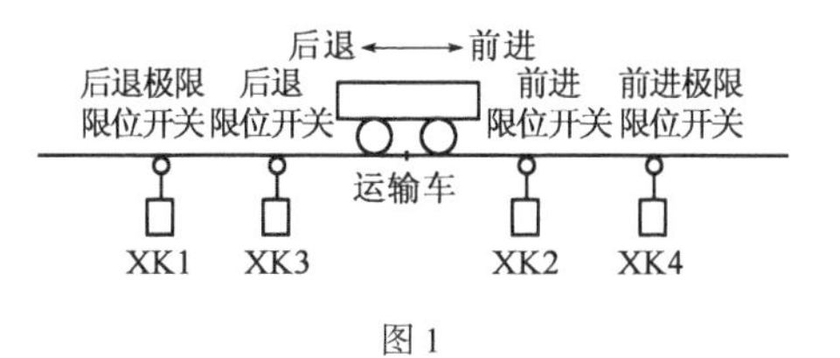


图 1

-Q1
-KM1
-KM2
-FR
M3~

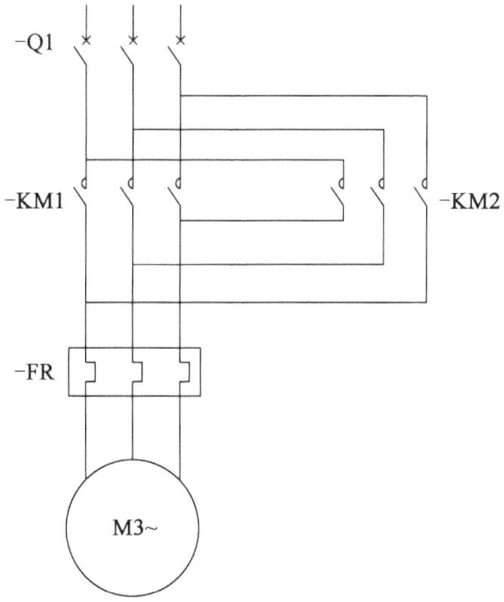

图 2

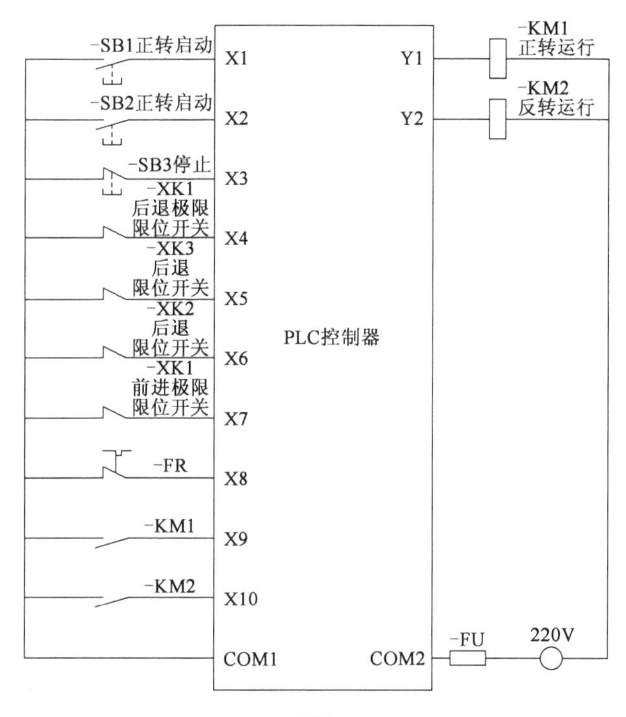


图 3

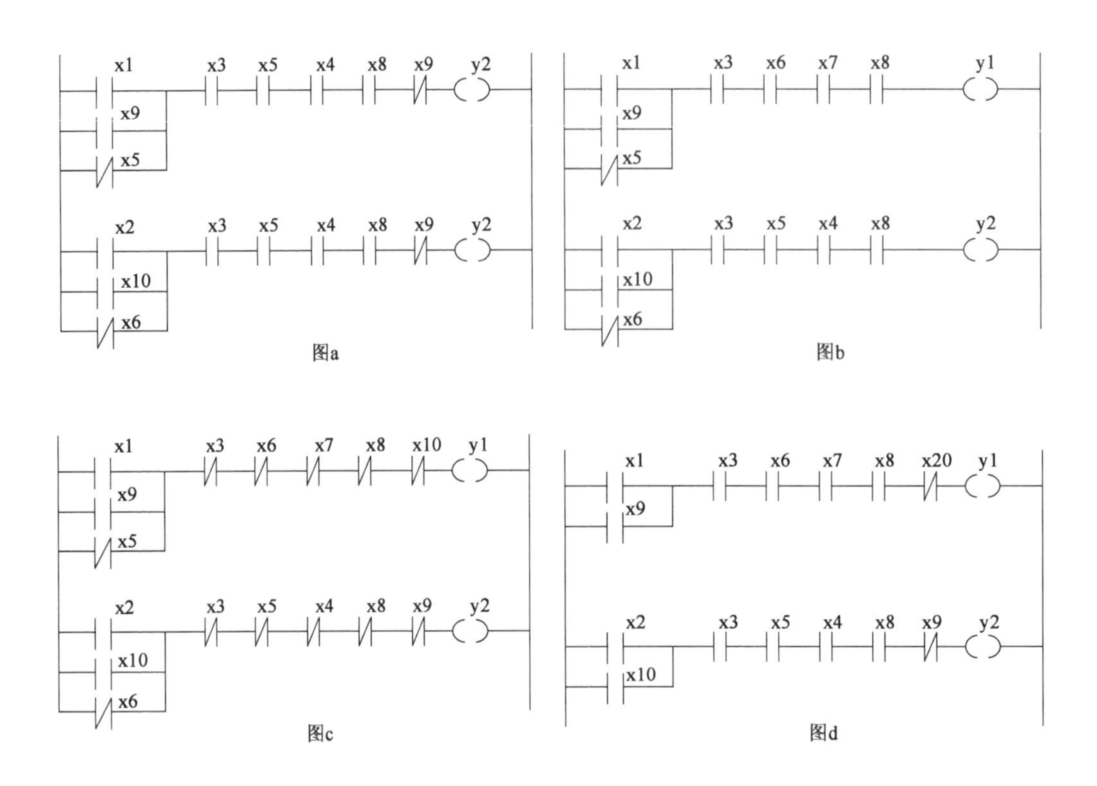


图a 图b

图c 图d

**解答过程：**

24. 某低压配电箱为固定安装，系统图如下图所示，图中的线 a、b、c、d 处，不符合《低压配电设计规范》（GB 50054—2011）有关规定的是哪项？（　　）

| 主回路 | 断路器 | 相序 | 电缆型号及规格 | 设备名称 |
|---|---|---|---|---|
| L1 L2 L3 N PE |  |  | YJV-0.6/1kV 3×10+1×6 a | L1 L2 L3 PEN 电源来自配电室低压开关柜 |
| c |  | ABCPE | YJV-0.6/1kV 4×2.5 b | 设备1 |
|  |  | ABCPE | YJV-0.6/1kV 4×2.5 | 设备2 |
| d |  |  |  | 备用 |

(A)a　　　　　　　　　　　　　　(B)b

(C)a、d　　　　　　　　　　　　　(D)b、c

解答过程：

25. 下图为某 110/35kV 变电站 110kV 出线间隔的一次回路系统及该主回路中断路器(CB)、隔离开关(1DS、2DS)和接地开关(1ES、2ES、FES)分合闸操作回路的部分联锁关系图，该联锁回路分别串接于断路器、隔离开关和接地开关的分合闸操作回路中。110kV 设备室外分散布置。图中 CB1、CB2 为断路器 CB 的辅助触点，1DS1、1DS2 为隔离开关 1DS 的辅助触点，2DS1、2DS2、2DS3 为隔离开关 2DS 的辅助触点，1ES1、1ES2 为接地开关 1ES 的辅助触点，2ES1、2ES2 为接地开关 2ES 的辅助触点，FES1、FES2 为快速接地开关 FES 的辅助触点。请判断 5 个联锁回路中有几个回路不符合规范要求，并分别说明理由。　　(　　)

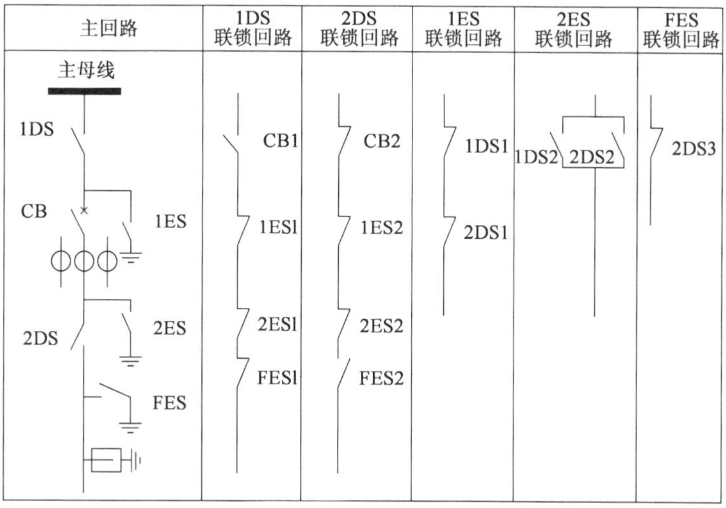

| 主回路 | 1DS 联锁回路 | 2DS 联锁回路 | 1ES 联锁回路 | 2ES 联锁回路 | FES 联锁回路 |
|---|---|---|---|---|---|
| 主母线<br>1DS<br>CB　1ES<br>2DS　2ES<br>FES | CB1<br>1ES1<br>2ES1<br>FES1 | CB2<br>1ES2<br>2ES2<br>FES2 | 1DS1<br>2DS1 | 1DS2　2DS2 | 2DS3 |

(A)1　　　　　　　　　　　　　　(B)2

(C)3　　　　　　　　　　　　　　(D)4

解答过程：

题 26 ~ 30：采用变频调速装置驱动的离心泵电动机额定电压为 380V，额定转速为 1450r/min，电动机与水泵直接连接。水头为 49m，主管损失水头 5m，水泵额定出水量 504$m^3$/h，水的密度为 1t/$m^3$，水泵的效率为 0.75。

26. 计算最合适的电动机额定功率是下列哪项数值？（电动机容量选择裕量 $k$ 按 1.05 考虑） （ ）

(A)55kW (B)75kW

(C)90kW (D)110kW

**解答过程：**

27. 若电动机额定功率为 90kW，效率为 93%，功率因数为 0.88，变频调速装置的主要参数应为下列哪组数值？ （ ）

(A)90kW，155A (B)95kW，160A

(C)100kW，165A (D)105kW，170A

**解答过程：**

28. 不计水头损失，若水头为 49m 时对应的电动机转速为 1450r/min，计算水泵水头为 30m 时电动机的转速是下列哪项数值？ （ ）

(A)987r/min (B)1135r/min

(C)1000r/min (D)1250r/min

**解答过程：**

29. 用水低谷时，若供水量维持在 250$m^3$/h，电动机的转速为下列哪项数值？ （ ）

(A)719r/min (B)750r/min

(C)910r/min　　　　　　(D)960r/min

**解答过程:**

30. 当电动机转速为1450r/min时,设此时电动机的输出功率为100kW,电动机效率为0.9,与转速为1100r/min(设此时电动机效率为0.85)相比,电网侧消耗的有功功率差值最接近以下哪项数值?(变频调速装置效率为0.95,不计线路其他损耗)　(　　)

(A)48.5kW　　　　　　(B)58.5kW

(C)58.5kW　　　　　　(D)66.5kW

**解答过程:**

题31~35:某企业处于空旷地区,地势平坦、空气清洁,海拔高度1500m,最低气温-34℃,线路设计时覆冰厚度取5mm。某企业35kV变电站采用双回35kV架空线路供电,线路采用双回路同塔分两侧架设,全程架设避雷线,导线选用LGJ-150/25,导线外径17.1mm,计算截面积173.11mm$^2$,单位质量601kg/km,导线的破坏强度290N/mm$^2$,电线风压不均匀系数取0.75,请回答下列问题。

31. 根据当地气象局提供的资料,企业所在地多年来统计计算的距地15m、连续10min平均的历年最大风速统计样本见下表,请计算该企业35kV架空线路的设计最大风速计算值为下列哪项数值?　(　　)

| 年　份 | 2015 | 2016 | 2017 | 2018 |
|---|---|---|---|---|
| 最大风速(m/s) | 28 | 32 | 35 | 31 |

(A)37.8m/s　　　　　　(B)35.43m/s

(C)35m/s　　　　　　(D)31.5m/s

**解答过程:**

32. 该架空线路的绝缘子选用 XP-70 型,线路用铁塔单位高度均小于 30m,计算该线路悬垂绝缘子串和耐张绝缘子串的最小数量应为下列哪组数值?（ ）

(A)3 片,3 片　　(B)3 片,4 片

(C)4 片,5 片　　(D)4 片,4 片

**解答过程:**

33. 该线路某一耐张段内的两基相邻直线塔之间档距为 220m,两侧悬挂点等高,悬垂绝缘子串的长度为 820mm,该档在最高气温工况下出现最大弧垂,此时最低点的水平应力为 78.14N/mm²,请计算两回电源线路不同回路不同相之间的最小水平距离为下列哪项数值?（ ）

(A)1.7m　　(B)2.0m

(C)2.2m　　(D)3.0m

**解答过程:**

34. 计算该线路在气象条件为带电作业工况下的导线比载为下列哪项数值?（ ）

(A)0.005N/(m · mm²)　　(B)0.032N/(m · mm²)

(C)0.0344N/(m · mm²)　　(D)0.8817N/(m · mm²)

**解答过程:**

35. 下表为该线路某一耐张段内射杆塔编号及档距,各杆塔上导体的是接点高度相等,导线的安全系数取 3,假设该线路代表档距小于 230m 时控制气象条件为最低气象工况,大于 230m 时控制气象条件为覆冰工况。该耐张段电线的状态方程式为下列哪项?（ ）

| 杆塔编号 | A | | B | | C | | D | | E |
| --- | --- | --- | --- | --- | --- | --- | --- | --- | --- |
| 档距(m) | | 230 | | 150 | | 270 | | 200 | |

(A) $96.67-\dfrac{0.034^2\times l^2E}{24\times 96.67^2}=6-\dfrac{\gamma^2l^2E}{24\sigma^2}-\alpha E(-34-t)$

(B) $96.67-\dfrac{0.053^2\times l^2E}{24\times 96.67^2}=6-\dfrac{\gamma^2l^2E}{24\sigma^2}-\alpha E(-5-t)$

(C) $290-\dfrac{0.034^2\times l^2E}{24\times 290^2}=6-\dfrac{\gamma^2l^2E}{24\sigma^2}-\alpha E(-34-t)$

(D) $290-\dfrac{0.053^2\times l^2E}{24\times 290^2}=6-\dfrac{\gamma^2l^2E}{24\sigma^2}-\alpha E(-5-t)$

**解答过程:**

题 36~40:某公路客运交通枢纽楼建筑高度为 15m,地下 1 层,地上主体 1 层,局部办公 4 层,整个建筑的最大容纳人数为 2500 人,请回答下列问题,并列出解答过程。

36. 该建筑办公部门的第 4 层有一条宽 3.5m、长 42m 的直内走道,走道吊顶为密闭平吊顶,吊顶内无可燃物,吊顶下空间高 4m,在该走道采用火灾自动探测器保护,最经济的方案是采用下列哪种火灾探测器,数量为多少?并说明理由。 (　　)

(A)点型感烟探测器,3 只　　(B)点型感烟探测器,4 只

(C)点型感温探测器,5 只　　(D)点型感温探测器,8 只

**解答过程:**

37. 该项目设置综合布线系统,在大开间办公室采用 6 类屏蔽多用户信息插座的方式进行布线,其工作区电缆的最大长度为 20m,请计算配线电缆的最大长度最接近下列哪项数值?并说明理由。 (　　)

(A)64.5m　　(B)72m

(C)70m　　(D)75m

解答过程：

38. 该项目设置公共广播系统，当采用70V传输电压时，回路的线路衰减损耗为2dB。当传输电压为100V时，其他条件不变，该回路的线路衰减损耗与下列哪项数值最接近？并说明理由。（　　）

(A)0.52dB　　(B)1.04dB

(C)1.85dB　　(D)1.69dB

解答过程：

39. 该项目高层设置了一个LED显示屏，设计要求最小视距为10m，请计算LED的像素中心距最接近下列哪个数值？（　　）

(A)1.8mm　　(B)3.6mm

(C)7.2mm　　(D)10mm

解答过程：

40. 该项目四层会议室设置扩声系统，有一只音箱电功率为120W，在离音箱20m处测得其工作时的最大声压级为90dB，请计算该音箱在该方向上的灵敏程度最接近下列哪项数值？并说明理由。（　　）

(A)92dB　　(B)95dB

(C)124dB　　(D)137dB

解答过程：

# 2020年案例分析试题答案(下午卷)

题1~5答案:**BCCAB**

1.《建筑照明设计规范》(GB 50034—2013)表4.4.1、第5.3.2条、第7.2.4条,《建筑设计防火规范》(GB 50016—2014)第10.3.1-3条。

活动室面积:$S=8.4\times8.4\times2=141.12\text{m}^2$

根据第10.3.1-3条,建筑面积大于$100\text{m}^2$的地下或半地下公共活动场所应设置疏散照明。

根据第7.2.4条,正常照明单相分支回路的电流不宜大16A,所接光源数或发光二极管灯具数不宜超过25个。W10所带光源超过25个,筒灯为I类灯具,配电线路应含1根PE线,双控开关控制的筒灯间的导线根数应为5根。

2.《照明设计手册》(第三版)P118式(5-1)。

A点总照度:$E_A=4\times\dfrac{500}{3^2+4^2+4^2}\times\dfrac{5-1}{\sqrt{3^2+4^2+4^2}}=30.47\text{lx}$

3.《照明设计手册》(第三版)P7式(1-9)、P145式(5-39)。

室型指数:$RI=\dfrac{LW}{H(L+W)}=\dfrac{22\times10}{(22+10)\times(3.5-0.75)}=2.5$,查表确定利用系数为0.96。

灯具数量:$N=\dfrac{E_{av}A}{\Phi UK}=\dfrac{200\times22\times10}{2800\times0.8\times0.96}=20.46$,故取20盏。

校验平均照度:$E_{av}=\dfrac{N\Phi UK}{A}=\dfrac{20\times2800\times0.96\times0.8}{22\times10}=195.49>180=90\%\times200$,满足标准要求。

4.《照明设计手册》(第三版)P95式(4-8)。

B型脱扣器动作电流为$(3\sim5)I_n$,C型脱扣器动作电流为$(5\sim10)I_n$。

B型脱扣器:$I_n\leqslant\dfrac{90}{1.3\times5}=14\text{A}$,C型脱扣器:$I_n\leqslant\dfrac{90}{1.3\times10}=7\text{A}$,故仅额定电流10A的B曲线断路器满足要求。

5.《照明设计手册》(第三版)P7式(1-9)、P156式(5-56)、P159式(5-60)。

室型指数:$RI=\dfrac{LW}{H(L+W)}=\dfrac{22\times10}{(22+10)\times(3.5-0.75)}=2.5$,查表$\dfrac{E_h}{E_s}=2.3$;

根据题意,$\dfrac{E_h}{E_s}=\dfrac{1}{K_S+0.5\rho_f}=\dfrac{1}{K_S+0.5\times0.2}=2.3$,解得$K_S=0.335$。

平均柱面照度:$E_c=E_h(1.5K_c+0.5\rho_f)=200\times(1.5\times0.335-0.25+0.5\times0.2)=70.4\text{lx}$

题 6～10 答案：**BCCBA**

6.《工业与民用供配电设计手册》(第四版)P1562 式(16.3-15)。

费用现值系数：$k_{npv}=\dfrac{1-[1/(1+i)^n]}{i}=\dfrac{1-[1/(1+0.12)^{10}]}{0.12}=5.65$

注：本题也可参考《配电变压器能效技术经济评价导则》(DL/T 985—2012)第 4.3.2 条及式(5)。

7.《工业与民用供配电设计手册》(第四版)P1562 式(16.3-18)。

年负载等效系数的平方：

$$PL^2=\frac{\beta_0^2}{(1+i)^n}\times\frac{(1+i)^n-(1+g)^{2n}}{(1+i)-(1+g)^2}=\frac{0.75^2}{(1+0.12)^{10}}\times\frac{(1+0.12)^{10}-(1+0.02)^{20}}{(1+0.12)-(1+0.02)^2}$$
$$=3.686$$

注：本题也可参考《配电变压器能效技术经济评价导则》(DL/T 985—2012)第 4.3.3 条及式(7)。

8.《工业与民用供配电设计手册》(第四版)P1561 式(16.3-13)。

空载损耗等效初始费用系数：$A=k_{npv}E_eH_{py}=6\times0.6\times8760=31536$

注：本题也可参考《配电变压器能效技术经济评价导则》(DL/T 985—2012)第 4.4.1 条及式(11)。

9.《工业与民用供配电设计手册》(第四版)P1562 式(16.3-16)。

负载损耗等效初始费用系数：$B=E_e\tau PL^2K_t=0.6\times4549\times3\times1=8188.2$

注：本题也可参考《配电变压器能效技术经济评价导则》(DL/T 985—2012)第 4.4.2 条及式(13)。

10.《工业与民用供配电设计手册》(第四版)P1561 式(16.3-12)。

综合能效费用：$TOC=CI+AP_0+BP_K+12k_{npv}E_cS_e=165000+1.415\times32300+8.13\times9400+12\times6\times15\times1000=1367126.5$

注：本题也可参考《配电变压器能效技术经济评价导则》(DL/T 985—2012)第 4.2.2 条及式(3)。

题 11～15 答案：**BDBCA**

11.《电能质量　公用电网谐波》(GB/T 14549—1993)附录 C 式(C4)。

注入电网的 7 次谐波电流：$I_7=\sqrt{9^2+5^2+2\times9\times5\times\cos(45°-45°)}=14\text{A}$

注：馈线 1 和馈线 2 的 7 次谐波电流相角均为 45°，是两者各自的相位角，而不是两者的相位差。

12.《电能质量　公用电网谐波》(GB/T 14549—1993)第5.1条表2、附录B式(B1)。

公共连接点处7次谐波电流总量允许值：$I_7 = 15 \times \frac{560}{100} = 84\text{A}$

13.《电能质量　公用电网谐波》(GB/T 14549—1993)附录C式(C6)及表C2。

公共连接点允许注入电网的7次谐波电流：$I_7 = 90 \times \left(\frac{4}{40}\right)^{1/1.4} = 17.38\text{A}$

14.《电能质量　公用电网谐波》(GB/T 14549—1993)附录C式(C5)及表C1。

公共连接点注入电网的7次谐波电流：$I_7 = \sqrt{7^2 + 16^2 + 0.72 \times 7 \times 16} = 19.64\text{A}$

15.《电能质量　公用电网谐波》(GB/T 14549—1993)附录A式(A4)。

公共连接点处注入电网谐波电流含量：$I_{\text{H}} = \sqrt{9^2 + 13^2 + 23^2 + 8^2 + 12^2} = 31.42\text{A}$

题16~20答案：**BCDBB**

16.《20kV及以下变电所设计》(GB 50053—2013)第3.3.2条。

两台主变正常运行时：$S \geqslant \frac{10 + 35 + 10}{2 \times 0.96} = 28.65\text{MVA}$

一台主变故障时：$S \geqslant \frac{10 + 35}{1.3 \times 0.96} = 36.06\text{MVA}$

取较大者，故$S$取40MVA。

17.《工业与民用供配电设计手册》(第四版)P30式(1.10-4)。

$$\text{变压器侧}: \Delta Q_{\text{T}} = \Delta Q_0 + \Delta Q_{\text{k}}\left(\frac{S_{\text{c}}}{S_{\text{N}}}\right)^2 = \frac{I\%}{100}S_{\text{N}} + \frac{U_{\text{k}}\%}{100}S_{\text{N}}\left(\frac{S_{\text{c}}}{S_{\text{N}}}\right)^2$$

$$= 63 \times \left[\frac{1}{100} + \frac{16}{100} \times \left(\frac{10 + 35 + 10}{63 \times 0.92}\right)^2\right] = 9.71\text{Mvar}$$

10kV侧：$Q_{10} = (10 + 35 + 10) \times \tan(\arccos 0.92) = 23.43\text{Mvar}$

110kV侧：$Q_{110} = Q_{10} + \Delta Q_T = 9.71 + 23.43 = 33.14\text{Mvar}$

18.《工业与民用供配电设计手册》(第四版)P302式(4.6-35)、表4.6-9，P406式(5.7-20)。

10kV变压器绕组采用三角形连接，需采用接地变压器引出中性点接入电阻器，考虑全站电容电流，则：$I_{\text{c}} = (1 + 16\%) \times 0.1 \times 10 \times 8 \times 4 \times 2 = 74.24\text{A}$

补偿容量：$Q = 1.35 I_{\text{c}} \frac{U_{\text{N}}}{\sqrt{3}} = 1.35 \times 74.24 \times \frac{10}{\sqrt{3}} = 578.65\text{kVA}$

19.《导体和电器选择设计技术规定》(DL/T 5222—2005)第6.0.2条，附录D表D.11、表D.9。

回路持续电流：$I = 1.3 \frac{U_{\text{N}}}{\sqrt{3} I_{\text{N}}} = 1.3 \times \frac{50}{\sqrt{3} \times 10} = 3752.9\text{A}$

查表 D.11，校正系数为 0.94，则母线载流量为：$I_Z \geq \frac{3752.9}{0.94} = 3992.4A$

查表 D.9 可知，最小截面为 $3 \times (125mm \times 10mm)$。

20.《工业与民用供配电设计手册》（第四版）P366 式（5.5-56）。

相间最大短路电动力：

$$F_{k3} = 0.173K_x i_{p3}^2 \frac{l}{D} = 0.173 \times 1 \times (2.55 \times 20)^2 \times \frac{120}{30} = 1799.89N$$

题 21～25 答案：**DCADC**

21.《3～110kV 高压配电装置设计规范》（GB 50060—2008）第 5.5.3 条。

储油设施的卵石层最小厚度：

$$h \geq \frac{V}{S} = \frac{1250}{0.85 \times 10^3 \times 0.2} \times \frac{1}{(4.5 - 0.24)^2} = 0.4052m = 405.2mm$$

22.《工业与民用供配电设计手册》（第四版）P897 相关内容，《低压配电设计规范》（GB 50054—2011）第 7.2.14 条。

根据第 7.2.14 条，金属导管或金属槽盒内导线的总截面积不宜超过其截面积的 40%，且金属槽盒内载流导线不宜超过 30 根。故金属导管截面积为：

$$S_g \geq \frac{2\pi \times \frac{1}{4} \times (4.2^2 + 4.8^2 + 5.4^2 + 8^2)}{0.4} = 525.32\ mm^2$$

金属导管直径：$S_g = \pi \left(\frac{D}{2}\right)^2 \geq 525.32mm^2 \Rightarrow D \geq 2\sqrt{\frac{525.32}{\pi}} = 25.87mm$，取 32mm。

《工业与民用供配电设计手册》（第四版）P897 相关内容如下：

3 根以上绝缘导线穿同一导管时导线的总截面积（包括外护层）不应大于管内净面积的 40%，2 根绝缘导线穿同一导管时管内径不应小于 2 根导线直径之和的 1.35 倍，并符合下列要求：

（1）导管没有弯时的长度不超过 30m。

（2）导管有一个弯（90°～120°）时的长度不超过 20m。

（3）导管有两个弯（90°～120°）时的长度不超过 15m。

（4）导管有三个弯（90°～120°）时的长度不超过 8m。

每两个 120°～150°的弯相当于一个 90°～120°的弯。若长度超过上述要求时应加设拉线盒、箱或加大管径。

故最终取 40mm。

23. 无。

图 b 中未设置互锁保护；图 c 中回路常闭节点与 PLC 接线图中相反，无法工作；图 d 中缺少自动往复切换信号，无法自动运行。

24.《低压配电设计规范》（GB 50054—2011）第 3.2.7 条、第 3.2.10 条、第 3.2.12 条。

根据第 3.2.7 条，符合下列情况之一的线路，中性导体的截面积应与相导体的截面积相同：

(1)单相两线制线路。

(2)铜相导体截面积小于或等于 $16mm^2$ 或铝相导体截面积小于或等于 $25mm^2$ 的三相四线制线路。

根据第3.2.10条，在配电线路中固定敷设的铜保护接地中性导体的截面积不应小于 $10mm^2$，铝保护接地中性导体的截面积不应小于 $16mm^2$。

a处不符合第3.2.10条(或第3.2.7条)。

根据第3.2.12条，当从电气系统的某一点起，由保护接地中性导体改变为单独的中性导体和保护导体时，应符合下列规定：

(1)保护导体和中性导体应分别设置单独的端子或母线。

(2)保护接地中性导体应首先接到为保护导体设置的端子或母线上。

(3)中性导体不应连接到电气系统的任何其他的接地部分。

d处不符合第3.2.12条，PEN应先同时接PE线和N线。

25. 无。

(1)1DS连锁回路错误，CB1应为常闭节点。

(2)2DS连锁回路错误，FES2应为常闭节点。

(3)2ES连锁回路错误，1DS2、2DS2应为常闭点节点，且应为串联。

题26～30答案：**DDCAC**

26.《钢铁企业电力设计手册》(下册)P308式(23-59)。

电动机额定功率：$P_n = \dfrac{k\gamma Q(H+\Delta H)}{102\eta\eta_c} = \dfrac{1.05\times1000\times\dfrac{504}{3600}\times(49+5)}{102\times0.75\times1} = 103.76kW$

注：《工业与民用供配电设计手册》(第四版)P1606式(16.5-21)有误，缺少换算系数，$1kW = 102kg \cdot m/s$。

27.《钢铁企业电力设计手册》(上册)P305和P306表6-8、表6-9。

变频器调速装置的输入功率：$P_m \geq \dfrac{P_N}{\eta} = \dfrac{90}{0.93} = 96.77kW$

变频器调速装置的额定电流：$I_m \geq \dfrac{P_m}{\sqrt{3}U\cos\varphi} = \dfrac{96.77}{\sqrt{3}\times0.38\times0.88} = 167.08A$

28.《钢铁企业电力设计手册》(上册)P306有关水泵、风机的节电内容。

利用流量、转速和扬程(水头)之间的比例关系：

$$\frac{H_2}{H_1} = \left(\frac{N_2}{N_1}\right)^2 \Rightarrow \frac{49}{30} = \left(\frac{1450}{N_1}\right)^2 \Rightarrow N_1 = 1134.57r/min$$

29.《钢铁企业电力设计手册》(上册)P306有关水泵、风机的节电内容。

利用流量、转速和扬程(水头)之间的比例关系：

$$\frac{Q_2}{Q_1}=\frac{N_2}{N_1}\Rightarrow\frac{504}{250}=\frac{1450}{N_1}\Rightarrow N_1=719\text{r/min}$$

30.《钢铁企业电力设计手册》(上册)P306 有关水泵、风机的节电内容。

利用流量、转速、扬程(水头)和功率之间的比例关系:

$$\frac{P_2}{P_1}=\left(\frac{N_2}{N_1}\right)^3\Rightarrow\frac{100}{P_1}=\left(\frac{1450}{1100}\right)^3\Rightarrow P_1=43.66\text{kW}$$

电网侧消耗的有功功率差额:$\Delta P=\left(\frac{100}{0.9}-\frac{43.66}{0.85}\right)\Big/0.95=62.89\text{kW}$

题 31 ~35 答案:**BCDCA**

31.《电力工程高压送电线路设计手册》(第二版)P170 式(3-1-5) ~ 式(3-1-7)、《66kV 及以下架空电力线路设计规范》(GB 50061—2010)第 4.0.11 条。

样本历年最大风速平均值:$\bar{v}=\frac{28+32+35+31}{4}=31.5\text{m/s}$

样本标准差:$\sigma_{n-1}=\sqrt{\frac{\sum(v_i-\bar{v})^2}{n-1}}$

$$=\sqrt{\frac{(28-31.5)^2+(32-31.5)^2+(35-31.5)^2+(31-31.5)^2}{4-1}}$$

$=2.88675$

由第 4.0.11 条可知,$T=30$,则:

$$v_T=-\frac{\sqrt{6}}{\pi}\left\{0.57722+\ln\left[-\ln\left(1-\frac{1}{30}\right)\right]\right\}\times2.88675+31.5=37.82\text{m/s}$$

35kV 线路导线均高一般取 10m,则换算到 10m 高度:

$$v_h=v_s\left(\frac{h}{h_s}\right)^{\alpha}=37.82\times\left(\frac{10}{15}\right)^{0.16}=35.43\text{m/s}$$

32.《66kV 及以下架空电力线路设计规范》(GB 50061—2010)第 6.0.3 条、表 6.0.3、第 6.0.7 条。

查表可知,空气清洁,海拔高度 1000m 及以下,35kV 线路悬垂绝缘子数量取 3 片,进行海拔修正,则:$N_H\geqslant N[1+0.1(H-1)]=3\times[1+0.1\times(3-1)]=3.15$,取 4 片。

另耐张绝缘子串数量为悬垂绝缘子数量加 1 片,故取 5 片。

33.《电力工程高压送电线路设计手册》(第二版)P180 表 3-3-1,《66kV 及以下架空电力线路设计规范》(GB 50061—2010)第 7.0.3 条、第 7.0.6 条。

最大弧垂:$f_m=\frac{\gamma l^2}{8\sigma_0}=\frac{0.601\times9.8}{173.11}\times\frac{220^2}{8\times78.14}=2.634\text{m}$

相间间距:$D=0.4L_k+\frac{U}{110}+0.65\sqrt{f_m}=0.4\times0.82+\frac{35}{110}+0.65\sqrt{2.634}=1.701\text{m}$

综上,根据第 7.0.6 条,不同回路不同相之间的最小水平距离应不小于 3m。

34.《电力工程高压送电线路设计手册》(第二版)P179 表3-2-3、表3-1-15,《66kV及以下架空电力线路设计规范》(GB 50061—2010)第4.0.9条。

自重力比载:$\gamma_1 = \frac{g_1}{A} = \frac{9.81 \times 0.601}{173.11} = 0.034\text{N/(m} \cdot \text{mm}^2)$

无冰时风比载:

$$\gamma_4 = \frac{0.625v^2 d\alpha\mu_{sc}}{A} = \frac{0.625 \times 10^2 \times 0.75 \times 1.1 \times (17.1 + 0) \times 10^{-3}}{173.11}$$

$$= 0.0051\text{N/(m} \cdot \text{mm}^2)$$

覆冰时风比载:$\gamma_5 = \sqrt{0.034^2 + 0.0051^2} = 0.0344\text{N/(m} \cdot \text{mm}^2)$

35.《电力工程高压送电线路设计手册》(第二版)P182 表3-4-2、表3-3-4。

代表档距:$l_r = \sqrt{\frac{l_1^3 + l_2^3 + l_3^3 + \cdots + l_n^3}{l_1 + l_2 + l_3 + \cdots + l_n}} = \sqrt{\frac{230^3 + 150^3 + 270^3 + 200^3}{230 + 150 + 270 + 200}} = 225.5\text{m} < 230\text{m}$

由题意可知,小于230m控制气象条件为最低气象工况,即取最低气温 −34℃。

由题干条件"导线的破坏强度290N/mm²"和"安全系数取3",可知最低点最大张力为:$\sigma_m = \frac{\sigma_P}{K} = \frac{290}{3} = 96.67\ \text{N/mm}^2$

题36~40答案:**BBBCB**

36.《火灾自动报警系统设计规范》(GB 50116—2013)第5.2.2条、第6.2.2条。

由第5.2.2条,办公建议宜选择点型感烟探测器;由表6.2.2,面积 $S = 42 \times 3.5 = 147\text{m}^2 > 80\text{m}^2$,$H < 6\text{m}$,查表 $A = 60$,$R = 5.8\text{m}$,则保护半径为:

$$R = \sqrt{5.8^2 - \left(\frac{3.5}{2}\right)^2} = 5.5\text{m}$$

$N \geqslant \frac{S}{KA} = \frac{42}{2 \times 5.5} = 3.8$,故取4个。

37.《综合布线系统工程设计规范》(GB 50311—2016)第3.6.3条。

$$C = \frac{102 - H}{1 + D} \Rightarrow H = 102 - C(1 + D) = 102 - 20 \times (1 + 0.5) = 72\text{m}$$

38.《公共广播系统工程技术规范》(GB 50526—2010)第3.5.5条及条文说明。

根据传输距离、负载功率、线路衰减和传输线路截面之间的关系:

$$S = \frac{2\rho LP}{U^2(10^{\gamma/20} - 1)}$$

由于其他条件不变,故有:

$$\frac{1}{U_1^2(10^{\gamma_1/20} - 1)} = \frac{1}{U_2^2(10^{\gamma_2/20} - 1)} \Rightarrow \frac{1}{70^2 \times (10^{2/20} - 1)} = \frac{1}{100^2 \times (10^{\gamma_2/20} - 1)} \Rightarrow \gamma_2 = 1.04\text{dB}$$

39.《视频显示系统工程技术规范》(GB 50464—2008)第4.2.1条。

根据题意,最小视距 $k$ 取 1380m,故像素中心距为:$P=\frac{H}{k}=\frac{10}{1380}\times10^{3}=7.25\text{m}$

40.《民用建筑电气设计标准》(GB 51348—2019)附录 F 第 F.0.3 条。

由 $10\lg W_{\text{E}}=L_{\text{P}}-L_{\text{s}}+20\lg r$,得到:

$L_{\text{s}}=L_{\text{P}}-10\lg W_{\text{E}}+20\lg r=90-10\lg120+20\lg20=95.23\text{dB}$

2021 年

注册电气工程师(供配电)执业资格考试

# 专业考试试题及答案

# 2021 年专业知识试题(上午卷)

**一、单项选择题(共 40 题,每题 1 分,每题的备选项中只有一个最符合题意)**

1. 关于负荷分级的规定,下列哪项是正确的? (　　)

(A)当主体建筑中有大量一级负荷时确保其正常运行的空调设备宜为一级负荷
(B)住宅小区换热站的用电负荷可为三级负荷
(C)室外消防用水量为 25L/s 的仓库,其消防负荷应按二级负荷供电
(D)重要电信机房的交流电源,其负荷级别应不低于该建筑中最高等级的用电负荷

2. 在设计供配电系统时,下列说法正确的是哪项? (　　)

(A)一级负荷,应按一个电源系统检修时,另一个电源又发生故障进行设计
(B)需要两回电源线路的用户,应采用同级电压供电
(C)同时供电的 3 路供配电线路中,当有一路中断供电时,另 2 路线路应能满足全部负荷的供电要求
(D)供电网络中独立于正常电源的专用馈电线路可作为应急电源

3. 当双绕组变压器负荷率为 75% 时,变压器中的有功功率损耗与无功功率损耗的比值约为下列哪项数值? (　　)

(A)0.15　　(B)0.2
(C)0.37　　(D)0.5

4. 0.4kV 的母线上安装的电容器容量为 240kvar,已知电容器安装处的母线短路容量为 16MVA,问并联电容器接入后,该母线电压升高值占电容器投入前的母线电压值的百分比是下列哪项数值? (　　)

(A)0.35%　　(B)0.6%
(C)1.04%　　(D)1.5%

5. 长期工作或停留的房间选用直接型灯具,光源平均亮度为 300kcd/m$^2$,灯具的遮光角不应小于下列哪项数值? (　　)

(A)10°　　(B)15°
(C)20°　　(D)30°

6. 在满足眩光限制和配光要求条件下,当选用色温为 3000K 的 LED 格栅筒灯时,其效能不应低于下列哪项数值? (　　)

(A)55lm/W　　(B)60lm/W

(C)65lm/W　　(D)70lm/W

7. 当移动式和手提式灯具采用Ⅲ类灯具时，应采用安全特低电压供电，其安全电压限值应符合以下哪项要求？（　　）

(A)在干燥场所交流供电不大于25V，无波纹直流供电不大于50V

(B)在干燥场所交流供电不大于50V，无波纹直流供电不大于120V

(C)在潮湿场所交流供电不大于25V，无波纹直流供电不大于50V

(D)在潮湿场所交流供电不大于50V，无波纹直流供电不大于120V

8. 在应急照明和疏散指示系统中，B型灯具的防护等级不应低于下列哪项？

（　　）

(A)IP34　　(B)IP44

(C)IP54　　(D)IP55

9. 低压配电系统中，采用哪种接地型式时，照明应设专用变压器供电？（　　）

(A)TN-C系统　　(B)TN-S系统

(C)TT系统　　(D)IT系统

10. 有线电视城域干线网物理网络的拓扑结构类型，以下哪项描述是不正确的？

（　　）

(A)路由走向环型/物理连接星型

(B)路由走向星型/物理连接环型

(C)环型

(D)网格型或者部分网格型

11. 进行视频监控系统集成联网时，以下通过管理平台实现设备的集中管理和资源共享的方式，错误的方式是哪项？（　　）

(A)模拟视频多级汇聚方式，各级监控中心管理平台之间采用专线级联，本地监控中心管理平台实现本级的视频资源的视频切换、存储、显示等，上级管理平台可对本级和下级的实时和历史视频进行查阅

(B)数字视频逐级汇聚方式，可采用视频信号接入统一的监控中心集中管理，禁止授权多级客户端调用模式

(C)数字视频逐级汇聚方式，可采用视频信号逐层汇聚，实现下级监控中心的本地管理，上级监控中心的资源共享调用

(D)基于云平台的视频统一管理方式，通过云存储架构对所有视频图像信息进行统一存储、管理和共享应用

12. 对通信网络系统光纤用户接入点设置位置的要求，以下描述不正确的是哪项？

（　　）

(A)单层或多层建筑的用户接入点,可设置在建筑的信息接入机房或综合布线系统设备间(BD)内,不可设置于楼层电信间内
(B)单体高层建筑的用户接入点,可设置在建筑进线间附近的信息接入机房内
(C)单体高层建筑的用户接入点,可设置在综合布线系统设备间(BD)内
(D)单体建筑高度大于100m时,用户接入点可分别设置在建筑不同业态区域避难层的通信设施机房内

13. 工业电视系统工程的设计要求,以下描述不正确的是哪项? ( )

(A)在正常监控情况下应保证工业电视系统独立、连续运行
(B)在不同现场的环境条件下,应清晰传送监视目标的图像信息,与企业其他视频系统宜预留接口
(C)当监视目标的视频信号有实时性传输要求时,宜采用数字视频系统
(D)利用互联网、局域网等网络传输时,应符合网络传输、通信协议、网络安全的相关要求

14. 35/10kV室外变电站实体围墙不应低于下列哪项数值? ( )

(A)2.2m (B)2.3m
(C)2.5m (D)4.0m

15. 同型号的固定式低压配电屏双排布置,不受场地限制,屏后通道仅作维护用时,面对面布置与背对背布置的配电室最小宽度比较结果符合下列哪项? ( )

(A)面对面布置比背对背布置宽度小
(B)面对面布置比背对背布置宽度大
(C)面对面布置与背对背布置宽度相等
(D)不确定

16. 设计接地电阻时应计及土壤干燥或降雨和冻结等季节变化的影响,对于雷电保护接地的接地电阻,可采用下列哪项值? ( )

(A)雷季中土壤干燥状态下的最大值
(B)雷季中土壤潮湿状态下的最大值
(C)四季中土壤干燥状态下的最大值
(D)四季中土壤潮湿状态下的最大值

17. 关于建筑物人工接地体在土壤中埋设深度的最小值和距基础的最小值,下列哪项是正确的? ( )

(A)0.3m,0.8m (B)0.3m,1m
(C)0.5m,0.8m (D)0.5m,1m

18. 单独建造的消防控制室耐火等级不应低于下列哪项? ( )

(A)一级　　(B)二级
(C)三级　　(D)四级

19. 关于爆炸危险场所的电气设备与管线的说法,下列哪项是错误的?　　(　　)

(A)1 区内采用"e"型荧光灯
(B)爆炸危险区域内不得采用油浸型设备
(C)2 区内采用铝芯电缆时,截面积不得小于 16mm$^2$
(D)1 区内可采用铜芯阻燃型电缆沿梯架敷设

20. 护层电压限制器要求在可能最大冲击电流累积作用多少次后不得损坏?
(　　)

(A)10 次　　(B)20 次
(C)30 次　　(D)40 次

21. 某第三类防雷建筑物,突出屋面的天然气金属放散管只有在发生事故的时候排放的天然气才会达到爆炸浓度,以下防雷措施哪项是错误的?　　(　　)

(A)金属放散管应装设接闪针,接闪针不必与屋面防雷装置连接
(B)金属放散管可不装设接闪针,但应和屋面防雷装置连接
(C)建筑物屋面设置接闪带,组成不大于 10m×10m 的网格
(D)建筑物屋面设置接闪带,组成不大于 20m×20m 的网格

22. 关于建筑物防雷引下线做法的描述,以下哪项是正确的?　　(　　)

(A)专设引下线可采用直径为 8mm 的热镀锌圆钢沿建筑物外墙暗敷
(B)利用建筑物混凝土内的钢筋作引下线,并同时采用基础接地体时,在引下线距离地面 0.3m 处应设断接卡
(C)利用建筑物混凝土内的钢筋作引下线时,可不设置接地连接板
(D)明敷的专设引下线在地面上 1.7m 至地面下 0.3m 的一段采取防止机械损伤的保护措施

23. 以下哪种导体不能用作保护接地导体?　　(　　)

(A)单独敷设的、有防机械损伤保护的截面积为 16mm$^2$的铝导体
(B)配电回路 YJV-5×2.5mm$^2$中的一根导体
(C)无防机械损伤保护的截面积为 16mm$^2$的铜导体
(D)可弯曲的金属导管

24. 以下关于各接地型式及故障防护电器选择的描述,哪项是正确的?　　(　　)

(A)爆炸危险环境只应采用 TN-S 系统
(B)室外路灯采用 TT 系统时,可采用 RCD 作为间接接触防护的保护电器,RCD

的额定动作电流不应大于 30mA

(C)TT 系统间接接触防护的保护电器不应采用过电流保护电器

(D)某建筑物采用 TN 系统供电，进线为 4 芯电缆(L1、L2、L3、PEN)，为防止雷击电磁脉冲，在建筑物总配电箱内将 PEN 分成 PE 排及 N 排，出线回路采用 5 芯电缆(L1、L2、L3、PE、N)

25. 某车间 10/0.4kV 变电所内设置两台 630kVA 的油浸变压器，下列关于变压器瓦斯保护的设计不满足规范要求的是哪项？ (  )

(A)当变压器壳内故障产生轻微瓦斯或油面下降时，延时动作于信号

(B)当变压器壳内故障产生大量瓦斯时，断开变压器电源侧断路器

(C)瓦斯保护应采用防止因震动、瓦斯继电器的引线故障等引起瓦斯保护误动作的措施

(D)当变压器上口电源侧无断路器时，保护应动作于信号并发出远跳命令，同时应断开线路对侧断路器

26. 电气二次回路的工作电压不应超过下列哪项数值？ (  )

(A)250V　　(B)380V

(C)400V　　(D)500V

27. 下列关于电测量装置准确度的说法哪项符合规范要求？ (  )

(A)计算机监控系统的交流采样回路电测量装置的准确度不低于 1.0 级

(B)常用数字式电测量仪表的准确度不低于 1.5 级

(C)常用指针式交流电测量仪表的准确度不低于 1.5 级

(D)综合保护测控装置中的电测量装置的准确度不低于 1.0 级

28. 中性点经消弧线圈接地的发电机，下列关于中性点位移电压的说法正确的是哪项？ (  )

(A)在正常情况下，长时间中性点位移电压不应超过额定相电压的 15%

(B)在正常情况下，长时间中性点位移电压不应超过额定相电压的 10%

(C)在正常情况下，长时间中性点位移电压不应超过额定线电压的 10%

(D)在正常情况下，长时间中性点位移电压不应超过额定线电压的 15%

29. 设计屋外 35kV 配电装置时的最大风速，可采用 30 年一遇、离地多少米的平均最大风速？ (  )

(A)10m　　(B)12m

(C)15m　　(D)18m

30. 10kV 架空电力线路通过林区时，下列关于线路通道宽度的设计原则哪项是正确的？ (  )

(A)不宜小于杆塔基础两侧向外各延伸 0.5m
(B)不宜小于线路两侧向外各延伸 2.5m
(C)不宜小于线路两侧向外各延伸杆塔的倒杆距离
(D)不宜小于线路两侧向外各延伸 15m

31. 35kV 架空电力线路导线的安全系数不应小于下列哪项？ (　　)

(A)2　　(B)2.5
(C)3　　(D)3.4

32. 某 35kV 架空电力线路，地区海拔高度为 1200m，请计算该线路在运行电压工况下带电部分与杆塔构件的最小间隙为下列哪项？ (　　)

(A)0.1m　　(B)0.45m
(C)0.102m　　(D)0.459m

33. 我国标准对 2000Hz，公共暴露磁场强度控制限值是下列哪项？ (　　)

(A)0.1A/m　　(B)3.3A/m
(C)4.1A/m　　(D)40A/m

34. 关于数据中心选址，下列表述中哪项是正确的？ (　　)

(A)中型数据中心可建在公共停车库的正上方
(B)不应布置在电磁强干扰的设备用房附近
(C)兼顾电力充足可靠可接近粉尘、油烟
(D)当通信快捷畅通时可接近强噪声源

35. 10/0.4kV，200kVA 电工钢带三相油浸配电变压器，组别 Dyn11 短路阻抗 4%，下列哪组数据满足节能评价值？ (　　)

(A)空载损耗 230W，负载损耗 2740W
(B)空载损耗 300W，负载损耗 2680W
(C)空载损耗 270W，负载损耗 2700W
(D)空载损耗 240W，负载损耗 2730W

36. 某办公区选用发光二极管平面灯，下列哪项灯具效能不符合标准要求？ (　　)

(A)直射式，3000K，70lm/W　　(B)反射式，3000K，70lm/W
(C)直射式，4000K，70lm/W　　(D)反射式，4000K，70lm/W

37. 关于低压配电系统的描述，下列说法错误的是哪项？ (　　)

(A)在 TN-C 系统中严禁将保护接地中性导体接入开关电器
(B)采用剩余电流动作保护电器作为间接接触防护电器的回路时，必须装设保

护导体

(C)装置外可导电部分严禁作为保护接地中性导体的一部分

(D)当从电气系统某点一起，由保护接地中性导体改为单独的中性导体和保护导体时，保护接地中性导体应首先接到为中性导体设置的端子或母线上

38. 直流电动机调速系统，与调节对象有积分环节的三阶调节系统相比，下列关于二阶调节系统的特点描述正确的是哪项？（　　）

(A)对调节对象输入端的干扰影响，输出量波动持续时间短

(B)调节对象的标准形式为一个小惯性群和一个积分

(C)无差度为1阶

(D)最大超调量为8.1%

39. 关于变压器的节电，降低变压器负载损耗的措施，下列哪项是正确的？（　　）

(A)采用优质硅钢片　　(B)改进铁芯结构

(C)改进绝缘结构　　(D)降低工艺系数

40. 关于变压器综合功率的经济运行，当系统负载最小时的无功经济当量值，不正确的是哪项？（　　）

(A)直接由发电厂母线以发电机电压供电的变压器为0.02

(B)由区域线路供电的35～110kV降压变压器为0.06

(C)由区域线路供电的6～10kV降压变压器为0.1

(D)由区域线路供电的降压变压器，但其无功负荷由同步调相机担负时为0.05

**二、多项选择题（共30题，每题2分。每题的备选项中有两个或两个以上符合题意。错选、少选、多选均不得分）**

41. 正常运行情况下，用电设备端子处的电压偏差允许值宜为±5%的设备有以下哪些？（　　）

(A)一般电动机　　(B)景观照明

(C)一般的室内照明场所　　(D)应急照明

42. 为限制电压波动在合理的范围内，对冲击性低压负荷宜采取下列哪些措施？（　　）

(A)设置动态无功补偿装置

(B)与其他负荷共用配电线路时，宜提高配电线路的阻抗

(C)专线供电

(D)设置动态电压调节装置

43. 下列哪些项的消防负荷不属于一级负荷？（　　）

(A)建筑高度60m的住宅建筑　(B)建筑高度40m的乙类厂房
(C)乙级体育场　(D)粮食仓库

44. 下列场所照明光源的相关色温，哪些项符合现行标准规定？（　　）

(A)诊室的照明光源选用3500K
(B)办公室的照明光源选用5500K
(C)病房的照明光源选用3000K
(D)热加工车间的照明光源选用5000K

45. 关于建筑内消防应急照明和疏散指示系统的配电设计，下列叙述正确的有哪些？（　　）

(A)系统配电应根据系统的类型、灯具的设置部位、灯具的供电方式进行设计
(B)灯具的电源应由主电源和蓄电池电源组成，且主电源和蓄电池电源均由集中电源提供
(C)集中电源的输入输出回路不应装设剩余电流动作保护器
(D)集中电源的输出回路严禁接入系统以外的开关装置、插座及其他负载

46. 对于长期工作的办公场所的照明设计，下列叙述正确的有哪些？（　　）

(A)照明光源的显色指数 $R_a$ 不应小于80
(B)选用LED光源时，色温不宜高于4000K，特殊显色指数 $R_9$ 应大于零
(C)应选用遮光角大于60°的直接型灯具
(D)作业面的反射比宜限制在0.2～0.6

47. 光纤到用户单元通信设施的用户接入点的设置要求，以下描述正确的有哪些？（　　）

(A)每一个光纤配线区应设置一个用户接入点
(B)用户光缆和配线光缆应在用户接入点进行互联
(C)用户接入点和用户侧可进行配线管理
(D)用户接入点处可设置光分路器

48. 关于消防专用电话的设置要求，以下描述正确的有哪些？（　　）

(A)消防专用电话网络应为独立的消防通信系统，消防控制室应设置消防专用电话总机
(B)多线制消防专用电话系统中的每个电话分机应与总机单独连接
(C)各避难层应每隔15m设置一个消防专用电话分机或电话插孔
(D)当建筑物内的消防电话为多线制调度主机时，也可用消防电话替代电梯多方通话系统

49. 以下智能化机房,相对湿度要求在30% ~75%范围内的有哪些? (  )

(A)电话站的电力电池室
(B)信息网络机房
(C)消防控制室
(D)信息设施系统总配线机房

50. 关于数字无线对讲系统的室内天馈线分布系统的缆线设计要求,以下描述正确的有哪些? (  )

(A)高度为100m及以下的建筑,宜采用系统主干路由光缆与分支路由电缆分布方式
(B)室内主干路由馈线宜采用直径不小于7/8in及以上规格的50Ω低损耗无卤低烟阻燃射频同轴电缆
(C)室内水平分支馈线宜采用直径不小于1/2in及以上规格的50Ω低损耗无卤低烟阻燃射频同轴电缆
(D)建筑内狭长通道与井道,宜采用直径不大于1/2in的50Ω低损耗无卤低烟阻燃射频同轴电缆

51. 某建筑物为第三类防雷建筑,关于进出该建筑物的金属水管,以下哪些说法是正确的? (  )

(A)金属水管应作防雷等电位连接
(B)金属水管应作总等电位连接
(C)金属水管允许用作保护连接导体
(D)金属水管不允许用作保护接地导体

52. 关于第一类防雷建筑物的防雷措施,下列哪些描述是错误的? (  )

(A)应装设独立的接闪杆,接闪杆地下部分与被保护建筑物的间隔距离与建筑物的高度、接闪杆的冲击接地电阻有关,且不得小于3m
(B)当采用独立的架空接闪线时,接闪线每根支柱处应至少设一根引下线
(C)在土壤电阻率为3000Ω·m以上的地区,独立接闪杆的每一根引下线的冲击接地电不应大于30Ω
(D)不允许在屋面上设置接闪杆或网格不大于5m×5m或6m×4m的接闪网做外部防雷装置

53. 某第二类防雷建筑物为钢筋混凝土现浇结构,钢筋连接成电气通路,下列关于防雷引下线的描述哪些是正确的? (  )

(A)不必考虑引下线与周围金属物的间隔距离
(B)雷电流流经引下线时,会对周围的电子系统发生反击
(C)当自然引下线的数量少于10根时,可设置警告牌避免人接触引下线
(D)当设置防直击雷的专设引下线时,引下线距离出入口的边沿不宜小于3m

54. 关于110kV配电装置裸露带电部分的描述,下列哪些说法是正确的? ( )

(A)屋外配电装置裸露带电部分的上面不应有照明、信号线路架空跨越
(B)屋外配电装置裸露带电部分的下面不应有照明、信号线路穿过
(C)屋内配电装置裸露带电部分的上面不应有照明、动力线路跨越
(D)屋内配电装置裸露带电部分的下面不应有照明、动力线路穿过

55. 电力系统、装置或设备的下列哪些部分应接地? ( )

(A)电机、变压器的底座和外壳
(B)发电机中性点柜的外壳、封闭母线的外壳和开关柜(配套)的金属母线槽
(C)配电、控制和保护用的屏(柜)等的金属框架
(D)安装在配电屏、控制屏和配电装置上的电测量仪表、继电器的外壳

56. 下列哪些金属部分不能作为PE导体? ( )

(A)金属水管
(B)与带电导体共用外护物的绝缘导线
(C)支撑线
(D)固定安装的裸露的导体

57. TN-S系统中,关于三相380V移动式设备故障防护电器切断时间,以下哪些项满足要求? ( )

(A)0.1s (B)0.2s
(C)0.4s (D)0.5s

58. 下列说法中哪几项是错误的? ( )

(A)控制电缆的额定电压不得低于所接回路的工作电压,宜选用300/500V
(B)数量较多的导体工作温度大于70℃的电缆敷设在有机械通风的隧道中时,计算持续允许载流量时应计入对环境温升的影响
(C)0.4kV电缆与10kV电缆敷设在同一侧支架上时,10kV电缆宜敷设在上层
(D)当受条件限制时,燃油管可垂直穿过电缆隧道,但应做好防护措施

59. 下列哪些做法是正确的? ( )

(A)采用集中辐射形供电方式时,直流柜与直流负荷之间的电缆长期允许载流量的计算电流大于回路最大工作电流
(B)采用分层辐射形供电方式时,直流柜与直流终端断路器之间总电压降不大于标称电压的6%
(C)直流柜与直流电动机之间的电缆长期允许载流量的计算电流大于电动机回路断路器的额定电流
(D)蓄电池组与直流柜之间连接电缆长期允许载流量的计算电流大于事故停

电时间的蓄电池放电率电流

60. 某变电站中设置两台110kV室外油浸主变压器,每台主变油量为3t,主变之间净距为7m,下列关于变压器之间防火墙的设置哪些项不满足规范要求? ( )

(A)主变之间不设置防火墙
(B)设置高度高于主变油枕的防火墙
(C)设置耐火极限为5h的防火墙
(D)设置长度大于主变储油池两侧各0.8m的防火墙

61. 对电压在3kV及以上的发电机定子绕组及引出线的相间短路故障,应装设相应的保护装置作为发电机的主保护。下列关于主保护的说法正确的有哪些? ( )

(A)保护装置动作于停机
(B)1MW及以下单独运行的发电机,如中性点侧有引出线,应在中性点侧装设低电压保护
(C)1MW及以下单独运行的发电机,如中性点侧无引出线,应在发电机端装设低电压保护
(D)1MW以上的发电机,应装设纵联差动保护

62. 在各种气象条件下,地线的张力弧垂计算可采用下列哪些参数作为控制条件? ( )

(A)最大使用张力 (B)平均运行张力
(C)地线的瞬时破坏张力 (D)导线与地线间的距离

63. 下列哪些措施属于架空电力线路的过电压保护措施? ( )

(A)线路全程架设地线 (B)线路进出线段架设地线
(C)在三角排列的中线上装设避雷器 (D)在变电所母线上装设避雷器

64. 下列情况的电力电缆,应采用铜导体的是哪些选项? ( )

(A)爆炸危险场所 (B)耐火电缆
(C)低温设备附近布置 (D)人员密集场所

65. 关于常用电力电缆的护层选择,下列说法正确的有哪些? ( )

(A)交流系统单芯电力电缆,当需要增强电缆抗外力时,应选用非磁性金属铠装层
(B)在人员密集场所,应选用聚氯乙烯外护层电缆
(C)外护套材料应与电缆最高允许工作温度相适应
(D)应符合电缆耐火与阻燃要求

66. 关于电力电缆截面积的选择，下列说法正确的有哪些？（ ）

（A）多芯电力电缆铜导体最小截面积不宜小于 2.5mm$^2$

（B）1kV 及以下电源中性点直接接地系统，有谐波电流影响的气体放电灯为主的回路，中性导体截面积不宜小于相导体截面积

（C）1kV 及以下电源中性点直接接地系统，配电干线采用单芯电缆作为保护接地中性导体时，铜导体截面积不应小于 6mm$^2$

（D）施加在电缆上的防火涂料厚度大于 1.5mm 时应计入其热阻影响

67. 某交流 50Hz 架空输电线路下园地的电场强度限值，下列表述中哪些是正确的？（ ）

（A）不大于 4kV/m，未给出警示和防护指示标志

（B）不大于 6kV/m，未给出警示和防护指示标志

（C）不大于 8kV/m，未给出警示和防护指示标志

（D）不大于 10kV/m，并且应给出警示和防护指示标志

68. 某民用建筑的绿色建筑评价要达到基本级，下列哪些项是控制项？（ ）

（A）主要功能房间照明功率密度不应高于《建筑照明设计标准》（GB 50034—2013）规定的目标值

（B）公共区域的照明系统应采用分区、定时、感应等节能控制

（C）采光区域的照明控制应独立于其他区域的照明控制

（D）建筑设备管理系统应具有分类、分级的自动监控和自动远传的管理功能

69. 下列哪些做法可以降低低压电气装置的电磁干扰？（ ）

（A）设置滤波器

（B）建筑内有大量信息设备可采用 TN-C 系统，也可采用 TN-S 系统

（C）电力和信号电缆交叉时采用直角交叉

（D）等电位连接线宜尽可能降低阻抗

70. 下列哪些因素可能影响电缆的载流量？（ ）

（A）环境温度

（B）绝缘材料的长期允许最高工作温度

（C）回路允许电压降

（D）谐波因素

# 2021 年专业知识试题答案(上午卷)

1. **答案**:D

**依据**:《民用建筑电气设计标准》(GB 51348—2019)第 3.2.4 条~第 3.2.6 条,《建筑设计防火规范》(GB 50016—2014)第 10.1.2-5 条。

2. **答案**:D

**依据**:《供配电系统设计规范》(GB 50052—2009)第 3.0.2 条、第 3.0.4-2 条。

3. **答案**:B

**依据**:《工业与民用供配电设计手册》(第四版)P30 相关内容。

当变压器负荷率≤85%时,其功率损耗可以概略计算:$\frac{\Delta P_{\mathrm{T}}}{\Delta Q_{\mathrm{T}}}=\frac{0.01S_{\mathrm{c}}}{0.05S_{\mathrm{c}}}=0.2$。

4. **答案**:D

**依据**:《工业与民用供配电设计手册》(第四版)P38"电容器额定电压的选择"式(1.11-8)。

并联电容器接入电网后引起的母线电压升高百分比为:$\frac{\Delta U}{U_{\mathrm{b}}}=\frac{Q}{S_{\mathrm{b}}}=\frac{0.24}{16}=0.015=1.5\%$。

5. **答案**:C

**依据**:《建筑照明设计标准》(GB 50034—2013)第 4.3.1 条及表 4.3.1。

6. **答案**:B

**依据**:《建筑照明设计标准》(GB 50034—2013)第 3.3.2 条及表 3.3.2-5。

7. **答案**:B

**依据**:《建筑照明设计标准》(GB 50034—2013)第 7.1.3-1 条。

8. **答案**:A

**依据**:《消防应急照明和疏散指示系统技术标准》(GB 51309—2018)第 3.2.1-7 条。

9. **答案**:D

**依据**:《20kV 及以下变电所设计规范》(GB 50053—2013)第 3.3.4-4 条。

10. **答案**:B

**依据**:《有线电视网络工程设计标准》(GB/T 50200—2018)第 5.3.5 条。

11. **答案**:B

**依据**:《安全防范工程技术标准》(GB 50348—2018)第 6.5.10 条。

12. **答案**:A

**依据**:《民用建筑电气设计标准》(GB 51348—2019)第20.2.6条。

13. **答案**:C

**依据**:《工业电视系统工程设计标准》(GB/T 50115—2019)第4.3.1条、第4.3.2条。

14. **答案**:A

**依据**:《35～110kV变电所设计规范》(GB 50059—2011)第2.0.5条。

15. **答案**:A

**依据**:《低压配电设计规范》(GB 50054—2011)第4.2.5条及表4.2.5。

16. **答案**:A

**依据**:《交流电气装置的接地设计规范》(GB/T 50065—2011)第5.1.6条。

17. **答案**:D

**依据**:《建筑物防雷设计规范》(GB 50057—2010)第5.4.4条。

18. **答案**:B

**依据**:《建筑设计防火规范》(GB 50016—2014)第8.1.7-1条。

19. **答案**:B

**依据**:《爆炸危险环境电力装置设计规范》(GB 50058—2014)第5.2.2条及表注、第5.3.1条、第5.4.1条。

20. **答案**:B

**依据**:《电力工程电缆设计标准》(GB 50217—2018)第4.1.13-3条。

21. **答案**:B

**依据**:《建筑物防雷设计规范》(GB 50057—2010)第4.2.1条、第4.3.2条、第4.4.1条、第4.4.2条。

22. **答案**:D

**依据**:《建筑物防雷设计规范》(GB 50057—2010)第5.3.4条、第5.3.6条、第5.3.7条。

23. **答案**:D

**依据**:《交流电气装置的接地设计规范》(GB/T 50065—2011)第8.2.2-3条。

24. **答案**:D

**依据**:《爆炸危险环境电力装置设计规范》(GB 50058—2014)第5.5.1条、《低压配电设计规范》(GB 50054—2011)第5.2.18条、《建筑物防雷设计规范》(GB 50057—2010)第6.1.2条。

25. **答案**:A

**依据**:《电力装置的继电保护和自动装置设计规范》(GB/T 50062—2008)第4.0.2条。

26. **答案**:D

**依据**:《电力装置的继电保护和自动装置设计规范》(GB/T 50062—2008)第15.1.1条。

27. **答案**:C

**依据**:《电力装置的电测量仪表装置设计规范》(GB/T 50063—2017)第3.1.3条及表3.1.3。

28. **答案**:B

**依据**:《导体和电器选择设计技术规定》(DL/T 5222—2005)第18.1.7条。

29. **答案**:A

**依据**:《66kV及以下架空电力线路设计规范》(GB 50061—2010)第4.0.11条。

30. **答案**:B

**依据**:《66kV及以下架空电力线路设计规范》(GB 50061—2010)第3.0.4条。

31. **答案**:B

**依据**:《66kV及以下架空电力线路设计规范》(GB 50061—2010)第5.2.3条。

32. **答案**:B

**依据**:《66kV及以下架空电力线路设计规范》(GB 50061—2010)第6.0.10条及表6.0.9。

$$S = 0.1 \times [1 + 0.01 \times (1200 - 1000)/100] = 0.102$$

33. **答案**:B

**依据**:《电磁环境控制限值》(GB 8702—2014)表1公众曝露控制限值。

34. **答案**:C

**依据**:《数据中心设计规范》(GB 50174—2017)第4.1.1条。

35. **答案**:D

**依据**:《电力变压器能效限定值及能效等级》(GB 20052—2013)第4.4条及表1。

36. **答案**:C

**依据**:《建筑照明设计标准》(GB 50034—2013)表3.3.2-6。

37. **答案**:D

**依据**:《低压配电设计规范》(GB 50054—2011)第3.1.4条、第3.1.12条、第3.2.13条,《交流电气装置的接地设计规范》(GB/T 50065—2011)第8.2.4条。

38. **答案**:C

**依据**:《钢铁企业电力设计手册》(下册)P488表26-41二阶条件系统与三阶调节系统

比较。

39. **答案**:B

**依据**:《钢铁企业电力设计手册》(上册)P289“6.2.1 变压器的运行性能”。

40. **答案**:D

**依据**:《钢铁企业电力设计手册》(上册)P296 表 6-1 无功经济当量值。

---

41. **答案**:AC

**依据**:《民用建筑电气设计标准》(GB 51348—2019)第 3.4.3 条。

42. **答案**:ACD

**依据**:《供配电系统设计规范》(GB 50052—2009)第 5.0.11 条。

43. **答案**:BCD

**依据**:《建筑设计防火规范》(GB 50016—2014)第 5.1.1 条、第 10.1.1 条。

44. **答案**:AC

**依据**:《建筑照明设计标准》(GB 50034—2013)第 4.4.1 条及表 4.4.1。

45. **答案**:ACD

**依据**:《消防应急照明和疏散指示系统技术标准》(GB 51309—2018)第 3.3.1 条、第 3.3.2 条。

46. **答案**:ABD

**依据**:《建筑照明设计标准》(GB 50034—2013)第 4.3.1 条、第 4.4.2 条、第 4.4.4 条、第 4.5.1 条。

47. **答案**:ABD

**依据**:《综合布线系统工程设计规范》(GB 50311—2016)第 4.1.4 条。

48. **答案**:AB

**依据**:《火灾自动报警系统设计规范》(GB 50116—2013)第 6.7.1 条 ~ 第 6.7.3 条、第 6.7.4-3 条。

49. **答案**:AD

**依据**:《民用建筑电气设计标准》(GB 51348—2019)表 23.4.3。

50. **答案**:BC

**依据**:《民用建筑电气设计标准》(GB 51348—2019)第 20.4.9 条。

51. **答案**:ABD

**依据**:《低压电气装置　第 5-54 部分:电气设备的选择和安装接地配置和保护导体》

(GB/T 16895.3—2017)第543.2.3条。

52. **答案**:ACD
**依据**:《建筑物防雷设计规范》(GB 50057—2010)第4.2.1条、第4.2.4条。

53. **答案**:AD
**依据**:《建筑物防雷设计规范》(GB 50057—2010)第4.3.8条、第4.5.6条、第5.4.7条。

54. **答案**:ABC
**依据**:《3～110kV高压配电装置设计规范》(GB 50060—2008)第5.1.7条。

55. **答案**:ABC
**依据**:《交流电气装置的接地设计规范》(GB/T 50065—2011)第3.2.1条。

56. **答案**:AC
**依据**:《交流电气装置的接地设计规范》(GB/T 50065—2011)第8.2.2-3条。

57. **答案**:AB
**依据**:《低压配电设计规范》(GB 50054—2011)第5.2.9条及表5.2.9。

58. **答案**:ABD
**依据**:《电力工程电缆设计标准》(GB 50217—2018)第3.6.4条、第3.7.2条、第5.1.3条、第5.1.9条。

59. **答案**:ACD
**依据**:《电力工程直流系统设计技术规程》(DL/T 5044—2014)第6.3.5-1条、第6.3.6-3条、第6.3.7-1条、第6.3.3条。

60. **答案**:AD
**依据**:《3～110kV高压配电装置设计规范》(GB 50060—2008)第5.5.5条。

61. **答案**:ACD
**依据**:《电力装置的继电保护和自动装置设计规范》(GB/T 50062—2008)第3.0.3条。

62. **答案**:ABD
**依据**:《66kV及以下架空电力线路设计规范》(GB 50061—2010)第5.2.1条。

63. **答案**:ABC
**依据**:《66kV及以下架空电力线路设计规范》(GB 50061—2010)第6.0.14条。

64. **答案**:ABD
**依据**:《电力工程电缆设计标准》(GB 50217—2018)第3.1.1条。

65. **答案**:ACD
**依据**:《电力工程电缆设计标准》(GB 50217—2018)第3.4.1条。

66. **答案**:ABD

**依据**:《电力工程电缆设计标准》(GB 50217—2018)第3.6.1-5条、第3.6.9-1条、第3.6.10-1条、第3.6.3-5条。

67. **答案**:ABC

**依据**:《电磁环境控制限值》(GB 8702—2014)表1 公众曝露控制限值。

68. **答案**:ABC

**依据**:《绿色建筑评价标准》(GB/T 50378—2019)第6.1.5条、第7.1.4条。

69. **答案**:ACD

**依据**:《低压电气装置 第4-44部分:安全防护 电压骚扰和电磁骚扰防护》(GB 16895.10—2010)第444.4.2条、第444.4.3.1条。

70. **答案**:ABD

**依据**:《电力工程电缆设计标准》(GB 50217—2018)第3.6.1条~第3.6.3条。

# 2021 年专业知识试题(下午卷)

**一、单项选择题(共 40 题,每题 1 分,每题的备选项中只有一个最符合题意)**

1. 下列属于二级负荷的是哪项?　(　　)

(A)省部级办公楼的主要办公室用电
(B)高度 60m 的住宅消防电梯用电
(C)特大型剧场的观众厅照明用电
(D)四星级宾馆的排污泵用电

2. 某一线路由 3 台电动机供电,3 台电动机的额定电流分别为 15A、30A、100A,启动电流均为其额定电流的 7 倍,问只考虑一台电动机启动(其他正常工作),该线路的尖峰电流最大值最接近下列哪项数值?　(　　)

(A)745A　(B)1015A
(C)325A　(D)235A

3. 关于并联电容器装设的避雷器,下列说法正确的是哪项?　(　　)

(A)装设避雷器的目的是抑制操作过电压
(B)可采用三台避雷器星形连接后经第四台避雷器接地的接线方式
(C)避雷器的接入位置应远离电容器组的电源侧
(D)避雷器的连接采用相对相方式

4. 某双绕组变压器空载有功损耗为 1500W,短路有功损耗为 8720W,变压器全年投入运行,年最大负荷损耗小时数为 1400h,变压器计算负荷与额定容量之比为 70%,问该变压器年有功电能损耗最接近下列哪项数值?　(　　)

(A)19121920W　(B)21685600W
(C)39529728W　(D)55571040W

5. 关于各类建筑的照明质量要求,以下描述错误的是哪项?　(　　)

(A)有电视转播的可举办国际比赛的羽毛球馆的相关色温不应小于 4000K
(B)金融建筑交易大厅的统一眩光值不宜高于 25
(C)美术馆绘画展厅的一般照明照度均匀度不应低于 0.6
(D)医疗建筑手术室的显色指数不应低于 90

6. 同一场所内的不同区域有不同的照度要求时,应采用下列哪种照明方式?
(　　)

(A)一般照明　　(B)分区一般照明
(C)混合照明　　(D)局部照明

7. 关于医疗建筑中的安全照明和备用照明,以下哪项描述是正确的?　　(　　)

(A)重症监护室安全照明的照度标准值应维持正常照明的50%照度
(B)重症监护室备用照明的照度标准值应维持正常照明的照度
(C)手术室备用照明的照度标准值应维持正常照明的30%照度
(D)手术室安全照明的照度标准值应维持正常照明的照度

8. 建筑内设置应急照明和疏散指示系统,在具有两种及以上疏散指示方案的场所,标志灯光源点亮、熄灭要求的响应时间不应大于下列哪项数值?　　(　　)

(A)0.25s　　(B)0.5s
(C)2.5s　　(D)5.0s

9. 关于消火栓系统的联动控制设计要求,以下描述错误的是哪项?　　(　　)

(A)消火栓系统内出水干管上的低压压力开关可以作为触发信号,直接控制启动消火栓泵,不受消防联动控制器处于自动或手动状态影响
(B)消火栓系统内高位消防水箱出水管上设置的流量开关可以作为触发信号,直接控制启动消火栓泵,不受消防联动控制器处于自动或手动状态影响
(C)消火栓系统内报警阀压力开关可以作为触发信号,直接控制启动消火栓,不受消防联动控制器处于自动或手动状态影响
(D)消火栓系统内出水干管上的水流指示器开关可以作为触发信号,直接控制启动消火栓泵,不受消防联动控制器处于自动或手动状态影响

10. 无线网络方案实施前,无线网络侧应确定的内容为下列哪项?　　(　　)

(A)承载AP数据的有线网络拓扑结构
(B)设备之间VLAN及路由
(C)统一的SSID命名规则
(D)设备间冗余备份、负载均衡等其他功能的规划

11. 关于电梯多方通话系统的功能要求,以下描述错误的是哪项?　　(　　)

(A)系统设置的通信终端均应具有多方通话功能
(B)系统应具有确定呼叫者地址的功能
(C)呼叫应直接接通通话
(D)当多路同时呼叫时,应能逐一记忆、可查

12. 室内外35kV电气设备外绝缘体最低部位距地小于下列哪项数值时,应装设固定遮栏?　　(　　)

(A)室内 2.5m,室外 3.0m　　(B)室内 2.5m,室外 2.5m

(C)室内 2.3m,室外 3.0m　　(D)室内 2.3m,室外 2.5m

13. 10kV 户外无遮拦裸导体至地面的安全净距应为下列哪项数值? (　　)

(A)2200mm　　(B)2300mm

(C)2500mm　　(D)2700mm

14. 下列哪种材料可以作为变电站的人工接地极埋设在腐蚀较重地区? (　　)

(A)截面为 40mm×4mm 的扁钢　　(B)$\phi$12mm 的圆钢

(C)截面为 30mm×3mm 的铜覆扁钢　　(D)$\phi$10mm 的铜覆圆钢

15. 电子信息系统机房采用 M 型等电位连接,使用多股铜芯导体在防静电地板下做等电位连接网格时的截面积不小于下列哪项数值? (　　)

(A)$6mm^2$　　(B)$16mm^2$

(C)$25mm^2$　　(D)$50mm^2$

16. 频率为 100kHz 的交流电流感知阈约为下列哪项数值(均方根值)? (　　)

(A)0.5mA　　(B)1.0mA

(C)10mA　　(D)100mA

17. 某独立 110kV 变电站中,下列哪一项火灾危险性不属于丙类? (　　)

(A)油浸变压器室　　(B)柴油发电机室

(C)有含油设备的检修备品仓库　　(D)事故贮油池

18. 具有爆炸性气体环境的房间内的接地做法,以下哪项是错误的? (　　)

(A)安装在已接地的金属结构上的设备不需接地

(B)Ⅰ类用电设备的外露可导电部分应接地

(C)不良导电地面上的交流 220/380V 的设备金属外壳应接地

(D)输送可燃物质的金属管道应作防静电接地

19. 配电系统中连接Ⅰ级试验的 SPD 的铜导体最小截面积为下列哪项数值?

(　　)

(A)$10mm^2$　　(B)$6mm^2$

(C)$4mm^2$　　(D)$2.5mm^2$

20. 当 10kV 配电系统为中性点低阻抗接地时,建筑物内 220/380V 总进线配电箱允许的工频应力电压(工频过电压)值最接近以下哪项数值? (　　)

(A)6.0kV　　(B)4.0kV

(C)2.5kV　　(D)1.5kV

21. 某固定安装永久连接的 380V 三相用电设备功率为 5kW,功率因数为 0.9,配电回路穿 PVC 管敷设。该设备保护接地导体的正常泄漏电流超过 10mA,请问以下哪一项是错误的?　　(　　)

(A)保护接地导体采用 BV 线时,截面积不应小于 $10mm^2$

(B)保护接地导体采用 BLV 线时,截面积不应小于 $16mm^2$

(C)配电回路可采用 BV-4 ×$2.5mm^2$

(D)配电回路可采用 YJV-4 ×$4.0mm^2$

22. 下列关于备用电源的设计不符合规范要求的是哪一项?　　(　　)

(A)工作电源断开后投入备用电源

(B)工作电源故障时,备用电源瞬时投入

(C)手动断开工作电源时,备用电源不应自动投入

(D)备用电源自动投入装置只动作一次

23. 计算机监控系统中的测量部分、常用电测量和综合装置的测量部分,用于测量的电压互感器的二次回路允许电压降与额定二次电压的比值不应大于下列哪项数值?　　(　　)

(A)1.5%　　(B)2.0%

(C)3.0%　　(D)5.0%

24. 某民用建筑 10/0.4kV 变电所,位于多层建筑物的一层,所内设备最大不可拆卸部件的宽度为 2.0m,高度为 2.3m,关于该变电所设备运输门洞的最小尺寸,下列哪项符合规范的要求?　　(　　)

(A)2.1m ×2.4m(宽 × 高)　　(B)2.1m ×3.0m(宽 × 高)

(C)2.3m ×2.7m(宽 × 高)　　(D)2.3m ×2.8m(宽 × 高)

25. 某 10kV 车间变电所内一段 0.4kV 裸母线距地面高度为 2.4m,采用可触及的网状遮栏作为防护。请确定遮栏与母线之间的净距、遮栏的防护等级不应低于下列哪项?　　(　　)

(A)100mm,IP4X　　(B)50mm,IP4X

(C)100mm,IP2X　　(D)50mm,IP2X

26. 当 110kV 屋内电气设备的外绝缘体最低部位距地小于下列哪项数值时,应装设固定遮栏?　　(　　)

(A)2300mm　　(B)2500mm

(C)2600mm　　(D)3250mm

27. 某地区的年平均气温为8.5℃,在该地区进行架空线路设计时,年平均气温应按下列哪项取值? ( )

(A)5℃　(B)8.5℃

(C)9℃　(D)10℃

28. 某耐张杆塔选用的悬式绝缘子在断线工况时的设计荷载为10kN,请计算断线工况时的最小机械破坏荷载为下列哪一项? ( )

(A)15kN　(B)18kN

(C)27kN　(D)30kN

29. 某66kV架空电力线路,与高速公路交叉的跨越档档距为220m,已知该地区最高气温为40℃,计算最大弧垂时导线温度应取下列哪项数值? ( )

(A)40℃　(B)50℃

(C)70℃　(D)95℃

30. 某非远场区、非近场区的公共场所,有50Hz、150Hz、250Hz、350Hz、450Hz的电磁波,问以下哪一项应限制在标准限值内? ( )

(A)电场强度、磁场强度、磁感应强度、等效平面波功率密度

(B)电场强度、磁场强度

(C)电场强度、磁感应强度

(D)等效平面波功率密度

31. 关于电磁环境描述,下列哪一项是错误的? ( )

(A)移动通信发射基站不宜贴临幼儿园

(B)移动通信发射塔可贴临住宅

(C)民用建筑规划及选址应调查分析周边的电磁环境

(D)民用建筑电气工程设计应降低对周边的电磁环境的影响

32. 某企业仅使用电能,该企业有1回路电能进线,给4个次级用能单位分别配出1个馈线。馈线电能量分别是5kW、10kW、50kW、100kW,问为满足用能单位电能源计量器具配备标准,该企业最少设置几处电能计量? ( )

(A)2　(B)3

(C)4　(D)5

33. 某固定资产投资项目,仅用电能和天然气,年消费电能560万kWh、气田天然气180万$m^3$。该项目节能评估正确的是下列哪项? ( )

(A)编制节能评估报告书,其中计算年综合能耗消费量2874t标准煤

(B)编制节能评估报告表,其中计算年综合能耗消费量2186t标准煤

(C)填写节能登记表,其中计算年综合能耗消费量688t标准煤

(D)编制节能评估报告书,其中计算年综合能耗消费量3000t标准煤

34. 关于功能性开关电器的选择,下列说法错误的是哪项? ( )

(A)半导体开关电器可作为功能性开关电器

(B)断路器可作为功能性开关电器

(C)继电器可作为功能性开关电器

(D)熔断器可作为功能性开关电器

35. 关于耐火等级为二级的厂房内任一点至最近安全出口的直线距离,下列错误的是哪项? ( )

(A)火灾危险性为乙类的多层厂房为50m

(B)火灾危险性为丙类的单层厂房为80m

(C)火灾危险性为丁类的高层厂房为60m

(D)火灾危险性为戊类的地下厂房为60m

36. 关于消防用电负荷等级,下列说法错误的是哪项? ( )

(A)建筑高度大于50m的丙类仓库,应按一级负荷供电

(B)一类高层民用建筑,应按一级负荷供电

(C)室外消防用水量大于35L/s的可燃气体罐,应按二级负荷

(D)二类民用高层建筑,可按三级负荷供电

37. 关于消防应急照明非集中控制型系统,下列说法错误的是哪项? ( )

(A)非火灾状态下,非持续型照明灯具在主电源供电时可由声控感应方式点亮

(B)火灾状态下,只能手动启动应急照明控制系统

(C)火灾状态下,灯具采用集中电源供电时,集中电源接收到火灾报警输出信号后,应自动转入蓄电池电源输出

(D)火灾状态下,灯具采用自带蓄电池供电时,应急照明配电箱接收到火灾报警输出信号后,应自动切断主电源输出

38. 直流电动机调速系统,与调节对象无积分环节的三阶调节系统相比,下列关于二阶调节系统的特点描述正确的是哪项? ( )

(A)对调节对象输入端的干扰影响,输出量波动持续时间短

(B)调节对象的标准形式为一个小惯性群和一个大惯性群

(C)调整时间为$18\sigma \sim 8.5\sigma$

(D)最大超调量为4%

39. 关于变压器的节电,降低变压器空载损耗的描述正确的是哪项? ( )

(A)改善导线质量
(B)改进铁芯结构
(C)改进绝缘结构
(D)适当减小电流密度

40. 关于变压器综合功率的经济运行,当系统负载最大时的无功经济当量值,下列描述中错误的是哪项? ( )

(A)直接由发电厂母线以发电机电压供电的变压器为0.02
(B)由区域线路供电的35~110kV降压变压器为0.1
(C)由区域线路供电的6~10kV降压变压器为0.08
(D)由区域线路供电的降压变压器,但其无功负荷由同步调相机担负时为0.05

**二、多项选择题(共30题,每题2分。每题的备选项中有两个或两个以上符合题意。错选、少选、多选均不得分)**

41. 下列哪些负荷属于一级负荷? ( )

(A)住宅小区的给水泵房
(B)大型剧场的演员化妆室
(C)建筑高度48m的公共建筑主要通道照明
(D)I类汽车库的消防用电

42. 下列哪些用电设备应按连续工作制考虑? ( )

(A)客用交流电梯
(B)多头直流弧焊机
(C)自动扶梯
(D)空调新风机组

43. 下列哪些措施可以减小电压偏差? ( )

(A)降低系统阻抗
(B)采取补偿无功功率的措施
(C)改变供配电系统运行方式
(D)增加变压器电压分接头的电压提升

44. 关于建筑内消防应急照明和灯光疏散指示标志的备用电源(蓄电池)连续供电时间,下列叙述正确的有哪些? ( )

(A)建筑高度200m的商业办公建筑,不应小于1.5h
(B)建筑面积15000m$^2$的地下建筑,不应小于1.0h
(C)建筑面积5000m$^2$的多层医疗建筑,不应小于1.0h
(D)建筑面积50000m$^2$多层商业建筑,不应小于1.0h

45. 关于建筑内应急照明灯的设置部位及照度要求,下列叙述正确的有哪些? ( )

(A)建筑面积大于100$m^2$的地下公共活动场所,其地面水平最低照度为3.0lx

(B)室内步行街及步行街两侧的商铺,其地面水平最低照度为3.0lx

(C)老年人照料设施及其楼梯间、前室或合用前室,其地面水平平均照度为10.0lx

(D)消防水泵房、配电室、消防控制室,其地面水平最低照度为1.0lx

46. 关于消防应急照明和疏散指示系统的灯具选择,下列叙述正确的有哪些? ( )

(A)设置在距地面8m及以下的灯具,应选择A型灯具

(B)疏散路径上方设置的灯具面板和灯罩可采用厚度大于4mm的玻璃材质

(C)地面设置的标志灯应选择集中电源A型灯具

(D)在室外或地面上设置时,灯具及其连接附件的防护等级不应低于IP65

47. 关于入侵报警系统各组建模式,以下描述正确的有哪些? ( )

(A)当系统采用分线制时,宜采用不少于5芯的通信电缆,每芯截面积不宜小于0.5$mm^2$

(B)当系统采用总线制时,总线电缆宜采用不少于6芯的通信电缆,每芯截面积不宜小于1.0$mm^2$

(C)当系统采用无线制时,其中一个防区内的紧急报警装置不得大于2个

(D)探测器、紧急报警装置通过现场报警控制设备和/或网络传输接入设备与报警控制主机之间采用公共网络相连

48. 关于卫星电视接收天线的选择要求,以下描述错误的有哪些? ( )

(A)当天线直径大于或等于4.5m,且对其效率及信噪比均有较高要求时,宜采用后馈式抛物面天线

(B)当天线直径小于4.5m时,宜采用偏馈式抛物面天线

(C)当天线直径小于或等于1.5m时,Ku频段电视接收天线宜采用前馈式抛物面天线

(D)当天线直径大于或等于5m时,宜采用外置伺服系统的天线

49. 以下哪些设施不能用作建筑物的接地极? ( )

(A)建筑物基础内采用压力连接器连接的钢筋

(B)土壤内垂直安装的直径为10mm的热浸锌圆钢

(C)设有绝缘段的金属燃气管道

(D)根据当地条件或要求设置的适用的地下金属网

50. 当利用建筑物的钢筋作为防雷装置时,关于建筑物钢筋之间的连接方式以下哪些项是正确的? ( )

(A)绑扎连接　　(B)螺丝连接

(C)锡焊连接　　　　　　　　　　　　　　(D)用螺栓紧固的卡接器连接

51. 以下建筑或设施应采取第一类防雷措施的是哪几项？（　　）

(A)某爆炸危险品的生产厂房，生产时连续出现爆炸性气体混合物的环境
(B)某贮存火炸药的建筑物
(C)有爆炸危险的露天钢质封闭气罐
(D)超过100m的超高层建筑

52. 某科研建筑地下2层，地上10层，设有裙房，根据用电容量估算，拟在本建筑内建设20/0.4kV变电所，下列关于所址选择的说法哪些是正确的？（　　）

(A)高层建筑物的裙房中，不宜设置油浸变压器
(B)当采用油浸变压器时，应远离人员密集场所和疏散出口的部位
(C)当采用干式变压器时，可以设置在地下2层，但应采取抬高地面和防止积水的措施
(D)当采用干式变压器时，不能设置在地下2层

53. 下列关于爆炸性危险环境中接地及等电位连接的描述哪些是正确的？（　　）

(A)所有裸露的装置外部可导电部件均应接入等电位系统
(B)安装在已接地的金属结构上的设备可以不再接地
(C)本质安全型设备的金属外壳可不与等电位系统连接
(D)TT型电源系统应采用剩余电流动作的保护电器

54. 下列哪些说法是正确的？（　　）

(A)一类隧道消防负荷按一级负荷供电，二类隧道消防负荷应按二级负荷供电
(B)单台油量为3t的35kV屋外油浸变压器之间的防火间距最小为5m
(C)多层办公楼的封闭吊顶内采用B1级阻燃PVC塑料管敷设
(D)熔断器不得作为功能性开关

55. 下列关于电缆护层的选择哪些是正确的？（　　）

(A)人员密集场所选用聚乙烯护套
(B)年最低为-20℃的低温环境选用聚氯乙烯护套
(C)B级数据中心选用B1级光缆垂直敷设
(D)核电厂选用聚烯烃护套

56. 某110kV变电站选择导体和电器的环境温度，宜采用下列哪些数值？（　　）

(A)裸导体在屋外敷设时，最高环境温度取最热月平均最高温度
(B)裸导体在屋内敷设时，最高环境温度取通风设计温度，当无资料时，最高环境温度可取最热月平均最高温度加5℃

(C)屋内电抗器,最高环境温度取最热月平均最高温度加5℃

(D)电器在屋外设置时,采用年最低温度和年最高温度

57. 下列各图所示低压系统接地形式为TN-S系统的有哪些? ( )

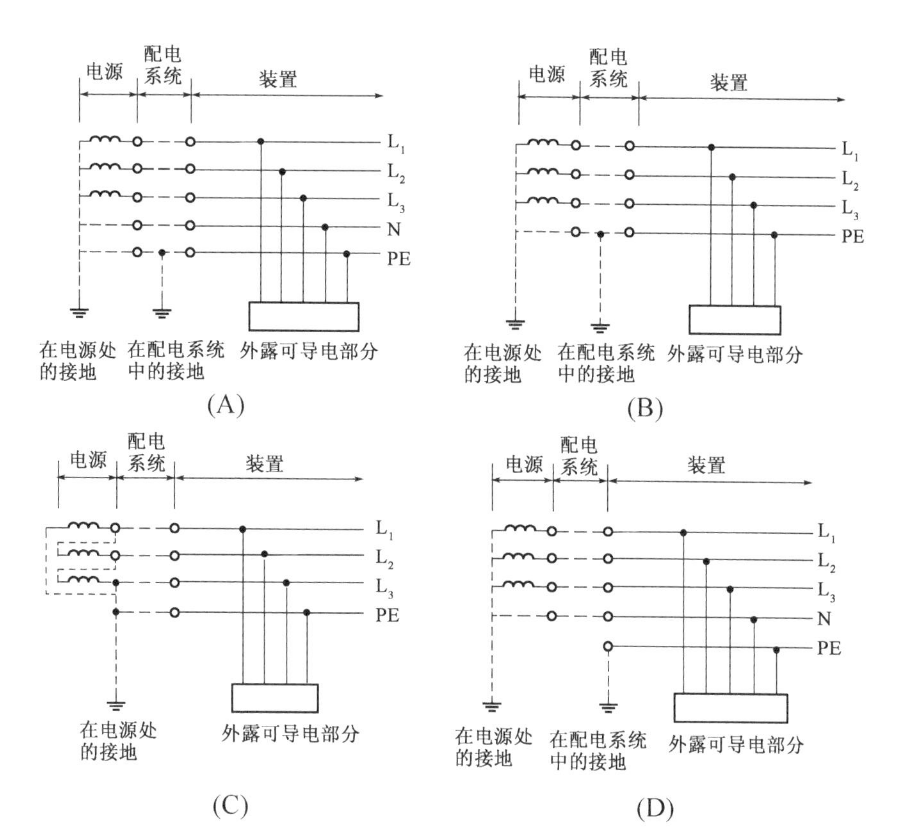


58. 某110/10kV变电所中,10kV采用金属铠装手车式开关柜,下列说法正确的有哪些? ( )

(A)开关柜应具备防止带负荷分合断路器的功能

(B)开关柜应具备防止带电合接地开关的功能

(C)开关柜应具备防止带接地线送电的功能

(D)开关柜应具备防止误分合断路器的功能

59. 依据规范规定,下列哪些回路应测量双方向的无功功率? ( )

(A)电压等级为6kV的用电线路

(B)电压等级为35kV的并联电容器回路

(C)电压等级为10kV,同时接有并联电容器和并联电抗器的总回路

(D)具有进相、滞相运行要求的同步发电机

60. 某变电所一路10kV供电回路采用电缆直埋敷设,选择该回路电缆时需按下列哪些环境条件校验? ( )

(A)环境温度　　　　(B)海拔高度

(C)日照强度　　　　(D)地震烈度

61. 某110/35kV变电站,110kV设备室外敞开式布置,下列关于接地开关在进出线间隔内的安装位置,哪些是合理的?　　(　　)

(A)变压器进线隔离开关的变压器侧

(B)出线间隔上隔离开关的电源侧

(C)出线间隔下隔离开关的负荷侧

(D)断路器两侧隔离开关的断路器侧

62. 在进行架空线路杆塔荷载计算时,下列哪些工况是必须要考虑的?　　(　　)

(A)运行工况　　　　(B)断线工况

(C)雷电过电压工况　　　　(D)内部过电压工况

63. 已知某地区的气象参数为:最高温度为40℃,最低温度为-35℃,年平均气温为-1℃,覆冰厚度为5mm,离地10m高30年一遇10min平均最大风速为20m/s。当地地势平坦,在该地区设计架空线路时,下列各工况下的温度、风速、覆冰厚度选择哪些是正确的?　　(　　)

(A)最低气温工况:-35℃,0m/s,0mm

(B)覆冰工况:-5℃,10m/s,5mm

(C)最大风工况:-5℃,23.5m/s,0mm

(D)年平均气温工况:-1℃,0m/s,0mm

64. 关于常用电力电缆绝缘类型的选择,下列说法正确的有哪些?　　(　　)

(A)当环境保护有要求时,不得选用聚氯乙烯绝缘电缆

(B)高压交流电缆宜选用交联聚乙烯绝缘类型

(C)500kV交流海底电缆可选用交联聚乙烯类型

(D)高压直流输电电缆不能选用不滴流浸渍纸绝缘类型

65. 关于电缆芯数的选择,下列说法正确的有哪些?　　(　　)

(A)1kV及以下三相回路TN-C系统,保护导体与中性导体合用同一导体时应选用4芯电缆

(B)1kV及以下单相回路TT系统,受电设备外露可导电部位的保护接地与电源系统中性点接地各自独立时,应选用4芯电缆

(C)单相220V移动式电气设备的电源电缆应选用3芯软橡胶电缆

(D)蓄电池电缆的正极和负极应共用1根电缆

66. 关于控制电缆的选择,下列说法正确的有哪些?　　(　　)

(A)应选择铜导体

(B)来自同一电流互感器二次绕组的三相导体及其中性导体应置于同一根控制电缆

(C)弱电控制回路电缆截面积不应小于0.5$mm^2$

(D)计算机监控系统的模拟量信号回路控制电缆屏蔽层应构成两点接地

67. 在照明设计中,下列哪些措施可以限制眩光? ( )

(A)同一场所有多个区域,采用分区一般照明

(B)设计照度与照度标准值的偏差不超过±10%

(C)房间墙面、顶棚、地面采用低光泽度的材料

(D)限制灯具出光口表面发光亮度

68. 在配电系统中,为同时改善电能质量和节省电能,可选择下列哪些措施? ( )

(A)选择更高配电电压等级

(B)缩短配电线路长度,加大电缆或导线截面积

(C)正确选择变压器分接头

(D)无功补偿

69. 与自然换流型变频器相比,关于晶闸管式强迫换流型变频器的特点,下列描述哪些是正确的? ( )

(A)过载能力强

(B)适用于中、小型电动机

(C)适用大容量电机

(D)需要强迫换相电路

70. 在配电系统中,下列哪些措施可以抑制一次电压暂降和短时中断? ( )

(A)不间断电源(UPS)

(B)动态电压调节器(DVR)

(C)电流速断保护

(D)静止无功补偿

# 2021年专业知识试题答案(下午卷)

1. **答案**:C

**依据**:《民用建筑电气设计标准》(GB 51348—2019)附录A。

2. **答案**:A

**依据**:《工业与民用供配电设计手册》(第四版)P24式(1.8-2)。

$$I_{st}=(KI_N)_{max}+I'_e=7\times100+15+30=745\text{A}$$

3. **答案**:A

**依据**:《并联电容器装置设计规范》(GB 50227—2017)第4.2.8条。

4. **答案**:A

**依据**:《工业与民用供配电设计手册》(第四版)P33式(1.10-26)。

$$\Delta W_T=\Delta P_0 t+\Delta P_k\left(\frac{S_c}{S_N}\right)^2\tau=1500\times8760+8720\times0.7^2\times1400=19121920\text{W}$$

5. **答案**:B

**依据**:《建筑照明设计标准》(GB 50034—2013)表5.3.12-2、表5.3.11、表5.3.8-1、表5.3.6。

6. **答案**:B

**依据**:《建筑照明设计标准》(GB 50034—2013)第3.1.1-2条。

7. **答案**:B

**依据**:《建筑照明设计标准》(GB 50034—2013)第5.5.2-2条、第5.5.3-1条。

8. **答案**:D

**依据**:《消防应急照明和疏散指示系统技术标准》(GB 51309—2018)第3.2.3-3条。

9. **答案**:D

**依据**:《火灾自动报警系统设计规范》(GB 50116—2013)第4.3.1条。

10. **答案**:C

**依据**:《民用建筑电气设计标准》(GB 51348—2019)第19.9.7条及条文说明。

11. **答案**:C

**依据**:《民用建筑电气设计标准》(GB 51348—2019)第17.2.7条。

12. **答案**:D

**依据**:《3~110kV高压配电装置设计规范》(GB 50060—2008)第5.1.1条、第5.1.4条。

13. **答案**:D

**依据**:《20kV及以下变电所设计规范》(GB 50053—2013)第4.2.1条及表4.2.1。

14. **答案**:D

**依据**:《交流电气装置的接地设计规范》(GB/T 50065—2011)第4.3.4条及表4.3.4-2。

15. **答案**:C

**依据**:《数据中心设计规范》(GB 50174—2017)第8.4.6条、第8.4.7条。

16. **答案**:D

**依据**:《电流对人和家畜的效应　第2部分:特殊情况》(GB/T 13870.2—2016)第4.4.1条。

17. **答案**:C

**依据**:《火力发电厂与变电站设计防火规范》(GB 50229—2006)第11.1.1条及表11.1.1。

18. **答案**:A

**依据**:《爆炸危险环境电力装置设计规范》(GB 50058—2014)第5.5.3-1条。

19. **答案**:B

**依据**:《建筑物防雷设计规范》(GB 50057—2010)第5.1.2条及表5.1.2。

20. **答案**:B

**依据**:《建筑物防雷设计规范》(GB 50057—2010)第6.4.4条及表6.4.4。

21. **答案**:C

**依据**:《低压配电设计规范》(GB 50054—2011)第3.2.14条。

22. **答案**:B

**依据**:《电力装置的继电保护和自动装置设计规范》(GB/T 50062—2008)第11.0.2条。

23. **答案**:C

**依据**:《电力装置的电测量仪表装置设计规范》(DL/T 50063—2017)第8.2.3-1条。

24. **答案**:D

**依据**:《20kV及以下变电所设计规范》(GB 50053—2013)第6.2.7条。

25. **答案**:C

**依据**:《低压配电设计规范》(GB 50054—2011)第5.1.2条、第5.1.6条。

26. **答案**:B

**依据**:《3~110kV高压配电装置设计规范》(GB 50060—2008)第5.1.1条。

27. **答案**:D

依据:《66kV及以下架空电力线路设计规范》(GB 50061—2010)第4.0.2条。

28. 答案:B

依据:《66kV及以下架空电力线路设计规范》(GB 50061—2010)第5.3.1条、第5.3.2条。

29. 答案:C

依据:《66kV及以下架空电力线路设计规范》(GB 50061—2010)第12.0.6-3条。

30. 答案:C

依据:《电磁环境控制限值》(GB 8702—2014)表1公众曝露控制限值。

31. 答案:B

依据:《民用建筑电气设计标准》(GB 51348—2019)第22.1.1条、第22.1.4条。

32. 答案:C

依据:《用能单位能源计量器具配备和管理通则》(GB 17167—2006)第4.3.2条、第4.3.3条。

33. 答案:A

依据:《工业与民用供配电设计手册》(第四版)P1532式(1.10-26)。

$180 \times 12.143 + 560 \times 1.229 = 2874$t标准煤

34. 答案:D

依据:《低压配电设计规范》(GB 50054—2011)第3.1.9条。

35. 答案:C

依据:《建筑设计防火规范》(GB 50016—2014)第3.7.4条。

36. 答案:D

依据:《建筑设计防火规范》(GB 50016—2014)第10.1.1条、第10.1.2条。

37. 答案:B

依据:《消防应急照明和疏散指示系统技术标准》(GB 51309—2018)第3.7.2条~第3.7.5条。

38. 答案:D

依据:《钢铁企业电力设计手册》(下册)P488表26-41二阶条件系统与三阶调节系统比较。

39. 答案:B

依据:《钢铁企业电力设计手册》(上册)P289"6.2.1变压器的运行性能"。

40. 答案:C

**依据**:《钢铁企业电力设计手册》(上册)P296表6-1 无功经济当量值。

---

41. **答案**:BD

**依据**:《民用建筑电气设计标准》(GB 51348—2019)附录A、《汽车库、修车库、停车场设计防火规范》(GB 50067—2014)第9.0.1条。

42. **答案**:CD

**依据**:《钢铁企业电力设计手册》(下册)P4、P5"23.1.3 各种工作制电动机容量校验要求"。

43. **答案**:ABC

**依据**:《工业与民用供配电设计手册》(第四版)P466"6.2.5 改善电压偏差的主要措施"。

44. **答案**:AC

**依据**:《消防应急照明和疏散指示系统技术标准》(GB 51309—2018)第3.2.4条。

45. **答案**:ACD

**依据**:《消防应急照明和疏散指示系统技术标准》(GB 51309—2018)第3.2.5条及表3.2.5。

46. **答案**:AC

**依据**:《消防应急照明和疏散指示系统技术标准》(GB 51309—2018)第3.2.1条及表3.2.1。

47. **答案**:ABD

**依据**:《入侵报警系统工程设计规范》(GB 50394—2007)第4.02条、第7.2.3条、第7.2.4条。

48. **答案**:BCD

**依据**:《民用建筑电气设计标准》(GB 51348—2019)第15.4.6条。

49. **答案**:BC

**依据**:《交流电气装置的接地设计规范》(GB/T 50065—2011)第8.1.2条及表8.1.2。

50. **答案**:BD

**依据**:《建筑物防雷设计规范》(GB 50057—2010)第4.3.5条及条文说明。

51. **答案**:AB

**依据**:《爆炸危险环境电力装置设计规范》(GB 50058—2014)第3.2.1条,《建筑物防雷设计规范》(GB 50057—2010)第3.0.2条、第3.0.3条,《民用建筑电气设计标准》

(GB 51348—2019)第 11.2.3-1 条。

52. **答案**:ABD

**依据**:《20kV 及以下变电所设计规范》(GB 50053—2013)第 2.0.3 条、第 2.0.4 条。

53. **答案**:ABD

**依据**:《爆炸危险环境电力装置设计规范》(GB 50058—2014)第 5.5.1 条 ~ 第 5.5.3条。

54. **答案**:BD

**依据**:《建筑设计防火规范》(GB 50016—2014)第 9.0.2 条、第 9.0.3 条,《3 ~ 110kV 高压配电装置设计规范》(GB 50060—2008)第 5.5.4 条,《民用建筑电气设计标准》(GB 51348—2019)第 7.5.1-7 条、第 8.1.6 条。

55. **答案**:ACD

**依据**:《电力工程电缆设计标准》(GB 50217—2018)第 3.4.1 条、第 3.4.9 条。

56. **答案**:ABD

**依据**:《3 ~ 110kV 高压配电装置设计规范》(GB 50060—2008)第 3.0.2 条。

57. **答案**:ABC

**依据**:《交流电气装置的接地设计规范》(GB/T 50065—2011)第 7.1.2 条、第 7.1.3 条。

58. **答案**:BCD

**依据**:《3 ~ 110kV 高压配电装置设计规范》(GB 50060—2008)第 4.3.8 条。

59. **答案**:CD

**依据**:《电力装置的电测量仪表装置设计规范》(GB/T 50063—2017)第 3.4.5 条。

60. **答案**:AB

**依据**:《导体和电器选择设计技术规定》(DL/T 5222—2005)第 7.8.2 条。

61. **答案**:ACD

**依据**:《3 ~ 110kV 高压配电装置设计规范》(GB 50060—2008)第 2.0.6 条及条文说明。

62. **答案**:AB

**依据**:《66kV 及以下架空电力线路设计规范》(GB 50061—2010)第 8.1.8 条。

63. **答案**:ABD

**依据**:《66kV 及以下架空电力线路设计规范》(GB 50061—2010)第 4.0.1 条、第 4.0.3 条、第 4.0.8 条。

64. **答案**:ABD

**依据**:《电力工程电缆设计标准》(GB 50217—2018)第3.3.2条。

65. **答案**:AC

**依据**:《电力工程电缆设计标准》(GB 50217—2018)第3.5.1条、第3.5.2条、第3.5.5条、第3.5.6条。

66. **答案**:ABC

**依据**:《电力工程电缆设计标准》(GB 50217—2018)第3.7.1条、第3.7.4条、第3.7.5条、第3.7.8条。

67. **答案**:CD

**依据**:《建筑照明设计标准》(GB 50034—2013)第4.3.2条。

68. **答案**:AD

**依据**:无具体依据,建议结合《工业与民用供配电设计手册》(第四版)P457"6.1 电能质量"和P1534"16.2 节点设计"等相关内容进行分析。

69. **答案**:ACD

**依据**:《钢铁企业电力设计手册》(下册)P337表25-17。

70. **答案**:ABD

**依据**:《工业与民用供配电设计手册》(第四版)P478第6.5.4条。

# 2021 年案例分析试题(上午卷)

**[案例题是 4 选 1 的方式,各小题前后之间没有联系,共 25 道小题,每题分值为 2 分,上午卷 50 分,下午卷 50 分,试卷满分 100 分。案例题一定要有分析(步骤和过程)、计算(要列出相应的公式)、依据(主要是规程、规范、手册),如果是论述题要列出论点]**

题 1 ~ 5:某五星级酒店,建筑面积 50000$m^2$,地下 2 层,地上 9 层,建筑高度 40m。采用两路独立 10kV 市政电源供电,单母线分段,不设母联。正常状态时,两路 10kV 电源同时供电。在地下一层设置一座 10/0.4kV 变电所,同时设置低压柴油发电机组作为自备电源。请回答以下问题,并列出解答过程。

1. 变电所设有编号为 1 号、2 号的 2 台 1250kVA 节能型干式变压器,分别由不同的 10kV 母线供电,变压器低压侧采用单母线分段(分别为母线 1 和 2,之间设母联开关),各母线段的负荷计算结果如下表所示。计算变电所一路 10kV 电源失电后,单台变压器需承受的最小负荷率接近下列哪项数值?(不考虑柴油机投入) (　　)

| 低压母线 | 负荷等级 | 负荷统计 | | | | 母联开关断开时 | | | 母联开关闭合时 | | |
|---|---|---|---|---|---|---|---|---|---|---|---|
| | | $P_e$ (kW) | $P_{js}$ (kW) | $Q_{js}$ (kvar) | $S_{js}$ (kVA) | $K_{\Sigma p}$ | $K_{\Sigma q}$ | $Q_C$ (kvar) | $K_{\Sigma p}$ | $K_{\Sigma q}$ | $Q_C$ (kvar) |
| 母线 1 | 一级 | 165 | 120 | 70 | 140 | 0.8 | 0.85 | 300 | 0.7 | 0.75 | 375 |
| | 二级 | 1075 | 890 | 560 | 1055 | | | | | | |
| | 三级 | 175 | 120 | 65 | 135 | | | | | | |
| 母线 2 | 一级 | 60 | 45 | 22 | 50 | 0.8 | 0.85 | 300 | | | |
| | 二级 | 1085 | 925 | 575 | 1040 | | | | | | |
| | 三级 | 175 | 120 | 65 | 135 | | | | | | |

注:$P_e$ 为设备功率,$P_{js}$ 为有功计算功率,$Q_{js}$ 为无功计算功率,$S_{js}$ 为视在计算功率,$K_{\Sigma p}$ 和 $K_{\Sigma q}$ 分别为有功同时系数和无功同时系数,$Q_C$ 为无功补偿容量。

(A)119%　　　　(B)122%

(C)128%　　　　(D)133%

**解答过程:**

2. 下表为酒店管理公司要求的柴油发电机组保障负荷明细,计算该柴油发电机组需要考虑的总有功计算功率接近下列哪项数值?(不考虑同时系数) (　　)

| 用电设备组名称 | 设备容量(kW) | 需要系数 $K_x$ | $\cos\varphi$ |
| --- | --- | --- | --- |
| 消防应急照明和疏散指示系统用电(非消防状态时其用电可忽略) | 30 | 1 | 0.9 |
| 消防排烟风机 | 300 | 0.9 | 0.8 |
| 消防泵 | 320 | 1 | 0.8 |
| 消防电梯 | 90 | 0.8 | 0.6 |
| 消防控制室用电设备 | 30 | 1 | 0.9 |
| 经营管理计算机系统及网络机房设备 | 200 | 0.9 | 0.8 |
| 公共区域、全日餐厅、宴会厅等备用照明 | 150 | 0.8 | 0.9 |
| 客用电梯 | 120 | 0.6 | 0.6 |
| 康体中心 | 80 | 0.8 | 0.9 |
| 厨房冷库 | 80 | 1 | 0.9 |
| 全日厨房 | 280 | 0.6 | 0.85 |

(A)684kW　　(B)722kW

(C)786kW　　(D)816kW

**解答过程：**

3. 假设该酒店某台变压器的有功计算负荷为1168kW，无功计算负荷为731kvar，在变压器低压母线段设置集中无功补偿装置，共8组三相并联电容器组全部投入，每组串联电抗率为7%的电抗器，电容器额定电压为480V，每组额定容量为60kvar，问无功补偿后的视在功率最接近以下哪项数值？（　　）

(A)1171kVA　　(B)1194kVA

(C)1231kVA　　(D)1242kVA

**解答过程：**

4. 酒店采用TN-S系统，某配电箱的某一支路，采用16A的B曲线微型断路器，断路器的瞬时脱扣器为3～5倍额定电流(不再考虑断路器的其他动作系数)。采用截面积为2.5$mm^2$的单根多芯铜芯电缆,20℃的电阻率为18.5×$10^{-3}$Ω·$mm^2$/m。问线路发生接地故障时,为保证断路器可靠动作,该导线最大允许长度为下列哪项数值?(考虑等电位连接外的供电回路部分阻抗的约定系数取0.8)（ ）

(A)66m (B)98m
(C)110m (D)164m

**解答过程:**

5.酒店采用中央空调系统,其中一台空调冷冻水泵的轴功率为43kW。该水泵配套额定功率为75kW的交流电动机,电源电压为380V,运行时电流表读数为94A,功率因数为0.81。若将水泵配套的75kW电动机替换为额定功率55kW的交流电动机,此时电动机效率为95%,替换后电动机负载功率不变。若该空调冷冻水泵每年以恒功率运行4000h,水泵更换为55kW电动机比配用75kW电动机时,全年的节电量最接近下列哪项数值?(忽略各项未知损耗)（ ）

(A)19360kWh (B)28400kWh
(C)48000kWh (D)80000kWh

**解答过程:**

题6~10:某远离发电厂的终端变电站,电压等级为110/35/10kV,系统接线如图所示。主变采用分别运行方式,变电站基本情况如下:

(1)电源1最大运行方式下三相短路电流为20kA,电源2最大运行方式下三相短路电流为25kA。电源进线L1及L2均采用单回110kV架空线路,架空线路单位电抗取0.32Ω/km,L1长度约为25km,L2长度约为36km。

(2)主变压器参数:电压等级为110±2×2.5%/38.5±2×1.25%/10.5kV,容量为50MVA/50MVA/25MVA,短路阻抗$U_{k高·中}$=10.5%,$U_{k高·低}$=17.5%,$U_{k中·低}$=6.5%(归算到高压侧绕组额定容量下的数值),接线组别为YN,yn0,d11,高压侧中性点直接接地。

(3)10kV的Ⅰ段母线上共接有3台异步电动机及其他负荷,每台异步电动机的额定功率为2.5MW,额定功率因数为0.85,额定效率为0.8,启动电流倍数为7,计算10kV母线短路电流初始值时需考虑上述电动机反馈电流。

请按上述条件计算下列各小题(计算中采用短路电流实用计算法,忽略馈线及元件的电阻对短路电流有影响)。

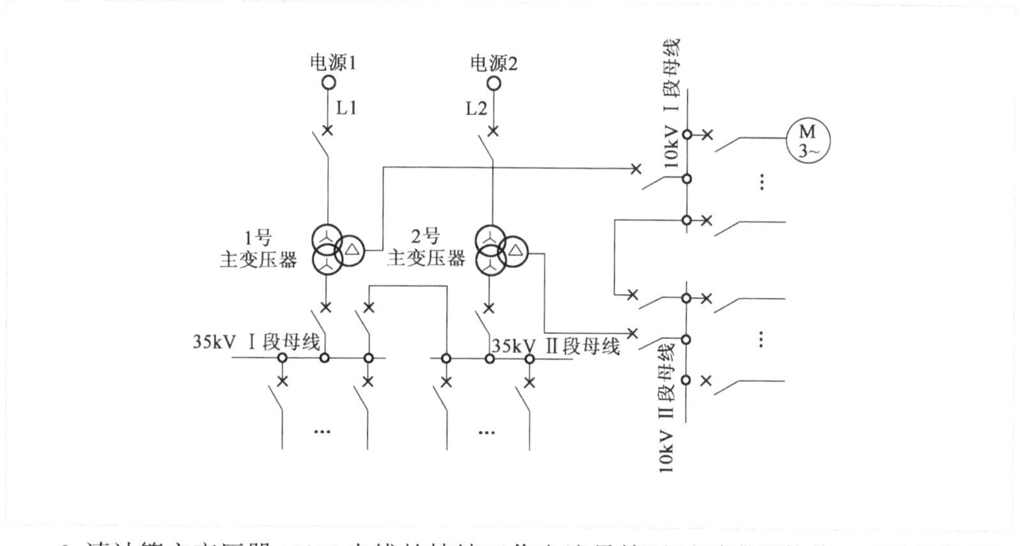


6. 请计算主变压器10kV出线的持续工作电流最接近下列哪项数值?(不考虑承担另一台变压器事故或检修时转移负荷) ( )

(A)1374A (B)1443A
(C)1516A (D)2886A

**解答过程:**

7. 请计算2号变压器35kV出线侧断路器的额定关合电流不应小于下列哪项数值?(不考虑10kV侧异步电动机的反馈电流) ( )

(A)4.92kA (B)5.28kA
(C)12.55kA (D)13.46kA

**解答过程:**

8. 请计算10kV的Ⅱ段母线最大三相短路电流初始值最接近下列哪项数值? ( )

(A)12.63kA (B)14.12kA
(C)16.49kA (D)17.09kA

解答过程：

9. 本变电站室外水平敷设的人工接地极采用镀锌扁钢，假定流过连接至室外接地极的接地导体的最大接地故障不对称电流有效值为4.25kA，接地故障的等效持续时间为0.7s，请计算确定该室外人工接地极的最大截面积最接近下列哪项数值？（　　）

(A)38.1mm²　　(B)48mm²

(C)50mm²　　(D)50.8mm²

解答过程：

10. 假定主变采用电流差动保护作为主保护，差动继电器35kV侧线圈电阻为0.05Ω，35kV侧电流互感器接线方式为三角形接线，与差动继电器采用KYJYP-5×4mm²的电缆连接，电缆电阻为5.50Ω/km，电缆长度为50m，接触电阻为0.1Ω，35kV侧差动保护电流互感器的二次侧负荷接近下列哪项数值？（　　）

(A)0.425Ω　　(B)0.75Ω

(C)1.08Ω　　(D)1.28Ω

解答过程：

题11～15：请解答以下问题。

11. 一座丁类多层厂房建在河边，长80m，宽60m，高18m，该厂房周围没有其他建筑，所在地区年平均雷暴日为24d，该厂房一层有一生产间，爆炸危险分区为2区，面积占整个厂房的10%，该生产间不会遭受直击雷。请问该厂房的年预计雷击次数最接近下列哪项数值？防雷等级最低可划分为第几类？（　　）

(A)0.112次，三类

(B)0.112次，二类

(C)0.074次，三类

(D)0.074次，二类

解答过程：

12. 某五层建筑为第二类防雷建筑物，各层层高为 5m，长 90m，宽 24m，结构形式为现浇钢筋混凝土框架结构。接闪器采用闭合网状，四周均匀设置 14 根防雷引下线（内部无引下线），引下线之间在每层楼板内环形互连，该厂房利用建筑物基础内的钢筋作为防雷接地装置的接地体，在地面以下距地面不小于 0.5m，每根引下线连接的钢筋表面积总和应不小于下列哪项数值？（　　）

(A) $4.24m^2$　　(B) $1.85m^2$

(C) $0.82m^2$　　(D) $0.021m^2$

解答过程：

13. 某厂房为单层厂房，砖混结构，厂房尺寸为 75m×25m×6m（长×宽×高），为第三类防雷建筑物。屋面设置网络接闪带，沿建筑物四周明敷防雷引下线，厂房某一条防雷引下线附近布置了一台设备，设备高度 1.8m，金属外壳与就近的 LEB 进行连接，LEB 与防雷引下线、环形人工接地极连接于同一点，剖面如图所示。若不计墙体厚度，根据理论计算该设备与防雷引下线允许的最小距离最接近以下哪项数值？（　　）

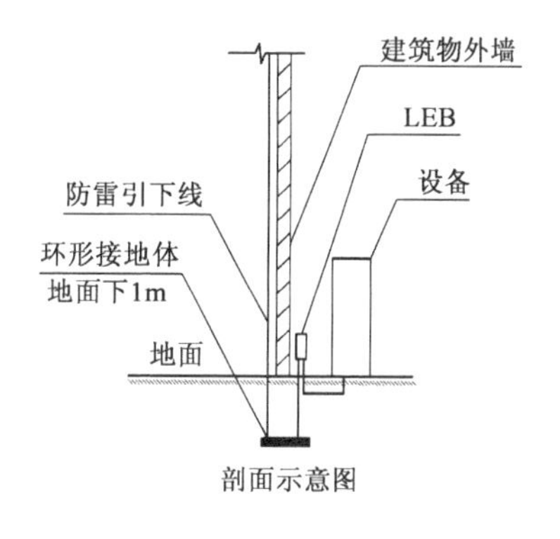

剖面示意图

(A) 0.032m　　(B) 0.049m

(C) 0.106m　　(D) 0.123m

解答过程：

14. 某厂房四周距外墙 1m 处辐射环形人工接地极，埋深为 1m，如下图所示，厂房所处位置的均匀土壤电阻率为 500Ω·m，环形人工接地极采用 40×4mm 的热镀锌扁钢，请计算环形人工接地极的冲击电阻值最接近以下哪项数值？（不采用简易计算方法）

（　　）

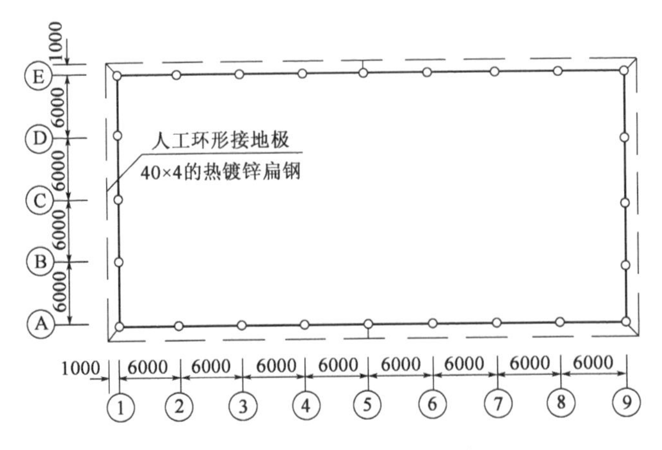

厂房环形人工接地极示意图(尺寸单位:mm)

(A)7.00Ω (B)7.22Ω

(C)7.84Ω (D)11.32Ω

**解答过程:**

15. 某厂房尺寸为 100m × 100m × 8m(长 × 宽 × 高),为第三类防雷建筑物,该厂房无屏蔽设施,当附近遭受首次正极性雷击时,请问该厂房内无衰减的磁场强度最接近以下哪项数值? ( )

(A)150.22A/m (B)178.54A/m

(C)199.21A/m (D)300.44A/m

**解答过程:**

题 16 ~ 20:请解答以下问题。

16. 某厂房由室外引来一路 220/380V 电源的四芯电缆,电缆在总进线配电箱处的接线如下图所示。请说明下图云线部分有几处错误,并按照云线编号依次说明错误原因。 ( )

(A)1 处错误 (B)2 处错误

(C)3 处错误 (D)4 处错误

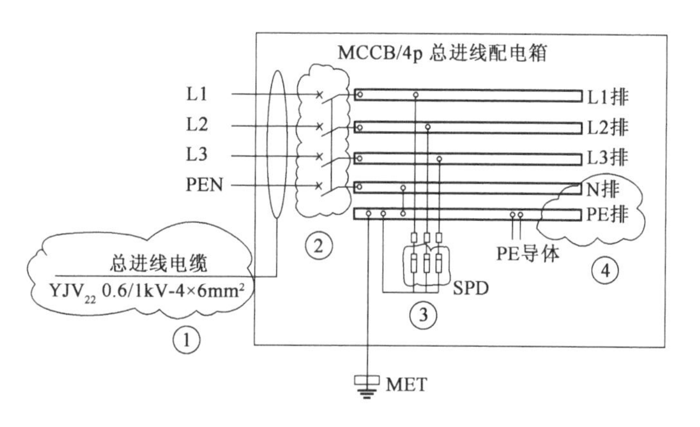


总进线配电箱接线示意图

**解答过程：**

17. 某车间配电系统为TN-S，一台三相设备额定电压为380V，其配电采用单芯电缆，相线型号为YJV-1 ×120mm$^2$，当设备相线对金属外壳发生绝缘故障时，最大故障电流有效值为7.5kA，保护电器的动作时间为0.4s。请计算确定符合要求的PE导体最小截面积接近下列哪项数值？（PE导体采用铜芯电缆，计算系数$k$取143） （ ）

(A) 16mm$^2$　　(B) 35mm$^2$

(C) 50mm$^2$　　(D) 70mm$^2$

**解答过程：**

18. 某厂房内一配电回路采用MCCB限流型断路器，断路器额定（整定）电流为32A，出线电缆承受的预期短路电流为20kA，MCCB的热磁脱扣曲线及允通能量曲线分别如下图所示。请确定电缆截面积最小值应为下列哪项数值？（电缆采用YJV型，载流量见下表，忽略各项校正系数，计算系数$k$取143） （ ）

| 电缆截面积(mm$^2$) | 载流量(A) |
| --- | --- |
| 4 | 42 |
| 6 | 54 |
| 25 | 127 |
| 50 | 192 |

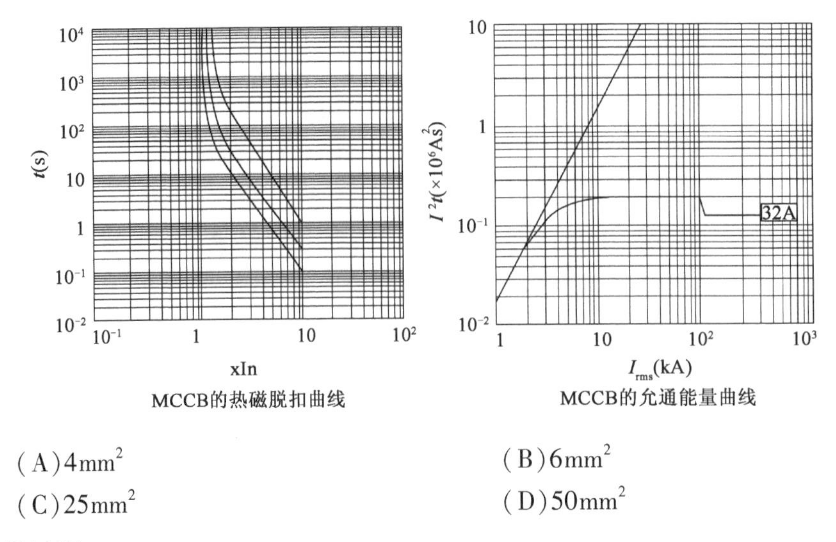

MCCB的热磁脱扣曲线　　MCCB的允通能量曲线

(A) $4mm^2$　　(B) $6mm^2$

(C) $25mm^2$　　(D) $50mm^2$

**解答过程：**

19. 已知设备1～3为Ⅰ类电阻性设备，且电阻相等，采用220/380V的IT系统供电，IT系统配出中性线，如下图所示。设备1～3的外壳接至各自的接地极，其接地电阻如图所示，其他未知阻抗可忽略。当设备1、设备2同时发生相线碰壳故障时，请计算设备外壳的故障电压 $U_{f1}$、$U_{f2}$ 为下列哪项数值？（　　）

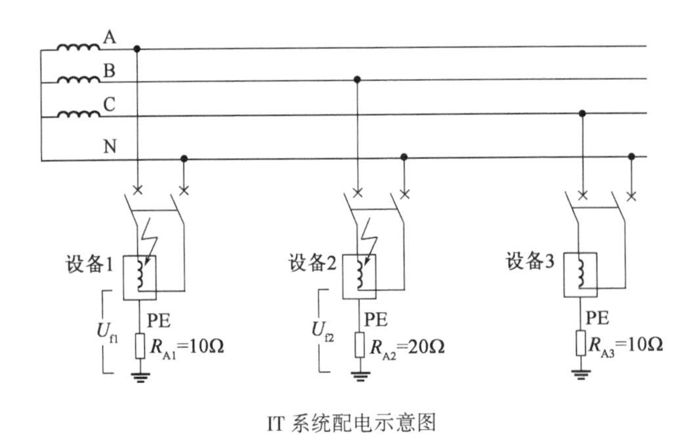

IT系统配电示意图

(A) $U_{f1}=0V$, $U_{f2}=0V$　　(B) $U_{f1}=73.3V$, $U_{f2}=146.7V$

(C) $U_{f1}=126.7V$, $U_{f2}=253.3V$　　(D) $U_{f1}=220V$, $U_{f2}=220V$

**解答过程：**

20. 某办公楼内的变压器容量为1000kVA，白天负荷率为70%，补偿后低压侧功率因数为0.95，实际补偿的无功功率为360kvar，夜间负荷率为5%，补偿后低压侧功率因数为0.9，若白天、夜间的自然功率因数相同，则夜间需要的无功补偿容量最接近下列哪项数值？ (　　)

(A)15.5kvar　　(B)16.7kvar

(C)21.7kvar　　(D)25.4kvar

**解答过程：**

题21～25：请解答以下问题。

21. 某长期运行的380V三相电动机额定电流 $I_e$，额定功率因数为0.84，电动机过载保护采用热继电器，热继电器整定按线路电流的100%整定，若在电动机端子侧加装固定容量的电容器补偿，补偿后的功率因数为0.96，加装电容器之后的热继电器整定值最接近下列哪个选项？ (　　)

(A)$0.825I_e$　　(B)$0.875I_e$

(C)$0.925I_e$　　(D)$0.975I_e$

**解答过程：**

22. 如图中接触器K1的吸持功率为20W(假定功率因数为1)，S0和S1分别为停止及启动按钮，若低压配电柜到机旁操作箱距离为400m，为避免线路受电容电流最小的电压降，最合理的交流控制电压为下列哪项数值？(控制线截面积为2.5mm²) (　　)

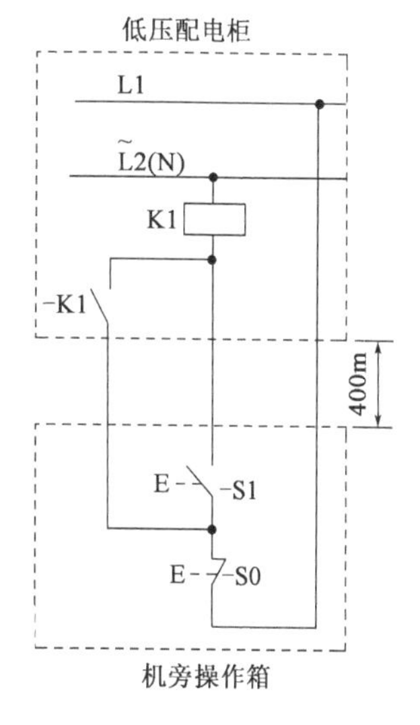


(A)48V　　(B)110V

(C)220V　　(D)380V

**解答过程：**

23. 如图所示，电流互感器 LH1 参数为：额定容量为 $P$(W)，变比为 100/1(A)；电流互感器 LH2 参数为：额定容量为 $2P$(W)，变比为 100/5(A)。电流表 A1 额定容量为 $0.2P$(W)，电流表 A2 额定容量为 $0.4P$(W)。假定电流表及电流互感器二次侧电流皆为额定，同时确保电流表的测量准确性，两个互感器至两个电流表允许的最大距离分别为 $L_1$ 和 $L_2$，则 $L_1/L_2$ 最接近下列哪项数值？(忽略电流互感器二次回路电抗，线路均采用相同型号规格铜芯电缆)　(　　)

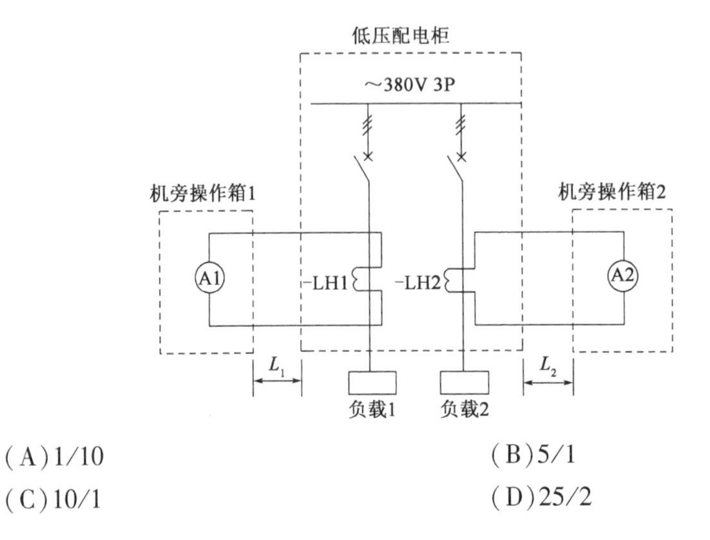


(A)1/10　　(B)5/1

(C)10/1　　(D)25/2

**解答过程：**

24. 某库房设置 3 台 25/5t 起重机，起重机负荷持续率均为 40%，拟采用 50mm × 50mm × 5mm 的角钢作为滑触线供电，滑触线总长 150m，中间供电。滑触线交流电阻 0.86Ω/km，内感抗 0.49Ω/km，滑触线相间中心间距为 250mm。起重机的电动机均选用 3 相 380V 绕线型，功率因数为 0.5，每台电动机在额定负载持续率下的功率为：行走电动机功率为 25kW，主起升电动机功率为 30kW，副钩电动机功率为 15kW，起重机的最大一台电动机额定电流为 65A，计算滑触线的最大压降百分数最接近下列哪项数值？(按综合系数法计算)　(　　)

(A)6.46%　　(B)7.52%

(C)12.98%　　(D)15.04%

**解答过程：**

25. 如图所示为某变压器布置安装图(尺寸单位:mm),包含平面图及1-1、2-2剖面图(变压器室墙厚240mm,门内侧与内墙平齐,忽略母线厚度;变压器安装海拔高度165m)。图中标注1~4及尺寸代号$R\sim W$如下表所示。

判断图中尺寸代号$R$、$S$、$T$、$U$、$V$、$W$不符合规范要求的有几处?并给出依据。( )

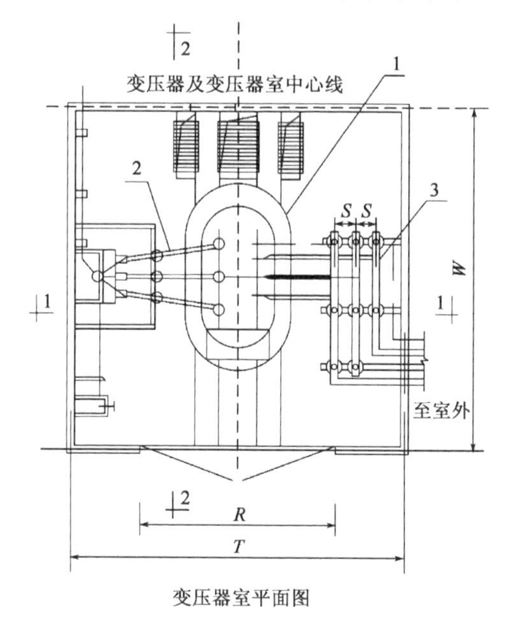


变压器室平面图

| 项目 | 名称或数值(mm) | 规格或位置 |
|---|---|---|
| 1 | 变压器 | 1600kVA,10/0.4kV |
| 2 | 高压相母线 | TMY-40×4 |
| 3 | 低压相母线 | TMY-120×10(平放) |
| 4 | 低压出线穿墙套管 | |
| $R$ | 3000 | 平面图中 |
| $S$ | 135 | 平面图中 |
| $T$ | 4200 | 平面图及1-1剖面图中 |
| $U$ | 3550 | 1-1剖面图中 |
| $V$ | 2450 | 1-1剖面图中 |
| $W$ | 4500 | 平面图及2-2剖面图中 |

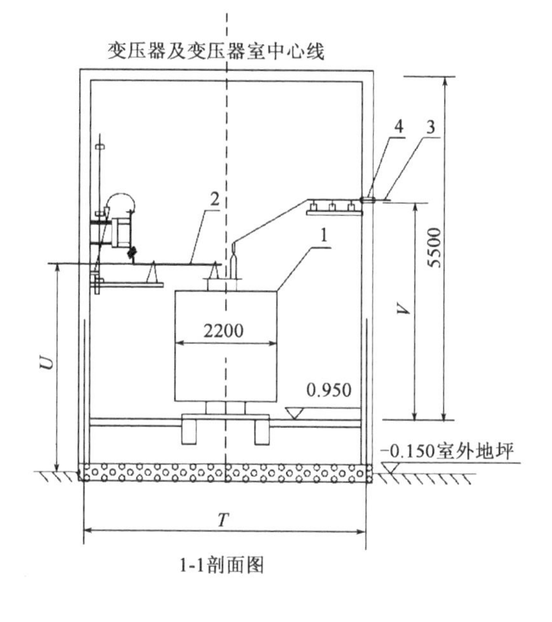


1-1剖面图

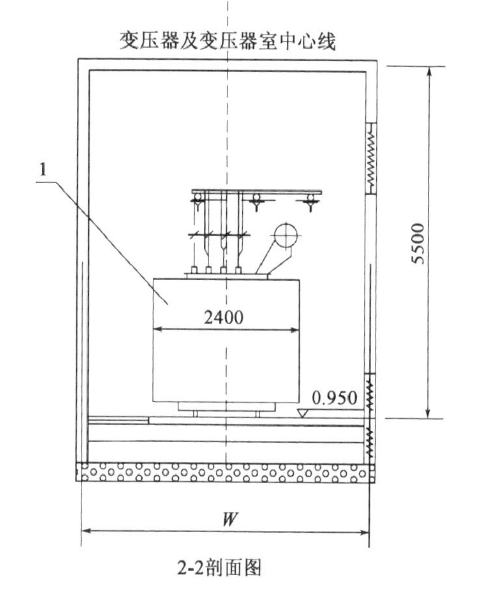


2-2剖面图

(A)1处　　(B)2处　　(C)3处　　(D)4处

**解答过程:**

# 2021 年案例分析试题答案(上午卷)

题 1~5 答案:**ACDBA**

1.根据《20kV 及以下变电所设计规范》(GB 50053—2013)第 3.3.2 条:装有两台及以上变压器的变电所,当任意一台变压器断开时,其余变压器的容量应能满足全部一级负荷及二级负荷的用电。

低压母线联络开关闭合时,一级及二级负荷统计如下:

一级及二级负荷有功计算功率:$P_{12js} = 120 + 45 + 890 + 925 = 1980\text{kW}$

一级及二级负荷有功计算功率合计:$P_{12js\Sigma} = 1980 \times 0.7 = 1386\text{kW}$

一级及二级负荷无功计算功率:$Q_{12js} = 70 + 22 + 560 + 575 = 1227\text{kvar}$

一级及二级负荷无功计算功率合计:$Q_{12js\Sigma} = (1227 \times 0.75) - 375 = 545.25\text{kvar}$

总视在计算功率合计:$S_{12js\Sigma} = \sqrt{1386^2 + 545.25^2} = 1489.39\text{kVA}$

则单台变压器需承受的最小负荷率:$n = (1489.39/1250) \times 100\% = 119.15\%$

2.《工业与民用供配电设计手册》(第四版)P93、P94"柴油发电机组容量选择的原则"。

在施工图阶段,可根据一级负荷、消防负荷以及某些重要二级负荷的容量进行选择,参考民用建筑,按稳定负荷计算发电机组容量。

| 消防状态下用电设备组 | 设备容量(kW) | 需要系数 $K_x$ | 计算容量(kW) |
| --- | --- | --- | --- |
| 消防应急照明和疏散指示系统用电(非消防状态时其用电可忽略) | 30 | 1 | 30 |
| 消防排烟风机 | 300 | 0.9 | 270 |
| 消防泵 | 320 | 1 | 320 |
| 消防电梯 | 90 | 0.8 | 72 |
| 消防控制室用电设备 | 30 | 1 | 30 |
| 小计 1($P_{1\Sigma}$) | | | 722 |
| 非消防状态下用电设备组 | 设备容量(kW) | 需要系数 $K_x$ | 计算容量(kW) |
| 经营管理计算机系统及网络机房设备 | 200 | 0.9 | 180 |
| 公共区域、全日餐厅、宴会厅等备用照明 | 150 | 0.8 | 120 |
| 客用电梯 | 120 | 0.6 | 72 |
| 康体中心 | 80 | 0.8 | 64 |
| 厨房冷库 | 80 | 1 | 80 |
| 全日厨房 | 280 | 0.6 | 168 |
| 消防电梯 | 90 | 0.8 | 72 |
| 消防控制室用电设备 | 30 | 1 | 30 |
| 小计 2($P_{2\Sigma}$) | | | 786 |

由于 $P_{2\Sigma} > P_{1\Sigma}$，故柴油发电机组需要考虑的总有功计算功率接近786kW。

3.《工业与民用供配电设计手册》(第四版)P39 式(1.11-11)。

并联电容器装置的实际输出容量：

$$Q'_C = Q_C \left(\frac{U_C}{U_N}\right)^2 (1-K) = 8 \times 60 \times \left(\frac{1.05 \times 380}{480}\right)^2 \times (1-7\%) = 310\text{kvar}$$

无功补偿后的视在功率：$S = \sqrt{1168^2 + (731-310)^2} = 1241.6\text{kVA}$

4.《工业与民用供配电设计手册》(第四版)P966 式(11.2-7)。

导线最大允许长度：

$$L \leqslant \frac{0.8U_0S}{1.5\rho(1+m)I_k}k_1k_2 = \frac{0.8 \times 220 \times 2.5}{1.5 \times 0.0185 \times (1+1) \times 16 \times (3 \sim 5)} = 99.1\text{m} \sim 165\text{m}$$

注：不考虑断路器的其他动作系数，可忽略《低压配电设计规范》(GB 50054—2011)第6.2.4条相关要求。

5.《钢铁企业电力设计手册》(上册)P302 例题6参考相关公式。

75kW 电动机效率：$\eta_1 = \frac{P_2}{P_1} = \frac{43}{94 \times 0.38 \times \sqrt{3} \times 0.81} = 0.858$

更换电动机的全年节电量：

$$G_d = P_2\left(\frac{1}{\eta_1} - \frac{1}{\eta_2}\right)t = 43 \times \left(\frac{1}{0.858} - \frac{1}{0.95}\right) \times 4000 = 19413.6\text{kWh}$$

题6～10答案：**BCDBA**

6.《工业与民用供配电设计手册》(第四版)P315 表5.2-3 回路持续工作电流。

$$I_{max} = 1.05 \times \frac{S_N}{\sqrt{3}U_N} = 1.05 \times \frac{25000}{10.5 \times \sqrt{3}} = 1443.37\text{A}$$

注：应区分回路持续工作电流与回路额定电流，也可参见《电力工程电气设计手册》(电气一次部分)P232 表6-3 中相关内容。

7. 根据《工业与民用供配电设计手册》(第四版)P331 第5.4.3-3条，校验断路器的关合能力时，应计算短路电流峰值 $i_p$。

根据《工业与民用供配电设计手册》(第四版)P281～284 表4.6-3、式(4.6-11)、式(4.6-12)、式(4.6-13)，设 $S_B = 100\text{MVA}$，$U_B = 1.05 \times 110 = 115\text{kV}$，主变压器采用分列运行方式，各元件的电抗标幺值为：

(1)系统电抗标幺值：$X_{S*} = \frac{S_j}{S_s} = \frac{100}{\sqrt{3} \times 25 \times 115} = 0.02$

(2)L2 线路电抗标幺值：$X_{L2*} = X_l \frac{S_B}{U_B^2} = 0.32 \times 36 \times \frac{100}{115^2} = 0.0871$

(3)变压器电抗标幺值：$X_{T*} = \frac{U_k\%}{100} \cdot \frac{S_B}{S_{nT}} = \frac{10.5}{100} \times \frac{100}{50} = 0.21$

(4)短路电流有名值：$I_{k1}=I_B\frac{1}{X_{\Sigma*}}=\frac{100}{\sqrt{3}\times37}\times\frac{1}{0.02+0.0871+0.21}=4.921kA$

(5)短路电流峰值：$i_p=2.55\times4.921=12.548kA$

8. 根据《工业与民用供配电设计手册》(第四版)P281～284 表 4.6-3、式(4.6-11)～式(4.6-13)，设 $S_B=100MVA$，$U_B=1.05\times110=115kV$，考虑到 1 号或 2 号电源失电时，低压母线联络开关闭合运行时，10kVⅡ母线上为最大三相短路电流，应采用 1 号电源的相关参数计算，各元件的电抗标幺值为：

(1)系统电抗标幺值：$X_{S*}=\frac{S_j}{S_s}=\frac{100}{\sqrt{3}\times20\times115}=0.0251$

(2)L2 线路电抗标幺值：$X_{L2*}=X_l\frac{S_B}{U_B^2}=0.32\times25\times\frac{100}{115^2}=0.0605$

(3)变压器电抗标幺值：$X_{T*}=\frac{U_k\%}{100}\cdot\frac{S_B}{S_{nT}}=\frac{17.5}{100}\times\frac{100}{50}=0.35$

(4)短路电流有名值：$I''_{k1}=I_B\frac{1}{X_{\Sigma*}}=\frac{100}{\sqrt{3}\times10.5}\times\frac{1}{0.0251+0.0605+0.35}=12.62kA$

根据《工业与民用供配电设计手册》(第四版)P235 表 4.3-1 异步电动机机端短路时的短路电流：

(1)电动机反馈电流：$I''_{kM}=3\times7\times\frac{2.5}{10\times\sqrt{3}\times0.85\times0.8}=4.457kA$

(2)最大三相总短路电流：$I''_k=I''_{k1}+I''_{kM}=12.62+4.457=17.077kA$

9.《交流电气装置的接地设计规范》(GB/T 50065—2011) 第 4.3.5-5 条、第 8.2.1-2 条及式(8.2.1)、附录 G。

PE 线截面积：$S=\frac{I}{k}\sqrt{t}=\frac{4.25\times1000}{70}\times\sqrt{0.7}=50.80mm^2$

接地装置接地极截面积：$S'=0.75\times S=0.75\times50.80=38.1mm^2$

10.《工业与民用供配电设计手册》(第四版)P605 式(7.7-6)及表 7.7-2。

电流互感器二次负荷：

$Z_b=\sum K_{rc}Z_r+K_{lc}R_l+R_c=3\times0.05+3\times5.5\times0.05+0.1=1.075\Omega$

题 11～15 答案：**ADBDA**

11.《建筑物防雷设计规范》(GB 50057—2010) 第 3.0.3 条、第 4.5.1 条、附录 A。

与建筑物截收相同雷击次数的等效面积(建筑物高度小于 100m)：

$A_e=[LW+2(L+W)\sqrt{H(200-H)}+\pi H(200-H)]\times10^{-6}$

$=[80\times60+2(80+60)\sqrt{18(200-18)}+18\pi\times(200-18)]\times10^{-6}=0.03112$

建筑物年预计雷击次数：$N=k\times N_g\times A_e=1.5\times0.1\times24\times0.03112=0.112$ 次

注：参考《建筑设计防火规范》(GB 50016—2014) 第 3.1.1 条，丁类多层厂房不属于火灾危险场所。

12.《建筑物防雷设计规范》(GB 50057—2010) 第 4.3.5 条、附录 E 之第 E.0.2 条。

五层建筑的分流系数($m=5,n=14$):$k_{c5}=k_{c4}=\frac{1}{n}=\frac{1}{14}$

每根引下线连接的钢筋表面积总和:$S\geqslant 4.24k^2=4.24\times\left(\frac{1}{14}\right)^2=0.0216\text{mm}^2$

13.《建筑物防雷设计规范》(GB 50057—2010) 第4.4.7条、附录E之第E.0.1条。

根据第E.0.1条:引下线根数不少于3根,当接闪器成闭合环或网状的多根引下线时,分流系数 $k_c=0.44$。

设备与防雷引下线允许的最小距离:$S_{a3}\geqslant 0.04k_c l_x=0.04\times0.44\times(1+1.8)=0.049\text{m}$

式中,$l_x$ 为引下线从计算点到等电位连接点的长度,由于LEB与防雷引下线、环形人工接地极连接于同一点,故该点应为等电位点。

14.《建筑物防雷设计规范》(GB 50057—2010) 附录C之第C.0.2条、《交流电气装置的接地设计规范》(GB 50065—2011) 附录A第A.0.2条。

接地体的有效长度:$l_e=2\sqrt{\rho}=2\times\sqrt{500}=44.72\text{m}$

环形接地体的水平接地极的形状系数 $A=1$,则冲击电阻:

$$R=\frac{\rho}{2\pi L}\left(\ln\frac{L^2}{hd}+A\right)=\frac{500}{2\times3.14\times44.72\times2}\left[\ln\frac{(44.72\times2)^2}{1\times0.02}-0.18\right]=11.32\Omega$$

15.《建筑物防雷设计规范》(GB 50057—2010) 第6.3.2条及式(6.3.2-1)。

雷击点与屏蔽空间之间的平均距离:

$$S_a=\sqrt{H(2R-H)}+\frac{L}{2}=\sqrt{8\times(2\times200-8)}+\frac{100}{2}=106\text{m}$$

当建筑物和房间无屏蔽时所产生的无衰减磁场强度,应按下式计算:

$$H_0=\frac{i_0}{2\pi S_a}=\frac{100000}{2\times3.14\times106}=150.22\text{A/m}$$

题16~20答案:**CBACB**

16.根据《交流电气装置的接地设计规范》(GB/T 50065—2011) 第8.2.4-1条:PEN应只在固定的电气装置中采用,铜的截面积不应小于 $10\text{mm}^2$,或铝的截面积不应小于 $16\text{mm}^2$。故①错误。

根据《低压配电设计规范》(GB 50054—2010) 第3.1.4条:在TN-C系统中不应将保护接地中性导体隔离,严禁将保护接地中性导体接入开关电器。故②错误。

根据《低压配电设计规范》(GB 50054—2010) 第3.2.12-2条:保护接地中性导体应首先接到位保护导体设置的端子或母线上。故④错误。

17.《低压配电设计规范》(GB 50054—2010) 第3.2.14-2条、附录A。

保护导体截面积:$S_1\geqslant\frac{I}{k}\sqrt{t}=\frac{7500}{143}\times\sqrt{0.4}=33.17\text{mm}^2$

18.《工业与民用供配电设计手册》(第四版)P960式(11.2-1)、P962式(11.2-5)。

导体热稳定截面积最小值:$S_{min}\geqslant\frac{I}{k}\sqrt{t}=\frac{1}{143}\sqrt{0.2\times10^6}=3.13\text{mm}^2$,故取 $4\text{mm}^2$。

19. 设备 1 和设备 2 同时发生相线碰壳故障，则两设备壳间电压为线电压 $U_{AB}=380V$。

设备 1 外壳的故障电压：$U_{f1}=\frac{380}{10+20}\times 10=126.67V$

设备 2 外壳的故障电压：$U_{f2}=\frac{380}{10+20}\times 20=253.33V$

20.《工业与民用供配电设计手册》(第四版) P36、P37 式(1.11-5)。

白天有功功率：$P_{day}=\eta S_N\cos\varphi=0.7\times 1000\times 0.95=665kW$

白天无功功率(补偿后)：$Q'_{day}=\eta S_N\sin\varphi=0.7\times 1000\times\sqrt{1-0.95^2}=218.57kvar$

白天无功功率(补偿前)：$Q_{day}=218.57+360=578.57kvar$

白天自然功率因数：$\cos\varphi_n=\frac{P_{day}}{S_n}=\frac{665}{\sqrt{665^2+578.57^2}}=0.7544$

夜间有功功率：$P_{night}=\eta S_N\cos\varphi=0.05\times 1000\times 0.9=45kW$

夜间无功功率(补偿前)：$Q_{night}=P_{night}\tan\varphi_n=45\times\tan(\arccos 0.7544)=39.15kvar$

夜间无功补偿容量：$\Delta Q=Q_{night}-Q'_{night}=39.15-1000\times 5\%\times\sqrt{1-0.9^2}=17.35kvar$

题 21 ~ 25 答案：**BBDAC**

21. 根据《工业与民用供配电设计手册》(第四版) P1091，热继电器的整定电流应接近但不小于电动机额定电流。

由三相电动机额定电流公式 $I_e=\frac{P}{\sqrt{3}U_N\cos\varphi}$ 可知，$I_N$ 与 $\cos\varphi$ 成反比。

故继热继电器整定值：$I_{h\cdot set1}=\frac{0.84}{0.96}I_e=0.875I_e$

注：根据《工业与民用供配电设计手册》(第四版) P1091 装有单独补偿电容器的电动机：当电容器接在热继电器之前时，对整定电流无影响。当电容器接在过负荷保护器件之后时，整定电流应计及电容电流之影响。补偿后的电动机电流可用有功电流和无功电流合成法计算，也可近似地取电动机额定电流乘以 0.95。

22.《工业与民用供配电设计手册》(第四版) P1105 式(12.1-7)。

导致交流接触器或继电器不能释放的控制线路临界长度 $L_{cr}=\frac{500P_h}{CU_N^2}\Rightarrow 0.4=\frac{500\times 20}{0.6\times U_N^2}\Rightarrow U_N=204.12V$。

为得到线路最小的电压降，故 $U_N$ 取小于 204V 的额定值，为 110V。

23. 无。由电流互感器二次侧允许最大电阻值和电阻率公式可知：

(1) 电流互感器 LH1：$R_{LH1}=R_{A1}+R_{L1}\Rightarrow\frac{P_{LH1}}{I_1^2}=\frac{P_{A1}}{I_1^2}+\rho\frac{2L_1}{S}\Rightarrow\rho\frac{2L_1}{S}=\frac{P}{1^2}-\frac{0.2P}{1^2}=0.8P$

(2) 电流互感器 LH2：

$$R_{\mathrm{LH2}}=R_{\mathrm{A2}}+R_{\mathrm{L2}}\Rightarrow\frac{P_{\mathrm{LH2}}}{I_2^2}=\frac{P_{\mathrm{A2}}}{I_2^2}+\rho\frac{2L_2}{S}\Rightarrow\rho\frac{2L_2}{S}=\frac{2P}{5^2}-\frac{0.4P}{5^2}=0.064P$$

故$\frac{L_1}{L_2}=\frac{0.8P}{0.064P}=12.5$。

24.《工业与民用供配电设计手册》(第四版) P1128 ~ P1132 式(12.2-3)、式(12.2-6)以及表 12.2-2、表 12.2-8。

根据表 12.2-2,当起重机负荷持续率均为 40%,$K_{\mathrm{cc}}=0.96$。

滑触线计算电流:$I_{\mathrm{c}}=0.96\times3\times(25+30)=158.4\mathrm{A}$

滑触线尖峰电流:$I_{\mathrm{P}}=I_{\mathrm{c}}+(K_{\mathrm{st}}+K_{\mathrm{cc}})I_{\mathrm{rMmax}}=158.4+(2-0.32)\times65=267.6\mathrm{A}$

查表 12.2-8,角钢规格为 50mm×50mm×5mm,滑触线相线中心间距为 250mm 时,角钢滑触线的外感抗值为 0.17Ω/km。

滑触线的最大压降百分数:

$$\Delta u\%=\frac{\sqrt{3}\times100}{U_{\mathrm{n}}}I_{\mathrm{P}}l(R\cos\varphi+X\sin\varphi)$$

$$=\frac{\sqrt{3}\times100}{380}\times267.6\times\left(0.7\times\frac{0.15}{2}\right)\times(0.86\times0.5+0.66\times0.866)=6.41$$

其中,$X=0.49+0.17=0.66\Omega/\mathrm{km}$,$\sin\varphi=\sqrt{1-0.5^2}=0.866$。

注:起重机大部分时间的工作都是由主钩完成,副钩为辅助吊钩,不纳入主回路电流计算。

25.《20kV 及以下变电所设计规范》(GB 50053—2013) 第 6.2.7 条、表 4.2.1、表 4.2.4。

由变压器的平面图与剖面图可知,此为油浸变压器。

(1)根据第 4.2.4 条及表 4.2.4,变压器外廓与门间距 1000mm,与侧壁、后壁等其他间距为 800mm。

变压器室长最小值:$W_{\min}=2400+1000+800+240=4440\mathrm{mm}<W=4500\mathrm{mm}$,满足规范要求。

变压器室宽最小值:$T_{\min}=2200+800+800+240=4040\mathrm{mm}<T=4200\mathrm{mm}$,满足规范要求。

(2)根据第 6.2.7 条,配电装置室门和变压器室门的高度和宽度,宜按最大不可拆卸部件尺寸,高度加 0.5m、宽度加 0.3m 确定,其疏散通道门的最小高度宜为 2.0m,最小宽度宜为 750mm。

门宽最小值:$R_{\min}=2200+300=2500\mathrm{mm}<R=3000\mathrm{mm}$,满足规范要求。

(3)根据第 4.2.1 条及表 4.2.1:

①0.4kV 侧母线相间中心距最小值:$S_{\min}=20+120=140\mathrm{mm}>S=135\mathrm{mm}$,不满足规范要求。

②0.4kV 侧母线裸带电部分距离最小值(室内):$V_{\min}=2500\mathrm{mm}>V=2450\mathrm{mm}$,不满足规范要求。

③10kV 侧母线裸带电部分距离最小值(室内):$U_{\min}=2500+950+150=3600\mathrm{mm}>U=3550\mathrm{mm}$,不满足规范要求。

# 2021年案例分析试题(下午卷)

**[案例题是4选1的方式,各小题前后之间没有联系,共25道小题,每题分值为2分,上午卷50分,下午卷50分,试卷满分100分。案例题一定要有分析(步骤和过程)、计算(要列出相应的公式)、依据(主要是规程、规范、手册),如果是论述题要列出论点]**

题1~5:某二类高层民用建筑包括办公、会议、展厅、库房等场所,请回答以下问题,并写出解答过程。

1. 该建筑内有一6.5m高的库房,照明灯具布置如图所示,采用点光源吸顶安装,请确定采用下列哪种类型的灯具能获得合理的较均匀照度?并说明理由。 (　　)

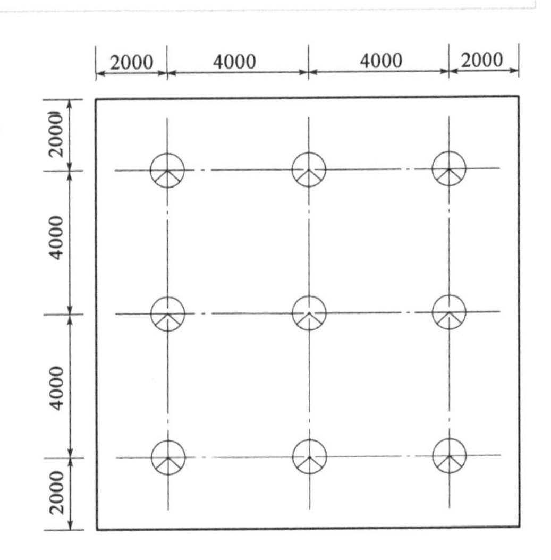


(A)窄照型灯具

(B)中照型灯具

(C)广照型灯具

(D)特广照型灯具

**解答过程:**

2. 某办公层走道消防应急照明灯具采用吊顶下吸顶安装,吊顶距地面高度2.5m,该吸顶灯具为对称配光,灯具配光长轴与短轴光强值相同,光源光通量400lm,光源光强分布(1000lm)如下表所示。下图中(尺寸单位:mm)B、C点光轴对准地面,灯具维护系数0.8,A点位于B、C灯具正中间的地面,仅考虑B、C灯具对A点照度计算产生的影响,求图中A点处的水平面照度值为多少? (　　)

| θ(°) | | 0 | 5 | 10 | 15 | 20 | 25 | 30 | 35 | 40 |
|---|---|---|---|---|---|---|---|---|---|---|
| $I_{\theta(cd)}$ | 长轴 | 191 | 191 | 189 | 188 | 183 | 177 | 169 | 160 | 151 |
| | 短轴 | 191 | 191 | 189 | 188 | 183 | 177 | 169 | 160 | 151 |
| θ(°) | | 45 | 50 | 55 | 60 | 65 | 70 | 75 | 80 | 85 |
| $I_{\theta(cd)}$ | 长轴 | 143 | 131 | 119 | 105 | 85 | 70 | 54 | 35 | 12 |
| | 短轴 | 143 | 131 | 119 | 105 | 85 | 70 | 54 | 35 | 12 |

(A)1.8lx　　(B)2.1lx

(C)3.5lx　　(D)4.4lx

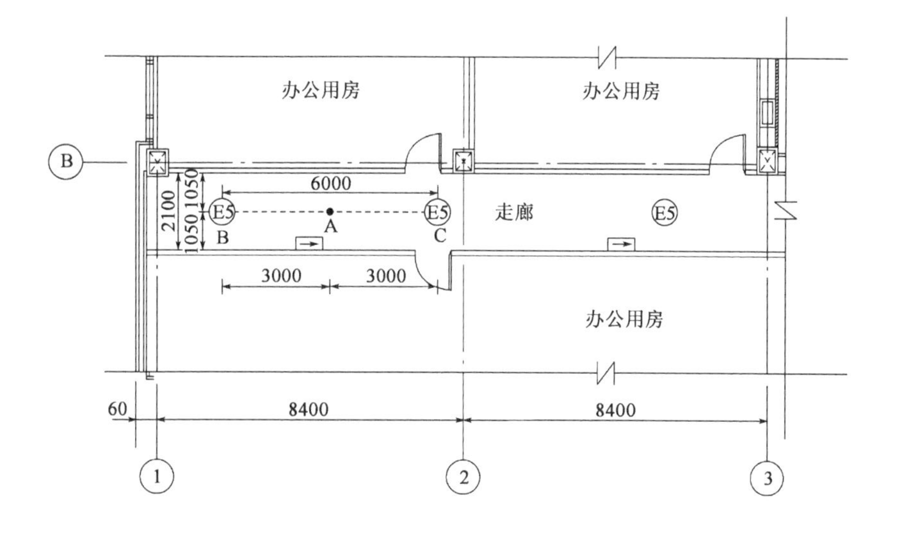


**解答过程：**

3. 在四层有一大开间办公室，面积 $120m^3$，采用 40W 的 LED 灯盘嵌入式安装，灯具效能为 80lm/W，利用系数 0.6，维护系数 0.8，办公室工作面照度标准值为 300lx，如均匀布置灯具后实测该房间工作面最低照度为 280lx，最高照度为 340lx，该办公室布置的灯具数量及其对应的照度均匀度 $U_0$ 应为下列哪项数值？（　　）

(A) 22 盏灯，$U_0 = 0.93$
(B) 23 盏灯，$U_0 = 0.98$
(C) 24 盏灯，$U_0 = 0.98$
(D) 25 盏灯，$U_0 = 0.88$

**解答过程：**

4. 位于最顶层的 $67m^2$ 会议室，四周没有采光窗，采用导光管采光系统在顶部均匀布置，已知会议室的室空间比 $RCR$ 为 2.5，要求工作面的平均水平照度不低于 300lx，会议室内表面发射比分别为顶棚 0.8、墙面 0.5、地面 0.2。室外天然采光设计照度值 16500lx，导光管直径 530mm，导光管采光系统的效率为 0.74，维护系数为 0.9，采光利用系数 $CU$ 见下表，问至少需要设置多少套导光管采光系统？（　　）

| 顶棚反射比(%) | 室空间比 RCR | 墙面反射比(%) | | |
|---|---|---|---|---|
| | | 50 | 30 | 10 |
| 80 | 0 | 1.19 | 1.19 | 1.19 |
| | 1 | 1.05 | 1.00 | 0.97 |
| | 2 | 0.93 | 0.86 | 0.81 |
| | 3 | 0.83 | 0.76 | 0.7 |
| | 4 | 0.76 | 0.67 | 0.6 |

注:地面发射比为20%。

(A)4　　　　(B)7

(C)9　　　　(D)10

**解答过程:**

5. 该建筑物附近有一两侧设有隔离带的车行道(主路),路宽12.5m,灯杆高度10m,灯杆上的灯具采用相同光源对称安装,道路两侧灯杆对称安装,同一侧的灯杆间距40m,选用150W/16000lm高压钠灯,仰角15°,维护系数0.65,灯具安装示意图及灯具利用系数曲线分别如图所示,计算车行道(主路)路面平均照度为下列哪项数值?(忽略地面厚度)　　(　　)

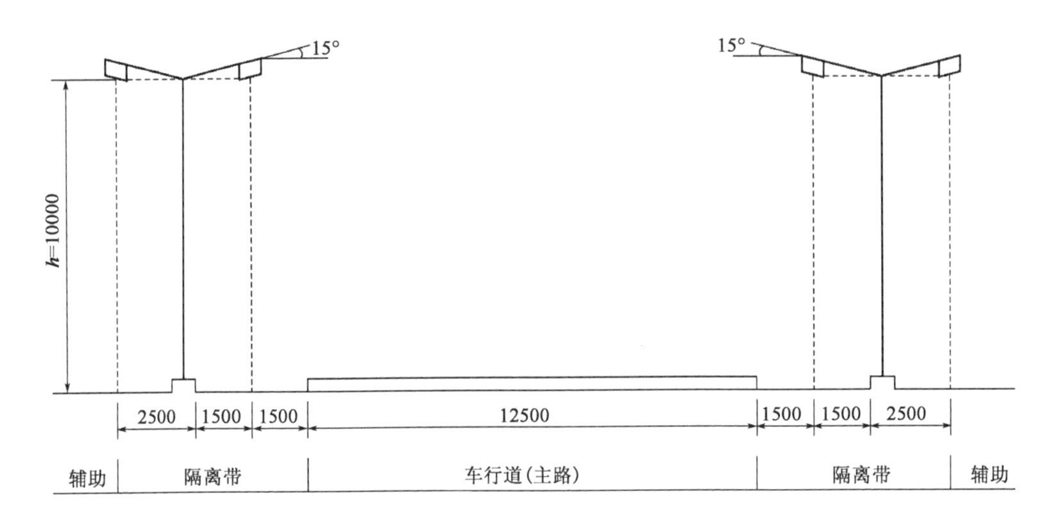


灯具安装示意图(尺寸单位:mm)

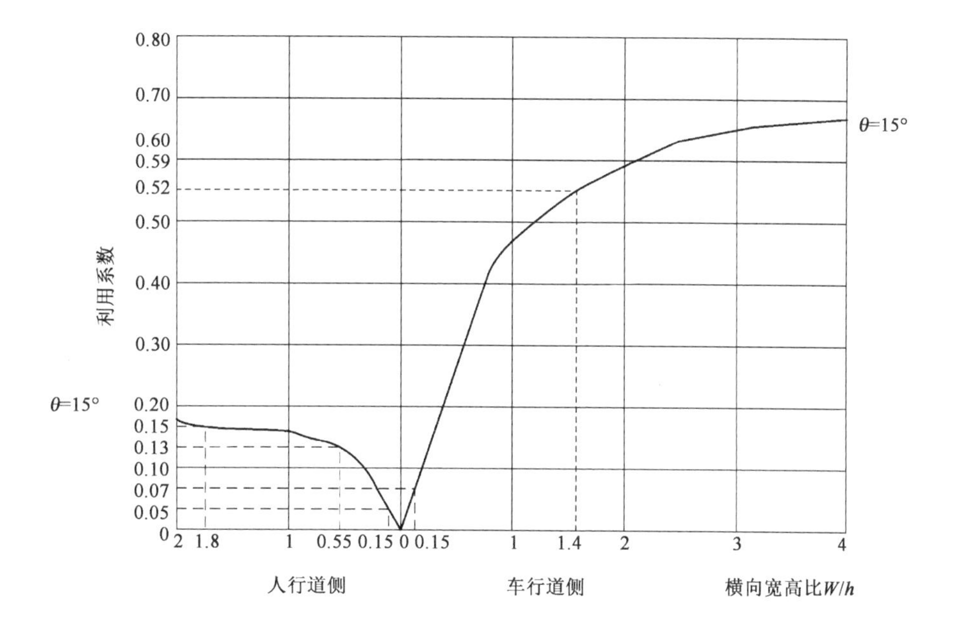


(A)18.7lx

(B)19.6lx

(C)21.6lx

(D)24.5lx

**解答过程：**

题 6～10：某两班制企业，年最大负荷利用小时为4000h，空气环境温度为35℃，土壤环境温度为30℃，土壤热阻系数2.0K·m/W，有3条交流50Hz、380V配电线路。第一条配电线路为1台三相电动机供电，电动机额定功率110kW，功率因数为0.8，电动机效率假设为1；第二条配电线路为某车间供电，采用三相电缆，长度150m，电阻为0.14Ω/km，计算电流为200A，功率因数为0.8；第三条配电线路的计算电流为165A，其中三次谐波分量为52%，忽略其他频次谐波。三条线路分别敷设，无并列理由。请回答以下问题，并给出依据。题中电缆未给出的相关数据参见《电力工程电缆设计标准》(GB 50217—2018)。

6. 该企业第一条配电线路选择聚氯乙烯绝缘铜质3＋1芯钢带铠装电缆，直埋敷设。已知经济电流密度为$1.22A/mm^2$，考虑满足满载负荷和经济截面要求时，下列哪项电缆相线截面积选择是正确的？（　　）

(A)$120mm^2$　　(B)$150mm^2$

(C)$185mm^2$　　(D)$240mm^2$

解答过程：

7. 为节能需要，该企业第一条配电线路，在用电设备电动机就地增设50kvar无功补偿，增设无功补偿后，该设备满载时电源电缆线路有功功率损耗降低的比例最接近下列哪项数值？（　　）

(A)30%　　(B)44%

(C)56%　　(D)69%

解答过程：

8. 该企业第二条配电线路电缆的年有功电能损耗最接近下列哪项数值？（　　）

(A)5544kWh　　(B)6048kWh

(C)6930kWh　　(D)10080kWh

解答过程：

9. 该企业第三条配电回路，线路电缆为交联聚乙烯绝缘铜质4+1芯电缆，空气中敷设，该电缆在空气中敷设，当环境温度为40℃时，导体最高工作温度90℃持续允许载流量见下表。要求相导体与中性导体截面积相同，只要求满足负荷电流时，计算并校验电缆最小截面积为下列哪项数值？（　　）

| 电缆导体截面积($mm^2$) | 50 | 70 | 95 | 120 |
| --- | --- | --- | --- | --- |
| 电缆载流量(A) | 182 | 228 | 273 | 314 |

(A)$50mm^2$　　(B)$70mm^2$

(C)$95mm^2$　　(D)$120mm^2$

解答过程：

10. 该企业某次技改计划新增 6 根三芯电缆，直埋通过草坪，电缆信息如下表所示。与电缆通道平行的左侧为地下燃气管道，右侧为地下排水管，请问燃气管道与排水管外壁的间距至少为多少米时，可满足此 6 根电缆单层直埋敷设要求？（　　）

| 电缆编号 | 1 | 2 | 3 | 4 | 5 | 6 |
|---|---|---|---|---|---|---|
| 电压等级(kV) | 35 | 35 | 35 | 10 | 0.4 | 0.4 |
| 外径(mm) | 100 | 100 | 50 | 50 | 50 | 50 |
| 所属部门 | 一分厂 | 一分厂 | 二分厂 | 二分厂 | 二分厂 | 二分厂 |

(A)1.90m　　(B)2.40m

(C)2.80m　　(D)2.85m

**解答过程：**

题 11 ~ 15：请回答以下问题，并说明理由。

11. 某车间生产工段通过一段 220/380V 裸母排，其下方设有一防护等级为 IP1X 的网状遮栏，遮栏底边距地 2.30m，遮栏厚度为 50mm，此裸母排距地最小高度为下列哪项数值？（　　）

(A)2.40m　　(B)2.45m

(C)2.50m　　(D)3.50m

**解答过程：**

12. 室外某三相 380V 设备采用 TN 系统供电，设备外壳接地电阻为 10Ω，假设其供电线路中间某相发生对大地接地故障，故障点处对地接触电阻为 10Ω，为使保护导体对地电压不超过接触电压限值 25V，则为其供电的变压器中性点接地电阻允许的最大值最接近以下哪项数值？（要求解答过程绘制简易电路图，忽略未知阻抗）（　　）

(A)0.8Ω　　(B)1.3Ω

(C)1.47Ω　　(D)2.9Ω

**解答过程：**

13. 某设备用 TT 系统供电，电压为 AC 380/660V，额定电流为 25A，经测量，TT 系统电源侧接地电阻为 4Ω，线路电阻为 0.8Ω，设备侧接地电阻为 5.0Ω，PE 线电阻为 0.2Ω，采用剩余电流保护器（RCD）作为馈线保护电器，如不计未知阻抗，则要满足间接接触保护要求，额定剩余动作电流 $I_{\Delta n}$ 的最大值接近下列哪项数值？（RCD 满足切断时间的动作值取 $5I_{\Delta n}$）（　　）

(A)1.0A　　(B)1.7A

(C)1.9A　　(D)9.6A

**解答过程：**

14. 某泵区内有两台相互靠近的水泵，A 号泵电动机进线电缆为 YJV-0.6/1kV-3 × 70 + 1 × 35mm²，B 号泵电动机进线电缆为 YJV-0.6/1kV-4 × 2.5mm²，若过电流防护电器不能满足间接接触防护在规定时间内切除电源的要求，则 A 号、B 号水泵电动机与水管之间，及 A 号、B 号水泵电动机之间设置的辅助等电位连接线最小截面积分别为下列哪项数值？（辅助等电位连接线采用 BV 导线明敷）（　　）

(A)16mm²，2.5mm²，2.5mm²　　(B)16mm²，4mm²，4mm²

(C)25mm²，4mm²，4mm²　　(D)25mm²，2.5mm²，2.5mm²

**解答过程：**

15. 判断下列说法有几项是正确的，并说明判断理由与依据。（　　）

(1)布置在民用建筑内的柴油发电机房均应设置火灾报警装置。

(2)某人防地下室设置有 2000m² 的救护站及 4000m² 的人防物资库，应在其内部设置柴油电站。

(3)某三级医院采用市政双重电源供电，另设有一台柴油发电机作为一级负荷中特别重要负荷的应急电源，则贵重药品冷库双电源切换箱的其中一路电源应引自应急母线段。

(4)独立设置的 110kV 变电站内事故贮油池与主控制楼的防火间距不应小于 5m。

(A)1　　(B)2

(C)3　　(D)4

**解答过程：**

题 16～20：某企业 110/35/10kV 降压变电站，110kV 系统为中性点有效接地系统。变电站的外围设置实体围墙，站内的屋外配电装置不再装设固定遮栏。请回答下列问题。

16. 该 110/35/10kV 变电站的部分场地布置初步设计方案见下图（尺寸单位：m），变电站的外围设置 2.3m 高的实体围墙，场地内设有消防和运输通道。配电装置和无功补偿设备均选用无油电气设备，变电站设总事故油池一座，两台 110/35/10kV 主变选用油浸变压器，单台变压器油重 6.5t，两台变压器之间设防火墙，图中标注的尺寸单位均为 m，均指建（构）筑物的外缘的净尺寸。请判断该设计方案有几处不符合规范的要求，并分别说明理由。（　　）

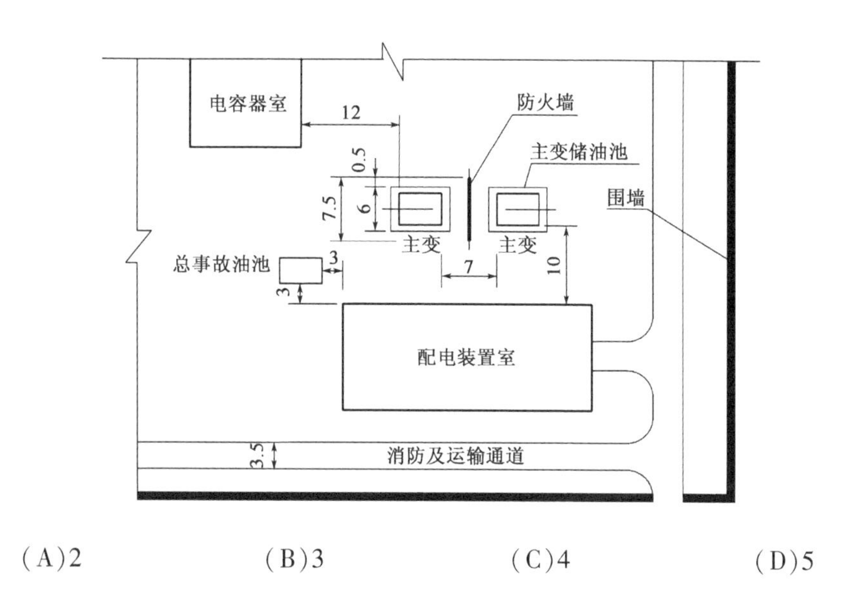


(A)2　　(B)3　　(C)4　　(D)5

**解答过程：**

17. 该变电站 110kV 室外某间隔局部剖面图如图所示，图中标注的尺寸单位均为 mm，110kV 主母线至隔离开关端子的引下线为裸软导体，请确定隔离开关支架的最小高度 $H$（隔离开关外绝缘最低部位距地面的距离），并说明理由。（　　）

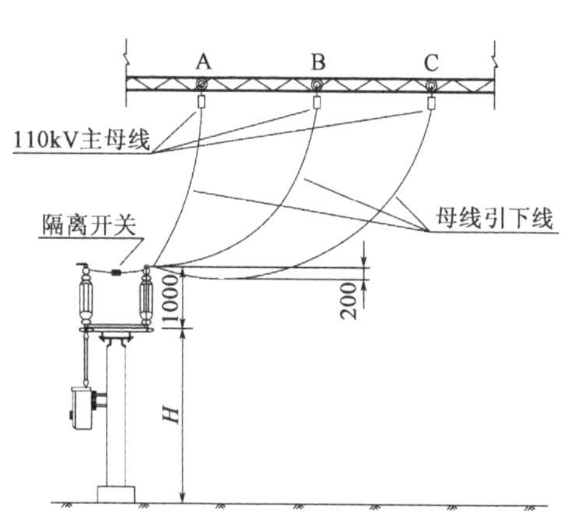


(A)2500mm

(B)2600mm

(C)2700mm

(D)3400mm

解答过程:

18. 该 110kV 变电站室外 110kV 和 35kV 共用双层门形架构,35kV 线路的构架横梁按照上人检修考虑,如图所示,图中标注的尺寸单位均为 mm。已知导线全部为裸软导体,请计算 110kV 线路的构架横梁的最小高度 $H$。 ( )

(A)7820mm

(B)10120mm

(C)10220mm

(D)10320mm

解答过程:

19. 该 110/35/10kV 变电站的室外 110kV 进线门形架如图所示,导线的规格为 LGJ-150,半径为 9mm,图中 $\alpha$ 为绝缘子串的风偏摇摆角,$\beta$ 为导体的风偏摇摆角。绝缘子串和导体的风偏摇摆角及弧垂见下表。请计算仅考虑下表的两种条件时相邻两相在门形架上的最小间距 $L$。 ( )

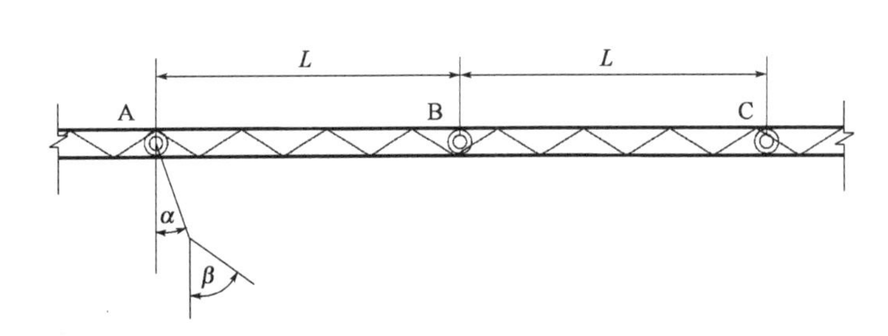


| 项　　目 | 大气过电压和风速 10m/s | 最大工作电压、短路和风速 10m/s |
|---|---|---|
| 绝缘子串的摇摆角(°) | 10 | 15 |
| 绝缘子串的弧垂(mm) | 300 | 300 |
| 导线的摇摆角(°) | 20 | 30 |
| 导线的弧垂(mm) | 800 | 900 |

(A)1000mm　　(B)1343.7mm

(C)1669.4mm　　(D)1769.4mm

解答过程：

20. 该变电站室内某段电缆沟的剖面图设计如图所示，图中标注的尺寸均按照净尺寸考虑，单位均为 mm。请判断该设计有几处不符合规范的要求，并说明理由。(忽略支架厚度)　(　　)

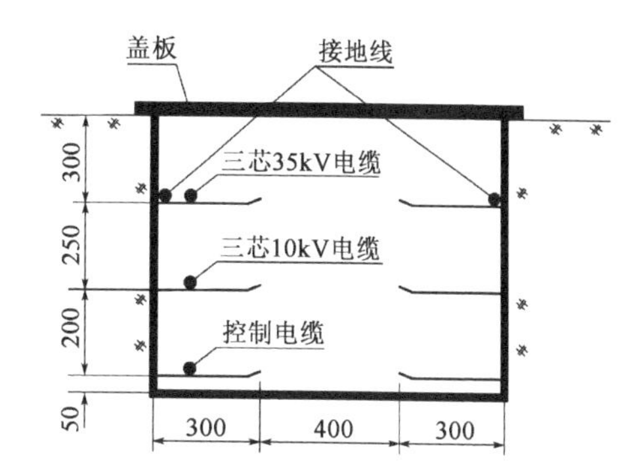


(A)1

(B)2

(C)3

(D)4

解答过程：

> 题 21 ~ 25：下列为两种容量变压器的技术参数：
>
> (1)1600kVA 变压器：电源侧额定电压为 10kV，空载电流百分数为 0.6，空载有功损耗为 1.64kW，短路有功损耗为 14.5kW，阻抗电压百分数为 6。
>
> (2)2000kVA 变压器：电源侧额定电压为 10kV，空载电流百分数为 0.4，空载有功损耗为 2.10kW，短路有功损耗为 17.8kW，阻抗电压百分数为 6。
>
> 不考虑负载波动、负载系数和变压器无功功率引起的有功功率损耗，请回答下列问题，并说明理由。

21. 已知低压侧计算负荷为 960kW，功率因数为 0.9，当采用单台 2000kVA 变压器供电时，其有功功率损失率最接近下列哪项数值？　(　　)

(A)0.54%　　(B)0.64%

(C)0.74%　　(D)0.84%

解答过程：

22. 已知低压侧计算负荷为960kW，功率因数为0.9，按变压器年运行时间为350d，全年最大负荷损耗小时数为7000h，电费按0.8元/kWh计，计算当采用单台2000kVA变压器供电时，其相比于单台1600kVA变压器时年节电费最接近下列哪项数值？（ ）

(A)5359.2元　(B)5874.4元
(C)6713.6元　(D)11541.6元

**解答过程：**

23. 若总计算负荷为960kVA，计算当使用单台1600kVA变压器和使用2台1600kVA变压器并列运行时相比，变压器的功率损耗差最接近下列哪项数值？（ ）

(A)0.48kW　(B)0.97kW
(C)1.64kW　(D)2.61kW

**解答过程：**

24. 该变压器室附近有开敞式办公区，办公区附近用电设备产生5次谐波、7次谐波。实测开敞式办公区电磁场强度如表所示，请计算确定该办公区的电磁环境评价结论，并说明理由。（ ）

| 频率 $f$(Hz) | 50 | 250 | 350 |
|---|---|---|---|
| 电场强度 $E$(V/m) | 325 | 58 | 215 |
| 磁感应强度 $B$(μT) | 11 | 4.2 | 11.3 |

(A)电场强度未超过限值，磁感应强度未超过限值
(B)电场强度未超过限值，磁感应强度超过限值
(C)电场强度超过限值，磁感应强度未超过限值
(D)电场强度超过限值，磁感应强度超过限值

**解答过程：**

25. 某动力中心，地上一层为变压器及高低压配电室，地下一层为制冷机房，位于变压器室和高低压配电室下方，变压器室内设有10/0.4kV、2000kVA油浸变压器及挡油池，已知该变压器油重1250kg，油密度为$0.85\times10^3kg/m^3$，该挡油池的最小容积为下列哪项数值？（　　）

(A)$0.294m^3$　　(B)$0.882m^3$

(C)$1.470m^3$　　(D)$2.205m^3$

**解答过程：**

题26～30：请解答以下问题。

26. 某PLC系统控制三种形式的典型控制回路A、B、C，其回路数及各类输入、输出点(通道)数见下表。若PLC系统的内存为10kB，在无数据通讯及典型控制回路A、B全部接入的情况下，为了满足PLC系统内存(留有20%的裕量)的要求，估算典型控制回路C允许接入的最多回路最接近下列哪项数值？(所有计算系数取上限值)（　　）

| 回路形式 | 回路数 | DI点数 | DO点数 | AI通道数 | AO通道数 |
|---|---|---|---|---|---|
| A | 10 | 2 | 2 | 1 | 0 |
| B | 4 | 2 | 1 | 2 | 1 |
| C | ? | 4 | 2 | 0 | 0 |

(A)0　　(B)23

(C)32　　(D)44

**解答过程：**

27. 某改造项目的小型PLC控制系统利旧，共有16点DI模块10个，16点DO模块5个。其所控制的2种控制回路为新增，其中第一种共计12个回路，每个回路包括4个DI点、2个DO点；第二种每个回路包括5个DI点、2个DO点。要求各种模块备用点数为该类模块总点数的10%，在满足第一种回路全部接入的情况下，计算该系统最多接入第二种回路数最接近下列哪项数值？(DI与DO点不能转换使用)（　　）

(A)15　　(B)19

(C)24　　(D)32

**解答过程：**

28. 图1、图2分别为某水泵电动机的主回路接线图及PLC控制器接线示意图，用梯形图编制该电动机启动（运行）、停止及运行、停止的状态指示，图3～图6中正确的梯形图为下列哪个选项？并简要说明错误项的原因（输入点逻辑未经转换）。（　　）

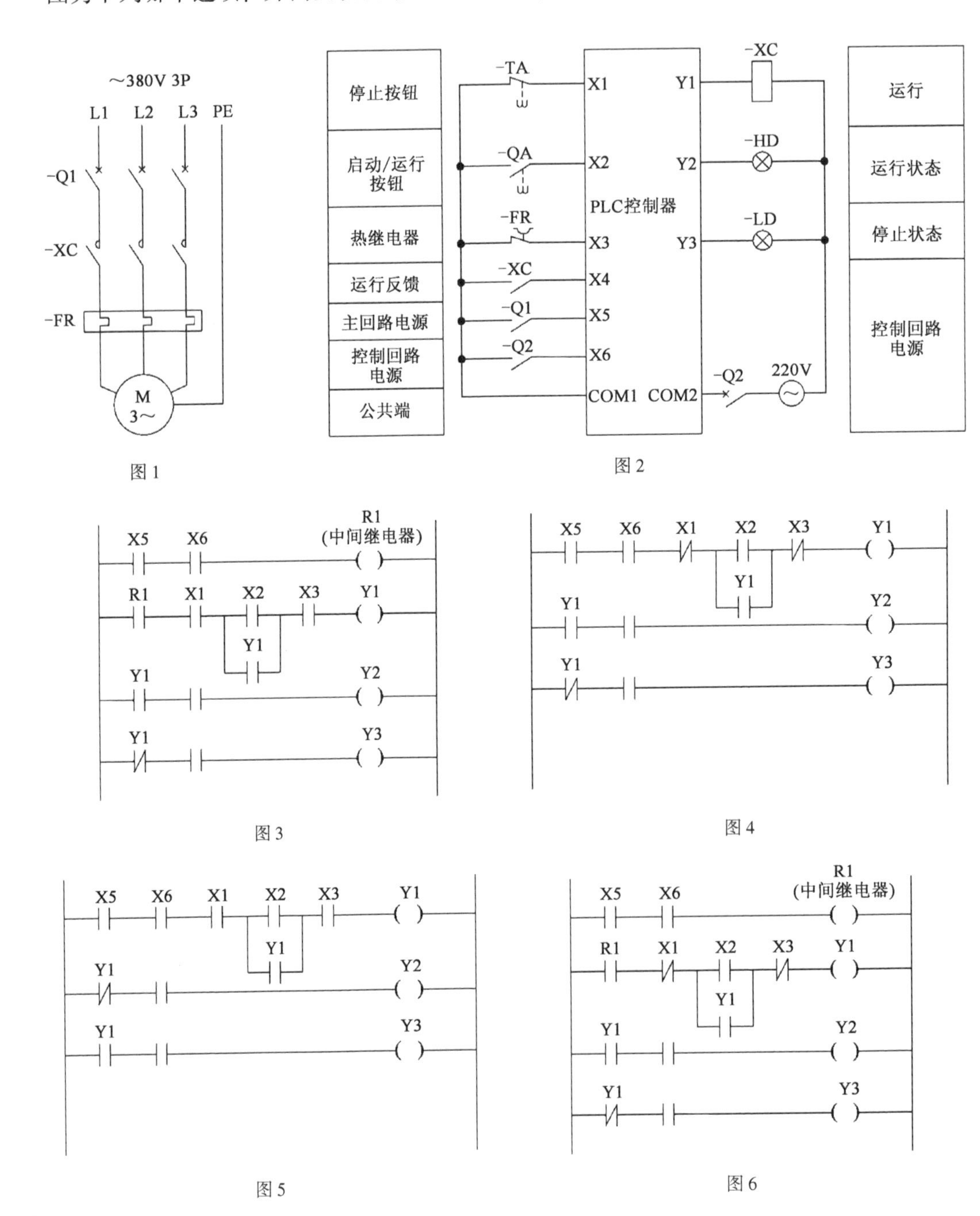


图1　图2　图3　图4　图5　图6

(A)图 3　　　　(B)图 4

(C)图 5　　　　(D)图 6

**解答过程：**

29. 根据下表传动系统特定时间段的生产负荷，初选异步电动机（不带飞轮）额定功率 1100kW，额定转速 975r/min，最大转矩倍数为 2.5。计算负荷等效功率及电动机最大可利用转矩，并判断该电动机能否满足生产要求，正确的是下列哪个选项？（　　）

| 负载转矩 $M_L$(kN·m) | 2 | 4 | 8 | 18 | 14 | 8 | 4 | 2 |
|---|---|---|---|---|---|---|---|---|
| 持续时间 $t$(s) | 6 | 2 | 3 | 2 | 2 | 3 | 2 | 6 |

(A)755kW，15.5kN·m，不满足

(B)785kW，17.5kN·m，不满足

(C)785kW，17.5kN·m，满足

(D)785kW，20.6kN·m，满足

**解答过程：**

30. 某交流接触器线圈的吸合功率为 300VA，该接触器正常工作的最低电压为额定电压的 85%，控制电缆回路为 2 芯 1.5mm²。若网络的电压波动为 ±10%，按电压降校验 ~220V 控制回路在网络电压波动最不利时，控制电缆的最大允许长度最接近下列哪项数值？[假定控制线路单位长度的电压降为 29V/(A·km)]（　　）

(A)139m　　　　(B)278m

(C)556m　　　　(D)834m

**解答过程：**

题 31 ~ 35：某企业 35kV 变电站采用一回 35kV 架空线路供电，线路全程架设避雷线。导线和避雷线均采用防震锤作为防震措施。线路经过的区域为空旷地区，地势平坦，海拔高度 1500m，最低气温为 -40℃，最高气温为 40℃，地区年平均气温为 -6℃，覆冰厚度取 10mm，最大风速为 18m/s。导体选用 LGJ-150，导线外径17.1mm，计算截面积 173.11mm$^2$，单位质量 601kg/km，导线的破坏强度 290N/mm$^2$，弹性系数取 80000N/mm$^2$，线膨胀系数取 $17.8\times10^{-6}$/℃，计算时电线风压不均匀系数取 1。请回答下列问题。

31. 请计算该线路导线在覆冰工况时综合比载为下列哪项数值？（　　）

(A) 0.077N/(m · mm$^2$)　　(B) 0.079N/(m · mm$^2$)

(C) 13.408N/(m · mm$^2$)　　(D) 3.694N/(m · mm$^2$)

**解答过程：**

32. 该线路某一耐张段的代表档距为 150m，当导线的安全系数取 2.75 时，控制气象条件为最低气温工况。该耐张段内的两基相邻直线塔之间档距为 100m，两侧悬挂点等高。请计算该档导线在 0℃ 无风无冰时最低点的应力最接近下列哪项数值？（　　）

(A) 105.5N/mm$^2$　　(B) 72.5N/mm$^2$

(C) 62.76N/mm$^2$　　(D) 56.96N/mm$^2$

**解答过程：**

33. 该线路中三基杆塔的纵断面和平面布置图如图所示，其中杆塔 A 和 C 为直线杆塔，杆塔 B 为耐张杆塔，线路在杆塔 B 处的转角为 30°。请计算在最大风工况下，当风向与线路的内转角等分线方向一致时，作用于杆塔 B 的导线水平荷载为下列哪项数值？

（　　）

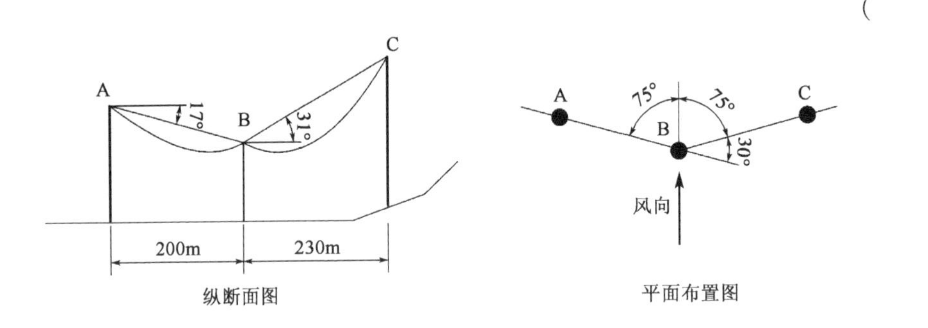

(A)764.08N　　(B)848.45N

(C)909.36N　　(D)925.52N

解答过程：

34. 若线路的导线安全系数取2.75，最低气温工况时最大使用应力，年平均气温时取平均运行应力。计算最低气温工况和年平均气温工况两种可能的控制气象条件的临界档距应为下列哪项数值？（　　）

(A)158.1m　　(B)199.1m

(C)249.1m　　(D)无穷大

解答过程：

35. 如图所示，A、B、C为某耐张段内新施工的三基直线杆塔，导线的悬挂高度相同，该耐张段的代表档距为150m，各种代表档距不同温度条件下的百米弧垂（未考虑导线的塑性伸长）见下表。采用降温法对导线的塑性伸长进行补偿，降低的温度按照10℃考虑。架线施工时的温度为20℃，请确定A-B档和B-C档的架线弧垂分别为下列哪项数值？（　　）

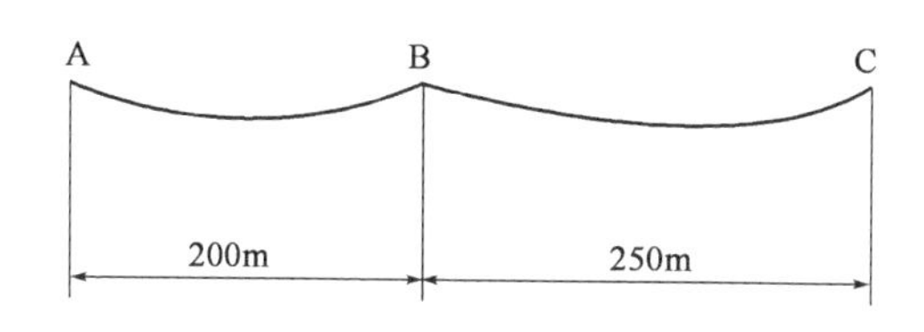


| 代表档距(m) | 100 | | | 150 | | |
|---|---|---|---|---|---|---|
| 温度(℃) | 10 | 20 | 30 | 10 | 20 | 30 |
| 弧垂(m) | 0.65 | 0.72 | 0.82 | 0.51 | 0.56 | 0.62 |
| 代表档距(m) | 200 | | | 250 | | |
| 温度(℃) | 10 | 20 | 30 | 10 | 20 | 30 |
| 弧垂(m) | 0.55 | 0.61 | 0.66 | 0.63 | 0.67 | 0.71 |

(A)0.61m，0.67m　　(B)2.04m，3.19m

(C)2.24m，3.50m　　(D)2.60m，4.06m

解答过程：

题 36～40：某公路客运交通枢纽楼，门前广场 50m×50m，枢纽楼建筑高度 17m，地下 1 层，其上部主楼 1 层、附楼 4 层，整个建筑的最大容纳人数为 2500 人；地上主楼为单层候车大厅，大厅长 55m、宽 40m、层高 15m，吊顶为封闭式（吊顶内无可燃物），吊顶高度 13m，有单独的出入口，5m 以上无外窗。附楼的第 4 层有一办公室，其面积为 $480m^2$，吊顶为密闭平吊顶，吊顶高 4.5m，该办公室外是一条 3.5m 宽、42m 长的内走道，走道吊顶为密闭平吊顶，吊顶高 4m。请回答下列问题，并列出解答过程。

36. 在候车大厅内拟设置红外线型光束火灾探测器作为火灾自动探测的一种装置，最经济的方案需要设置几组，并说明理由。（　　）

(A)3 组　　(B)4 组

(C)6 组　　(D)8 组

**解答过程：**

37. 若该项目采用模拟视频监视器播放监控的视频，每帧图像为 625 行，采用隔行扫描，请计算其垂直清晰度接近下列哪项数值？并说明理由。（　　）

(A)241 电视线　　(B)403 电视线

(C)438 电视线　　(D)500 电视线

**解答过程：**

38. 该建筑的应急广播系统中，地下室设有 30 只 5W 扬声器，主楼设置有 20 只 8W 扬声器，附楼设置有 20 只 3W 扬声器，计算应急广播扩音机容量时线路衰耗补偿系数按 1.5dB 选取，老化系数取 1.3。请计算火灾应急广播系统扩音机的容量最接近下列哪项数值？并说明理由。（　　）

(A)555W　　(B)678W

(C)683W　　(D)760W

**解答过程：**

39. 本项目门前广场设置了公共广播系统，按要求设置了符合规定的 4 处漏出声衰减测量点，这 4 点分别测得的宽带稳态有效值声压级分别为 60dB、61dB、63dB、66dB，该广场公共广播的应备声压级为 83dB，请计算广场公共广播系统的漏出声衰减值应为下列哪项数值？并说明理由。（ ）

(A)17dB　　(B)20dB

(C)20.5dB　　(D)23dB

**解答过程：**

40. 该项目附楼门厅拟设置一面播放 XGA 制式图像的 LED 显示屏，设计最佳视距约 8.28m，请计算此 LED 显示屏所需最小面积最接近下列哪项数值？并说明理由。（ ）

(A)$1.8m^2$　　(B)$4.3m^2$

(C)$7.1m^2$　　(D)$28.3m^2$

**解答过程：**

# 2021 年案例分析试题答案(下午卷)

题 1 ~5 答案:**ACDDB**

1.《照明设计手册》(第三版) P79 表 3-10。

根据表 5.5.1,仓库照度的参考平面及其高度为 1.0m 水平面:

(1)1/2 照度角:$\theta = \arctan\left(\frac{4/2}{6.5}\right) = 17.1°$

(2)距高比:$\frac{L}{H} = \frac{4}{6.5} = 0.615$

注:《建筑照明设计标准》(GB 50034—2013) 表 5.5.1 中有关仓库照度的参考平面及其高度为 1.0m 水平面,距高比 $L/H$ 为 0.727,与 1/2 照度角的结论不一致,不建议采用。

2.《照明设计手册》(第三版) P118 式(5-1)、P122 式(5-15)。

被照面法线与入射光线的夹角:$\theta = \arctan\left(\frac{3}{2.5}\right) = 50.19° \approx 50°$,查表可知 $I_\theta = 131\text{cd}$。

A 点实际水平照度:

$$E_h = \frac{\Phi K}{1000}\sum\varepsilon \times \frac{I_\theta}{R^2}\cos\theta = 2 \times \frac{400 \times 0.8}{1000} \times \frac{131}{3^2 + 2.5^2}\cos 50.19° = 3.52\text{lx}$$

3.《照明设计手册》(第三版)P145 式(5-39)。

平均照度:$E_{av} = \frac{E_{min} + E_{max}}{2} = \frac{280 + 340}{2} = 310\text{lx}$,且 $0.9 \times 310 = 279\text{lx} < 280\text{lx}$,$1.1 \times 310 = 341\text{lx} > 340\text{lx}$,满足规范要求。

平均照度时灯具数量:$N = \frac{E_{av}A}{\Phi UK} = \frac{310 \times 120}{3200 \times 0.8 \times 0.6} = 24.22$,取 24 盏。

平均照度时不均匀度:$U_{0av} = \frac{E_{min}}{E_{av}} = \frac{280}{310} = 0.903$

显然选项 C 有误,选项 A 和选项 B 不均匀度数据倒置,建议按 25 盏试算,平均照度值为:

$$E_{av} = \frac{NA}{\Phi UK} = \frac{25 \times 3200 \times 0.8 \times 0.6}{120} = 320\text{lx}$$

25 盏灯具时的不均匀度:$U_{05} = \frac{E_{min}}{E_{av}} = \frac{280}{320} = 0.875$

4.《照明设计手册》(第三版) P167 式(5-79) ~ 式(5-81)。

导光管采光系统漫射器的设计输出光通量:

$\Phi_u = E_s \times A_t \times \eta = 16500 \times 0.22 \times 0.74 = 2686.2\text{lm}$

利用插值法,导光管利用系数 $CU = (0.93 + 0.88)/2 = 0.88$

导光管采用系统个数：$n \geqslant \dfrac{SE_{av}}{\Phi_u \times CU \times MF} = \dfrac{67 \times 300}{2686.2 \times 0.88 \times 0.9} = 9.45$ 套，取 10 套。

5.《照明设计手册》(第三版) P406、P407 图 18-10 有中央隔离带的车道上利用系数计算、例 18-1。

根据人行道侧曲线(内侧灯具)：$\dfrac{W}{h} = \dfrac{1.5}{10} = 0.15$，查表 $U_2 = 0.07$。

根据车行道侧曲线(内侧灯具)：$\dfrac{W}{h} = \dfrac{12.5 + 1.5}{10} = 1.4$，查表 $U_1 = 0.52$。

根据人行道侧曲线(外侧灯具)：$\dfrac{W}{h} = \dfrac{1.5 + 1.5 + 2.5}{10} = 0.55$，查表 $U_2' = 0.13$。

根据车行道侧曲线(外侧灯具)：$\dfrac{W}{h} = \dfrac{12.5 + 1.5 + 1.5 + 2.5}{10} = 1.8$，查表 $U_1' = 0.15$。

利用系数：$U = (0.52 - 0.07) + (0.15 - 0.13) = 0.47$

路面平均照度：$E_{av} = \dfrac{\Phi UKN}{SW} = \dfrac{2 \times 16000 \times 0.47 \times 0.65}{40 \times 12.5} = 19.552\text{lx}$

题 6 ~ 10 答案：**CACCB**

6.《电力工程电缆设计标准》(GB 50217—2018) 附录 A ~ 附录 D。

根据附录 A 之表 A，聚氯乙烯绝缘的持续工作最高允许温度为 70℃；根据表 D.0.1，直埋敷设时环境温度的载流量校正系数 $K_1 = 0.94$；根据表 D.0.3，土壤热阻系数对应的载流量校正系数 $K_2 = 0.87$。

聚氯乙烯绝缘电缆额定电流：$I_N = \dfrac{110}{0.38 \times \sqrt{3} \times 0.8 \times 1} = 208.91\text{A}$

电缆载流量修正值对应导体截面积：$I = \dfrac{208.91}{0.94 \times 0.87 \times 1.29} = 198.03\text{A}$，根据表 C.0.1-2，取 $120\text{mm}^2$。

根据附录 B 式(B.0.1-1)，经济密度对应导体截面积：$S = \dfrac{I_{max}}{j} = \dfrac{208.91}{1.22} = 171.23\text{mm}^2$，取 $185\text{mm}^2$。

同时考虑满足满载负荷和经济截面积要求，电缆相线截面积取较大值 $185\text{mm}^2$。

7.《钢铁企业电力设计手册》(下册) P297 式(6-35)。

无功补偿前：$\cos\varphi_1 = 0.8 \Rightarrow \sin\varphi_1 = 0.6$，$Q_1 = S\sin\varphi_1 = \dfrac{110}{0.8} \times 0.6 = 82.5\text{kvar}$

无功补偿后：$Q_2 = Q_1 - 50 = 82.5 - 50 = 32.5\text{kvar}$

$\sin\varphi_2 = \dfrac{Q_2}{S_2} = \dfrac{32.5}{\sqrt{110^2 + 32.5^2}} = 0.2833$，$\cos\varphi_2 = \dfrac{P}{S_2} = \dfrac{110}{\sqrt{110^2 + 32.5^2}} = 0.959$

根据式(6-35)，$\Delta P = \left(\dfrac{P}{U}\right)^2 R \left(\dfrac{1}{\cos^2\varphi_1} - \dfrac{1}{\cos^2\varphi_2}\right) \times 10^{-3}$

满载时电源电缆线路有功功率损耗降低的比例：

$$\Delta P=\frac{\dfrac{1}{\cos^2\varphi_1}-\dfrac{1}{\cos^2\varphi_2}}{\dfrac{1}{\cos^2\varphi_1}}=\frac{\dfrac{1}{0.8^2}-\dfrac{1}{0.959^2}}{\dfrac{1}{0.8^2}}=0.3041=30.41\%$$

8.《工业与民用供配电设计手册》(第四版)P33表1.10-2、式(1.10-1)。

由表1.10-2，年最大负荷利用小时为4000h，对应年最大负荷损耗小时数为2750h。

年有功电能损耗：

$W=3I_n^2R\times10^{-3}t=3\times200^2\times0.14\times0.15\times10^{-3}\times2750=6930\text{kWh}$

9.《工业与民用供配电设计手册》(第四版)P810、P811"9.2.2.2 存在谐波电流时导体截面选择"、表9.2-2、例9.2-3。

根据表9.2-2，计算电流校正系数 $K=1$，按大于50%三次谐波含量计算，$I_{3h}=\dfrac{165\times3\times0.52}{1}=257.4\text{A}$。

《电力工程电缆设计标准》(GB 50217—2018)附录D第D.0.2条。

不同环境温度下的载流量校正系数：$K=\sqrt{\dfrac{\theta_m-\theta_2}{\theta_m-\theta_1}}=\sqrt{\dfrac{90-40}{90-35}}=0.953$

中性线实际载流量：$I'_{3h}=257.4\times0.953=245.3\text{A}$，取$95\text{mm}^2$。

10.《电力工程电缆设计标准》(GB 50217—2018)第5.3.5条表5.3.5。

电缆外径之和：$D_1=0.1+0.1+0.05+0.05+0.05+0.05=0.4\text{m}$

查表5.3.5，由左侧至右侧的电缆间距及与管道间距为：电缆与可燃气体管道间距1.0m，35kV电缆间距0.25m，不同部门之间的电缆(一分厂与二分厂)间距0.5m，35kV与10kV电缆间距0.1m，10kV与0.4kV电缆间距0.1m，0.4kV与0.4kV电缆间距0.1m，电缆与其他管道间距0.5m。

| 电缆编号 | 1 | 2 | 3 | 4 | 5 | 6 |
| --- | --- | --- | --- | --- | --- | --- |
| 电压等级(kV) | 35 | 35 | 35 | 10 | 0.4 | 0.4 |
| 外径(mm) | 100 | 100 | 50 | 50 | 50 | 50 |
| 所属部门 | 一分厂 | 一分厂 | 二分厂 | 二分厂 | 二分厂 | 二分厂 |

| 间距(m) | 1.0 | 0.25(0.1) | 0.5(0.1) | 0.25(0.1) | 0.1 | 0.1 | 0.5 |
| --- | --- | --- | --- | --- | --- | --- | --- |

注：括号内为采用隔板分隔时的最小允许距离。

$D_{min}=1.0+0.1+0.1+0.1+0.1+0.1+0.5+D_1=2.4\text{m}$(采用隔板分隔，忽略隔板厚度)

$D_{max}=1.0+0.25+0.5+0.25+0.1+0.1+0.5+D_1=2.9\text{m}$(未采用隔板分隔)

题11~15答案：**CBCCC**

11.《低压配电设计规范》(GB 50054—2011)第4.2.5条、表4.2.5和第7.4.1条。

根据第7.4.1条：除配电室外，无遮护的裸导体至地面的距离不应小于3.5m；采用防护等级不低于现行国家标准《外壳防护等级(IP代码)》(GB 4208)规定的P2X的网孔遮栏时，不应小于2.5m。网状遮栏与裸导体的间距不应小于100mm，板状遮栏与裸导体的间距不应小于50mm。

注：题干条件中设网状遮栏，故不属于无遮栏状态，不适用于3.5m；仅网状遮栏的防护等级低于规范要求，故建议根据《低压电气装置　第4-41部分：安全防护　电击防护》（GB 16895.21—2012）第B.3条。

12. 根据《交流电气装置的接地设计规范》（GB/T 50065—2011）第7.1.2条，单相短路等效电路如下。

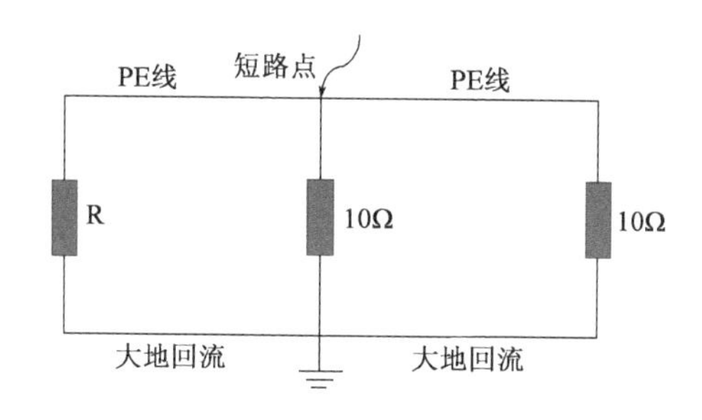


短路点的接触电压：$U_f = \frac{220}{(R//10)+10} \times 10 \geqslant 220-25 \Rightarrow R \leqslant 1.28\Omega$

13.《交流电气装置的接地设计规范》（GB/T 50065—2011）第7.2.7条。

额定剩余动作电流 $I_{\Delta n}$ 的最大值：$5I_{\Delta n} \leqslant \frac{50}{R} \Rightarrow I_{\Delta n} \leqslant \frac{50}{5\times(5+0.2)} = 1.92\text{A}$

14.《低压配电设计规范》（GB 50054—2011）第3.2.16条、第3.2.14条。

（1）连接两个外露可导电部分导电的保护连接导体，其电导不应小于接到外露可导电部分的较小的保护导体的电导，本题不适用。

（2）连接外露可导电部分和装置外可导电的部分连接导体，其电导不应小于相应保护导体截面积1/2的导体所具有的电导，故A号、B号水泵电动机与水管之间辅助等电位连接线导体截面积取25mm$^2$。

（3）单独敷设的保护连接导体，其截面积应符合本规范第3.2.14条第3款的规定，A号、B号水泵电动机之间辅助等电位连接线导体截面积取4.0mm$^2$。

15. 根据《民用建筑电气设计标准》（GB 51348—2019）第6.1.2-4条，民用建筑内的柴油发电机房应设置火灾自动报警系统和自动灭火设施，故选项A正确。

根据《人民防空地下室设计规范》（GB 50038—2005）第7.2.11-2条，救护站、防空专业队工程、人员掩蔽工程、配套工程等防空地下室，当建筑面积之和大于5000m$^2$时，应设置柴油电站，故选项B正确。

根据《民用建筑电气设计标准》（GB 51348—2019）附录A，三级医院的贵重药品冷库为二级负荷。

根据《供配电系统设计规范》（GB 50052—2009）第3.0.3条，选项C错误。

根据《火力发电厂与变电站设计防火规范》（GB 50229—2006）第11.1.1条、

第11.1.5条,选项D正确。

题16~20答案:**BBBCC**

16.根据《35~110kV变电所设计规范》(GB 50059—2011)第2.0.6条,变电站内为满足消防要求的主要道路宽度应为4.0m。主要设备运输道路的宽度可根据运输要求确定,并应具备回车条件。图中为3.5m,此为错误1。

根据《3~110kV高压配电装置设计规范》(GB 50060—2008)第5.5.4条、第5.5.5条,110kV电压等级,油量不小于2.5t的屋外油浸变压器之间的最小净距为8m,当不满足要求时,应设置防火墙。图中防火间距为7m,设置防火墙,防火墙长度应大于变压器贮油池两侧各1m。图中为0.5m,此为错误2。

根据《火力发电厂与变电站设计防火规范》(GB 50229—2006)第11.1.4条,总事故油池与油浸变压器配电装置室的防火间距不应小于5m,图中距离不满足要求,此为错误3。

17.《3~110kV高压配电装置设计规范》(GB 50060—2008)第5.1.1条。

110kV系统为中性点有效接地系统,屋外配电装置,无遮栏裸导体至地面之间的安全净距为$C=3400\text{mm}$。

$H+1000-200\geqslant3400\text{mm}$,故$H\geqslant2600\text{mm}$。

18.《电力工程电气设计手册　电气一次部分》P704、P705、P302附图10-11及附10-53。

根据《3~110kV高压配电装置设计规范》(GB 50060—2008)第5.1.3条及表5.1.3,$A_1=900\text{mm}$。

$H_s=H+h/2+H_{R3}+A_1+r_3=6000+200+2300+900+720=10120\text{mm}$

注:题干中跳线半径$r_3$未明确。

19.《电力工程电气设计手册　电气一次部分》P699附图10-1及附10-5。

在大气过电压、风偏条件下,门形架上的最小间距为:

$D\geqslant A_2+2(f_1\sin\alpha_1+f_2\sin\alpha_2)+d\cos\alpha_2+2r=1000+2\times(300\sin10°+800\sin20°)+2\times9=1669.42\text{mm}$

在最大工作电压、短路摇摆、风偏条件下,门形架上的最小间距为:

$D\geqslant A_2+2(f_1\sin\alpha_1+f_2\sin\alpha_2)+d\cos\alpha_2+2r=500+2\times(300\sin15°+900\sin30°)+2\times9=1573.29\text{mm}$

取两者较大值,$L=1669.42\text{mm}$。

20.《电力工程电缆设计标准》(GB 50217—2018)。

根据第5.5.1条,电缆支架两侧布置,电缆沟内通道的净宽尺寸为500mm(沟深800mm),图中净宽400mm,此为错误1。

根据第5.5.2条,35kV三芯敷设的支架或吊架间距不小于300mm,图中为250mm,此为错误2。

根据第5.5.3-2条,最小层支架、梯架或托盘距沟底垂直净距不宜小于100mm,图中净距为 50mm，此为错误 3。

题 21 ~ 25 答案：**CADBC**

21.《钢铁企业电力设计手册》(下册) P291 式(6-14)、式(6-15)。

变压器负债率：$\beta = \dfrac{S_c}{S_N} = \dfrac{960/0.9}{2000} = 0.5333$

变压器有功功率损失率：$\Delta P\% = \dfrac{\Delta P}{P_1} = \dfrac{2.1 + 17.8 \times 0.5333^2}{960 + 2.1 + 17.8 \times 0.5333^2} \times 100\% = 0.74\%$

22.《钢铁企业电力设计手册》(下册) P292、P293 例 2。

变压器负债率：$\beta_1 = \dfrac{S_c}{S_{N1}} = \dfrac{960/0.9}{1600} = 0.6667$，$\beta_1 = \dfrac{S_c}{S_{N2}} = \dfrac{960/0.9}{2000} = 0.5333$

负载有功功率损耗：

$\Delta P_{k1} = \beta_1^2 P_{k1} = 0.6667^2 \times 14.5 = 6.444\text{kW}$，$\Delta P_{k2} = \beta_2^2 P_{k2} = 0.5333^2 \times 17.8 = 5.063\text{kW}$

全年运行时间 $t = 350 \times 24\text{h}$，全年最大负荷损耗小时 $\tau$ 为 7000h，电价按 0.8 元/kWh 计，则全年节约电费为：

$W_d = [(1.64 - 2.1) \times 350 \times 24 + (6.444 - 5.063) \times 7000] \times 0.8 = 4642.4\text{kWh}$

显然，大容量变压器运行比小容量变压器运行全年有更多能耗，全年电费也会上升。

以上计算过程，保留小数点后两位重新进行计算如下：

$\Delta P_{k1} = \beta_1^2 P_{k1} = 0.67^2 \times 14.5 = 6.509\text{kW}$，$\Delta P_{k2} = \beta_2^2 P_{k2} = 0.53^2 \times 17.8 = 5.0\text{kW}$

$W_d = [(1.64 - 2.1) \times 350 \times 24 + (6.509 - 5.0) \times 7000] \times 0.8 = 5359.2\text{kWh}$

注：出题者应明确保留小数点后两位进行计算，否则结果偏差较大。

23.《钢铁企业电力设计手册》(下册) P291 6-14。

变压器负债率：$\beta_1 = \dfrac{S_c}{S_N} = \dfrac{960}{1600} = 0.6$

单台变压器时有功功率损耗：$\Delta P_1 = P_0 + \beta^2 P_k = 1.64 + 14.5 \times 0.6^2 = 6.86\text{kW}$

变压器负债率：$\beta_2 = \dfrac{S_c}{S_N} = \dfrac{960}{1600 \times 2} = 0.3$

上式中，$P_0$ 为空载损耗，反映变压器励磁支路的损耗，此损耗仅与变压器材质与结构有关，当 $n$ 台变压器并联时，励磁损耗也加倍；$P_k$ 为短路损耗，反映变压器绕组的电阻损耗，当 $n$ 台变压器并联时，相当于电阻并联，总电阻折减，短路损耗也相应折减。

两台变压器并联时有功功率损耗：

$$\Delta P_2 = 2 \times P_0 + \beta^2 \frac{P_k}{2} = 2 \times 1.64 + \frac{14.5}{2} \times 0.3^2 = 3.93\text{kW}$$

两种方案的变压器的功率损耗差：$\Delta P = \Delta P_1 - \Delta P_2 = 6.86 - 3.93 = 2.92\text{kW}$

24.《电磁环境控制限值》(GB 8702—2014) 表 1 公众曝露控制限值、第 4.2 条。

电场强度：$\sum_{i=1\text{Hz}}^{100\text{kHz}} \dfrac{E_i}{E_{li}} = \left(\dfrac{325}{200/50} + \dfrac{58}{200/250} + \dfrac{215}{200/350}\right) \times 10^{-3} = 0.53 < 1$，未超过限值。

磁感应强度：$\sum_{i=1\text{Hz}}^{100\text{kHz}}\frac{B_i}{B_{li}}=\left(\frac{11}{5/50}+\frac{4.2}{5/250}+\frac{11.3}{5/350}\right)\times10^{-3}=1.111>1$，超过限值。

25.《20kV 及以下变电所设计规范》(GB 50053—2013)第 6.1.6 条、第 6.1.7 条。

题中未明确设置了能将油排到安全场所的设施，故应设置容量为 100% 变压器油量的储油池。

$$L=\frac{1250}{0.85\times10^3}=1.47\text{m}^3$$

题 26～30 答案：**BBABB**

26.《钢铁企业电力设计手册》(下册)P509 式(27-3)。

$M=K_1K_2[(DI+DO)C_1+AIC_2+AOC_3]$

A 回路容量：$M_A=1.4\times1.15\times10\times[(2+2)\times10+1\times120+0]/1024=2.52\text{kB}$

B 回路容量：

$M_B=1.4\times1.15\times10\times[(2+1)\times10+2\times120+1\times250]/1024=3.27\text{kB}$

C 回路容量：$M_C=1.4\times1.15\times n\times[(4+2)\times10+0+0]/1024=0.094n\text{kB}$

C 回路数量：$0.094n=10(1-20\%)-2.52-3.27\Rightarrow n=23.51\text{kB}$

27. 无。

DI 点对应回路数：$5n=10\times16\times(1-10\%)-12\times4\Rightarrow n=19.2$ 个

DO 点对应回路数：$2n=5\times16\times(1-10\%)-12\times2\Rightarrow n=24$ 个

取两者较小值，即 19 个回路数。

28.《工业与民用供配电设计手册》(第四版)P1100"12.1.11 交流电动机的控制回路"。

29.《钢铁企业电力设计手册》(下册) P50～P52 式(23-135)、式(23-139)、式(23-144)。

等效转矩：$M_{\text{mrms}}=\sqrt{\sum_{i=1}^{n}\frac{M_i^2t_i}{t_i}}=$

$$\sqrt{\frac{2^2\times6+4^2\times2+8^2\times3+18^2\times2+14^2\times2+8^2\times3+4^2\times2+2^2\times6}{6+2+3+2+2+3+2+6}}=7.686\text{kN}\cdot\text{m}$$

负荷等效功率：$P_1=\frac{M_1n_N}{9550}\times10^3=\frac{975\times7.686}{9550}\times10^3=784.70\text{kW}$

最大可利用转矩：

$$M_{\max}=k_1k_u\lambda M_N=0.9\times0.85^2\times\frac{9.55\times1100}{975}\times2.5=17.515\text{kN}\cdot\text{m}<18\text{kN}\cdot\text{m}$$

30.《工业与民用供配电设计手册》(第四版)P1106 式(12.1-8)。

手册中吸合功率取额定功率 85%，计及电源负偏差 5%，按电压不超过 10% 校验控制线路长度，但题干中电压波动取 ±10%，即计及电源负偏差 10%，故应按电压不超过 5% 校验控制线路长度。

控制电缆的最大允许长度：$L_{\max}=\frac{5\%U_n^2}{\Delta UP_a}=\frac{5\%\times220^2}{29\times300}\times10^3=278.2\text{m}$

题 31 ~35 答案:**BCBAB**

31.《电力工程高压送电线路设计手册》(第二版)P174 表 3-1-15、P179 表 3-2-3。

自重力比载:$\gamma_1=\frac{g_1}{A}=\frac{9.81\times0.601}{173.11}=0.034\text{N}/(\text{m}\cdot\text{mm}^2)$

冰重力比载:$\gamma_2=\frac{g_2}{A}=\frac{9.81\times0.9\pi\times10\times(10+17.1)\times10^{-3}}{173.11}=0.0434\text{N}/(\text{m}\cdot\text{mm}^2)$

查表 3-1-15,体型系数 $\mu_{sc}=1.2$,则覆冰时风比载:

$$\gamma_5=\frac{0.625v^2\alpha\mu_{sc}(d+2\sigma)\times10^{-3}}{A}=\frac{0.625\times10^2\times1\times1.2\times(17.1+20)\times10^{-3}}{173.11}$$

$$=0.0161\text{N}/(\text{m}\cdot\text{mm}^2)$$

覆冰时综合比载:

$$\gamma_7=\sqrt{(0.034+0.0434)^2+0.0161^2}=0.0791\text{N}/(\text{m}\cdot\text{mm}^2)$$

32.《电力工程高压送电线路设计手册》(第二版)P179 表 3-2-3、P182 式(3-3-1)。

自重力比载:$\gamma_1=\frac{g_1}{A}=\frac{9.81\times0.601}{173.11}=0.034\text{N}/(\text{m}\cdot\text{mm}^2)$

由电线状态方程 $\sigma_{cm}-\frac{E\gamma_m^2l^2}{24\sigma_{cm}^2}=\sigma_c-\frac{E\gamma^2l^2}{24\sigma_c^2}-\alpha E(t_m-t)$ 可得:

$$\frac{290}{2.75}-\frac{80000\times0.034^2\times150^2}{24\times(290/2.75)^2}=\sigma-\frac{80000\times0.034^2\times150^2}{24\sigma^2}-17.8\times10^{-6}\times80000\times(-40-0)$$

解得 $\sigma=62.742\ \text{N/mm}^2$。

33.《电力工程高压送电线路设计手册》(第二版)P179 表(3-3-1)、P174 式(3-1-14)。

水平档距:$l_H=\frac{\frac{l_1}{\cos\beta_1}+\frac{l_2}{\cos\beta_2}}{2}=\frac{\frac{200}{\cos17°}+\frac{230}{\cos31°}}{2}=238.73\text{m}$

电线单位长度上的风荷载:

$g_H=0.625\alpha\mu_{sc}(d+2\delta)\times(K_hv)^2\times10^{-3}=0.625\times1\times1.1\times(17.1+0)\times(1\times18)^2\times10^{-3}=3.81\text{N/m}$

电线水平档距的风荷载:$W_x=g_Hl_H\beta_{csin}{}^2\theta=3.81\times238.73\times1\times(\sin75°)^2=848.62\text{N}$

《66kV 及以下架空电力线路设计规范》(GB 50061—2010) 第 7.0.3 条、第 7.0.6 条。

34.根据《电力工程高压送电线路设计手册》(第二版)P187 式(3-3-19),自重力比载:

$$\gamma_1=\frac{g_1}{A}=\frac{9.81\times0.601}{173.11}=0.034\text{N}/(\text{m}\cdot\text{mm}^2)$$

根据《66kV 及以下架空电力线路设计规范》(GB 50061—2010) 第 7.0.2 条,架空线路设计用的平均气温采用 -10℃;根据第 5.2.4 条,年平均运行应力取最大张力的 25%。

$$l_{cr}=\sqrt{\frac{\frac{24}{E}(\sigma_m-\sigma_n)+24\alpha(t_m-t_n)}{\left(\frac{\gamma_m}{\sigma_m}\right)^2+\left(\frac{\gamma_n}{\sigma_n}\right)^2}}$$

$$=\sqrt{\frac{\frac{24}{80000}\left(\frac{290}{2.75}-\frac{290}{4}\right)+24\times17.8\times10^{-6}\times[(-40)-(-10)]}{\left(\frac{0.034}{290/2.75}\right)^2+\left(\frac{0.034}{290/4}\right)^2}}$$

$=158.82\text{m}$

35.《电力工程高压送电线路设计手册》(第二版)P210 式(3-5-5)。

观测档弧垂 1:$f_{200}=f_{100}\left(\frac{l}{100}\right)^2=0.51\times\left(\frac{200}{100}\right)^2=2.04\text{m}$

观测档弧垂 2:$f_{250}=f_{100}\left(\frac{l}{100}\right)^2=0.51\times\left(\frac{250}{100}\right)^2=3.19\text{m}$

题 36~40 答案:**CABAC**

36.《火灾自动报警系统设计规范》(GB 50116—2013)第 6.2.15-2 条、第 12.4.3-3 条。

根据第 6.2.15-2 条,相邻两组探测器的水平距离不应大于 14m,探测器至侧墙水平距离不应大于 7m,且不应小于 0.5m,探测器的发射器和接收器之间的距离不宜超过 100m。

设置于大厅长边一侧:$N\geqslant\frac{40}{14}=2.86$ 组,取 3 组。

设置于大厅短边一侧:$N\geqslant\frac{55}{14}=3.92$ 组,取 4 组,最经济的方案取两者较小值,为 3 组。

根据第 12.4.3-3 条,当建筑高度超过 16m,但不超过 26m 时,宜在 6~7m 和 11~12m 处各增设一层探测器。

综上所述,共为 6 组。

37.《工业电视系统工程设计标准》(GB/T 50115—2019)第 4.5.1 条及条文说明。

GB 3174—1982 彩色电视广播标准规定,每帧图像为 625 行,去掉 50 行消隐之后,有效行数为 575 行,Kell 系数以 $K$ 表示,对于逐行扫描,Kell 系数 $K$ 约为 0.7,所以中国现行电视标准的垂直清晰度为 $575\times0.7=403$TVL/PH。若采用隔行扫描,垂直移动的物体损失约一半的垂直清晰度,因而需乘以约 0.6 的隔行因子,即隔行扫描的系数 $K=0.7\times0.6=0.42$,故有效扫描行为 575 行的垂直清晰度相当于 $575\times0.42=241$ 电视线。

38.《民用建筑电气设计标准》(GB 51348—2019)第 16.4.4 条。

取 1.5dB,线路衰耗补偿系数为 $K_1=10^{1.5/10}=1.41$。

扩音机的容量:$P=K_1K_2\sum P_0=1.41\times1.3\times(30\times5+20\times8+20\times3)=678.21\text{W}$

39.《公共广播系统工程技术规范》(GB 50526—2010)第 5.6.3 条及式(5.6.3)。

漏出声衰减即公共广播系统的应备声压级与服务区边界外 30m 处的声压级之差,

故 $L_1 = L_a - L_m = 83 - 66 = 17\text{dB}$。

40.《视频显示系统工程技术规范》(GB 50464—2008)第 4.2.1 条及条文说明。

理想视距 =1/2 最大视距，理想视距系数 $k$ 一般取 2760；最小视距 =1/2 理想视距，最小视距系数 $k$ 一般取 1380。

最佳视距时，LED 屏幕最小面积：$S = \left(\frac{8.28}{2760}\right)^2 \times 1024 \times 768 = 7.1\text{m}^2$。

# 附录一 考 试 大 纲

## 1 安全

1.1 熟悉工程建设标准电气专业强制性条文；

1.2 了解电流对人体的效应；

1.3 掌握安全电压及电击防护的基本要求；

1.4 掌握低压系统接地故障的保护设计和等电位联结的有关要求；

1.5 掌握危险环境电力装置的特殊设计要求；

1.6 了解电气设备防误操作的要求及措施；

1.7 掌握电气工程设计的防火要求及措施；

1.8 了解电力设施抗震设计和措施。

## 2 环境保护与节能

2.1 熟悉电气设备对环境的影响及防治措施；

2.2 熟悉供配电系统设计的节能措施；

2.3 熟悉提高电能质量的措施；

2.4 掌握节能型电气产品的选用方法。

## 3 负荷分级及计算

3.1 掌握负荷分级的原则及供电要求；

3.2 掌握负荷计算的方法。

## 4 110kV 及以下供配电系统

4.1 熟悉供配电系统电压等级选择的原则；

4.2 熟悉供配电系统的接线方式及特点；

4.3 熟悉应急电源和备用电源的选择及接线方式；

4.4 了解电能质量要求及改善电能质量的措施；

4.5 掌握无功补偿设计要求；

4.6 熟悉抑制谐波的措施；

4.7 掌握电压偏差的要求及改善措施。

## 5 110kV 及以下变配电所所址选择及电气设备布置

5.1 熟悉变配电所所址选择的基本要求；

5.2　熟悉变配电所布置设计；

5.3　掌握电气设备的布置设计；

5.4　了解特殊环境的变配电装置设计。

**6　短路电流计算**

6.1　掌握短路电流计算方法；

6.2　熟悉短路电流计算结果的应用；

6.3　熟悉影响短路电流的因素及限制短路电流的措施。

**7　110kV 及以下电气设备选择**

7.1　掌握常用电气设备选择的技术条件和环境条件；

7.2　熟悉高压变配电设备及电气元件的选择；

7.3　熟悉低压配电设备及电器元件的选择。

**8　35kV 及以下导体、电缆及架空线路的设计**

8.1　掌握导体的选择和设计；

8.2　熟悉电线、电缆选择和设计；

8.3　熟悉电缆敷设的设计；

8.4　掌握电缆防火与阻燃设计要求；

8.5　了解架空线路设计要求。

**9　110kV 及以下变配电所控制、测量、继电保护及自动装置**

9.1　掌握变配电所控制、测量和信号设计要求；

9.2　掌握电气设备和线路继电保护的配置、整定计算及选型；

9.3　了解变配电所自动装置及综合自动化的设计要求。

**10　变配电所操作电源**

10.1　熟悉直流操作电源的设计要求；

10.2　熟悉 UPS 电源的设计要求；

10.3　了解交流操作电源的设计要求。

**11　防雷及过电压保护**

11.1　了解电力系统过电压的种类和过电压水平；

11.2　熟悉交流电气装置过电压保护设计要求及限制措施；

11.3　掌握建筑物防雷的分类及措施；

11.4　掌握建筑物防雷和防雷击电磁脉冲设计的计算方法和设计要求。

## 12　接地

12.1　掌握电气装置接地的一般规定；

12.2　熟悉电气装置保护接地的范围；

12.3　熟悉电气装置的接地装置设计要求；

12.4　了解各种接地形式的适用范围；

12.5　了解接触电压、跨步电压计算方法。

## 13　照明

13.1　了解照明方式和照明种类的划分；

13.2　熟悉照度标准及照明质量的要求；

13.3　掌握光源及电气附件的选用和灯具选型的有关规定；

13.4　掌握照明供电及照明控制的有关规定；

13.5　掌握照度计算的基本方法；

13.6　掌握照明工程节能标准及措施。

## 14　电气传动

14.1　熟悉电气传动系统的组成及分类；

14.2　了解电动机选择的技术要求；

14.3　掌握交、直流电动机的启动方式及启动校验；

14.4　掌握交、直流电动机调速技术；

14.5　掌握交、直流电动机的电气制动方式及计算方法；

14.6　掌握电动机保护配置及计算方法；

14.7　熟悉低压电动机控制电器的选择；

14.8　了解电动机调速系统性能指标；

14.9　熟悉 PLC 的应用。

## 15　建筑智能化

15.1　掌握火灾自动报警系统及消防联动控制的设计要求；

15.2　掌握建筑设备监控系统的设计要求；

15.3　掌握安全防范系统的设计要求；

15.4　熟悉通信网络及系统的设计要求；

15.5　了解有线电视系统的设计要求；

15.6　了解扩声和音响系统的设计要求；

15.7　了解呼叫系统及公共显示装置的设计要求；

15.8　熟悉建筑物内综合布线设计要求。

# 附录二　规程、规范及设计手册

## 一、规程、规范

1.《建筑设计防火规范》(GB 50016—2014)；

2.《建筑照明设计标准》(GB 50034—2013)；

3.《人民防空地下室设计规范》(GB 50038—2005)；

4.《供配电系统设计规范》(GB 50052—2009)；

5.《20kV 及以下变电所设计规范》(GB 50053—2013)；

6.《低压配电设计规范》(GB 50054—2011)；

7.《通用用电设备配电设计规范》(GB 50055—2011)；

8.《建筑物防雷设计规范》(GB 50057—2010)；

9.《爆炸危险环境电力装置设计规范》(GB 50058—2014)；

10.《35kV～110kV 变电站设计规范》(GB 50059—2011)；

11.《3～110kV 高压配电装置设计规范》(GB 50060—2008)；

12.《66kV 及以下高压配电装置设计规范》(GB 50060—2008)；

13.《电力装置的继电保护和自动装置设计规范》(GB/T 50062—2008)；

14.《电力装置的电气测量仪表装置设计规范》(GB/T 50063—2017)；

15.《交流电气装置的过电压保护和绝缘配合设计规范》(GB/T 50064—2014)；

16.《交流电气装置的接地设计规范》(GB/T 50065—2011)；

17.《汽车库、修车库、停车场设计防火规范》(GB 50067—2014)；

18.《人民防空工程设计防火规范》(GB 50098—2009)；

19.《住宅建筑电气设计规范》(JGJ 242—2011)；

20.《火灾自动报警系统设计规范》(GB 50116—2013)；

21.《石油化工企业设计防火规范》(GB 50160—2018)；

22.《数据中心设计规范》(GB 50174—2017)；

23.《有线电视系统工程技术规范》(GB 50200—1994)；

24.《电力工程电缆设计规范》(GB 50217—2018)；

25.《并联电容器装置设计规范》(GB 50227—2017)；

26.《火力发电厂与变电站设计防火标准》(GB 50229—2019)；

27.《电力设施抗震设计规范》(GB 50260—2013);

28.《城市电力规划规范》(GB 50293—2014);

29.《综合布线系统工程设计规范》(GB 50311—2016);

30.《智能建筑设计标准》(GB/T 50314—2006);

31.《民用建筑电气设计标准》(GB 51348—2019);

32.《绝缘配合　第一部分:定义、原则和规则》(GB 311.1—2012);

33.《导体和电器选择设计技术规定》(DL/T 5222—2005);

34.《户外严酷条件下的电气设施　第1部分:范围和定义》(GB 9089.1—2008),《户外严酷条件下的电气设施　第2部分:一般防护要求》(GB 9089.2—2008);

35.《电能质量　供电电压偏差》(GB 12325—2008);

36.《电能质量　电压波动和闪变》(GB 12326—2008);

37.《电能质量　公用电网谐波》(GB/T 14549—1993);

38.《电能质量　三相电压不平衡》(GB/T 15543—2008);

39.《电击防护　装置和设备的通用部分》(GB/T 17045—2020);

40.《用电安全导则》(GB/T 13869—2017);

41.《电流对人和家畜的效应　第1部分:通用部分》(GB/T 13870.1—2008);

42.《电流通过人体的效应　第二部分:特殊情况》(GB/T 13870.2—1997);

43.《系统接地的型式及安全技术要求》(GB 14050—2008);

44.《防止静电事故通用导则》(GB 12158—2006);

45.《低压电气装置　第4-41部分:安全防护　电击防护》(GB/T 16895.21—2020);

46.《低压电气装置　第4-42部分:安全防护　热效应保护》(GB/T 16895.2—2017);

47.《低压电气装置　第5-54部分:电气设备的选择和安装　接地配置和保护导体》(GB/T 16895.3—2017);

48.《建筑物电气装置　第5部分:电气设备的选择和安装　第53章:开关设备和控制设备》(GB 16895.4—1997);

49.《低压电气装置　第4-43部分:安全防护　过电流保护》(GB 16895.5—2012);

50.《低压电气装置　第5-52部分:电气设备的选择和安装　布线系统》(GB/T 16895.6—2014);

51.《低压电气装置　第7-706部分:特殊装置或场所的要求　活动受限制的可导电

场所》(GB 16895.8—2010);

52.《建筑物电气装置　第7部分:特殊装置或场所的要求　第707节:数据处理设备用电气装置的接地要求》(GB/T 16895.9—2000);

53.《低压电气装置　第4-44部分:安全防护　电压骚扰和电磁骚扰防护》(GB/T 16895.10—2021);

54.《安全防范工程设计规范》(GB 50348—2018);

55.《电力工程直流电源系统设计技术规程》(DL/T 5044—2014);

56.《工业电视系统工程设计规范》(GB 50115—2019);

57.《建筑物电子信息系统防雷设计规范》(GB 50343—2012);

58.《厅堂扩声系统设计规范》(GB 50371—2006);

59.《入侵报警系统工程设计规范》(GB 50394—2007);

60.《视频安防监控系统工程设计》(GB 50395—2007);

61.《出入口控制系统工程设计规范》(GB 50396—2007);

62.《视频显示系统工程技术规范》(GB 50464—2008);

63.《红外线同声传译系统工程技术规范》(GB 50524—2010);

64.《公共广播系统工程技术规范》(GB 50526—2010);

65.《会议电视会场系统工程设计规范》(GB 50635—2010);

66.《电子会议系统工程设计规范》(GB 50799—2012);

67.《110kV～750kV架空输电线路设计规范》(GB 50545—2010);

68.《工程建设标准强制性条文　电力工程部分》(2011版);

69.《钢铁冶金企业设计防火规范》(GB 50414—2018);

70.《消防应急照明和疏散指示系统技术标准》(GB 51309—2018);

71.《用能单位能源计量器具配备和管理通则》(GB 17167—2006);

72.《三相配电变压器能效限定值及能效等级》(GB 20052—2019);

73.《绿色建筑评价标准》(GB/T 50378—2019);

74.《电磁环境控制限值》(GB 8702—2014);

75.《配电变压器能效技术经济评价导则》(DL/T 985—2012)。

注:以上所有规程、规范以考试年度1月1日以前实施的最新版本为准。

## 二、设计手册

1. 能源部西北电力设计院编《电力工程电气设计手册　电气一次部分》,中国电力

出版社,1989 年 12 月;

2. 能源部西北电力设计院编《电力工程电气设计手册》(电气二次部分),水利电力出版社,1991 年 8 月;

3. 中国航空工业规划设计研究院等编《工业和民用供配电设计手册》(第四版),中国电力出版社,2016 年 12 月;

4.《钢铁企业电力设计手册》编委会编《钢铁企业电力设计手册》,冶金工业出版社,1996 年 1 月;

5. 北京照明学会照明设计专业委员会编《照明设计手册》(第三版),中国电力出版社,2016 年 12 月;

6. 机械电子工业部天津电气传动设计研究所编著《电气传动自动化技术手册》(第三版),机械工业出版社,2011 年 4 月;

7. 东北电力设计院编《电力工程高压送电线路设计手册》(第二版),中国电力出版社,2003 年。

注:设计手册的内容与规程、规范不一致之处,以规程、规范为准。

# 附录三　注册电气工程师新旧专业名称对照表

<table>
<tr><th>专业划分</th><th>新专业名称</th><th>旧专业名称</th></tr>
<tr><td rowspan="5">本专业</td><td rowspan="5">电气工程及其自动化</td><td>电力系统及其自动化</td></tr>
<tr><td>高电压与绝缘技术</td></tr>
<tr><td>电气技术(部分)</td></tr>
<tr><td>电机电器及其控制</td></tr>
<tr><td>电气工程及其自动化</td></tr>
<tr><td rowspan="15">相近专业</td><td rowspan="15">自动化<br>电子信息工程<br>通信工程<br>计算机科学与技术</td><td>工业自动化</td></tr>
<tr><td>自动化</td></tr>
<tr><td>自动控制</td></tr>
<tr><td>液体传动及控制(部分)</td></tr>
<tr><td>飞行器制导与控制(部分)</td></tr>
<tr><td>电子工程</td></tr>
<tr><td>信息工程</td></tr>
<tr><td>应用电子技术</td></tr>
<tr><td>电磁场与微波技术</td></tr>
<tr><td>广播电视工程</td></tr>
<tr><td>无线电技术与信息系统</td></tr>
<tr><td>电子与信息技术</td></tr>
<tr><td>通信工程</td></tr>
<tr><td>计算机通信</td></tr>
<tr><td>计算机及应用</td></tr>
<tr><td>其他工科专业</td><td colspan="2">除本专业和相近专业外的工科专业</td></tr>
</table>

注:表中“新专业名称”指中华人民共和国教育部高等教育司1998年颁布的《普通高等学校本科专业目录和专业介绍》中规定的专业名称;“旧专业名称”指1998年《普通高等学校本科专业目录和专业介绍》颁布前各院校所采用的专业名称。

# 附录四　考试报名条件

考试分为基础考试和专业考试。参加基础考试合格并按规定完成职业实践年限者,方能报名参加专业考试。

凡中华人民共和国公民,遵守国家法律、法规,恪守职业道德,并具备相应专业教育和职业实践条件者,只要符合下列条件,均可报考注册电气工程师考试。

**1. 具备以下条件之一者,可申请参加基础考试:**

(1)取得本专业或相近专业大学本科及以上学历或学位。

(2)取得本专业或相近专业大学专科学历,累计从事相应专业设计工作满1年。

(3)取得其他工科专业大学本科及以上学历或学位,累计从事相应专业设计工作满1年。

**2. 基础考试合格,并具备以下条件之一者,可申请参加专业考试:**

(1)取得本专业博士学位后,累计从事相应专业设计工作满2年;或取得相近专业博士学位后,累计从事相应专业设计工作满3年。

(2)取得本专业硕士学位后,累计从事相应专业设计工作满3年;或取得相近专业硕士学位后,累计从事相应专业设计工作满4年。

(3)取得含本专业在内的双学士学位或本专业研究生班毕业后,累计从事相应专业设计工作满4年;或取得含相近专业在内双学士学位或研究生班毕业后,累计从事相应专业设计工作满5年。

(4)取得通过本专业教育评估的大学本科学历或学位后,累计从事相应专业设计工作满4年;或取得未通过本专业教育评估的大学本科学历或学位后,累计从事相应专业设计工作满5年;或取得相近专业大学本科学历或学位后,累计从事相应专业设计工作满6年。

(5)取得本专业大学专科学历后,累计从事相应专业设计工作满6年;或取得相近专业大学专科学历后,累计从事相应专业设计工作满7年。

(6)取得其他工科专业大学本科及以上学历或学位后,累计从事相应专业设计工作满8年。

**3. 截止到2002年12月31日前，符合以下条件之一者，可免基础考试，只需参加专业考试：**

（1）取得本专业博士学位后，累计从事相应专业设计工作满5年；或取得相近专业博士学位后，累计从事相应专业设计工作满6年。

（2）取得本专业硕士学位后，累计从事相应专业设计工作满6年；或取得相近专业硕士学位后，累计从事相应专业设计工作满7年。

（3）取得含本专业在内的双学士学位或本专业研究生班毕业后，累计从事相应专业设计工作满7年；或取得含相近专业在内双学士学位或研究生班毕业后，累计从事相应专业设计工作满8年。

（4）取得本专业大学本科学历或学位后，累计从事相应专业设计工作满8年；或取得相近专业大学本科学历或学位后，累计从事相应专业设计工作满9年。

（5）取得本专业大学专科学历后，累计从事相应专业设计工作满9年；或取得相近专业大学专科学历后，累计从事相应专业设计工作满10年。

（6）取得其他工科专业大学本科及以上学历或学位后，累计从事相应专业设计工作满12年。

（7）取得其他工科专业大学专科学历后，累计从事相应专业设计工作满15年。

（8）取得本专业中专学历后，累计从事相应专业设计工作满25年；或取得相近专业中专学历后，累计从事相应专业设计工作满30年。